Ludwig Darmstaedter /
René Du Bois-Reymond

Geschichte der exakten Wissenschaften und Technik von der vorchristlichen Zeit bis zum Beginn des 20. Jahrhunderts

4000 Jahre Pionier-Arbeit

SEVERUS
Verlag

Darmstaedter, Ludwig/ Du Bois-Reymond, René: Geschichte der exakten Wissenschaften und Technik von der vorchristlichen Zeit bis zum Beginn des 20. Jahrhunderts. 4000 Jahre Pionier-Arbeit Hamburg, SEVERUS Verlag 2011.
Nachdruck der Originalausgabe von 1904.

ISBN: 987-3-86347-180-4
Druck: SEVERUS Verlag, Hamburg 2011

Der SEVERUS Verlag ist ein Imprint der Diplomica Verlag GmbH.

Bibliografische Information der Deutschen Nationalbibliothek:
Die Deutsche Nationalbibliothek verzeichnet diese Publikation in der Deutschen Nationalbibliografie; detaillierte bibliografische Daten sind im Internet über http://dnb.d-nb.de abrufbar.

SE**V**ERUS
Verlag

Vergraben ist in ewige Nacht
Der Erfinder grosser Name zu oft!
Was ihr Geist grübelnd entdeckt, nutzen wir,
Aber belohnt Ehre sie auch?

Klopstock.

Vorwort.

Gar zu oft hat die Weltgeschichte nur die äusseren Er-
eignisse im Leben der Völker verzeichnet und sich mit
einer Aufzählung und Beleuchtung der Kriegszüge, Thron-
wechsel und politischen Verhandlungen begnügt.

Viele dieser äusseren Vorgänge aber finden bei
näherem Zusehen ihre hauptsächliche Begründung in den
wirthschaftlichen Verhältnissen, d. i. in den Lebensbedingungen, unter denen die verschiedenen Völker sich be-
funden haben.

Und auf jene haben wiederum wesentlichen Einfluss
einzelne Männer gehabt, welche die Völker lehrten, die
ihnen zu Gebote stehenden Naturkräfte zu nutzen.

Nur eine Geschichte, die diese Seite der Entwicklung
mit berücksichtigt, darf sich eine „Weltgeschichte" nennen.

Einem solchen Geschichtswerke aber stehen unermess-
liche Schwierigkeiten im Wege.

Die Fortschritte der Wissenschaft und Technik voll-
ziehen sich ohne äusseres Gepränge und oft in so unmerk-
licher Abstufung, dass der Gang ihrer Entwicklung sich nach-
träglich kaum mehr feststellen lässt. Während sich für die
Thaten der Kriegshelden schon in der Urzeit Sänger fanden,
fehlt es noch heute an berufenen Geschichtsschreibern der
Thaten auf dem Gebiete der exakten Wissenschaften und
der Technik.

Diejenigen Forscher aus diesen Gebieten, die sich mit geschichtlichen Studien beschäftigten, haben meist nur ihr Specialgebiet behandelt.

Die Folge davon war, dass ihre Studien, nur für Fachgenossen berechnet, sehr ins Einzelne gingen und deßhalb für die allgemeine Weltgeschichte nicht verwendet wurden.

Dies hat in den Verfassern den Gedanken angeregt, die Entwicklung der exakten Wissenschaften und der Technik in Form einer Tabelle zu bringen, die in ihrer Kürze eine allgemeine Uebersicht gestattet, und vielleicht eine Grundlage abgeben kann für eine, später einmal von berufener Seite in Angriff zu nehmende Geschichte der exakten Wissenschaften und der Technik.

Das von uns zusammengetragene Material erhält seinen natürlichen Zusammenhang durch die unserer Tabelle gegebene chronologische Reihenfolge, der wir als einer rein objektiven Darstellung vor der nach Fächern und Perioden eingetheilten Uebersicht den Vorzug gegeben haben.

Es werden sich so manche interessante Schlussfolgerungen auf die gemeinsamen Grundzüge der exakten Wissenschaften, auf die Bedeutung der Entdeckungen in einer einzelnen Wissenschaft für die Entwicklung der übrigen und auf ihren Zustand in den verschiedenen Ländern und unter den wechselnden politischen Verhältnissen ergeben.

Ein jeder Blick in die Tabelle wird sofort bei den Lesern den Gedanken anregen, wie die koïncidenten Entdeckungen und Erfindungen befruchtend auf einander gewirkt haben. Man denke z. B. an die Folgen der Magalhaes'schen Weltumsegelung, die sich nicht nur in der Geographie, sondern namentlich auch in der Astronomie geltend machten und durch die gesteigerten Bedürfnisse der Astronomen zur Erfindung feinerer Hülfsmittel für die Durchforschung des Himmels führten. Man denke ferner an die Erfindung des Mikroskops, die mit einem Schlage die Botanik, die Zoologie, die Medizin in völlig neue Bahnen brachte.

Gewiss lässt sich die vorliegende Tabelle nicht mit einer vollendeten Geschichtsdarstellung vergleichen, doch hat auch sie sehr viele und mühsame Arbeit erfordert.

Wir hätten kaum gewagt, diese Arbeit zu unternehmen, wäre sie nicht zum Theil schon dadurch geleistet gewesen, dass der eine von uns sich seit langer Zeit bemüht hat, eine Sammlung von Autographen derjenigen Männer der Wissenschaft zusammenzubringen, die in ihren Fächern bahnbrechend gewesen sind.

Diese Sammlung umfasst alle Wissenschaften seit Beginn des sechzehnten Jahrhunderts und weist gegen 6000 Nummern auf.

Diesem Ursprung entsprechend haben wir die Tabelle auf solche Daten beschränkt, für die ein bestimmter Name nachweisbar war.

Um unsere Zusammenstellung auch für diejenigen brauchbar zu machen, die nur Erfindung und Entdeckung oder nur den Namen der Urheber kennen, haben wir einen Namen- und einen Sachschlüssel beigefügt, die beide alphabetisch angeordnet sind.

Ausser dem Katalog der obenerwähnten Autographen-Sammlung sind von uns sämmtliche uns zu Gebote stehenden Bibliographien, Lehrbücher und Werke, welche die Geschichte der einzelnen Wissenschaften, sowie auch einzelne Zweige derselben behandeln, benutzt worden.

Von erheblicherem Nutzen sind uns die nachstehenden Werke gewesen:

Dannemann, Geschichte der Naturwissenschaften.

Embacher, Tabellen zu den Forschungsreisen.

Geschichte der Wissenschaften in Deutschland, herausgegeben durch die historische Kommission bei der königl. (bairischen) Akademie der Wissenschaften.

Griesbach, Physikalisch-chemische Propaedeutik.

Günther, Geophysik.

Günther, Geschichte der anorganischen Wissenschaften.

Heller, Geschichte der Physik.

Lodge, Pioneers of Science.

Felix Müller, Zeittafeln zur Geschichte der Mathematik und Astronomie bis zum Jahre 1500.

Mittheilungen zur Geschichte der Medizin und Naturwissenschaften.

Poggendorff, Handwörterbuch.

Poggendorff, Lebenslinien.

Poppe, Alphabetisch-chronologische Uebersicht der Erfindungen, Entdeckungen u. s. w.

Prometheus, herausgegeben von Dr. Otto N. Witt.

Rosenberger, Geschichte der Physik.

Rühlmann, Allgemeine Maschinenlehre.

Spons, Dictionary of Engineering.

Whewell, Geschichte der induktiven Wissenschaften.

Wir möchten noch darauf hinweisen, dass ein solcher erster Versuch sicherlich unvollkommen sein wird. Wir hoffen indess bei der sich jetzt mehr und mehr bemerkbar machenden Tendenz, die historische Forschung in den exakten Wissenschaften zu beleben, auf eine milde Beurtheilung unseres Versuchs, die vielfach zerstreuten Daten über die Entdeckungen und Erfindungen auf diesem Felde möglichst allgemein zugänglich zu machen. Jeder Nachweis von Fehlern oder Auslassungen wird uns hochwillkommen sein, wird er uns doch in unserem Streben unterstützen, eine eventuelle Neuauflage vollständiger und korrekter zu gestalten.

Gütige Zuschriften erbitten wir unter der Adresse „Dr. Ludwig Darmstaedter, Berlin W.62, 18a Landgrafen-Straße."

Wir haben endlich noch den folgenden Herren, die uns bei der Revision unseres Versuches auf's liebenswürdigste in den von ihnen vertretenen Fächern und sonst unterstützt haben, unseren ergebensten Dank abzustatten:

Herrn Direktor F. S. Archenhold in Berlin.

„   Dr. Arons in Berlin.

„   Professor Dr. Arrhenius in Stockholm.

„   Geheimen Regierungsrath Professor Dr. von Buchka in Berlin.

„   Dr. Dinse in Berlin.

„   Geheimen Medizinalrath Professor Dr. Ehrlich in Frankfurt a. M.

„   Dr. Euting in Berlin.

„   Dr. Adolph Frank in Charlottenburg.

„   Professor Dr. Friedländer in Berlin.

Herrn Baurath Dr. ing. Haack in Berlin.
„   Geheimen Regierungsrath Professor Dr. Hellmann
       in Berlin.
„   Dr. Heusler in Dillenburg.
„   Regierungsrat Dr. von Ihering in Berlin.
„   Professor Dr. Jacobson in Berlin.
„   Postrath Karrass in Berlin.
„   Professor Dr. C. Lehmann in Berlin.
„   Professor Dr. Lummer in Berlin.
„   Geheimen Regierungsrath Professor Dr. von Martens
       in Berlin.
„   Dr. Morgenroth in Frankfurt a. M.
„   Professor Dr. Neisser in Frankfurt a. M.
„   Hofrath Dr. L. Petzendorfer in Stuttgart.
„   Professor Dr. Poske in Berlin.
„   Professor Dr. E. Pringsheim in Berlin.
„   Professor Dr. Raps in Berlin.
„   Patentanwalt Alard du Bois-Reymond in Berlin.
„   Privatdocent Dr. Claude du Bois-Reymond in Berlin.
„   Professor Dr. Rubens in Berlin.
„   Dr. H. Sachs in Frankfurt a. M.
„   Zahnarzt Sachtleben in Homburg a. d. Höhe.
„   Oberstleutnant Schaefer in Berlin.
„   Dr. O. Schwarzer in Breslau.
„   Professor Dr. Steinitz in Berlin.
„   Dr. F. Tobler in Berlin.
„   Direktor der städt. Webeschule Weber in Berlin.
„   Geheimen Oberbaurath Dr. ing. Zimmermann in
       Berlin.

Berlin, November 1903.

Die Verfasser.

Vorchristliche Zeit.

2650 **Dungi I.,** König von Ur, südbabylonischer Beherrscher des
Zweistromlandes, wird von Nebukadnezar II. (s. 570 v. Chr.)
als Urheber einer Gewichtsnorm, und zwar der schweren
babylonischen Mine gemeiner Norm zu 982,4 gr. genannt.
Aus 2 Statuen, die Gudea, Priesterfürsten von Lagai, einen
älteren Zeitgenossen des Dungi als Bauherrn sitzend darstellen
und die genau übereinstimmende Massstäbe tragen, ergibt
sich die babylonische Doppelelle zu 990—996 mm, fast genau
gleich dem Sekundenpendel für den 30. Breitengrad, und daraus
die schwere babylonische Mine zu 982,4 gr. als Wasser-
gewicht des Kubus vom Zehntel der Doppelelle, so dass ein
geschlossenes Mass- und Gewichtssystem vorliegt, dessen
Einheiten die Grundlage für die gesammte metrologische
Entwicklung des Alterthums gebildet haben.

1750 Der Aegypter **Ahmes** lehrt die Berechnung des Flächen-
inhaltes von Feldstücken, deren einschliessende Seiten gegeben sind.

1100 Der Chinese **Tschu-Kong** bestimmt die Schiefe der Ekliptik.

660 **Terpandros** von Lesbos begründet die diatonischen und
chromatischen Tonleitern.

640 Der chaldaeische Astronom **Berosus,** angeblich der Lehrer
des Thales, soll die Sonnenuhr erfunden haben.

630 **Metagenes,** Sohn des Chersiphron, verwendet beim Bau des
Artemistempels in Ephesus zum Transport von Gebälkstücken
Räder von ca. 12 Fuss Durchmesser, in deren Mitte er die
Endflächen der Gebälkstücke anbringt, die er alsdann mit einem
Rahmen, vor den Ochsen gespannt wurden, verband. Die
Räder rollten nun in den Futterringen des Rahmens und auf
den Rädern drehte sich das Gebälkstück weiter.

600 Aegyptische Schiffer umsegeln Afrika im Auftrage des
Königs **Necho** vom Roten Meer aus.

585 **Thales** von Milet erkennt die Ursache der Sonnen- und Mondfinsternisse. Er soll die Sonnenfinsterniss vom 28. Mai vorausgesagt haben. Er fasst die Erde als schwebende, runde Scheibe auf.

— **Thales** von Milet beschreibt zuerst im Abendlande die Eigenschaft gewisser Eisenerze, metallische Eisenspäne und dünne Eisenstücke anzuziehen. Diese Eisenerze erhalten, weil sie bei Magnesia in Lydien gefunden wurden, den Namen Magnete. Er weiss auch, dass das ἤλεχτρον, wenn gerieben, leichte Körperchen anzieht.

— **Alkmaeon** von Kroton entdeckt den Sehnerven und macht die ersten entwicklungsgeschichtlichen Beobachtungen.

570 **Nabukudurrusur II.** (der biblische Nebukadnezar) sorgt für korrekte Wiedereinführung der Gewichtsnorm des Dungi. (Inschrift auf einem Steingewicht im Betrag der schweren babylonischen Mine gemeiner Norm, normal 982,4 gramm.)

560 **Anaximander** benutzt das Gnomon zur Messung der Schiefe der Ekliptik und macht den ersten Versuch einer Erdkarte.

— **Anaximander** leistet Hervorragendes in der Geographie und muss nach Neuhäuser als der Begründer einer selbstständigen kosmischen Physik angesehen werden. Er führt bereits alle kosmischen Erscheinungen auf Bewegungsvorgänge zurück.

550 **Mago** von Karthago, von Columella der Vater der Agrikultur genannt, schreibt 28 Bücher über Landwirthschaft, die nach der Eroberung von Karthago (146 v. Chr.) der römische Senat ihrer Wichtigkeit wegen in die lateinische Sprache übersetzen lässt.

— **Xenophanes** aus Kolophon führt die versteinerten Ueberreste von Seethieren auf Bergen als Beweis für den Ursprung der Erde aus dem Meere an.

540 **Eupalinos** aus Megara stellt für die von ihm erbaute Wasserleitung der Stadt Samos einen Tunnel von 1000 Meter Länge her, indem er einen Graben anlegte, durch den das Quellwasser der Quelle Leukothea den Leitungsröhren zufloss. Wenn auch noch frühere Tunnelbauten bekannt sind, so ist dieser Tunnelbau doch eine der kühnsten Schöpfungen des Alterthums.

535 **Pythagoras** aus Samos stellt den pythagoraeischen Lehrsatz auf und entdeckt das Gesetz der Tonintervalle.

535 **Pythagoras** verbessert den Abakus (das Rechenbrett) derart, dass von seiner Schule dem so verbesserten Apparat der Name „pythagoraeische Tafel" beigelegt wird.

— **Pythagoras** denkt sich die Erde als eine Kugel, um welche Mond, Sonne und die Planeten kreisen. Er erkennt zuerst, dass der Abendstern (Hesperos) mit dem Morgenstern (Phosphoros) identisch ist.

— **Anaximenes,** Schüler des Anaximander, lehrt, dass der Mond sein Licht von der Sonne habe.

500 **Heraklit** von Ephesus stellt den Satz auf „Alles ist in Bewegung und Nichts beharrt".

481 Wie Aristoteles in der Schrift περὶ κόσμου angibt, verstanden die Perser um die Zeit ihres Einfalls in Griechenland unter **Xerxes** auf grosse Entfernungen telegraphisch zu signalisiren.

470 Der Baumeister **Agatharchos** wendet die Stereometrie auf die Perspektive an.

465 Der Mathematiker **Oinopides** aus Chios stellt einen Cyclus von 59 Jahren auf, um Sonnenjahr und Mondlauf auszugleichen.

460 **Parmenides** aus Elea kommt aus mathematischen Gründen zu der von Pythagoras gemachten Annahme der Kugelgestalt der Erde.

456 **Anaxagoras** von Klazomenae erklärt den scheinbaren (ost-westlichen) himmlischen Kreislauf durch die Annahme eines centrifugalen Umschwunges.

450 **Demokritos** und **Kleoxenos** erfinden einen optischen Buchstaben-Telegraphen mit 25 bei Tag durch Flaggen, bei Nacht durch Fackeln darstellbaren Grundzeichen.

— **Empedokles** von Agrigent stellt die Sätze auf: „es gibt kein Entstehen aus Nichts, kein Vergehen in Nichts; es gibt keine Veränderung des ursprünglichen Seins, sondern der Stoff bleibt unverändert in seinem Quantum". Nach ihm findet in der organischen Schöpfung eine allmähliche Entwicklung statt.

— **Empedokles** betreibt ein eifriges Studium des Vulkanismus, den er ebenso wie die Thermalquellen aus der feurig-flüssigen Beschaffenheit des Erdinnern ableitet.

— Der karthagische Feldherr **Hanno** macht eine grosse Seeexpedition von Karthago über die Säulen des Herkules hinaus bis zum Senegal und dem Cap verde.

450 **Herodot** von Halikarnass muss, wie als Vater der Geschichte, so auch als Vater der Geographie angesehen werden. Er macht ausgedehnte Reisen östlich bis Babylon, nördlich bis zum Schwarzen Meere und beschreibt aus eigener Anschauung Aegypten.

— Der Karthager **Himilko** entdeckt Gross-Britannien.

— **Philolaus** führt sein Weltsystem des Centralfeuers und der Gegenerde ein.

433 Der athenische Mathematiker **Meton** bewirkt eine Kalenderverbesserung, indem er einen Cyklus einführt, welcher 1'' Jahre und innerhalb dieser 125 volle Monate von 30 Tagen und 110 Monate von 29 Tagen umfasst, so dass das Jahr 365, 263 Tage enthält.

430 **Hippokrates** aus Chios äussert richtige Ansichten über die Entstehung der Winde, deren Verhältniss zum Meere, deren Bedingtsein durch die Jahreszeiten und durch lokale Einwirkungen. Er bringt die sanitären Eigenschaften eines Quellgewässers mit dessen Laufrichtung in Verbindung.

— **Hippokrates** aus Chios verfasst das erste Elementarbuch der Geometrie und führt den Brauch ein, Punkte einer geometrischen Figur mit Buchstaben zu bezeichnen.

420 **Demokritos** von Abdera pflichtet der Lehre des Empedokles von der Unzerstörbarkeit der Materie bei und erklärt, alle Veränderung sei nur Verbindung oder Trennung von Theilchen (von Atomen, welche durch Form und Grösse, nicht dem Stoff nach verschieden seien).

— **Demokritos** von Abdera lehrt die sphaerische Gestalt der Sonne und des Mondes und wendet zuerst den Infinitesimalbegriff in der Mathematik an.

400 **Hippokrates** aus Kos begründet die wissenschaftliche Hygiene.

— **Hippokrates** aus Kos begründet die wissenschaftliche Heilkunde.

— **Ktesias** aus Knidos liefert aus eigener Anschauung in seiner „Persika" eine genaue geographische Beschreibung von Persien und schreibt eine kleinere Schrift über Indien.

— **Plato** lehrt die Theorie der Kegelschnitte und giebt die regulären Polyeder an.

— **Xenophon** giebt an, dass man das Alter der Pferde aus den Zähnen erkennen kann.

390 **Archytas** von Tarent bestimmt den Umfang der Erde, behandelt die Mechanik mathematisch und erfindet die Rolle und die Schraube.

— Der römische Consul **Camillus** führt den eisernen Helm ein.

365 **Eudoxos** von Knidos stellt das System der homocentrischen Sphaeren auf, welches 330 v. Chr. von Kalippos aus Cyzikos noch verbessert wird und theilt den Himmel in Sternbilder ein.

364 **Diokles** von Karysthos schreibt das vermuthlich erste Werk über die Anatomie des Menschen.

350 **Aristoteles** aus Stagira lehrt, dass die Luft den Schall vermittelnd in das Ohr leitet, dass der Schall bei Nacht besser als bei Tage und im Winter besser als im Sommer gehört wird.

— **Aristoteles** schreibt den zuerst von Empedokles angenommenen vier Elementen die folgenden Qualitäten zu: Feuer trocken und warm, Luft warm und feucht, Wasser feucht und kalt, Erde kalt und trocken. Er stellt die Lehre von der Wandelbarkeit der Elemente ineinander durch zunehmendes Vorwalten der zweien von ihnen gemeinsamen Eigenschaft — Wasser feucht und kalt in Luft feucht und warm — auf.

— **Aristoteles** macht in seiner Meteorologie die Angabe, dass man durch Verdampfen von Meerwasser und Kondensation der Dämpfe trinkbares Wasser erhalte. Es dürfte dies die erste Erwähnung der Destillation sein, so dass Synesios und Geber dafür nicht in Frage kommen.

— **Aristoteles** begründet durch seine „Thierkunde" die Zoologie.

— **Aristoteles** spricht von der Erwärmung der Pfeilgeschosse durch die Reibung der Luft.

— **Aristoteles** kennt die Natur des Thaus, des Nordlichts und die Temperaturabnahme mit der Höhe.

— **Menaechmos** wird bei dem Versuch, den Würfel zu verdoppeln, auf die Kegelschnitte geführt.

335 **Praxagoras** von Kos entdeckt den Unterschied zwischen Venen und Arterien und stellt fest, dass die Aeste der Aorta allein die pulsirende Eigenschaft haben.

334 **Aristoteles** macht sich zuerst eine wissenschaftliche Vorstellung über den Schmelzvorgang und kennt die Verschiedenheit der Schmelzpunkte einzelner Metalle.

— **Aristoteles** nimmt die Existenz eines Weltaethers an, von dem Newton, Huygens und Descartes annehmen, dass er in innigster Beziehung zur allgemeinen Massenanziehung stehe.

334 **Aristoteles** führt zum ersten Male als Beweis für die Rundung der Erde den Umstand an, dass bei Mondfinsternissen der Schatten der Erde immer kreisförmig ist, da der einzige Körper, der in allen Lagen einen kreisförmigen Schatten wirft, die Kugel sei.

— **Aristoteles** weiss, dass freifallende Körper mit beschleunigter Geschwindigkeit fallen, erklärt die Wirkung des Hebels in richtiger Weise und kennt das Parallelogramm der Kräfte für rechtwinklige Komponenten.

— **Aristoteles** erklärt die Empfindung des Sehens als eine Erschütterung, eine Bewegung des Mittels zwischen dem Gesicht und dem gesehenen Gegenstande und legt damit den ersten Keim der Undulationstheorie.

— **Pytheas** aus Massilia misst als Erster die Höhen des periodischen Steigens und Sinkens des Meeres im Golf von Bristol und erkennt die Abhängigkeit des Fluthstandes von den Stellungen des Mondes.

330 **Autolykos** aus Pitane in Klein-Asien schreibt das erste Lehrbuch von der Kugel (Sphaerik).

— **Diades,** Ingenieur unter Alexander dem Grossen, erfindet die zusammenlegbaren Belagerungsthürme (Helepolen) und die Sturmbrücken.

— **Eudoxos** von Knidos stellt die Aufgabe vom goldnen Schnitt, arbeitet über die Schraubenlinie, schreibt das erste Lehrbuch der Stereometrie, begründet die Aehnlichkeitslehre, theilt den Himmel in Sternbilder ein und scheint richtige Vorstellungen über die Krümmung der Erdoberfläche gehabt zu haben.

— **Pytheas,** der Britannien und die Ostsee bis etwa zur Düna bereist hat, führt eine Messung der Sonnenhöhe mittelst des Gnomon aus und bestimmt die geographische Lage seiner Vaterstadt Massilia (Marseille).

327 Auf dem Zuge **Alexanders d. Gr.** nach Indien werden von einem ihn begleitenden wissenschaftlichen Stabe planmässig Beobachtungen über Kulturpflanzen und andere merkwürdige Gewächse (z. B. Banane, Reis, Mangrove, Euphorbien) angestellt und die Notizen von griechischen Schriftstellern z. B. Theophrast verwerthet.

327 **Nearchos** fährt vom Indus aus durch das Erythraeische Meer in den Persischen Meerbusen und entdeckt die Mündungen des Euphrat und des Tigris. Auf dieser Reise wird nachweislich zum ersten Mal der Schiffsanker verwandt.

325 **Herakleides** Pontikos lehrt, dass Merkur und Venus die Sonne umkreisen und erklärt die tägliche scheinbare Bewegung der Himmelskugel aus einer Drehung der Erde von West nach Ost.

320 **Aristaeos** behandelt die Kegelschnitte in fünf Büchern.

— **Theophrastos** legt einen Pflanzengarten an und liefert die erste eingehende Bearbeitung der den Griechen bekannten Gewächse unter Berücksichtigung ihrer Lebensbedingungen, sowie der allgemeinen Morphologie.

— **Theophrastos** beschreibt in seiner Abhandlung περὶ λίθων (über Steine) die Bereitung des Bleiweisses, das danach bereits den Alten bekannt war.

304 **Erasistratos** von Alexandria beschreibt die Klappen des Herzens, unterscheidet sensible und motorische Nerven und lehrt den Bau, die Windungen und Höhlungen des Gehirns kennen.

300 **Euklides** von Alexandria begründet die Geometrie der Ebene und des Raumes, sowie die Zahlenlehre und behandelt die Optik in systematischer Weise.

— **Herophilos** lehrt auf Grund von Sektionen an menschlichen Leichen die Struktur des Gehirns und der Leber und gibt eine genaue Beschreibung des menschlichen Auges. Er hält die Nerven für Werkzeuge der Empfindung, für deren Sitz er die hintere Krümmung der dreihörnigen Hirnhöhle ansieht.

— **Straton** aus Lampsakos legt den Grund zur Morphologie der Erdoberfläche. Er fasst die Meeresstrassen als Durchbrüche des Meeres auf, dessen Areal sich gegen früher beträchtlich verkleinert habe.

298 **Aristyllos** und **Timocharis** bestimmen aus den Zeiten der Sonnenuntergänge zuerst die Zeiten der Position der Fixsterne. Die Arbeiten sind bis auf wenige Beobachtungen (wie z. B. eine Sternbedeckung durch den Mond) verloren gegangen; sie dienten aber später noch Hipparch bei der Vergleichung seiner Beobachtungen.

295 **Megasthenes** gibt einen Bericht über Indien, der die Hauptquelle des Altertums für die Kenntniss dieses Landes bildet.

Seit **290** Die **Ptolemäer** entsenden Expeditionen zur Erforschung der Nilquellen bis ins Gebiet der grossen Seeen.

287 **Archimedes** stellt den wichtigen Satz auf, dass der Inhalt der Kugel sich zum Inhalt des umschliessenden Cylinders, wie 2 : 3 verhalte, macht eine Arbeit über die Kreismessung mit Berechnung der Zahl π, die er zu 3 . 141 bis 3 . 142 findet, berechnet den Inhalt der Parabel, lehrt die Eigenschaften von Spiralen kennen und erfindet die Sandesrechnung, die nahe an die Infinitesimalrechnung streift.

276 **Demetrios** von Apamea beschreibt zuerst den Diabetes.

263 **Eumenes II.** von Pergamon soll zuerst an Stelle des Papyros praeparirte Thierhäute zum Schreiben verwandt haben, die charta Pergamena genannt wurden. (Pergament).

260 **Archimedes** erfindet die Wasserschraube, die Schraube ohne Ende und den Flaschenzug.

— **Aristarchos** von Samos lehrt, dass Sonne und Fixsterne unbeweglich sind, dass sich die Erde in einem schiefen Kreis um die Sonne bewegt und gleichzeitig sich um ihre eigene Achse dreht. Er macht den ersten Versuch, Entfernungen im Raume zu messen und findet, dass die Sonne von uns 19 mal weiter als der Mond entfernt sei, während in Wirklichkeit 386 an Stelle von 19 kommt.

250 **Ammonios** von Alexandria erfindet den Steinschnitt (Lithotomie).

— **Apollonios** von Perga schreibt ein Werk über Kegelschnitte, und macht zuerst Untersuchungen über das Grösste und Kleinste.

— **Archimedes** findet das Gesetz des Hebels, wonach zwei an einem Hebel wirkende Gewichte im Gleichgewicht sind, wenn ihre Entfernungen vom Unterstützungspunkt umgekehrt proportional sind.

— **Archimedes** findet das Gesetz des Auftriebs, wonach ein Körper in einer Flüssigkeit soviel von seinem Gewicht verliert, als das Gewicht der verdrängten Flüssigkeit beträgt und entwickelt den Begriff des specifischen Gewichts.

— Der Chinese **Ming-thien** erfindet den Haarpinsel.

246 **Sostratos** von Knidos baut den ersten bekannten Leuchtthurm auf dem östlichen Vorgebirge der Insel Pharos vor Alexandria. Von diesem Standort erhalten die Leuchtthürme den Namen Pharos.

240 **Eratosthenes** von Alexandria macht die erste Gradmessung von Alexandria bis Syene, die, das Stadium zu 157,5 ^{m} angenommen, einen Erdumfang von 39375000 ^{m} ergibt. Er stellt ein System der Erdkunde auf.

238 **Apollonios** von Perga versucht die Ursachen des Stillstehens und Rückwärtsgehens der Planeten zu erklären und erfindet zu diesem Zweck die Epicyklen.

190 Marcus Porcius **Cato** der Aeltere spricht zuerst den Grundgedanken des Wasserbades aus, indem er in der „de re rustica" von der Zubereitung von Speisen in irdenen Gefässen spricht, die in andere Gefässe eingehängt werden, in welchen Wasser im Kochen erhalten wird.

150 Marcus Porcius **Cato** der Aeltere gibt ein viele werthvolle Daten über die römische Landwirthschaft enthaltendes Buch „de agricultura" heraus.

— **Heron** von Alexandria zeigt in seiner Lehre vom Geschützbau, wie die Biegungselastizität der Bogenarme weit von der Torsionselastizität gedrehter Stränge übertroffen wird und wie man solche Stränge mit der zum Fortschleudern des Geschosses bestimmten Sehne in Verbindung setzt.

— **Heron** kennt das Ausdehnungsvermögen der Luft und zeichnet sich durch die Konstruktion pneumatischer Maschinen, wie z. B. des Heronsballs, des Heronsbrunnens, des Dampfkreisels, der Aeolipile u. s. w. aus.

— **Heron** kennt das Reflexionsgesetz der Lichtstrahlen.

— **Ktesibios,** ein griechischer Mechaniker, erfindet die Orgel, die er durch eine Wasserkunst betreibt. Ausserdem soll er die Druckpumpe und die Feuerspritze erfunden haben.

— **Nikomedes** erfindet die Konchoide und ein Instrument zur Konstruktion derselben. Er benutzt sie, um zwischen zwei gegebenen Linien zwei stetige Proportionale einzuschalten und einen geraden Winkel in 3 Theile zu theilen.

— **Seleukos,** ein Chaldaeer, interessirt sich wissenschaftlich für die von den Phoeniciern an der atlantischen Küste Spaniens gemachten Wahrnehmungen von einem periodischen Sinken und Steigen des Meeres.

140 **Philon** von Byzanz gibt in seinem Werke über Poliorketik neue Methoden der Flankirung, des Gewölbe- und Erdbaus, der Anlage von Gräben und Aussenwerken, und lehrt den Geschützbau.

130 **Hipparchos** von Alexandria begründet die wissenschaftliche, auf Beobachtung beruhende Astronomie, sowie die sphaerische Trigonometrie. Er entdeckt die Praecession (das Vorrücken der Nachtgleichen), erfindet die stereographische Projektion der Landkarten und bestimmt zuerst die Mondparallaxe.

128 **Hipparchos** fertigt einen Katalog von 1080 Sternenpositionen für die Epoche 128 v. Chr.

100 Der Baumeister **Andronikos Cyrrhestes** stellt auf dem von ihm erbauten Thurm der Winde in Athen den ersten meteorologischen Apparat, eine Windfahne auf.

— **Posidonios** macht eine neue Erdmessung und verfasst eine Monographie über den Ocean, in der er u. A. auch die Lehre von Ebbe und Fluth wissenschaftlich darstellt.

80 **Asklepiades** von Prusa soll zuerst die Tracheotomie bei Angina ausgeführt haben.

63 **Themison** von Laodicea scheint zuerst Blutegel angewendet zu haben.

50 Nachdem sich schon bei den Griechen nach einer Marmorinschrift von 350 v. Chr. eine Art von Schnellschrift gebildet hatte, erfindet Marcus Tullius **Tiro** die altrömische Kurzschrift, die sich bis zur Karolingerzeit erhält (Tironische Noten).

46 **Sosigenes** aus Alexandria entwirft den auf dem reinen Sonnenjahr aufgebauten Kalender, der von **Julius Caesar** eingeführt wird und bis zur Gregorianischen Kalenderreform bestehen bleibt. (Julianischer Kalender.)

30 **Strabo** behandelt in seiner „Geographica" die mathematische und physische Geographie, sowie auch die Landeskunde, bei welcher er namentlich den Zusammenhang zwischen Landesnatur und Kulturzustand der Bewohner betont.

22 **Antonius Musa** empfiehlt den Gebrauch kalter Bäder.

13 Marcus **Vitruvius** Pollio lehrt den Bau von Katapulten und Ballisten, sowie von Schüttschildkröten (Testudines), die dazu dienen, die Gräben der angegriffenen Festungen auszufüllen.

10 Der griechische Astronom **Kleomedes** erwähnt bereits die astronomische Strahlenbrechung, die alle Sterne mit Ausnahme der im Zenith befindlichen höher erscheinen lässt, als sie stehen. Er weiss, dass der Lichtstrahl beim Uebergang aus einem dichteren Stoff in einen dünneren und zwar nach dem Loth hin gebrochen wird.

Christliche Zeit.

20 Aulus Cornelius **Celsus** macht den Steinschnitt, die Unterbindung blutender Gefässe, die Amputation, Trepanation, Hauttransplantation, legt den Grund zur wissenschaftlichen Behandlung der Ohrenheilkunde, sowie zur konservirenden Zahnheilkunde und gibt eine gute anatomische Schilderung des Sehorgans.

— Marcus **Vitruvius** Pollio empfiehlt, für Wasserbauten zum gewöhnlichen Mörtel einen Zusatz von der bei Puteoli vorkommenden Puzzolanerde im Verhältnis von zwei zu eins zu machen und muss als der Erste angesehen werden, der die Herstellung des hydraulischen Mörtels beschreibt.

40 Lucius Junius Moderatus **Columella** gibt in seinem Buche „de re rustica" ein klares umfassendes Bild des gesammten Wissens vom Landbau und im 7. und 10. Buch desselben Vorschriften der Veterinärmedizin und die Beschreibung der hauptsächlichsten Thierkrankheiten.

43 Scribonius **Largus** benutzt zuerst die Elektrizität in der Medizin, indem er bei langwierigen Kopfschmerzen und bei Podagra den Zitterrochen auflegen lässt.

50 **Aretaeos** aus Kappadocien gibt an, dass das Blut der Arterien hell, das der Venen dunkel sei.

— **Marinos** aus Tyros berücksichtigt zuerst bei der Ortsbestimmung Längen und Breiten und erfindet die Plattkarte (Gradnetzkarte).

— Lucius Annaeus **Seneca** erklärt die Kometen für Ansammlungen kleiner Körperchen (stellae erraticae) und schreibt ihnen eine Bewegung in langgestreckten Bahnen zu.

— Terentius **Varro** bespricht in seinem Werke „de re rustica" die Behandlung und Züchtung der Thiere.

54 Lucius Annaeus **Seneca** schildert in seinen „naturales quaestiones" die durch das Wasser auf der Erdoberfläche bewirkten Veränderungen und führt die Springfluthen darauf zurück, dass bei ihnen ausser dem Mond auch noch die Sonne zur Wirkung gelangt. Er erkennt zuerst, dass der Sitz der Erdstösse in gar nicht beträchtlicher Tiefe zu suchen sei.

69 **Athenaeos** aus Attalia bearbeitet die öffentliche Gesundheitspflege. Er gibt Methoden zur Filtration des Trinkwassers an
und stellt Grundsätze über den gesundheitlichen Einfluss der
Lage der Wohnungen auf.

— Julius **Frontinus** entwickelt eine epochemachende Thätigkeit
im Bau von Aquaedukten und begründet eine neue Aera für
die Wasserversorgung der Städte.

70 **Plinius** der Aeltere gibt in seiner „Historia naturalis" eine
grosse Zahl von Thatsachen aus allen Gebieten der exakten
Wissenschaften.

78 Pedanios **Dioskorides** macht die ersten Versuche, Quecksilber aus Zinnober zu gewinnen, stellt Bleiacetat, Kalkwasser
und mehrere Kupfersalze dar, macht in seiner „Materia medica"
genaue Angaben über die Zubereitung von Arzneimitteln und
schreibt ein Buch über die Gifte und Gegengifte.

— **Plutarch** bemüht sich, Analogien zwischen der Oberflächen-
gestaltung von Mond und Erde ausfindig zu machen.

97 Cassius **Felix** gibt an, dass Verletzung einer Hirnhälfte
Lähmung der entgegengesetzten Körperhälfte bedingt.

100 **Apollodorus** von Damaskus entwickelt eine hervorragende
Thätigkeit auf dem Gebiete des Brückenbau's und ist der
Schöpfer der berühmten Brücke Trajans über die Donau.

— **Menelaos** von Alexandria behandelt in seiner Sphaerik die
wichtigsten Sätze der sphaerischen Trigonometrie.

— **Nikomachos** von Gerasa schreibt das erste Lehrbuch der
Arithmetik, beschäftigt sich mit rein zahlentheoretischen
Problemen und gibt eine vollständige Theorie der Poly-
gonalzahlen.

— **Soranos** von Ephesus schreibt über Frauenkrankheiten
(erstes Hebammenbuch) und über chronische Krankheiten.

105 Nachdem die Chinesen schon im 3. Jahrhundert v. Chr.
Papier aus Hanf hergestellt hatten, erfindet **Tsai-lun** die
Herstellung von Papier aus Seiden- und Leinenlumpen.

120 Claudius **Ptolomaeus** behandelt in seinen „Opticorum
sermones quinque" die Theorie des Sehens, die Reflexion,
die Theorie der ebenen und sphaerischen Spiegel, die
Refraktion und misst ziemlich genau die Winkel, die der
einfallende und der gebrochene Strahl mit dem Einfallsloth
bilden, für Luft und Wasser, Wasser und Glas und Luft
und Glas. Er entdeckt die Evektion, die beträchtlichste der
Ungleichheiten der Mondbahn.

140 Claudius **Ptolemaeus** giebt in seiner γεωγραφικὴ ὑφήγησις die erste Darstellung der Theorie des wissenschaftlichen Kartenzeichnens als der Registrierung durch astronomische Beobachtung gewonnener Positionsbestimmungen in einer nach mathematischen Gesichtspunkten bestimmten Projektionsart.

— Claudius **Ptolemaeus** gibt einen Sternkatalog mit 1028 Nummern heraus und schafft das berühmte Werk „Almagest", dessen astronomische Theorien bis ins späte Mittelalter als unantastbar gelten.

— Claudius **Ptolemaeus** untersucht mit Hülfe des von ihm erfundenen Triquetrum die Mondparallaxe, die er etwas zu gross findet und versucht eine Bestimmung der Sonnenparallaxe, die allerdings 20 mal zu hoch ausfällt.

150 Der Grammatiker **Herodianus** spricht zuerst von der Verwendung der Anfangsbuchstaben der Grundzahlen als Zahlzeichen (herodianische Zahlzeichen).

167 Claudius **Galenus** von Pergamus erforscht die Anatomie und Physiologie und stellt die bis zu Vesals Zeit gültigen Anschauungen auf.

169 Claudius **Galenus** schreibt ein Werk über die Arzneimittel „De simplicium medicamentorum temperaturis et facultatibus", das Jahrhunderte hindurch den höchsten Rang behauptet. Nach ihm heissen noch heute Mengungen, wie Pflaster, Salben, sowie Infusa, Decocta u. s. w. Galenische Arzneimittel.

240 **Klaudius Älianus** erwähnt, dass die betäubenden Eigenschaften des Zitterrochens, die bereits von Aristophanes, Aristoteles, Plinius und Oppian erwähnt worden sind, sich noch geltend machen, wenn man Wasser aus einem Gefäss, in dem sich ein Zitterrochen befindet, über die Hand oder den Fuss giesst.

250 Theodosius **Severus** soll die ersten Staaroperationen gemacht haben und fördert die Opthalmologie und Chirurgie in bahnbrechender Weise.

281 Kaiser **Probus** führt die Kultur der Weinrebe am Rheine ein.

290 **Pappus** von Alexandria unterscheidet zuerst die fünf sogenannten mechanischen Potenzen, Hebel, Keil, Schraube, Rolle und Rad an der Welle. Er versucht, jedoch ohne Erfolg, das Problem der schiefen Ebene durch das Hebelgesetz zu erklären und findet die später von Guldin aufgefundene und nach diesem benannte Regel.

290 **Pappus** lehrt den Schwerpunkt von Körpern finden und bestimmt Inhalt und Oberfläche von Rotationskörpern; ferner findet er einen nach ihm benannten Satz, der für die spätere projektive Geometrie von fundamentaler Bedeutung wird.

340 **Apsyrtus** von Prusa beschreibt in richtiger Weise eine grosse Anzahl von Thierkrankheiten, wie die Druse, Ruhr, Mauke, Dampf, Flussgalle, Koller u. s. w. und gibt Mittel zu ihrer Heilung an.

350 **Diophantus** von Alexandria macht bahnbrechende Arbeiten in Arithmetik und Algebra; insbesondere behandelt er ganzzahlige Gleichungen mit ganzzahligen Unbekannten, weshalb dieser Teil der Arithmetik nach ihm den Namen „Diophantik" erhalten hat.

— Dass **Hypatia** das Volumaraeometer erfunden habe, wurde aus einem Briefe des Synesius an sie, in dem dieser das Baryllium beschreibt, geschlossen, doch muss Gerland's Ansicht beigepflichtet werden, dass dies lediglich ein Apparat gewesen sei, um hartes und weiches Wasser von einander zu unterscheiden.

359 **Hillel Hanassi** in Tiberias begründet die jüdische Zeitrechnung.

360. Der Kirchenvater **Basilius** folgert die Zusammengehörigkeit von durch das Meer getrennten Erdräumen auf Grund zoogeographischer Erwägungen.

380 **Vegetius Renatus** vergleicht in seiner „mulomedicina" zuerst die Thierkrankheiten mit den Krankheiten des Menschen, so dass er gewissermassen als der Begründer der vergleichenden Pathologie anzusehen ist.

430 **Zosimos** aus Panopolis giebt der chemischen Forschung einen grossen Aufschwung durch Verbesserung der Destillation sowie der metallurgischen Processe und wendet zuerst das Wort „Chemia" an.

450 **Olympiodor** spricht schon von artesischen Brunnen in Aegypten, die eine Tiefe von 200 bis 500 Ellen hätten und das Wasser über der Erdoberfläche ausgössen, woselbst man es zur Berieselung der Aecker benutze.

500 **Arya-Bhatta,** ein indischer Astronom fördert die Algebra derart, dass er als der Urvater der indischen Algebra bezeichnet wird.

510 Anicius Manlius Severinus **Boëthius** gibt in 5 Büchern die erste wissenschaftliche Zusammenfassung und Kritik der Regeln über Musik.

520 **Simplicius** spricht den Grundsatz aus, das Nichtherabfallen der himmlischen Körper werde dadurch bewirkt, dass der Umschwung (die Centrifugalkraft) die Oberhand habe über den Zug nach unten (die eigene Fallkraft).

525 Der Abt **Dionysius Exiguus** verlegt den Anfang des Jahres vom Charfreitag auf den ersten Januar.

537 Der Feldherr Justinian's **Belisar** erfindet während der Belagerung Roms durch die Ostgothen unter Vitiges die Schiffmühle.

550 **Aëtius** von Amida bespricht in seinem Tetrabiblion die Epidemien und Epizootien, welche zu gleicher Zeit auftraten und erwähnt, dass die Pest auch die Thiere befallen könne.

556 Der Kaiser **Justinian** bemüht sich, die Seidenzucht in Griechenland einzuführen und errichtet grossartige Maulbeer-plantagen im Peloponnes, wovon derselbe den Namen „Morea" erhält.

560 **Alexander** von Tralles führt den Rhabarber als Heilmittel ein.

638 Der indische Mathematiker **Brahmagupta** giebt die Elemente der Goniometrie und eine Sinustabelle und berechnet den Inhalt des Kreisvierecks. Er kennt bereits die Positions-arithmetik, welche den erhöhten Werth einzelner Ziffern durch ihre blosse Stellung andeutet und sich dazu der Null bedient, deren Bestimmung es ist, die fehlenden Stellen auszufüllen.

660 **Kallinikos** aus Heliopolis erfindet eine Feuermischung, die bei der Vertheidigung Constantinopels dazu diente, die feind-lichen Werke zu zerstören (Griechiches Feuer).

745 **Virgilius** von Salzburg stellt eine richtige Ansicht über die Gestalt der Erde auf.

750 Der Alchymist **Geber** überstreut, um das Oxydiren der Metalle an der Oberfläche zu verhindern, dieselben mit Glas-pulver und Borax.

— **Geber** entdeckt das Königswasser, den Höllenstein und das Sublimat.

760 **Geber** wendet zuerst die Krystallisation zur Reinigung chemischer Praeparate an, bedient sich der Sublimation zur Reinigung von Quecksilbersublimat und beschreibt die Filtration als chemische Vorrichtung.

805 **Karl der Grosse** erlässt das für die Bewirtschaftung seiner Meierhöfe wichtige „Capitulare de villis vel curtis imperatoris".

810 **Karl der Grosse** veranlasst die kombinatorische Benutzung der Namen der vier Hauptwinde (Nord, Ost, Süd, West) zur Bezeichnung aller Winde.

820 **Abur Dschafar Mohamed** schreibt sein System der Erde (Rasm-al-Ardh) worin jeder Ort nach Länge und Breite bestimmt ist.

827 **Abdallah al Mamum** lässt in der Wüste Sindjar am Rothen Meer eine Gradmessung ausführen, bei der zum ersten Male die Messkette gebraucht wird.

846 **Marcus Graecus** giebt in seinem „Liber ignium" klar die Mischung des Schiesspulvers an „Accipias lib. I sulphuris vivi, lib. II carbonum vitis vel salicis, VI lib. salis petrosi. Quae tria subtilissime terantur in lapide marmoreo".

850 **Marcus Graecus** beschreibt die Darstellung des Branntweins aus Wein, der indess zu jener Zeit nur als Heilmittel benutzt wurde.

865 **Naddod** entdeckt Island.

900 **Albategnius** (Mohamed Al Batani) Statthalter in Syrien erkennt die Excentrizität der Erdbahn und die Praecession der Tag- und Nachtgleiche (siehe Hipparchos). In der Trigonometrie soll er statt der Sehne den Sinus eingeführt haben.

945 **Massudi,** der Herodot des Orients, macht Reisen in allen drei Erdtheilen und schreibt über dieselben sein berühmtes Werk „Die goldenen Wiesen".

950 Der arabische Arzt **Rhazes** entdeckt die wasserfreie Schwefelsäure und den Alkohol.

980 **Abul Wefa** soll die dritte grosse Ungleichheit der Mondbahn, die Variation gefunden haben.

— **Gerbert** von Rheims (Papst Sylvester II.) soll die Gewichtsuhren erfunden haben.

983 **Erik der Rothe** entdeckt, von Island ausfahrend, Grönland.

1001 **Leif Erikson** entdeckt Labrador, von ihm Helluland genannt und scheint längs der Küste von Neufundland und Neuschottland bis nach dem heutigen New York gelangt zu sein.

1020 **Avicenna** behandelt in seinem berühmten „Canon medicinae" die Kunst der Zusammensetzung der Medikamente.

1025 **Albiruni** (Abul Rihan Mohamed ben Ahmed) fördert die sphaerische Trigonometrie und summirt die geometrische Reihe.

1030 Der Araber **Alhazen** (Ibu al Haitam) macht sich eine richtige Vorstellung vom Druck der Luft, dessen Existenz schon Aristoteles kannte.

— **Guido** von Arezzo erfindet ein Liniensystem zur Notation, worin durch Linien von verschiedener Farbe und durch vorgesetzte Schlüsselbuchstaben die Tonhöhen leicht erkennbar gemacht werden.

1050 **Alhazen** wendet zuerst eigentliche Linsen aus Kugelsegmenten als Vergrösserungsgläser an.

1070 **Adam** von Bremen, der erste deutsche Geograph gibt in seinen „Gesta Hammaburgensis ecclesiae pontificum" eine Beschreibung der nördlichen Länder.

1078 **Alchaljami** löst kubische Gleichungen mit Hülfe der Durchschnitte zweier Kegelschnitte und findet die Binomialreihe für ganze positive Exponenten.

1111 **Keutschungschy** in China kennt die Abweichung der Magnetnadel.

1121 Der arabische Gelehrte **Alkhazini** erfindet die Schnellwage, die er unter dem Namen „Wage der Weisheit" beschreibt.

1140 **Johannes Hispalensis** zieht die Quadratwurzel mit Hülfe von Brüchen aus, die mit den späteren Decimalbrüchen übereinstimmen.

1150 **Nicolaus**, Vorsteher der Schule in Salerno, schreibt ein Dispensatorium mit circa 150 zusammengesetzten Arzneiformeln mit Angabe der medizinischen Kräfte und der Gebrauchsweise, Antidotarium genannt, dass als die erste Pharmakopoe anzusehen ist.

1160 **Averrhoës** beobachtet zuerst in Marokko Sonnenflecken. Freilich sind auch in den chinesischen Annalen viele Sonnenflecken erwähnt, die mit blossem Auge gesehen und als „Raben in der Sonne" bezeichnet wurden.

1200 **Abd-ul-Letif** lehrt in Kaïro und Damascus Medicin und thut den Ausspruch, dass selbst Galens Angaben gegenüber der eigenen Beobachtung zurückstehen müssen.

1202 Leonardo **Fibonacci** in Pisa führt den Gebrauch der indischen sogenannten arabischen Ziffern ein.

1205 **Guyot de Provins** erwähnt zuerst im Abendlande die (schwimmende) Magnetnadel.

— 17 —   2

1248 **Alfons X.** von Castilien lässt durch christliche und jüdische Gelehrte, die er nach Toledo beruft, die Alfonsinischen Tafeln herstellen, die von da ab an die Stelle der Ptolemaeischen Planetentafeln treten.

1250 Roger **Bacon** erwähnt zuerst die Eigenschaft des Salpeters, mit brennenden Körpern zu verpuffen.

— Jordanus **Ruffus** gibt in seinem Werke „de medicina equorum" eine genaue Anleitung zum Hufbeschlag und eine genaue Beschreibung der chirurgischen Krankheiten der Extremitäten.

— **Vincenz von Beauvais** spricht zuerst von belegten Spiegeln und hält die gläsernen mit Blei überzogenen Spiegel für die besten.

1253 **Wilhelm** von Holland lässt den ersten bekannten Bau einer Kammerschleuse bei Spaarndam ausführen. Demnach sind weder Leone Battista Alberti noch Simon Stevin als deren Erfinder anzusehen.

1260 **Albertus Magnus** (von Bollstädt), Bischof von Regensburg reinigt das Gold durch Cementation, trennt Gold von Silber durch Scheidewasser, stellt zuerst regulinischen Arsenik her, untersucht zuerst die Schwefelmetalle.

— **Roger Bacon** gibt zuerst die Lage des Brennpunktes bei einem sphaerischen Hohlspiegel richtig an und gibt eine Anleitung zur Verfertigung parabolischer Brennspiegel.

— **Roger Bacon** bespricht das Verlöschen brennender Körper in verschlossenen Gefässen und schreibt dies dem Umstand zu, dass die Luft fehle.

1269 **Petrus Peregrinus de Marécourt** macht die ersten bekannten experimentellen Forschungen über den Magnetismus, indem er die beiden Pole unterscheidet und die vertheilende Wirkung des Magneten, wie auch die Anziehung ungleichnamiger Pole nachweist.

1270 Raymundus **Lullus** entdeckt das kohlensaure Ammoniak und verbessert die Destillationsvorrichtungen, indem er zum ersten Male behufs besserer und schnellerer Condensation der Dämpfe eine besondere Kühlung der Vorlage anwendet.

— Der polnische Physiker **Witelo** spricht für die Optik den Satz aus, dass die Natur stets nach der Richtung der kürzesten Linie wirke.

1271—95 Der venetianische Reisende **Marco Polo** erforscht das innere und östliche Asien (Hochasien, China, Indien, Persien).

1272 Der Italiener **Borghesano** erfindet den Seidenhaspel.

1280 **Arnoldus Villanovanus** lehrt die Bereitung der aetherischen Oele.

— **Petrus de Crescentiis** schreibt sein berühmtes Werk über Landwirthschaft „Opus ruralium commodorum", das in 12 Abtheilungen das gesammte Gebiet der Landwirthschaftslehre und der Hülfskenntnisse, soweit man sie damals in Betracht zog, behandelt.

— **Alessandro de Spina** erfindet die Brillen, die er zuerst aus Beryll (Beryllium) herstellt.

1300 Giovanni **Pisani** erfindet den Farbenschmelz im Tiefschnitt (Email de basse-taille).

— Der Florentiner **Ruccellai** entdeckt den Farbstoff der Orseille, der nach ihm Roccella genannt wird.

1302 Flavio **Gioja** aus Amalfi hat muthmasslich zuerst die nach den Windstrichen getheilte Kreisscheibe mit der schwingenden Magnetnadel verbunden und so den Schiffskompass in der Form erfunden, die er bis zum heutigen Tage beibehalten hat.

1310 Der Mönch **Theodoricus Teutonicus** bahnt, ohne das eigentliche Refraktionsgesetz zu kennen, zum ersten Male eine richtige Erklärung des Haupt- und Neben-Regenbogens an, während ihm die Deutung der Farbenfolge noch misslingt.

1313 Berthold **Schwarz** (Bertholdus Niger) wird fälschlich als Erfinder des Schiesspulvers bezeichnet, (siehe Gräcus 846). Jedenfalls aber ist ihm die erste Ausnutzung der treibenden Kraft des Schiesspulvers und wahrscheinlich auch die Erfindung der dazu nötigen Schiesswaffen zuzuschreiben.

1315 **Raimondo de Luzzi** aus Bologna, genannt **Mondinus,** begründet durch die Section menschlicher Leichen die wissenschaftliche Anatomie.

1318 Pietro **Vesconte** entwirft die älteste datirte Seekarte.

1321 **Levi ben Gerson** beschreibt in seinem hebraeisch geschriebenen Buche, das 1342 von Petrus de Alexandria unter dem Titel „de sinibus, chordis et arcubus" übersetzt wurde, zuerst die Camera obscura, d. i. nahezu 200 Jahre vor Leonardo, dem bisher diese Erfindung zugeschrieben wurde.

1325 **Levi ben Gerson** erfindet den Jakobsstab, der durch das ganze Mittelalter zu geographischen Ortsbestimmungen auf See dient.

1325—1352 Ibn Batuta besucht die Inseln des Persischen Golfs, die unbekannten Gegenden des innern Arabiens, Syrien, Mesopotamien, Persien, Kl.-Asien, die Bucharei, Chorasan, Kandahar, die Maladiven, Ceylon, Sumatra, Java und China und führt 1352 eine Mission des Sultans von Marokko ins Innere von Afrika bis Timbuktu.

1340 Jan van Eyck macht die Oelmalerei für grössere Aufgaben verwendbar, indem er durch Zusatz von Harzfirniss eine gleichmässige Trocknung der Pigmente ermöglicht, Leuchtkraft, Glanz und Tiefe der Farben steigert und die Dauerhaftigkeit der Bilder sichert.

1360 Der Mathematiker Nicole **Oresme** gibt die erste kurvenmässige Darstellung von Naturerscheinungen und führt die Potenzen mit gebrochenen Exponenten ein.

1363 Guy von Chauliac schreibt die ersten wissenschaftlichen Abhandlungen über Chirurgie.

1364 Heinrich von Wick baut für Karl V. in Paris die erste bekannte Räderuhr, die mit Hemmung und Unruhe versehen und mit Schlagwerk ausgestattet war, doch ist nicht mit Sicherheit zu bestimmen, ob er der Erfinder dieser Uhren war.

1387 Der Leibarzt König Wenzel's, **Albich,** macht selbstständige Fortschritte auf dem Gebiete der Diätetik.

1400 Rudolf zu Nürnberg erfindet die Drahtziehmaschine, die mit Wasser betrieben wird.

1402 Bethencourt erreicht die Canarischen Inseln.

1420 Filippo **Brunelleschi** knüpft an die Kuppelbauten des Klassischen Alterthums, insbesondere an die Kuppel des Pantheon (25 v. Chr. durch Agrippa erbaut) an und erbaut mit Hülfe neuer technischer Methoden die gewaltige Kuppel des Doms zu Florenz, die das Vorbild für die 1546 von Michelangelo geplante Kuppel der Peterskirche in Rom wurde.

1433 Gil **Eannes** gelingt es, im Auftrag des Prinzen Heinrich des Seefahrers nach 20 jährigen vergeblichen Versuchen das Cap Bojador zu umfahren.

1438 Luca della Robbia bringt die vermuthlich schon von den Arabern gehandhabte Kunst, die Majolika mit einer Zinnoxydhaltigen Glasur zu überziehen, zu hoher Vollendung.

1439 Johannes von Gmünd gibt den ersten deutschen Kalender in Holztafeldruck heraus.

1440 Leone Battista **Alberti** erfindet die perspektivisch-optischen Gemälde und bestimmt in seinem Werke „Della statua" die Proportionen des menschlichen Körpers mathematisch.

— Der Kardinal **Nicolaus von Cusa** tritt der Ansicht, dass die Erde der Mittelpunkt des Weltalls sei, entgegen. Er lehrt, dass sie ein Gestirn sei und sich, wie Alles in der Welt, in Bewegung befinde.

1447 Leone Battista **Alberti** in Rom erfindet den Proportionalzirkel oder Storchschnabel zur Uebertragung von Maassen in beliebigem Verhältnis.

1450 Antonio **Branca** in Catania führt zuerst die seit Celsus verlassenen Transplantationen gesunder Haut aus Gesicht und Oberarm zum Ersatz verstümmelter Nasen wieder aus.

— Johann **Gutenberg,** der sich schon seit 1436 mit dem Gedanken getragen hatte, Vervielfältigungen von Buchstaben auf mechanischem Wege zu machen, tritt mit seiner Erfindung der Buchdruckerkunst in die Oeffentlichkeit.

— **Piero della Francesca** macht in seinem Werke „de arte prospettiva" zuerst auf die Bedeutung des Verschwindungspunktes (Fluchtpunktes) aufmerksam.

1455 **Aloys da Cada Mosto** entdeckt auf seiner im Auftrage des Prinzen Heinrich des Seefahrers unternommenen Reise die Insel Arguin, den Senegal und gelangt bis an die Mündung des Gambia, von dem er 1456 bis nach Rio Grande kommt.

1457 Der Camaldulensermönch **Fra Mauro** zeichnet die im Dogenpalast zu Venedig befindliche Weltkarte, welche durch die Fülle ihres Inhalts und die überaus sorgsame Darstellungsweise das hervorragendste Denkmal der mittelalterlichen Kartographie darstellt.

1464 Konrad **Sweynheim** und Arnold **Pannartz** führen die Buchdruckerkunst in Italien ein.

1470 **Bernhard** in Venedig erfindet das Pedal an der Orgel.

— **Gering, Crantz** und **Friburger** führen die Buchdruckerkunst in Frankreich ein.

— Johannes **Müller-Regiomontanus** behandelt in seinem Werke „De triangulis omnimodis libri quinque", das nach seinem Tode von Johann Schöner herausgegeben wird, die Trigonometrie derart, dass dieselbe in ihren Grundzügen noch bis heute beibehalten worden ist.

1471 **Ludwig XI.,** König von Frankreich, führt an Stelle der Steinkugel die eiserne Kugel als Kanonen-Geschoss ein.

— Johann **Regiomontanus** und **Walther** begründen die erste Sternwarte in Nürnberg; die zweite wird von Wilhelm IV., Landgraf von Hessen, 1561 in Cassel errichtet.

1475 Johann **Regiomontanus** gibt neue astronomische Tafeln heraus, die bald die seit 1248 im Gebrauch befindlichen alfonsinischen Tafeln verdrängen und nicht nur für die Astronomie, sondern insbesondere auch für die Entdeckungsreisen ein wichtiges Hilfsmittel werden.

1476 William **Caxton** führt die Buchdruckerkunst in England ein.

1480 **Leonardo da Vinci** spricht zuerst die Idee des Lampencylinders aus, der als Rauchfang der Flamme Gelegenheit geben soll, zu exhaliren und sich durch Luftzufuhr zu ernähren.

— **Leonardo da Vinci** beschreibt zuerst den Fallschirm, der 1783 von Lenormand zum zweiten Male erfunden und zuerst praktisch erprobt wird.

— **Lorenzo von Medici** gibt den Anstoss zur allgemeinen Neubelebung einer umfassenden Gartenkultur.

— Der Büchsenmacher Kaspar **Zöllner** in Wien schneidet zuerst gerade Züge in die Seelenwand des Gewehrlaufs ein.

1483 **Domenico Maria Novara da Ferrara** bemerkt zuerst, dass seit Ptolemaeus der Pol der Weltachse sich dem Zenith um 1° genähert hat.

— **Wenceslaus** von Olmütz erfindet die Radirkunst auf Kupfer.

— Bartolomeo **Diaz** umfährt das Cap der guten Hoffnung.

1490 **Leonardo da Vinci** beobachtet zuerst das Ansteigen der Flüssigkeit in engen Röhren; es muss demnach ihm und nicht Aggianti die Entdeckung der Kapillarität zugeschrieben werden.

— **Leonardo da Vinci** konstruirt ein Hygrometer.

1492 Der Reisende **Leo Africanus** (Alhasan Ibn Mohammed Alwazzan) bereist Nordafrika und verfasst eine Beschreibung des Sudan.

— Martin **Behaim,** Kaufmann aus Nürnberg und lange Zeit als Geograph in Diensten des Königs Johann II. von Portugal zeichnet am Vorabend der Entdeckung der Neuen Welt seinen Erdapfel, den ersten Erdglobus.

— Christoph **Columbus** erreicht am 12. October die Insel Guanahani, eine der Bahama-Inseln und entdeckt damit die Neue Welt.

1492 Christoph **Columbus** verzeichnet in seinen Schiffsbüchern unterm 13. September die erste bekannte Beobachtung der Deklination.

1495 **Pedro Navarro** erfindet die Sprengminen, die zuerst bei der Einnahme des Castel Nuovo in Neapel eine Rolle spielen.

1497—98 Der Seefahrer Sebastian **Cabot,** Sohn von John Cabot, entdeckt Neu-Fundland und befährt die Küste von Labrador bis Florida.

— **Vasco da Gama** findet den östlichen Seeweg nach Indien, indem er das Kap der Guten Hoffnung umschifft und über Mozambique und Sansibar nach Kalikut an der Malabarküste gelangt.

1498 **Columbus** entdeckt auf seiner dritten Reise das Festland von Südamerika (Golf von Paria).

— Der Italiener **Ottaviano dei Petrucci** erfindet den Musiknotendruck.

1499—1500 **Alonso de Hojeda** befährt die Küste Südamerikas zwischen der Halbinsel Guajiro und 6° s. Br., wobei er den Amazonenstrom entdeckt. Unter seinen Begleitern ist Vespucci.

1499 Amerigo **Vespucci** macht den Vorschlag, die Abstände des Mondes von gewissen Fixsternen zur Längebestimmung anzuwenden. Ob der 1514 von Johann Werner gemachte gleiche Vorschlag unabhängig hiervon war, ist nicht zu beurtheilen.

1500 Der portugiesische Seefahrer Pedro Alvarez **Cabral** entdeckt, indem er auf einer Fahrt ums Kap verschlagen wird, Brasilien.

— Jacopo **Berengar von Carpi** wendet zuerst die Schmierkur mit unguentum cinereum gegen Syphilis an.

— M. Giovanni **Cavallina** von Bologna erfindet die Reihen-Saemaschine, 150 Jahre vor Locatelli, dem diese Erfindung fälschlich zugeschrieben wurde.

— Der französische Ingenieur **Decharges** schneidet zuerst Geschützpforten in die Aussenhaut der Kriegsschiffe ein und stellt die Geschütze in der Breitseite auf.

— Der Färber Jean **Gobelin** in Paris begründet die Gobelintechnik, die Herstellung von Gemäldecopien auf Teppichen aus gefärbten Wollfäden.

— Jacob **Nufer** aus Siegershausen macht den ersten Kaiserschnitt an einer Lebenden, und zwar an seiner eigenen Frau, mit vollem Erfolge.

1500 Johannes **Widmann** gebraucht zuerst die Zeichen + und — im Druck.

1501—02 Eine portugiesische Expedition in Begleitung von Amerigo **Vespucci** befährt die Küste Südamerikas vom Kap San Roque bis angeblich 52⁰ s. Br., sicher bis zur Mündung des La Plata. Vespucci beschreibt diese Reise, sowie eine frühere und eine spätere in einer Reihe von Briefen, durch deren grosse Verbreitung sich der Name Amerika für das neue Land einbürgert.

1502 **Columbus** entdeckt auf seiner vierten Reise das Festland von Zentralamerika.

1505 Scipione dal **Ferro** löst zuerst die Gleichungen dritten Grades.

1508 **Heini** von Uri soll die Bauern-Praktik verfasst haben, die aus dem Verhalten des Christtages und der 12 Tage vor Weihnachten bis Epiphanias die Witterung des ganzen Jahres voraussagt und den Wetteraberglauben nach allen Ländern verbreitet.

1510 Albrecht **Dürer** entwickelt in exacter Weise die Regeln der Perspektive.

— Georg **Hartmann** aus Nürnberg macht während eines Aufenthaltes in Rom die erste Beobachtung der Abweichung der Magnetnadel (Deklination) auf dem Festlande und bestimmt diese Abweichung zu 6⁰ östlich.

— Peter **Hele** erfindet die Taschenuhren. Johannes Coclaeus sagt im Jahre 1511 darüber „Aus Eisen machte er kleine Uhren mit vielen Rädern, die 40 Stunden anzeigen und schlagen und im Busen oder Geldbeutel getragen werden können."

— **Leonardo da Vinci** erfindet die horizontalen Wasserräder.

— Jacobus **Sylvius** erfindet die anatomische Injektion der Gefässe und entdeckt die nach ihm benannte Spalte im Gehirn — fossa Sylvii —, sowie die Klappen der Hauptvenen.

— Victor **Trincavella,** Arzt in Bologna, stellt fest, dass erbliche Krankheiten oft Generationen überspringen.

1512 **Ponce de Leon** entdeckt den Golf von Mexiko und die Halbinsel Florida.

1513 Francisco **de Alaminas**, der Pilot des Ponce de Leon entdeckt den Golfstrom nahe an seiner floridanischen Enge. Die Benennung Golfstrom wendet zuerst Benjamin Franklin 1775 an.

1513 Der spanische Seefahrer Vasco Nunez **de Balboa** überschreitet die Landenge von Panama und entdeckt die Südsee.

— Martin **Waldseemüller (Hylacomylus)** fügt der Strassburger Ausgabe des seit einem Menschenalter wieder bekannten Werkes des Ptolemäus 20 von ihm gezeichnete Tabulae modernae hinzu, welche den ersten modernen Atlas darstellen.

1515 **Leonardo da Vinci** löst das Problem vom schiefen Hebel und erkennt bei der Erforschung der Hebelgesetze die Wichtigkeit des allgemeinen Begriffs der sogenannten statischen Momente.

1516 **Diaz de Solis** befährt die Ostküste Südamerikas bis 40° s. B.

— **Petrus Martyr de Anghiera** erkennt, dass die Verschiebung der Schneegrenze von verschiedener Erwärmung und Befeuchtung abhängig ist.

1517 Der Nürnberger Johann **Kiefus** erfindet das Radschloss für Feuergewehre.

1518 **Leonardo da Vinci** stellt zuerst ausgedehnte Reibungsversuche an und beschäftigt sich nicht allein mit der gleitenden Reibung, sondern auch mit der drehenden (Zapfen-) Reibung.

— Jacopo **Berengar von Carpi** giebt auf Grund eigener Beobachtungen eine eingehende Darstellung der menschlichen Anatomie.

— Anton **Platner** in Augsburg macht durch Hinzufügung des Windkessels die Feuerspritze leistungsfähiger. Ktesibius kann nicht wohl als Vorläufer angesehen werden; das Wort „Catinum“ bei Vitruv, auf das seine Priorität gestützt wird, scheint nicht Windkessel, sondern lediglich Geschirr zu bedeuten. Auch Hautsch's Anspruch muss Platner gegenüber fallen.

1519—21 Fernando **Cortez** zieht nach Mexico (Neu-Spanien). In seinem Auftrage, z. T. unter ihm selbst erfolgt von 1532 die Entdeckung von Kalifornien.

1520 Der portugiesische Missionar Francisco **Alvarez** berichtet über Abessynien.

— Girolamo **Fracastoro** leitet mit seiner Schrift „De morbis contagiosis“ eine neue Periode in der Epidemiographie ein.

— Fernão de **Magalhães** entdeckt die Magalhãesstrasse sowie die Ladronen und Philippinen und erreicht 1522 über Indien die Heimat wieder. (Erste Weltumsegelung.)

1520 Fernão de **Magalhães** wendet nachweislich zuerst zur Messung der Schiffsgeschwindigkeit das Log an, während es zweifelhaft ist, ob Christoph Columbus auf seinen Reisen das Instrument schon gekannt hat.

1521 Herzog **Alba** führt an Stelle der Arkebuse oder des halben Hakens den ganzen Haken unter dem Namen „Muskete" ein.

1525 Der Sevillaner Apotheker Felipe **Guillen** konstruirt ein sonnenuhrartiges Instrument mit Magnetnadel (brujula de variación) zur Bestimmung der Deklination auf dem Meere, das 1537 durch Pedro Nunes noch wesentliche Verbesserungen erfährt.

1526 **Paracelsus** schafft durch Einführung der eigentlichen Chemikalien in die Therapeutik für die Arzneimittellehre eine ganz neue Aera.

— Christoff **Rudolf** von Jauer gibt ein epochemachendes Rechenbuch heraus, welches das Vorbild für alle späteren Rechenbücher ist, und führt zuerst ein besonderes Zeichen für die Wurzel ein.

1527 Albrecht **Dürer** entwickelt unter Berücksichtigung der Wirkung der Pulvergeschütze ein polygonales Befestigungssystem mit Basteien und umfangreichen Kasemattirungen.

— Der Italiener **Micheli** in Verona macht im Hinblick auf den ausgedehnteren Gebrauch der Pulvergeschütze Vorschläge für eine Umgestaltung der permanenten Befestigungen. (Sogen. altitalienische Befestigung.)

1530 Otto **Brunfels** veröffentlicht ein Kräuterbuch mit von Künstlerhand nach der Natur entworfenen naturgetreuen Bildern.

— Hans **Bullmann** in Nürnberg soll angeblich das Kombinationsschloss ohne Schlüssel (Vorlegeschloss) erfunden haben, welches 1557 von Hieronymus Cardanus eingehend beschrieben wird.

— Girolamo **Fracastoro** spricht zuerst vom magnetischen Pol der Erde.

— Der Bildschnitzer Johann **Jürgens** in Watenbüttel bei Braunschweig führt die Tretvorrichtung am Spinnrad ein, das bis dahin mit der Hand gedreht wurde.

1531 Peter **Apian** erkennt, dass die Schweifachse der Kometen durchweg vom Sonnenkörper abgekehrt erscheint.

1532—34 Francisco **Pizarro** zieht nach Peru.

1534 F. **Fitzherbert** verfasst „The book of husbandry", das erste englische Werk über Landwirthschaft.

1535 Diego de **Almagro** durchzieht das Hochland von Chile.

— Jacques **Cartier** entdeckt den St. Lorenzstrom, auf dem er bis nach Montreal hinauffährt.

1537 Niccolo **Tartaglia** gibt in seinen Büchern „La nova scientia" und „Quesiti et inventioni diverse" genaue Berechnungen der Flugbahn der Geschosse und berechnet, dass die günstigste Elevation für den Weitwurf 45⁰ ist. Ferner gibt er die mathematischen Grundlagen der Taktik und der Fortifikation.

1538 **João de Castro,** später Vizekönig von Indien macht auf seiner Reise die erste bekannte grössere Reihe von Deklinationsbestimmungen mit dem von Nunes verbesserten Guillen'schen Instrument und entdeckt den Gesteinsmagnetismus an frei und hoch gelegenen Felsen der Ilha de Chaul bei Bombay.

1539 Alessandro **Piccolomini** veröffentlicht die erste Sternkarte.

1540 Der Sienese Vanuccio **Biringuccio** lehrt in seiner „Pirotecnica" die Herstellung von Modellen und Gussformen für den Geschützguss, das Bohren der Geschütze, die Lafettirung derselben und den Guss der eisernen Kugeln.

— Hieronymus **Cardanus** macht die ersten Versuche, das Gewicht der Luft zu bestimmen.

— Valerius **Cordus** entdeckt den Schwefelaether (Aethylaether) bei Behandlung von Weingeist mit Vitriolöl.

— Philibert **Delorme,** Architekt in Paris, erfindet die französische Säulenordnung und das Bohlendach, eine neue Art des Dachstuhls.

— Bernard **Palissy** entdeckt die Kunst, farbige Emails auf Thon anzubringen und stellt die nach ihm benannten hoch relievirten Fayencen her.

— Johann Ventura **Rosetti** publicirt das erste Compendium über die Färbekunst unter dem Titel „Plieto dell' arte de' tentori".

— Der Glasmacher Christoph **Schürer** in Neudeck erhält durch Zusatz von Kobalt zu Glasmasse das blaue Kobaltglas.

— Michael **Servet** entdeckt den kleinen Blutkreislauf.

1541 Francisco **Orellana** befährt den ganzen Amazonenstrom von Ecuador aus.

1542 Leonhard **Fuchs** macht in seiner „Historia stirpium" den ersten Versuch einer botanischen Nomenclatur.

— Der Portugiese Mendez **Pinto** erreicht Japan, über das bald die Missionare die ersten Nachrichten geben.

1542 Johann Joachim **Rhaeticus** macht Arbeiten über die ebene Trigonometrie und vervollkommnet die trigonometrischen Tafeln.

1543 Nikolaus **Kopernikus** findet die Ursache der von Hipparch entdeckten Praecession in der Anziehung, die Sonne und Mond auf den sphaeroidischen Erdkörper ausüben und in der dadurch bewirkten geringen konischen Bewegung der Erdachse.

— Nikolaus **Kopernikus** stellt in seinem Werke „de revolutionibus orbium coelestium" den Satz auf, dass die Sonne den Mittelpunkt des Planetensystems bildet, um den sich die Erde mit den andern Planeten dreht.

— Andreas **Vesalius** begründet die neuere Anatomie.

1544 Oronce **Finée** erfindet die Methode, die Länge durch Bestimmung der Rectascension des Mondes in seiner Culmination zu bestimmen.

— Georg **Hartmann** aus Nürnberg entdeckt die Inklination in unvollkommener Form. Die erste genauere Beobachtung macht der englische Nautiker Robert Norman (s. 1576).

— Sebastian **Münster,** Professor in Basel, gibt die „Cosmographia universalis", Beschreibung aller Länder, heraus, deren 26 neue Karten die Grundlage und der Ausgangspunkt des deutschen Kartenwesens sind.

— Der Augustinermönch Michael **Stifel** macht bahnbrechende Entdeckungen in der Arithmetik und gibt der Algebra durch Einführung der Zeichensprache die Gestalt, die bisher unverändert dafür beibehalten worden ist.

1545 Hieronymus **Cardanus** erfindet das Universalgelenk oder Kreuzgelenk, das er zuerst zur Aufhängung der Schiffskompasse anwendet (Cardanisches Gelenk). Er gibt im gleichen Jahre eine Formel zur Lösung der kubischen Gleichung an.

— Der Italiener Francesco **de Marchi** reformirt den Festungsbau, indem er das Bastionärtracé verbessert und die Aussenwerke hervorragend entwickelt. Er ist der erste, der Futtermauern von getrockneten Lehmsteinen verwendet, die er mit sehr dicken Strebepfeilern und starker Abdachung baut.

— Ambroise **Paré** begründet die moderne Chirurgie. Er darf als Wiedererfinder des Trepanirens und der Unterbindung gelten (s. Celsus 20), verbessert die Amputation und die Behandlung der Frakturen und lehrt als Erster die Chirurgie der Schusswunden.

1546 Georg **Agricola** gibt zuerst in seiner „De re metallica" eine genaue Aufklärung über die Chemie der Metalle.

— Valerius **Cordus** schreibt auf Verlangen des Nürnberger Rathes sein „Pharmacorum conficiendorum ratio, vulgo vacant, Dispensatorium", das als die erste deutsche Pharmakopoe angesehen werden muss.

— Niccolo **Tartaglia** erfindet den Kaliberstab.

1547 Der Mediziner Rainer **Gemma-Frisius** spricht zuerst die Idee aus, Längenunterschiede durch Uhren zu bestimmen.

1550 Georg **Agricola** gibt in seiner „de natura fossilium" die erste systematische Beschreibung der Mineralien.

— **Blasius** von Villafranca soll zuerst die Erscheinung, dass sich die Auflösung gewisser Stoffe im Wasser stark abkühlt, am Salpeter erkannt haben.

— Hieronymus **Cardanus** gibt eine Theorie der Flamme, in der er die Nothwendigkeit der Anwesenheit von Luft für die Verbrennung betont und die Entstehung gasförmiger Verbrennungsprodukte beschreibt (s. Bacon 1260).

— Hieronymus **Cardanus** bringt zum Zweck besserer Oelzuführung nach dem Dochte den Oelbehälter über dem Brennerrand der Lampe an, so dass das Oel unter Druck nach dem Docht gelangt.

— Hieronymus **Cardanus** beschreibt in seinem Werke „de subtilitate" die erste Mehlsichtmaschine, die innerhalb der letzten 3 Jahre erfunden sei und weist schon auf die sichtende Wirkung der Luftwellen hin, die in der neuesten Zeit von Friedrich Georg Winkler aus Zschopau wieder erfunden worden ist.

— Bartolomeo **Eustachio** entdeckt die tuba Eustachii, den Steigbügel, die Spindel der Schnecke, die häutige Schnecke, den Ursprung der Sehnerven und die Nebennieren und beobachtet die Zahnentwicklung.

— Gabriel **Falloppia,** Anatom in Padua, macht wichtige Beobachtungen auf dem Gebiet der Osteologie, der Muskellehre und entdeckt den nach ihm benannten Kanal des Schläfenbeins, sowie den Eileiter.

— Hans **Lobsinger** zu Nürnberg verbessert die im Jahre 1430 von einem Nürnberger Bürger Guter erfundene Windbüchse. Er soll auch die ersten Blasebälge von Holz und Kupfer für Schmelzhütten, sowie für Orgeln gemacht haben.

1550 Nachdem schon Leonardo da Vinci um 1500 die bei Land-Durchstichen in Italien zum Vorschein gekommenen versteinerten Muschelschalen für von Thieren herkommende Reste erklärt hatte, spricht sich Bernard **Palissy** entschieden dafür aus, dass die im Kalk und andern Gesteinen gefundenen Muscheln „versteinerte" Reste von Thieren seien (s. Xenophanes 550 v. Chr.).

— Bernard **Palissy** macht zuerst darauf aufmerksam, dass der Dünger durch seinen Gehalt an löslichen Salzen den Boden verbessere und dass der Boden durch fortgesetzten Anbau unfruchtbar werde, weil ihm dadurch alle löslichen Stoffe entzogen würden.

— Bernard **Palissy** soll den Erd- oder Bergbohrer erfunden haben.

— Andrea **Palladio** baut die erste bekannte Hängebrücke über den Fluss Cismone.

1553 Richard **Chancellor** entdeckt das Weisse Meer. Hugh **Willoughby** gelangt bis nach Nowaja Semlja.

1554 Guillaume **Rondelet** liefert in seinem Fischbuch eine sorgfältige Beschreibung einer grossen Zahl von Fischen und gibt für sie gute Unterscheidungsmerkmale.

— Niccolo **Tartaglia** führt den gedeckten Weg im Festungsbau ein.

— Franz **Traucat** in Nimes macht die ersten rationellen Beobachtungen über die Nahrung, die Krankheiten, die Entwicklung der Seidenraupe, die richtige Temperatur und Lüftung der Seidenhäuser und den Anbau des Maulbeerbaumes.

1555 Leonhard **Fronsberger** giebt in seinem Kriegsbuche die erste Beschreibung von mitraillensenartigen Geschützen, die er Orgel- oder Igelgeschütze nennt.

1556 Georg **Agricola** erklärt es in seinem Buche „de re metallica" für wahrscheinlich, dass man aus der Färbung einer Flamme die darin verbrennende Substanz zu erkennen lernen werde.

1556 Georg **Fabricius** beobachtet zuerst die Schwärzung des Chlorsilbers durch das Sonnenlicht.

1557 **Bartolomé** von Medina lehrt Silber und Gold aus ihren Erzen vermittelst Quecksilber zu gewinnen (Amalgamation).

— Robert **Recorde** in London führt das Gleichheits-Zeichen ein.

1557 Erasmus **Reinhold,** Professor der Mathematik in Wittenberg, giebt, unterstützt von Herzog Albrecht von Preussen, astronomische Tafeln heraus, die er zu Ehren von Albrecht die prutenischen nennt. Sie werden der Kalenderreform des Papstes Gregor XIII. zu Grunde gelegt.

1560 Georg **Agricola** entdeckt das Wismuth.

— Josias **Simler** begründet die wissenschaftliche Alpenkunde.

— Hieronymus **Bock** (Tragus) unterscheidet in seinem Kräuterbuch zuerst die Familien der Lippenblüthler, Kreuzblüthler und Korbblüthler.

— Daniel **Speckle,** Kriegsbaumeister in Strassburg, fordert Befestigungsanlagen mit stark entwickelter Feuerkraft und völlige Deckung der Grabenmauern gegen Sicht. Er führt den gedeckten Weg sägeförmig (en cremaillère).

1561 Konrad **Gesner** gibt die erste sichere Beschreibung eines Nordlichtes.

1564 **August,** Kurfürst von Sachsen, gibt in seinem „künstlich Obstgarten Büchlein" eine schon auf eigener Erfahrung beruhende Anweisung zur Obstkultur.

1565 Jean **Nicot,** französischer Gesandter in Portugal, bringt die Tabakpflanze nach Frankreich. Bereits im gleichen Jahre gelangt sie durch den Stadtphysikus Occo nach Augsburg. Nach Nicot heisst die Tabakpflanze Nicotiana, ihr 1828 von Posselt & Reimann isolirtes Alkaloid Nicotin.

— Giulio Cesare **Aranzio,** Arzt in Bologna, untersucht die Veränderung des Blutkreislaufs, die bei der Geburt im Foetus vor sich geht und entdeckt den Ductus venosus Aranzii.

1566 **Wilhelm IV,** Landgraf von Hessen, gibt einen Sternkatalog heraus, bei dem zum ersten Male die Zeit als eigentliches Beobachtungselement benutzt und die Uhr zum astronomischen Instrument erhoben wird.

1567—69 Alvaro de **Mendana** entdeckt die Salomons-, die Marquesas- und die St. Cruz-Inseln.

1568 Philipp **Apian,** Professor in Tübingen, der erste Topograph der neuen Zeit, liefert in seinen 24 „bayrischen Landtaffeln" das topographische Meisterwerk des 16 ten Jahrhunderts.

— Veit Wulff **von Senftenberg** gibt in seinem Buche „Von allerlei Kriegsgewehr und Geschütz" nicht nur eine genaue Beschreibung der Sprengtechnik im XVI. Jahrhundert, sondern äussert auch viele neue Ideen, insbesondere über mechanische Zündung.

1568 Constantin **Varolio** zu Bologna bearbeitet die Anatomie des Centralnervensystems.

1569 Bartolomeo **Ammanati** vollendet die Arnobrücke zu Florenz mit einem Mittelbogen von 28 Meter Spannung.

— Gerhard **Mercator**, Kartograph in Duisburg, der „Ptolemäus der neuen Zeit", wendet auf seiner Weltkarte zum ersten Mal die winkeltreue Cylinderprojektion mit wachsenden Breiten an, die noch heute die Projektion aller Seekarten ist.

1570 Hieronymus **Fabricius** ab Acquapendente entdeckt, dass alle Klappen in den Venen sich nach dem Herzen hin öffnen.

— Der Arzt Volcker **Koyter** begründet die vergleichende Anatomie und äussert unter Anderem schon richtige Ansichten über den Nutzen des äusseren Ohrs als reflectirendes Organ, über das Trommelfell und die Gehörknöchelchen als Schallleiter und die Leitung der Gehörsempfindung durch den Nervus acusticus ins Gehirn.

— Abraham **Ortelius** gibt die erste Sammlung ausschliesslich neuer Karten heraus (Theatrum orbis terrarum).

— Der Benediktinermönch Pedro de **Ponce** zeigt zuerst, dass die Taubstummheit nicht auf einer mangelhaften Bildung der Sprachorgane beruht, sondern dass die Stummheit nur eine Folge der Taubheit ist und liefert den praktischen Beweis hierfür, indem er Taubstummen zeigt, wie artikulirte Töne gebildet werden und ihnen so die Sprache wieder schenkt.

— Der Arzt Johann **Praetorius** erfindet den Messtisch (mensula Praetoriana).

1571 Konrad **Heresbach** aus Speyer schreibt sein berühmtes Buch „Rei rusticae libri quatuor", das erste deutsche Buch über Landwirtschaft, das den Keim der späteren kameralistischen Richtung der landwirtschaftlichen Studien enthält.

1572 **Tycho Brahe** entdeckt am 11. November einen neuen Stern im Sternbild der Cassiopeia, der im März 1574 wieder unsichtbar wird. Er stellt 1576 das gleichförmige Wachsen der Praecession fest.

— Leonhard **Thurneysser** hebt in seiner Schrift „De frigidis et calidis aquis mineralibus et metallicis" zuerst die Möglichkeit der Darstellung künstlicher Mineralwässer hervor.

1575 **Maurolykus** erklärt die Wirkung der Krystalllinse im Auge in richtiger Weise, indem er darthut, dass sich die Strahlen hinter derselben schneiden und erklärt die Kurz- und Weitsichtigkeit.

1575 Der Bologneser Arzt Caspar **Tagliacozza** bildet die plastischen Operationen noch weiter aus, als es Celsus und Branca vor ihm gethan hatten und bildet namentlich auch künstliche Ohren.

1576 **Tycho Brahe** verleiht seinen astronomischen Messungen auf der Insel Hven (Uranienburg und Sternenburg) einen bis zu seiner Zeit noch nicht gekannten Grad von Genauigkeit und schafft dadurch die Grundlagen für die weiteren astronomischen Fortschritte.

— Der englische Seefahrer Sir Martin **Frobisher** macht den ersten Versuch, die nordwestliche Durchfahrt zu finden.

— Mathias **Lobelius** (de l'Obel) aus Lille ordnet die Pflanzen habituell und zwar nach der Blattform.

— Robert **Norman**, ein englischer Seemann, erfindet den Inklinationskompass.

1577 Guido **Ubaldi** erkennt, dass die Wirkung des Rades an der Welle und des Flaschenzugs durch die sogenannten statischen Momente bestimmt wird.

1577—80 Sir Francis **Drake** vollführt die zweite Erdumseglung, erblickt Kap Hoorn und segelt an der Westküste Amerikas entlang bis 48° n. Br.

1578 Egnatio **Danti** in Bologna konstruirt zuerst „durchgehende" Windfahnen, bei denen die Richtungen zu jeder Zeit auf einer im Hause selbst befestigten Windrose abgelesen werden können.

— Marx **Fugger** gibt der Züchtungs- und Gestütskunde durch sein Buch „Von der Zucht der Kriegs- und Bürgerpferde" eine wesentliche Bereicherung.

— Der Kosake **Jermak Timofjew** leitet die Eroberung Sibiriens ein.

1579 Mathaeus **Meth**, ein Arzt aus Langensalza, erfindet die Gradirhäuser und baut das erste Gradirhaus in Nauheim.

1580 Prosper **Albinus** veröffentlicht die erste Abbildung und Beschreibung der Kaffeepflanze in Europa.

— Pompeo **Targone**, Ingenieur des Marchese Ambrogio Spinola, erfindet die Feldmühlen (Wagenmühlen, fahrbare Mühlen).

— Francois **Vieta** führt die Buchstabenrechnung in die Algebra ein und wendet sie auf die Geometrie an.

1582 Der Arzt Luigi **Lillo** in Rom veranlasst Papst Gregor XIII., durch den Mathematiker Clavius eine Revision des Kalenders vornehmen zu lassen, die das Jahr zu 365,24250 Tagen ansetzt und zur Annahme des Gregorianischen Kalenders führt.

1583 Andreas **Caesalpinus** sucht die Pflanzen nach ihren Frukti-fikationsorganen in ein System zu bringen und gibt eine inhaltreiche theoretische Botanik.

— Galileo **Galilei** entdeckt — bei Beobachtung der Schwingungen einer Lampe im Dom zu Pisa — den Isochronismus der Pendelschwingungen und ersinnt auf Grund dieser Entdeckung einen Apparat zur Messung der Häufigkeit des Pulsschlages.

1584 Sir Walter **Raleigh** führt die Kartoffel in Irland ein.

— Michael **Varro** äussert in seinem „Tractatus de motu" richtige Vorstellungen von der Kräftezusammensetzung.

— Nikolaus **Zurkinden** in Bern verfertigt ein Schiessgewehr, an dem eine drehbare Ladetrommel, wie beim Revolver, angebracht war.

1585 William **Borough** gibt ausführliche Anweisungen zur Bestimmung der Deklination und bespricht die Wichtigkeit derselben für die Navigation.

— John **Davis** entdeckt die Davisstrasse und erforscht sie in den Jahren 1586 und 1587.

— Von Philipp II. abgewiesen, begiebt sich der italienische Kriegsbaumeister Federigo **Gianibelli** nach Antwerpen, wo er mit den von ihm erfundenen Minenschiffen die Brücke sprengt, mit der die spanischen Belagerer die Schelde gesperrt hielten.

— Christoph **Rothmann** in Cassel beobachtet zuerst das Zodiakallicht (Thierkreislicht), das 1658 im Druck von Joshua Childrey beschrieben und dessen räumliche Verhältnisse 1683 von Jean Dominique Cassini bestimmt werden.

1586 Galileo **Galilei** konstruirt eine hydrostatische Wage (Bilancetta), die auf dem archimedischen Prinzip von dem Gewichts-verlust eines in die Flüssigkeit eintauchenden Körpers beruhend, das Mischungsverhätniss zweier Metalle zu bestimmen erlaubt.

— **Simon Stevinus** stellt die erste richtige Theorie der schiefen Ebene auf und deutet den Satz vom Parallelogramm der Kräfte an.

1587 Giovanni Battista **Benedetti** ahnt das Wesen einer accelerirten Bewegung, hat eine gewisse Kenntniss von der Beharrung der Körper, nicht bloss in Ruhe, sondern auch in Bewegung. Er spricht aus, dass ein im Kreis geschwungener Gegenstand beim Aufhören der Centralbewegung sich in tangentialer Richtung fortbewegt.

— Simon **Stevinus** entwickelt aus den Sätzen des Archimedes das sogenannte hydrostatische Paradoxon, wonach Flüssigkeiten einen viel grösseren Druck als ihr eigenes Gewicht auf die Böden der Gefässe ausüben können und bestimmt auch den Druck der Flüssigkeiten auf vertikale und geneigte Seitenwände. Er stellt ferner den Satz vom Gleichgewicht des Wassers in kommunizirenden Röhren auf.

1588 Carolus **Clusius** pflanzt in Wien und Frankfurt a. M. Kartoffeln als botanische Seltenheit an.

— Livio **Sanuto** spricht zuerst von zwei magnetischen Polen der Erde.

1589 Galileo **Galilei** lässt vom schiefen Thurm in Pisa eine halbpfündige und eine hundertpfündige Kugel herabfallen, wobei letztere nur um wenige Zoll voreilt, und liefert so den glänzenden Beweis, dass Körper von verschiedenem Gewicht gleich schnell fallen. „Von der Höhe dieses Thurmes erlitt die peripatetische Philosophie einen Schlag, von dem sie sich nie wieder erholte".

— Der englische Student der Theologie William **Lee** baut den ersten Handkulierstuhl für Strumpfwirkerei in solcher Vollkommenheit, dass derselbe auch heute noch in seiner ursprünglichen Form Verwendung finden kann.

— Giambattista **della Porta** gibt in seiner „Magia naturalis" die älteste Beschreibung eines Wassertrommelgebläses.

1590 Domenico **Fontana** macht zur Hebung der aegyptischen Obelisken auf dem Petersplatze in Rom von der Verkürzung der Taue durch Benässung Gebrauch.

— William **Gilbert** stellt sich die Wärme als Bewegung eines sehr feinen materiellen Aethers vor.

— Der holländische Optiker Zacharias **Jansen** erfindet das zusammengesetzte Mikroskop.

— Simon **Stevinus** legt mit seiner „Hylocynesie" den Keim zur tellurischen Morphologie: er behandelt darin bereits den Bau der Ebenen und Berge, den Lauf der Flüsse, die Beziehungen zwischen festem und flüssigem Element.

1590 Simon **Stevinus** stellt eine Theorie der Gezeiten auf, die es ihm ermöglicht, für gegebene Erdorte die Zeiten für Ebbe und Fluth mit Rücksicht auf den Mondlauf vorauszubestimmen.

1591 **Varantius** gibt die erste bekannte Beschreibung von Baggermaschinen, bei denen die erforderlichen Bewegungen durch ein geeignetes Laufrad, in welchem Menschen thätig waren, erfolgten.

1592 Hieronymus **Fabricius** ab Acquapendente entdeckt die Phosphorescenz des faulenden Fleisches. Robert Boyle konstatirt 1667, dass diese Eigenschaft im luftleeren Raume aufhört, im lufterfüllten Raume aber wieder beginnt.

1595 Simon **Stevinus** stellt zuerst bei Gelegenheit der Untersuchung des Gleichgewichts der Rollen und Rollensysteme das Prinzip der virtuellen Verschiebungen auf.

1596 Der Holländer Willem **Barents** überwintert, nachdem er 1594 das Karische Meer entdeckt hat, auf Nowaja Semlja.

— David **Fabricius** entdeckt am 13. August bei Omicron Ceti eine Lichtveränderung und nennt diesen veränderlichen Stern, der im Oktober wieder verschwindet, „Mira".

— Galileo **Galilei** weist nach, dass der Fall über die schiefe Ebene eine gleichförmig beschleunigte Bewegung ist.

— Galileo **Galilei** dehnt seine Untersuchungen der Pendelschwingungen auf Pendel verschiedener Länge aus und findet das Gesetz, dass die Pendellängen sich wie die Quadrate der entsprechenden Schwingungszeiten verhalten.

— Sebastian **Hälle** regelt zuerst die Brennzeit des Zünders nach der Flugzeit des Geschosses und wendet einen Fall- und Aufschlagzünder an.

— Simon **Stevinus** erfindet die Dezimalbruchrechnung.

1597 Galileo **Galilei** erfindet das Thermometer in Form eines Luftthermometers (Thermoskops), welches mit dem unteren offenen Ende in gefärbtes Wasser taucht. Santorio bedient sich dieses Instrumentes, um die Konstanz der menschlichen Blutwärme und deren Steigerung im Fieber nachzuweisen.

— Buonajuto **Lorini** beschreibt in seinem Werke „delle fortificationi" Hinterladungsgeschütze, die auf Galeeren und Kriegsschiffen zur Bequemlichkeit der Kanoniere sehr gebräuchlich seien. Er gibt u. A. auch die früheste bekannte Beschreibung einer Seilbahn zum Transportiren von Erde.

1598 **Tycho Brahe** beschreibt den von ihm erfundenen Quadrans Maximus, der jetzt Altazimut oder Universal-Instrument genannt wird, in seiner „Astronomia instaurata".

— Carlo **Ruini** gibt die „Anatomia del Cavallo" heraus, die erste thierärztliche Monographie, der eine praktische Tendenz zu Grunde liegt, und die durch die gute Beschreibung der Krankheiten des Pferdes und deren Heilung einen grossen Ruf erlangt.

1600 Just **Bürgi** erfindet unabhängig von Stevin die Decimalbrüche und vervollkommnet die Sinustafel. Wegen der ihm zugeschriebenen Erfindung des Proportionalzirkels siehe bei Alberti 1447.

— Konrad **Celtes** findet die im Jahre 375 entworfene Tabula Peutingeriana, eine Karte der weströmischen Militärstrassen auf, die mit Unrecht den Namen Peutingers trägt.

— **Fabriz von Hilden** extrahirt zuerst einen im Auge steckenden Eisensplitter vermittelst eines Magnetsteines.

— William **Gilbert** erforscht die Eigenschaften der natürlichen Magnete und begründet die Lehre vom Erdmagnetismus (vom grossen Magneten Erde). Er behauptet schon, dass jeder unmagnetische, aber durch seine Richtung im Raume der Erdeinwirkung zugängliche Eisenstab mit der Zeit selbst zum Magneten werden müsse.

— Anton **Moller** in Danzig erfindet die Bandmühle, die es ermöglicht, dass ein Arbeiter auf dem Webstuhl 16 oder auch mehr Bänder gleichzeitig herstellen kann.

— Der italienische Arzt Santorio **Santoro** weist die Perspiration und andere Erscheinungen des Stoffwechsels und Wachstums durch jahrelang fortgesetzte Wägungen nach.

— Olivier **de Serres** behandelt zuerst in seinem „Theatre d'Agriculture" die Obstzucht in eingehender und methodischer Weise und beschreibt u. A. auch die seit dem Alterthum nicht mehr gehandhabte Drainage, deren allgemeine Anwendung er empfiehlt.

— Johann **Thölden** in Frankenhausen konstruirt ein Volumaraeometer zum Spindeln von Salzlauge, das jedoch die Grenzen der Frankenhausener Saline nicht überschritten zu haben scheint.

1601 Der Ostindienfahrer James **Lancaster** leitet die erste
Expedition der 1600 gegründeten Ostindischen Kompagnie
und legt den Grund zu dem Verkehr mit Ostindien. Die
Holländer, deren ostindische Kompagnie 1602 gegründet wird,
beteiligen sich besonders an der Erforschung von Ostindiens
Inselwelt.

— Giambattista **della Porta** macht den frühesten bekannten
Versuch zur quantitativen Bestimmung, in wieviel Dampf
eine bestimmte Wassermenge sich auflöst.

1602 Galileo **Galilei** erkennt die parabolische Gestalt der Wurflinie.

— Nachdem schon 1588 Timothy Bright zum ersten Male nach
dem Verlorengehen der Tironischen Noten ein Kurzschriftsystem
begründet hatte, stellt John **Willis** das erste vollständige
stenographische Alphabet auf. Von späteren Systemen sind
namentlich die von Samuel Taylor (1786), Isaac Pitman (1837)
in England, von Bertin (1792) und Duployé (1867) in
Frankreich, von Gabelsberger (1817) und Stolze (1841) in
Deutschland allgemein bekannt geworden.

1603 Johann **Bayer** veröffentlicht den ersten Sternatlas „Uranometria";
die Sterne werden zum erstenmale der Helligkeit nach in
jedem Sternbilde nach der Reihe mit Buchstaben des griechischen
Alphabets bezeichnet; diese Bayerschen Bezeichnungen sind
noch heute gebräuchlich.

1604 Galileo **Galilei** ermittelt die Gesetze des freien Falls; es
gelingt ihm indess nicht, die Grösse der Beschleunigung zu
bestimmen, da diese Grösse durch einfache Beobachtung
nicht wohl zu ermitteln ist.

1605 Francis **Bacon** von Verulam lehrt, zur Naturbeobachtung
auch das Experiment zu Hülfe zu nehmen und lenkt dadurch
die gesammten exakten Wissenschaften in eine neue Bahn.

— Pedro **Quiros** entdeckt Tahiti und andere Südseeinseln.

1606 Der Spanier **Torres** entdeckt die Torresstrasse. In demselben
Jahre erreicht **Willem Jansz** Australien.

1608 Oswald **Croll** führt durch seine „Basilica chimica" eine
grosse Anzahl organisch chemischer Praeparate in den
Arzneischatz ein.

— Der holländische Brillenmacher Hans **Lippershey** erfindet
das Fernrohr, mit dessen Erfindung er Jacob Metius in
Alkmaar zuvorkommt, obschon dieser schon vor Lippershey
an dieser Aufgabe gearbeitet hatte.

1609 Galileo **Galilei** erkennt das Prinzip der Trägheit, wonach ein Körper, auf welchen keine Kräfte wirken, in Ruhe oder gleichförmig geradliniger Bewegung verharrt. Deutlich ausgesprochen wird dieser Satz erst 1632 von B. Cavalieri (Erstes Bewegungsgesetz).

— Galileo **Galilei** hört im April oder Mai in Venedig, dass ein Holländer dem Prinzen Moritz von Oranien ein Augenglas gezeigt habe und konstruirt sofort zu Hause den Apparat nach. (Galileisches, holländisches Fernrohr.)

1609—11 Der englische Seefahrer Henry **Hudson** entdeckt und erforscht bei seinen Versuchen, eine nordöstliche Durchfahrt zu finden, den Hudsonfluss, die Hudsonstrasse und die Hudsonbay.

1609 Johann **Kepler** entdeckt durch sechsjährige Rechenarbeit auf Grund von Tycho Brahe's Beobachtungen die ersten beiden seiner drei Gesetze: Die Planeten beschreiben Ellipsen um die Sonne als Brennpunkt. Die Verbindungslinie zwischen Sonne und Planet bestreicht in gleicher Zeit gleiche Flächenräume.

— Johann **Kepler** gibt in seinem Buche „de Stella Martis" zuerst numerische Angaben von den Anziehungskräften, welche nach Verhältniss ihrer Massen Erde und Mond gegen einander ausüben und führt Ebbe und Fluth als einen Beweis an, dass die anziehende Kraft des Mondes sich bis zur Erde erstrecke.

— Simon **Marius** entdeckt die 4 ersten Jupitertrabanten, die 1610 auch von Galilei aufgefunden werden.

1610 Galileo **Galilei** formulirt seine Theorie der Ebbe und Fluth, die er im Wesentlichen auf die Erdbewegung zurückführt.

— Galileo **Galilei** entdeckt den Saturnring, der von ihm als eine Verdreifachung des Saturns angesehen und erst 1659 von Christian Huygens richtig gedeutet wird, und die Mondgebirge, deren höchste Erhebungen er auf ungefähr (nach heutiger Rechnung) 8000 Meter bestimmt.

— Johann Baptist **van Helmont** kennzeichnet zuerst die bis dahin nicht für wesentlich verschieden von der Luft angesehenen luftförmigen Körper als verschiedenartig von der Luft und untereinander und gibt ihnen den Namen „Gase". Namentlich lehrt er den Wasserstoff, die schweflige Säure, die Kohlensäure u. s. w. kennen.

1611 Der Mediziner Johann **Fabricius** entdeckt die Sonnenflecken wieder, worauf auch Galilei und Scheiner Anspruch machen (siehe auch Averrhoës 1160).

— Johann **Kepler** erfindet das nach ihm benannte Keplersche oder astronomische Fernrohr, das umgekehrte Bilder gibt.

— Galileo **Galilei** stellt den Satz auf, dass die Planeten keine selbstleuchtenden Himmelskörper seien und dass Venus und Mars sich um die Sonne drehen und lehrt im gleichen Jahre die Achsendrehung der Sonne.

1612 Simon **Marius** entdeckt als ersten Nebelfleck den Nebelfleck in der Andromeda, zu dem Hartwig 1885 eine Nova entdeckt.

1613 Christoph **Scheiner** bestimmt aus der Beobachtung der Sonnenflecken die Rotationszeit der Sonne und die Lage ihres Aequators und beobachtet zuerst die Sonnenfackeln.

1614 Der schottische Mathematiker John **Napier of Merchiston** erfindet die Logarithmen und stellt die als Napiersche Analogieen bezeichneten Formeln zur Berechnung sphärischer Dreiecke auf.

1615 Der Werkmeister an der Pariser Münze Nicolas **Briot** verwendet zuerst die Spindelpresse (Stosswerk) als Prägeapparat.

— Johann Baptist **van Helmont** bewirkt durch sein „Pharmacopolium ac dispensatorium modernum", in dem viel Belehrung über die richtige Darstellung der Arzneien und über die Schädlichkeit mancher damals gebrauchter Mittel enthalten ist, einen wesentlichen Fortschritt der Arzneimittellehre.

— Andreas **Libavius** macht die nachweislich erste Bluttransfusion und schreibt eine „chirurgia transfusoria".

1616 William **Baffin** erforscht die Baffinsbai und entdeckt den Smith-, St. John's- und Lancaster-Sund. Er beobachtet in der Baffinsbai die grösste damals bekannte Deklination von 56°.

— **Le Maire** und **Schouten** entdecken die Le Maire-Strasse und das Kap Hoorn.

— Jean Baptiste **Morin** entdeckt zuerst in ungarischen Bergwerken die eigene Wärme des Erdinnern.

1617 Der Mathematiker Henry **Briggs,** latinisirt Briggius, in Oxford, gibt die ersten Tafeln dekadischer 8 stelliger Logarithmen heraus, die er später zu 14 stelligen vervollständigt.

— Willebrord **Snellius** stellt gleichzeitig mit Wilhelm Schickard die fälschlich Pothenot'sche Aufgabe genannte geodätische Aufgabe auf und löst dieselbe.

1617 Willebrord **Snellius** erfindet die Triangulationsmethode zur Ausführung von Gradmessungen. Anfangs wählte man dafür eine verhältnissmässig lange Grundlinie (über 20 km), bis Magnus Schwerd (1822) den Nachweis führte, dass auch eine kurze Basis (2—4 km) zuverlässige Resultate gebe.

— Simon **Stevinus** begründet mit Hülfe von Schleusen und unter weitgehender Anwendung der Bewegung des Wassers eine neue Art des Festungsbaus.

1618 Clement **Dawbeney** erfindet das Eisenschneidewerk.

— Galileo **Galilei** konstruirt ein Perspektiv für zwei Augen und kann als Erfinder der Binocles angesehen werden.

— Johann **Kepler** stellt sein drittes Gesetz auf: das Quadrat aus der Umlaufszeit steht zu dem Kubus der Sonnenweite für alle Planeten in demselben Verhältniss. Das Problem ist endgültig gelöst, „mag mein Werk hundert Jahre auf einen Leser warten, wie Gott sechstausend Jahre auf den Entdecker seines Geheimnisses gewartet hat".

— David **Ramsay** und Thomas **Wildgoose** lassen sich eine Maschine patentiren, die ohne Anwendung von Spannvieh pflügt, düngt und saet.

— Willebrord **Snellius** entdeckt das Gesetz des konstanten Verhältnisses zwischen dem Sinus des Einfallwinkels und dem des Brechungswinkels der Lichtstrahlen.

1619 Der Engländer Dud **Dudley** verwendet zur Eisengewinnung zuerst Steinkohle an Stelle der bis dahin gebräuchlichen Holzkohle, woran sich die 1623 erfolgende Verwendung der Steinkohle zum Glasschmelzen durch Robert Mansell schliesst.

— John **Etherington** erfindet die Ziegelformmaschine.

1620 Francis **Bacon** von Verulam definirt in seinem „Novum Organum" die Wärme als eine Bewegung der kleinsten Körpertheilchen.

— Caspar **Bauhinus** bewirkt eine neue Anordnung der Pflanzen nach habituellen Aehnlichkeiten. Er stellt die ersten wissenschaftlichen Speziesdiagnosen auf und benennt die Gattungen, ohne sie zu beschreiben.

— Johann Baptist **van Helmont** lehrt das Weiterbestehen eines Körpers in seinen Verbindungen, wie der Kieselerde in dem Wasserglas, des Silbers in seinen Salzen, erfasst demnach den Satz von der Erhaltung des Stoffes klarer als seine Zeitgenossen.

1620 **Napier of Merchiston** erfindet ein Rechenbrett (Abakus) mit beweglichen Gliedern (Napier's bones).

1622 Gasparo **Aselli** aus Cremona, Anatom in Pavia, entdeckt die Chylusgefässe und Mesenterialdrüsen, die als „Pancreas Asellii" bezeichnet werden.

— Der Goldschmied, später Mathematiker Peter **Guldin** in Wien, findet die von Pappus aufgestellte Regel zur Berechnung des Flächeninhaits von Rotationsflächen wieder auf, legt den Grund zur Lehre von den Combinationen und berechnet die Zahl der aus 23 Buchstaben combinirbaren Wörter.

1624 Philipp **Clüver** wird durch seine „Introductio in Geographiam universam" der Begründer der historischen Länderkunde.

— Pierre **Gassendi** begründet auf's Neue die atomistische Naturerklärung, indem er an die Atomenlehre Epikurs anknüpft.

1625 Francesco **Stelluti** verwendet zuerst planmässig das Mikroskop zur Untersuchung von Theilen der Bienen.

— Der kaiserliche, später schwedische Oberst **v. Wurmbrand** konstruirt leichte Kartätschengeschütze aus dünnen Kupferrohren mit Tauumwickelung und Lederumhüllung, die sog. ledernen Kanonen Gustav Adolf's.

1626 Der König **Gustav Adolf** vermindert das Gewicht der Muskete auf 5 kg, wodurch die Gabel entbehrlich, und die Beweglichkeit der mit der Muskete bewaffneten Truppen eine grössere wird.

1627 Der Tiroler Caspar **Weindl** führt die erste erweisliche Sprengung in Bergwerken im Oberbieberstollen zu Schemnitz aus.

1628 Benedetto **Castelli** verfasst das erste wissenschaftliche Werk über Hydraulik.

— William **Gilbert** betrachtet zuerst die Anziehungskraft des Bernsteins als eine neue selbstständige Naturkraft und gibt ihr nach dem ἤλεκτρον (Bernstein) den Namen „elektrische Kraft". Neben dem Bernstein führt er eine Menge Körper an, die durch Reiben elektrisch werden.

— William **Harvey** stellt in seiner Schrift „Exercitatio anatomica de motu cordis et sanguinis in animalibus" den doppelten Kreislauf des Blutes fest, den er schon 1619 entdeckt aber bis dahin nur mündlich vorgetragen hat.

1630 Der englische Ingenieur **Beaumont** soll zuerst Holzbahnen auf den Steinkohlengruben von Newcastle upon Tyne für Kohlen- und Steintransporte angewendet haben.

1630 **Cascariolo** zu Bologna entdeckt den Bononischen Leuchtstein (Phosphorescenz).

— Cornelius **Drebbel** lehrt die Scharlachfärberei mittelst Cochenille unter Zusatz von Zinnsalzen.

— Der Niederländer **Freytag** macht Vorschläge über eine rasche und billige Herstellung von Festungswerken mit Benutzung des Wassers als Hinderniss und unter Verzicht auf Mauerwerk. (Altniederländische Befestigung.)

— Der Büchsenmacher Augustin **Kutter** in Nürnberg schneidet zuerst gewundene Züge in den Büchsenlauf ein.

— Jean **Rey** beobachtet, dass Zinn und Blei beim Calciniren an Gewicht zunehmen.

1631 Johann Baptist **Cysat,** der bei Beobachtung des Kometen von 1618 den Orionnebel entdeckte, beobachtet den Merkurdurchgang im November.

— Francesco **Fontana** fertigt die erste Marszeichnung an und entdeckt die Phasen des Mars.

— Der französische Mathematiker Pierre **Vernier** erfindet den Nonius.

1632 Der Mathematiker Buonaventura **Cavalieri** begründet die nach ihm benannte Methode des Untheilbaren.

— Galileo **Galilei** stellt den Satz auf, „die Aenderung der Bewegung ist der Einwirkung der bewegenden Kraft proportional und geschieht nach der Richtung derjenigen geraden Linie, nach welcher jene Kraft wirkt". (Zweites Bewegungsgesetz.)

1634 **Ludwig XIII.** von Frankreich setzt durch königlichen Befehl vom 25. April fest, dass die französischen Geographen und Seefahrer die Längen der Orte von dem Meridian der Insel Ferro als erstem Meridian nehmen sollten.

— Philipp **White** führt auf den Schiffen Ketten statt der Taue ein.

1635 Galileo **Galilei** entdeckt die Libration des Mondes in Breite und die parallaktische Libration.

— Henry **Gellibrand** gibt den ersten sicheren Nachweis von der Säkularvariation der magnetischen Deklination.

1636 Der französische Offizier Gerard **Desargues** wendet die Geometrie auf die Künste an und begründet die Lehre von den Kegelschnitten auf den Prinzipien der Perspektive.

1636 Pierre **Fermat** braucht bei seiner Methode de maximis et minimis zur Bestimmung des grössten oder kleinsten Werthes einer Funktion eine Rechnung, bei der er die Differenz zweier Grössen und dadurch mittelbar auch die Differenz zweier zugehöriger Grössen verschwindend setzt und wird so der erste Erfinder der Infinitesimalrechnung.

— Der Mathematiker Marin **Mersenne** entdeckt das sympathetische Mitklingen gleichgestimmter Saiten und bestimmt in roher Weise die Geschwindigkeit des Schalls in der Luft, die später von Lacaille, Arago, Moll und van Beck und namentlich von Regnault genauer ermittelt wird.

1637 René **Descartes** gibt dem von Willebrord Snellius gefundenen Brechungsgesetz den heute noch gebräuchlichen Ausdruck.

1638 René **Descartes** begründet die analytische Geometrie.

1639 Benedetto **Castelli** führt die ersten Regenmessungen aus, 31 Jahre vor Erfindung des ersten selbstregistrirenden Regenmessers von Robert Hooke.

— John **Horrox** und **Crabtree** beobachten zuerst einen Durchgang der Venus durch die Sonnenscheibe.

— Conrad Victor **Schneider** in Wittenberg beweist anatomisch und klinisch, dass nicht das Gehirn, sondern die Nasenschleimhaut den Schleim absondert, der in Krankheiten abfliesst und stösst damit endgiltig die Lehre der Alten von den zahlreichen katarrhoischen Krankheiten um.

1640 William **Gascoigne** erfindet das Mikrometer.

— Blaise **Pascal** findet die Bedingung, unter welcher 6 Punkte auf einem Kegelschnitt liegen (Pascalscher Satz). Er konstruirt 1642 die erste Rechenmaschine zum Rechnen der vier Species.

— Werner **Rolfink** erlangt zuerst die Erlaubniss, menschliche Leichen — von Verbrechern — seciren zu dürfen, woher die Bezeichnung rolfinken, rolfincare rührt.

1641 René **Descartes,** fussend auf Harveys Entdeckung des Blutkreislaufes, spricht aus, dass der Körper der Thiere eine komplizirte Maschine sei, deren Bewegung nach denselben Gesetzen erfolge, wie bei den von Menschen gebauten Maschinen.

1642 Ludwig **von Siegen** erfindet die Schabkunst (Schwarzkunst), bei der die Kupferplatte zuerst vollkommen rauh gemacht wird und auf der rauhen Fläche die Formelemente der Zeichnung durch Schaben und Glätten hervorgebracht werden.

1642 Der holländische Seefahrer Abel Jansz **Tasman** entdeckt Vandiemensland (jetzt Tasmania genannt), umfährt Australien in weitem Umkreis und reduzirt dadurch die fälschlich angenommene „terra australis" um ein Bedeutendes.

1643 Georges **Fournier** trägt in seinem grossen Werke „L'Hydrographie contenant la théorie et la pratique de toutes parties de la navigation" eine grosse Anzahl von Thatsachen zum Aufbau einer wissenschaftlichen Ozeanographie zusammen.

— Der Holländer **de Vries** entdeckt die Ostküste Japans, die Kurilen und Sachalin.

— Evangelista **Torricelli** entdeckt den Luftdruck und misst dessen Veränderungen zuerst durch eine Quecksilbersäule (Barometer).

— Evangelista **Torricelli** bestimmt den Flächeninhalt der Cykloide und beschreibt eine von Viviani gefundene Konstruktion der Tangenten an diese Kurve, die auch Roberval für sich beansprucht.

1644 Réné **Descartes** führt die Entstehung der hervorragendsten Unebenheiten der Erdoberfläche zuerst auf Gewölbeeinstürze zurück und spricht sich über die Entstehung der Erde im Wesentlichen in plutonistischem Sinne aus.

1645 Ismael **Bouillau** spricht, wie Newton angibt, zuerst von einer Anziehungskraft der Sonne, die in umgekehrtem Verhältniss der Entfernung abnehme.

— **Ferdinand II.** von Toscana erfindet das Kondensationshygrometer.

— Der Kapuziner Anton Maria **Schyrlaeus de Rheita** erfindet ein sogenanntes terrestrisches „Okular" und wendet zuerst diesen Ausdruck sowohl als auch den Ausdruck „Objektiv" an.

1646 Thomas **Bartholinus**, Anatom in Copenhagen, findet den Brustlymphstamm im menschlichen Körper auf.

— Evangelista **Torricelli** weist nach, dass sich die Geschwindigkeit des aus der Bodenöffnung eines Gefässes fliessenden Wassers wie die Quadratwurzel aus der entsprechenden Druckhöhe verhält (Torricellisches Theorem).

1647 Buonaventura **Cavalieri** gibt die Berechnung der Brennpunkte aller Formen von Linsen.

— Johann **Hevelius** in Danzig entdeckt die Libration in der Ebene des Mondaequators (in Länge) und gibt seine noch jetzt werthvolle Selenographie heraus.

1647 Jean **Pecquet** entdeckt die Milchsaftzisterne und deren Zusammenhang mit dem 1564 von Eustachio entdeckten Milchbrustgang und weist nach, dass dieser seinen Inhalt in die linke Schlüsselbeinvene ergiesst, der Chylus also vom Darm durch die Chylusgefässe und Mesenterialdrüsen direkt ins Blut gelangt.

— Nachdem Moritz Hofmann aus Fürstenwalde schon 6 Jahre zuvor den Ausführungsgang des Pankreas am Truthahn entdeckt hatte, findet ihn Georg **Wirsung** aus Bayern am Menschen.

1648 **Deschnew** umfährt das Ostkap von Asien und dringt durch die Beringstrasse bis zum Anadyr vor, wodurch die Trennung der Alten von der Neuen Welt bewiesen wird.

— Emanuel **Maignan** gibt die erste Theorie der Lichtbrechung.

— Der Mediziner Johann Marcus **Marci de Kronland** sieht zuerst die prismatische Dispersion des Lichts, ohne jedoch eine Erklärung derselben geben zu können.

— Blaise **Pascal** lässt durch seinen Schwager Périer die erste barometrische Höhenmessung auf dem Puy de Dôme ausführen, wodurch das Vorhandensein des Luftdrucks endgültig bewiesen wird.

— Francesco **Redi** tritt zuerst gegen die Annahme einer generatio aequivoca in den niedrigen Thierklassen auf, indem er zeigt, dass, wenn man die Ablagerung der Eier in faulende Substanzen verhütet, sich in diesen keine lebenden Wesen entwickeln.

1649 Réné **Descartes** erklärt mit **Bacon** (s. 1620) die Wärme als Bewegung der Körpertheilchen. Je stärker die Vibration der Theilchen ist, um so höher steigt die Wärme. Die Bewegung der Himmelskörper erklärt er durch seine Wirbeltheorie.

1650 François **de la Boë** (Sylvius) entdeckt Lymphgefässe in der Leber und gibt die erste Beschreibung von Tuberkeln.

— François **de la Boë** (Sylvius) begründet das chemiatrische System in der Medizin.

1660 Robert **Hooke** stellt die Gesetze der Elastizität auf, die von Mariotte 1669, Huygens 1673, W. J. s'Gravesande 1720 und Th. Young 1807 bestätigt und erweitert werden.

1650 Joachim **Jungius** bemängelt zuerst die altherkömmliche Eintheilung der Pflanzen in Bäume und Kräuter als das Wesen nicht treffend und bezweifelt wie Redi die generatio aequivoca.

— Der Jesuit Athanasius **Kircher** erfindet die Laterna magica und die Aeolsharfe.

— François **Mansard** erfindet die Mansardendächer.

1650 Nicolas **Sauvage** hält im Hôtel de Fiacre in der rue St. Martin in Paris zuerst Wagen und Pferde zum Vermiethen bereit, die von seinem Hause den Namen „Fiacre" erhalten.

— Johann **Sperling** gibt in seiner erst nach seinem Tode veröffentlichten „Zoologia physica" die erste Andeutung der Auffassung von der Stellung des Menschen, die später zur Bildung eines besonderen Naturreichs für denselben führt.

— Bernhard **Varenius** gibt die erste eingehendere Beschreibung der Windverhältnisse auf der Erde.

— Thomas **Wharton** aus Yorkshire publicirt das erste bedeutende Werk über Drüsen, beschreibt darin die Thymus-, Pankreas- und Submaxillardrüse und entdeckt den Ausführungsgang der letzteren.

1651 William **Harvey** erklärt in seiner Schrift „de generatione animalium", dass die Theorie der generatio aequivoca ein Irrthum sei und jedes lebende Wesen sich aus einem Ei entwickle, welches vom weiblichen Individium stamme und zu dessen Entwicklung der Samen als belebender Reiz einwirke.

— Nathanael **de Highmore** entdeckt die nach ihm Highmore- höhle genannte Oberkieferhöhle. Diese Entdeckung bildet den Schlüssel für viele bis dahin unerklärliche Zahn- erkrankungen.

— Giovanni Battista **Riccioli** macht die ersten trigonometrischen Höhenbestimmungen der Wolken.

— Olaus **Rudbeck** entdeckt als Student in Padua die Lymph- gefässe des Darms.

1652 **Le Gendre** begründet die Spalierbaumzucht und macht wichtige Angaben über Unterlage und Reis in der Obstbaum- kultur.

— Otto **von Guericke** erfindet die Luftpumpe.

1653 André **le Nôtre** legt den ersten „französischen" Garten an. Solche Gartenanlagen werden bald allgemein und verbreiten sich über ganz Europa.

1654 Johann Rudolf **Glauber** erwirbt sich viele Verdienste um die Reindarstellung der Mineralsäuren, die Gewinnung der Chloride (Zink- und Zinnchlorid, Arsen- und Kupferchlorid) und anderer wichtiger chemischer Praeparate, wie z. B. des sal mirabile Glauberi (Glaubersalz).

1654 Otto **von Guericke** führt dem Reichstag zu Regensburg sein berühmtes 1650 erfundenes Experiment mit den sogenannten Magdeburger Halbkugeln vor.

— Blaise **Pascal** begründet die Wahrscheinlichkeitsrechnung.

1655 Christian **Huygens** entdeckt den „Titan", den 6. und grössten der acht Satelliten des Saturn, wie auch die wahre Gestalt des Saturnringes.

1656 Christian **Huygens** erfindet die Pendeluhr. Dass Galilei, der 1583 den Isochronismus der Pendelschwingungen entdeckte, den Gedanken gehabt habe, das Pendel bei Uhren anzuwenden, lässt sich mit voller Sicherheit nicht erweisen; jedenfalls ist eine brauchbare Ausführung des Gedankens nicht erfolgt.

— J. **Vossius** begründet die meteorische Quellenlehre durch den von ihm aufgestellten Satz „omnia flumina ex collectione aquae pluvialis oriri". Diese Lehre, dass das Material zu den Quellen in der Hauptsache das atmosphaerische Wasser liefere, wird insbesondere durch Edme Mariotte (1717) und durch de la Metherie (1797) gestützt.

1658 Jan **Swammerdam** entdeckt die rothen Blutkörperchen im Froschblut.

1660 Giovanni Alfonso **Borelli** erklärt an Hand zahlreicher sorgfältiger Versuche die von Leonardo da Vinci gefundene Kapillarität.

— Robert **Boyle** zeigt zuerst die Reaktion der Säuren durch Röthung blauer Pflanzensäfte und die der Alkalien durch die braunrothe Färbung gelber Pflanzensäfte.

— Hermann **Conring** wird mit seinem „Examen rerum publicarum" der Schöpfer der Statistik, die bis dahin nur ganz oberflächlich von dem Venetianer Sansovino und dem Franzosen Pierre d'Avity behandelt worden war.

— Francesco Maria **Grimaldi** entdeckt die Diffraction des Lichtes und beschreibt zuerst das durch ein Prisma erzeugte Sonnenspektrum.

— Blaise **Pascal** wendet das Princip der virtuellen Verschiebungen zum Beweis des Satzes an, dass ein an einem Punkte der Oberfläche einer flüssigen Masse ausgeübter Druck sich gleichmässig nach allen andern Punkten der Flüssigkeit verbreitet, wofern diese nicht auszuweichen im Stande ist (Pascal'sches Gesetz).

1660 Nicolaus **Stenonis** erkennt die Muskeln als die eigentlichen thätigen Bewegungswerkzeuge und findet, dass sie sich bei ihrer Zusammenziehung selbst verkürzen, eine Erscheinung, die Borelli auf die Elasticität der Muskeln zurückführt, welche unter dem Einfluss der Nerven in Thätigkeit trete.

— Thomas **Sydenham**, der englische Hippokrates, fasst zuerst den Gedanken, dass die Krankheit eine Folge eines Krankheitsprozesses sei, ein Begriff, den er als Erster streng durchführt.

— Der holländische Grosspensionär Jan de **Witt** wendet zuerst die Wahrscheinlichkeitsrechnung auf die Berechnung der Lebensrente an.

1661 Robert **Boyle** stellt eine Korpuskulartheorie auf, nach welcher alle Körper aus kleinsten Theilchen bestehen. Durch Aneinanderlagerung der sich gegenseitig anziehenden Theilchen verschiedener Stoffe kommt die Verbindung zu Stande. Tritt mit einem Körper ein anderer in Wechselwirkung, dessen kleinste Teilchen zu denen eines Komponenten mehr Anziehung haben, als die Komponenten unter sich, so erfolgt Zersetzung.

— Robert **Boyle** stellt zuerst den Begriff des chemischen Elements auf, welches nicht weiter in materiell verschiedene Stoffe zerlegbar ist.

— **Dorville** und **Gruber** machen einen Zug durch Tibet.

— Marcello **Malpighi** beobachtet zuerst an Lunge und Mesenterium des Frosches den Kapillarkreislauf und liefert damit die wichtigste Ergänzung zu Harveys Entdeckung des grossen Blutkreislaufes.

— Der französische Astronom Melchisedec **Thevenot** führt die vom Mechaniker Chapotot erfundene Libelle ein.

1662 Robert **Boyle** und Edme **Mariotte** (1676) stellen unabhängig von einander das Boyle-Mariotte'sche Gesetz auf: „Der Raum, den eine eingeschlossene Gasmenge einnimmt, steht im umgekehrten Verhältniss zum Druck" oder „je geringer der Druck, um so grösser der Rauminhalt, je grösser der Druck, um so geringer der Rauminhalt."

— Otto von **Guericke** erfindet das Manometer.

— John **Graunt** in London begründet die medizinische Statistik.

— Marcello **Malpighi** erforscht zuerst die Entwicklung des Hühnchens im Ei und begründet die mikroskopische Anatomie oder Gewebelehre der Thiere.

1663   Otto von **Guericke** erfindet die erste, freilich noch sehr einfache Elektrisirmaschine und entdeckt vermittelst derselben die Abstossung gleichnamig elektrischer Körper.

—   Giles **Persone de Roberval** verbessert das Araeometer und versieht dasselbe mit Gewichten. Da diese in die Flüssigkeit eintauchten, fügt Fahrenheit (1724) einen Teller zum Auflegen der Gewichte hinzu. Die heutige Form erhält das Instrument dann durch William Nicholson (1787).

1664   Da die Methode des Nicolaus de Cusa, der den Feuchtigkeitsgehalt der Luft durch die Feuchtigkeitszunahme von Wolle zu bestimmen suchte, sich als ungenau erweist, bestimmt **Folli da Poppi** den Feuchtigkeitsgrad mit Hülfe der Längenveränderung eines Papierstreifens, der in der Mitte mit einem Gewicht belastet war und an dessen Stelle er kurz darauf einen Pergamentstreifen verwendet (Hygrometer).

1665   Der holländische Anatom Regnier **de Graaf** entdeckt die nach ihm benannten Follikel im Eierstock.

—   Robert **Hooke** entdeckt und erklärt die Farben dünner Blättchen, die er auf eine Verwirrung der an den Grenzflächen der dünnen Schicht reflektirten Schwingungen zurückführt und erfindet das „Newtonsche Farbenglas". Er spricht zuerst aus, dass das Licht aus einer schnellen und kurzen vibrirenden Bewegung bestehe.

—   Christian **Huygens** macht 29 Jahre vor Carlo Renaldini, dem man bisher diese Idee zuschrieb, den Vorschlag, als Fundamentalpunkte für das Thermometer den Schmelzpunkt des Eises und den Siedepunkt des Wassers zu benutzen.

—   Athanasius **Kircher** gibt die ersten Karten der Meeresströmungen heraus.

—   Friedrich **Ruysch** in Amsterdam untersucht durch künstliche Injektion die Gefässvertheilung in den verschiedenen Organen des Körpers.

1666   Der englische Rector John **Beal** macht die ersten Beobachtungen über die täglichen Barometerschwankungen.

—   Giovanni Alfonso **Borelli** spricht zuerst den Gedanken einer parabolischen Form der Kometenbahn aus.

—   Jean Dominique **Cassini** schliesst aus der Beobachtung einiger Flecke auf der Oberfläche der Venus auf eine Rotation derselben, die er zu $23\frac{1}{4}$ Stunden berechnet.

1666   Jean de la **Quintinye** regt das Veredeln der Obstbäume an
und bringt die Kunst des Pfropfens und Okulirens bei den
Gartenliebhabern in Mode.

—   Der französiche Chemiker Nicolaus **Lemery** schlägt vor,
zur Darstellung der Schwefelsäure Schwefel mit Salpeter gemischt in einer feuchten Flasche zu verbrennen.

—   Isaac **Newton** findet durch Rechnung die Grösse der Abplattung der Erde zu $\frac{1}{289}$.

—   Nachdem Zucchius 1616 den Vorschlag gemacht hatte, Hohlspiegel als Fernrohrobjektive zu verwenden und Mersenne 1640,
Gregory 1663 Instrumente verfertigt hatten, die wegen der
verwendeten parabolischen Spiegel keinen Erfolg hatten, gelingt es Isaac **Newton,** durch Anwendung eines sphaerischen
Spiegels das erste brauchbare Spiegel-Telescop zu konstruiren.

—   Otto **Tachenius** begründet die chemische Analyse, die von
Robert Boyle 1676 systematisch ausgebaut wird. Von ihm
stammt die erste brauchbare Bestimmung des Begriffes Salz
als der Verbindung von Säuren und Alkalien.

1667   Adrien **Auzout** hebt die Beobachtungskunst durch Einführung
des Fadenkreuzes im Fernrohr.

—   Robert **Boyle** macht zuerst eingehende Versuche mit Kältemischungen. Er erwähnt, dass die Vermischung von Schwefelsäure, Salzsäure und besonders Salpetersäure mit Schnee
Kälte erzeugt und dass Salmiak in Wasser gelöst, dieselbe
Erscheinung hervorruft.

—   Robert **Hooke** konstruirt zuerst das Pendel-Anemometer,
welches durch den Winkelausschlag einer dem Winde senkrecht
entgegenstehenden Tafel die relative Windstärke zu messen
gestattet. Von manchen Seiten wird diese Erfindung Christopher
Wren oder auch Rooke zugeschrieben.

—   Robert **Hooke** beobachtet mit dem Mikroskop den zelligen
Bau der Pflanzen und gebraucht zuerst den Ausdruck „Zelle".

—   Thomas **Willis** erforscht den Bau des Gehirns und entdeckt
den nach ihm genannten „Circulus" der Hirnarterien.

1668   John **Wallis** ermittelt die Stossgesetze völlig unelastischer
Körper.

1669   Erasmus **Bartholinus** entdeckt, dass das Licht, wenn es
durch isländischen Doppelspath geht, in zwei Strahlenbündel
zerlegt wird, die von dem gewöhnlichen Lichte verschieden sind.

—   **Brand** entdeckt den Phosphor.

1669   Christian **Huygens** gibt in seiner Abhandlung „De motu corporum ex percussione" die Gesetze für den Stoss elastischer Körper.

—   John **Mayow** zeigt durch das Experiment, dass bei der Verbrennung, wie beim Athmen das Volum der Luft vermindert wird und betrachtet das Athmen als einen dem Verbrennen ähnlichen Prozess; die Entstehung der Blutwärme betrachtet er als auf einer Gährung beruhend. Die Substanz, die aus der Luft hinweg genommen wird, bezeichnet er als eine salpetrige (particulae nitro-aëreae).

—   Isaac **Newton** erfindet die Fluxionsrechnung.

—   Die durch Jean **Picard** 1669—70 in Sourdan bei Amiens und Malvoisine bei Paris durchgeführte Gradmessung wird dadurch bedeutungsvoll, dass sie Newton in den Stand setzt, sein Gravitationsgesetz als richtig zu erkennen.

—   Nicolaus **Stenonis** begründet mit seiner Schrift „De solido intra solidum naturaliter contento" die Krystallographie und gibt eine Lehre von der Entstehung der Erde, die ihn als Begründer des Neptunismus erscheinen lässt.

—   Jan **Swammerdam** macht bahnbrechende Untersuchungen über den Bau und die Entwicklung der Bienen und die Fortpflanzung und Verwandlung der Insekten überhaupt und stellt, indem er die bis dahin umgehende Ansicht von der Urzeugung niederer Thiere beseitigt, die Theorie auf, dass die Entstehung der Wesen eine Enthüllung (Evolution) ihrer schon vorhandenen Keime sei.

1670   Der Landwirth **von Amboten** in Paddern in Kurland erfindet die Dreschmaschine.

—   **Hobbes** und **Montanari** erklären gleichzeitig das Zerspringen der Glasthränen beim Ritzen aus den anomalen Spannungsverhältnissen. Die Ansicht, dass Asmadëi die Thränen resp. die bologneser Fläschchen 1716 erfunden habe, kann demgegenüber und bei dem Umstand, dass nach dem Bremer Rektor Schulenburg dieselben in mecklenburgischen Glashütten schon um 1625 bekannt waren, nicht aufrecht erhalten werden.

—   Marcello **Malpighi** entdeckt, unabhängig von Robert Hooke, die Pflanzenzellen, die er utriculi nennt und findet, dass die Blätter diejenigen Organe sind, welche die Nahrung der Pflanzen bereiten.

1670 Marcello **Malpighi** entdeckt die Malpighischen Körperchen der Milz, das Malpighische Schleimnetz (rete Malpighii) und die Malpighischen Bläschen.

— Der französische Theologe Gabriel **Mouton** äussert zuerst die Idee eines natürlichen Grundmasses. Er will als solches die Minute eines Meridiangrades annehmen und dieselbe Mille nennen.

— Isaac **Newton** zerlegt durch ein Glasprisma das Sonnenlicht in seine farbigen Bestandtheile und weist nach, dass Lichtstrahlen von verschiedener Farbe verschieden brechbar und die prismatischen Farben wirklich einfache Farben sind (Dispersion des Lichts).

— Der Töpfer **Palmer** in Burslem erfindet das „Salzen", ein Verfahren zum Glasiren des Steinzeugs, das darin besteht, dass man während des Brandes, namentlich am Ende desselben Salz in die Feuerungen wirft.

— Jean **Picard** entdeckt, dass alle Pendeluhren im Sommer, wegen Verlängerung des Pendels durch die Wärme, langsamer, im Winter, wegen Verkürzung desselben durch die Kälte, schneller gehen.

— Giles **Persone de Roberval** erfindet die Robervalsche oberschalige Wage.

— Heinrich **Schwankhardt** oder Schwanhard in Nürnberg erfindet die Glasätzung mittelst Flussspath und Schwefelsäure.

— Nicolaus **Stenonis** in Copenhagen weist nach, dass sich das Herz wie ein Muskel verhält. Er entdeckt den Ausführungsgang der Ohrspeicheldrüse (Ductus Stenonianus).

1671 Samuel **Morland** erfindet das Sprachrohr.

— Thomas **Willis** betrachtet, wie John Mayow, das Athmen und die Verbrennung als gleiche Prozesse, erklärt aber die Entstehung der Blutwärme als von der Verbrennung herrührend. Auch er betrachtet den Bestandteil der Luft, der die Verbrennung unterhält, als particulae nitrosae. Aehnliche Ansichten äussert 1680 Robert Boyle, der indess davon spricht, dass es nicht nachgewiesen sei, dass jener Bestandteil der Luft salpeterartig sei.

1672 Francis **Glisson** lehrt die Irritabilität der thierischen und pflanzlichen Gewebe, d. h. deren Fähigkeit auf Reize zu reagiren, und stellt durch den Versuch fest, dass sich das Volum des Muskels bei der Contraktion nicht ändert.

1672 Giovanni Battista **Riccioli** berechnet zuerst aus der Breite, der mittleren Tiefe und der Geschwindigkeit eines Stromes dessen Wasserfülle.

1673 Menno **von Coehoorn** verwendet in grossem Massstabe die sogenannten Coehoornschen Mörser, Handmörser, die bequem fortzubringen und zu bedienen waren und aus denen Granaten geworfen wurden. Er macht sich ausserdem einen Namen in der Fortifikation durch seine sogenannte Verstärkungsmanier.

— Christian **Huygens** erklärt die Beobachtung des Astronomen Richer (1671), dass der Sekundenpendel in Cayenne um $^5/_4$ Linien kürzer sei als in Paris, durch die Abnahme der Schwere von den Polen nach dem Aequator.

— Christian **Huygens** bestimmt durch Pendelbeobachtungen die Grösse der Beschleunigung für den freien Fall und stellt fest, dass der Geschwindigkeitszuwachs rund 10 m in der Secunde beträgt, so dass ein Körper nach Ablauf der 1, 2, 3 . . . . Sekunde eine Geschwindigkeit von rund 10, 20, 30 . . . . Metern besitzt.

— Christian **Huygens** stellt den Satz auf, dass die Summe der Produkte der Massen und der Quadrate der von ihnen erreichten Geschwindigkeiten dieselben bleiben, die Massen mögen sich verbunden fortbewegen oder isolirt dieselben Höhen ersteigen, Johann Bernoulli, der dies Theorem für ein allgemeines Naturgesetz erklärt, nennt dasselbe „das Prinzip von der Erhaltung der lebendigen Kräfte".

— Christian **Huygens** löst die von Mersenne gestellte Aufgabe über den Schwingungsmittelpunkt des zusammengesetzten Pendels, entwickelt die Theorie des Pendels, insbesondere die Abweichungen vom Galileischen Pendelgesetz, entdeckt die wahre Gestalt der Kettenlinie und behandelt die Eigenschaften der Cycloide und die Lehre von den Evoluten.

— Christian **Huygens** begründet die Theorie der Centrifugalkraft und liefert den Beweis, dass die Centrifugalkraft wie das Quadrat der Geschwindigkeit zunimmt und in dem Verhältniss kleiner wird, wie der Radius zunimmt.

— Antony **Leeuwenhoek** entdeckt die rothen Blutkörperchen beim Menschen.

— **Marquette** und **Jolliet** befahren den Missisippi vom Norden her.

1673 Der französische Marschall Sebastien **Leprêtre de Vauban**
wirkt bahnbrechend für das französische und das gesammte
europäische Festungswesen, indem er den bastionirten Grund-
riss in einfachster Anordnung aller Teile mit ausschliesslicher
Grabenflankirung vom hohen Walle, unter Ausschluss der
Kasematten, einführt und vor den Kurtinen Raveline anbringt.
Er lehrt den methodischen Festungsangriff mit Parallelen.

1674 Robert **Boyle** erforscht die Eigenschaften der Luft in
physikalischer und chemischer Beziehung und bestätigt durch
zahlreiche Versuche die von Jean Rey gefundene Thatsache,
dass die Metalle bei der Calcination an Gewicht zunehmen.

— Robert **Hooke** erfindet die Kreistheilmaschine, die jedoch
erst im Jahre 1775 durch den Mechaniker Jesse Ramsden
ihre Vervollkommnung erfährt.

— Christian **Huygens** ersetzt die Borstenfeder der Taschenuhr
Unruhe durch eine stählerne ebene Spiralfeder, deren
Schwingungszeit regulirbar war und gibt der bis dahin
balkenförmigen Unruhe die runde Rädchenform, die wegen
der Luftwiderstände von Werth war. Der Prioritätsanspruch
von Hooke ist ungerechtfertigt, da eine Uhr nach seiner
Angabe erst 1675 fertig wird.

— Der französische Chirurg **Morel** erfindet die Aderpresse
(Tourniquet).

— Denis **Papin** beobachtet, dass die Siedetemperatur vom
Druck abhängt und dass Wasser viel weniger erwärmt zu
werden braucht, wenn es unter niedrigerem Druck kochen soll
als bei höherem. Die Erhöhung der Siedetemperatur benutzt
Papin 1681 in dem nach ihm benannten Papinschen Dampf-
kochtopf, an dem er bemerkenswerther Weise schon ein
Sicherheitsventil anbringt.

— George **Ravenscroft** in England erfindet das schon im
Alterthum bekannt gewordene bleioxydhaltige Krystallglas
(Flintglas) wieder, vermag dasselbe aber nur in kleinen
Stücken herzustellen.

— Der dänische Astronom Olaf **Römer** wendet zuerst die
epicycloidische Gestalt für die Zähne von Zahnrädern an.
Die erste Theorie der Epicycloide stellt im Jahre 1695 de la
Hire auf.

1675 Robert **Boyle** entdeckt, dass alle Körper eine grössere elektrische Anziehungskraft haben, wenn man sie vor dem Reiben erwärmt und dass die elektrischen Versuche auch im luftleeren Raume wie sonst von Statten gehen. Im gleichen Jahre erfindet er ein Skalen Araeometer.

— Antony **Leeuwenhoek** entdeckt die Infusorien (Aufgussthierchen).

— Denis **Papin** trägt durch Erfindung des doppelt durchbohrten Hahns (Wechselhahn), der 1679 von Senguerd noch verbessert wird, wesentlich zur Vervollkommnung der Hahnluftpumpe bei, um deren Verbesserung auch Christian Huygens sich seit 1661 viele Verdienste erworben hat.

1676 Isaac **Newton** findet die Gesetze der Farben dünner Blättchen. (Newtonsche Ringe.)

— Isaac **Barlow** erfindet die Repetiruhr.

— Olaf **Römer** sieht bei Beobachtung der Verfinsterung der Jupitermonde, dass der erste derselben mit zunehmender Entfernung des Jupiters von der Erde immer später, als berechnet war, verfinstert wurde und dass die Verspätung im Maximum 1000 Sekunden betrug. Römer erklärt diese Verzögerung durch die Annahme einer endlichen Geschwindigkeit des Lichts, die er, da der Jupiter zur Zeit der Conjunctur von der Erde um 40 Millionen Meilen weiter entfernt ist, als in der Opposition, auf den 1000ten Theil von 40 Millionen Meilen oder auf 40000 Meilen in der Sekunde berechnet.

— Johann Christian **Sturm** erfindet das Differentialthermometer.

1677 Francis **Glisson,** gibt einen Ueberblick über den Bau des Thierkörpers, und bearbeitet die Anatomie und Physiologie der Leber.

— Der englische Astronom Edmund **Halley** spricht bei Gelegenheit der Beobachtung des Merkurdurchgangs auf St. Helena den Gedanken aus, dass Vorübergänge der unteren Planeten vor der Sonne eine gute Bestimmung der Sonnenparallaxe ermöglichen würden und dass dies der Venusdurchgang noch besser als der Merkurdurchgang leisten würde, eine Voraussagung, welche die Expeditionen von 1761 und 1769 zur Beobachtung von Venusdurchgängen veranlasste.

1677 Ludwig **van Hammen** entdeckt die Samenfäden, die von Malpighi als die Keime der Thiere (1687) beschrieben werden, deren wahre Zellennatur aber erst (1841) von Kölliker erkannt wird.

— William **Noble** und Thomas **Pigott** entdecken die durch Mitschwingen entstehenden Flageolettöne.

1678 Christian **Huygens** liest vor der Pariser Akademie eine Abhandlung, in der er die Undulationstheorie des Lichts aufstellt.

— Johann **Kunckel** stellt zuerst Rubinglas her, indem er zum Färben der Glasmasse Goldpräparate verwendet. Nach der Entdeckung des „Goldpurpur" (1687) wird meist dieses Praeparat verwendet.

— Domenico **de Marchettis** weist zuerst nach, dass die feinsten Zweige der Venen und Arterien mit einander communiciren.

1679 Giovanni Alfonso **Borelli** begründet die Schule der Iatromathematiker.

— Isaac **Newton** erkennt theoretisch, dass frei fallende Körper in Folge der Rotationsgeschwindigkeit der Erde von der Senkrechten östlich abgelenkt werden müssen.

1680 Caspar **Bartholinus** in Kopenhagen entdeckt den Ausführungsgang der Unterzungendrüse und die Glandulae Bartholinianae.

— Lorenzo **Bellini** untersucht den Bau der Nieren und findet die Ausführungsgänge in den Papillen „tubuli Belliniani".

— Giovanni Alfonso **Borelli** gibt in seinem Werke „De motu animalium" eine bahnbrechende und erschöpfende Theorie der Körperbewegung der Thiere und Menschen (s. Descartes 1641).

— Jean Dominique **Cassini** entdeckt die Rotation der Planeten Jupiter und Mars (s. auch 1666).

— Der Engländer **Clement** erfindet die Ankerhemmung oder die Hemmung mit dem englischen Haken an Stelle der bis dahin gebrauchten Spindelhemmung.

— Hieronymus **Brassavola** weist die Wirksamkeit von Nährklystieren nach.

— Tommaso **Cornelio** in Neapel erkennt zuerst die eigene Irritabilität der Muskeln und die peristaltische Bewegung des Darmes.

— 57 —

1680 Christian **Huygens** beschreibt in einer Eingabe an die Pariser Akademie seine 1673 erfundene Pulvermaschine, deren Cylinder Seitenröhren mit Ventilklappen trug. Durch im Cylinder zur Explosion gebrachtes Pulver wurde der Kolben bis über die Oeffnungen der Seitenröhren geschleudert, aus denen alsdann die Gase entweichen konnten. Fiel nun die Luft zurück, so schloss sie die Klappen und presste den Kolben mit so grosser Kraft herab, dass dadurch Lasten gehoben werden konnten. Die Hautefeuille'sche Pulvermaschine ist erst 1678, d. i. fünf Jahre nach der Huygens'schen Maschine erfunden worden. Man wird nicht verkennen, dass in der Huygens'schen Pulvermaschine schon die Grundidee der Gasmaschine vorliegt.

— Der Franzose **Jacquin** erfindet die künstlichen Perlen, die er in der Weise darstellt, dass er hohle Glaskügelchen inwendig mit dem silberfarbenen Bodensatz kleiner gewaschener Fische überzieht und die Perlen mit Wachs ausgiesst.

— Gottfried Wilhelm **von Leibniz** stellt in seiner „Protogaea" eine Theorie über die Bildung der Erde auf, die im Wesentlichen ein plutonistisches Gepräge trägt und nicht völlig unbeeinflusst von den Descartes'schen Ansichten ist.

— Gottfried Wilhelm **von Leibniz** erfindet die Differentialrechnung.

— Der Engländer Martin **Lister** erkennt den Werth der Petrefakten für die Bestimmung der Altersfolge der Sedimente.

— Bernardino **Ramazzini** behandelt in seinem Werke „De morbis artificum diatribe" als Erster die Gewerbehygiene. Er bemüht sich lebhaft um die Einführung der Chinarinde.

1681 Georg Samuel **Dörfel** liefert an dem Kometen von 1680 den Nachweis der von Borelli 1666 vermutheten parabolischen Bewegung der Kometen.

— Robert **Hooke** beobachtet, dass ein musikalischer Ton entsteht, wenn man ein Kartenblatt an die Kante eines schnell rotirenden Zahnrades bringt, und findet damit das Princip der Zahnradsirene, die 1820 von Savart hergestellt wird.

1682 Johann Joachim **Becher** gibt eine umfassende Theorie über die Zusammensetzung der Körper. Er nimmt in den Metallen und den andern entzündlichen Körpern eine brennbare Erde an, auf deren Vertreibung die Verbrennung beruhe und legt dadurch den Grund zur phlogistischen Theorie.

1682   Johann Joachim **Becher** erwähnt in seiner „Grossen chymischen Concordantz" die Brennbarkeit des Steinkohlengases.

—   Nehemiah **Grew** begründet die Pflanzenhistologie.

—   Edmund **Halley** entdeckt den Halley'schen Kometen, der vorher mit Bestimmtheit 1378, 1456, 1531 und 1607 gesehen worden war. Seine Wiederkehr wird von Halley auf 1759 angekündigt, thatsächlich wurde er am 21. Jan. 1759 von Messier in Paris aufgefunden.

—   Emanuel **König** theilt die gesammte Natur in die drei Reiche (regna) ein.

—   Edme **Mariotte** macht die ersten Beobachtungen über strahlende Wärme, indem er die Durchlässigkeit von Glas für Wärmestrahlen untersucht.

—   Isaac **Newton** spricht, nachdem er bereits 1666 die ersten Versuche gemacht hatte, die Bewegung der Himmelskörper aus den Gesetzen der Mechanik zu erklären, das Gesetz der Gravitation aus, demzufolge sich die Materien gegenseitig im directen Verhältniss ihrer Massen und im umgekehrten Verhältniss des Quadrates ihrer Entfernungen anziehen, und erbringt dafür den mathematisch genauen Nachweis.

1683   Guichard Joseph **Du Verney** sichert die Stellung der Ohren- heilkunde als selbstständige Disziplin.

1684   Robert **Boyle** hat klare und richtige Ansichten über die ver- schiedenen Grade der chemischen Verwandtschaft. Er weiss, dass Kali das Ammoniak aus seinen Verbindungen austreibt, weil die Säure zu dem fixen Alkali mehr Verwandtschaft hat als zu dem flüchtigen und dass die ätzenden Alkalien die stärkste Affinität haben gegen starke Säuren.

—   Der englische Techniker James **Delabadie** konstruirt die erste Rauhmaschine für Stoffe und betreibt die erste Tuch- scheere mit Wasserkraft.

—   Johann Adriaan **Helvetius** führt die 1658 von Wilhelm Piso zuerst beschriebene, 1672 von Legras nach Europa gebrachte Ipecacuanha in die Medizin ein.

—   Edward **Hemming** führt die erste Strassenbeleuchtung in London ein.

1685   Der französische Ingenieur **Castaing** erfindet das Rändel- werk, das gestattet, auf dem Rande der Münzen erhabene oder vertiefte Schrift oder Verzierungen anzubringen.

—   Hendryk **van Deventer** begründet die wissenschaftliche Ge- burtshülfe.

1685 Christian **Förner** erfindet die Windwage, durch die es möglich wird, den Wind für die Orgel zu reguliren und die Dichte der eingeschlossenen Luft zu messen.

— Der italienische Arzt Giovanni **Lancisi** benutzt als erster die Perkussion des Sternum.

— Der französiche Anatom Raymond **de Vieussens** beschreibt zuerst die Pyramiden und Oliven des verlängerten Markes.

1686 Johann Conrad **Brunner,** Anatom in Heidelberg, entdeckt die Brunnerschen Drüsen und stellt Versuche über Exstirpation von Pankreas und Milz an.

— Edmund **Halley** entwirft eine Windkarte, zugleich die älteste aller meteorologischen Karten und giebt die erste Theorie der barometrischen Höhenbestimmungen.

— Marcello **Malpighi** entdeckt bei der Untersuchung des Seidenschmetterlings das Rückengesäss und das Nervensystem der Insekten, sowie die Spinndrüsen und die Malpighi'schen Blindsäcke.

— John **Ray** erkennt die Bedeutung der Cotyledonen (Samenlappen) für eine natürliche Systematik der blühenden Pflanzen.

1687 Jean Dominique **Cassini** entdeckt den 8ten, 5ten, 4ten und 3ten Satelliten des Saturn. (Japetus, Rhea, Dione und Tethys.) Im gleichen Jahre findet er das nach ihm benannte Gesetz der Bewegung des Mondes um seine Achse.

— Andreas **Cassius** (der Vater), Arzt und Alchymist zu Hamburg, erfindet den „Goldpurpur", der aus Goldchlorid durch Fällung mit Zinnchlorid erhalten wird.

— William **Cowper** entdeckt die Cowper'schen Drüsen.

— Isaac **Newton** begründet die Theorie wellenförmiger Bewegungen in elastisch flüssigen Mitteln, stellt das Gesetz auf, dass der Widerstand eines in Luft und Wasser bewegten Körpers dem Quadrat der Geschwindigkeit des bewegten Körpers proportional sei und gibt eine hundert Jahre später von Laplace berichtigte Formel zur Berechnung der Schallgeschwindigkeit. In demselben Jahre beweist er zuerst auf synthetischem Wege den 1595 von Stevin nur angedeuteten Satz vom Parallelogramm der Kräfte.

— Isaac **Newton** formulirt in seinen „Principia" das Prinzip der Gleichheit zwischen Wirkung und Gegenwirkung, das übrigens Huygens bereits bekannt war und von ihm bei Aufstellung der Gesetze der Centrifugalkraft benutzt wurde.

„Die Wirkung ist stets der Gegenwirkung gleich" oder „die Wirkungen zweier Kräfte aufeinander sind stets gleich und von entgegengesetzer Richtung". (Drittes Bewegungsgesetz.)

1687 Isaac **Newton** zeigt, dass gleichlange Pendel aus dem verschiedensten Material gleiche Schwingungsdauer haben, die Oscillationsdauer eines Pendels somit unabhängig von der Natur des schwingenden Körpers ist.

— Isaac **Newton** begründet die statische Theorie von Ebbe und Fluth, die durch ihn ein Kapitel der allgemeinen Lehre vom Gleichgewicht und von der Bewegung der Flüssigkeiten wird.

— Ehrenfried Walter **von Tschirnhaus** gelingt es, mit Hilfe eines Brennspiegels glasartige Massen zu schmelzen, welche Vorläufer des Böttgerschen Porzellans waren.

— Der Marschall **Vauban** ändert bei der Befestigung von Belfort und Landau, später auch bei Neubreisach sein sog. erstes System um, indem er einen polygonalen Hauptwall mit flankirenden, durch detaschirte Bastionen gedeckten Thürmen einführt.

1688—1698 **Gerbillon** erforscht China im Auftrage Russlands.

1688 Der Holländer Meeuves Meindertszoon **Bakker** erfindet die „Kamel" genannte Hebevorrichtung für grosse Schiffe.

— Abraham **Thevart** in Paris erfindet die Methode des Giessens des Spiegelglases, welche die bis dahin übliche Methode des Blasens verdrängt.

1689 Olaf **Römer** construirt das Passageinstrument, ein Fernrohr, das durch die Länge seiner Querachse sicher in der Meridianebene eingestellt ist.

1690 Jacob **Bernoulli**, findet die elastischen, isochronischen und die isoperimetrischen Curven, die parabolische und logarithmische Spirale und die Loxodrome, und begründet die Wahrscheinlichkeitsrechnung.

— Giovanni Domenico **Cassini** findet die Gesetze der Bewegung des Mondes um seine Achse.

— John **Floyer** führt als Hülfsmittel zur sichern Pulszählung die Sekundenuhr ein und berechnet schon das Verhältnis der Geschwindigkeit des Pulses zur Schnelligkeit des Athmens.

— Christian **Huygens** stellt in seinem „Traité de la lumière" sein Prinzip der Elementarwellen (einhüllende Flächen) auf, durch das er im Stande ist, die Reflexion und Brechung des Lichts auf Grund der Undulationstheorie zu erklären.

1690—1692 Kämpfer erforscht Japan.

1690 Gottfried Wilhelm **von Leibniz** bahnt zuerst das richtige Verständnis des Zusammenhangs zwischen den Schwankungen des Barometers und denen des Wetters an.

— Denis **Papin** schlägt zuerst die Erzeugung des Vakuums in geschlossenen Gefässen durch Abkühlung des darin befindlichen Dampfes und hierdurch bewirkte Kondensation desselben vor.

— **Perignon,** ein Mönch der Benediktinerabtei Haut Villers erfindet das Verfahren, die bei der Gährung in der Flasche gebildete Hefe aus dem Wein zu entfernen, ohne dessen Kohlensäuregehalt wesentlich zu vermindern und legt damit den Grund zur Champagner-Industrie.

— Der Mediziner Christian Günther **Schellhammer** spricht zuerst aus, dass der Ton durch Schallwellen entsteht.

1691 Jacob **Bernoulli** publicirt seine bahnbrechende Arbeit über die logarithmische Spirale (spira mirabilis).

1692 Johann Konrad **Amman** aus Schaffhausen lehrt die Taubstummen sprechen, indem er sie gewöhnt, auf die bei jedem Laut veränderte Stellung der Organe des Mundes zu achten, dieselben mit dem Gesicht aufzufassen und vor dem Spiegel nachzuahmen. Seine Methode wird von Samuel Heinicke 1768 wesentlich vervollkommnet.

— Jacob **Bernoulli** und Gottfried Wilhelm **von Leibniz** erfinden gleichzeitig die Integralrechnung.

1693 John **Ray** führt in die Zoologie den naturhistorischen Begriff der Art ein und berücksichtigt die Anatomie der Thiere als Grundlage der Klassifikation.

1694 Jacob Rudolf **Camerarius** weist e x p e r i m e n t e l l die Sexualität im Pflanzenreiche nach, die schon Grew und Ray vermutheten.

1695 Der Werkführer **Morin** in St. Cloud erfindet das Frittenporzellan (porcelaine tendre).

— **Tompion** äussert die erste Idee der Cylinderhemmung.

1696 Der französische Akademiker Guillaume Francois **de l'Hospital** veröffentlicht seine Analyse des unendlich Kleinen.

1697 Johann **Bernouilli,** Lehrer Eulers, unterstützt Leibniz in dem Streite über die Infinitesimalrechnung und untersucht mit Jacob Bernoulli die Brachystochrone und andere Curven.

— Der Marschall **Vauban** wendet bei der Belagerung von Ath zum ersten Male den Rikoschettschuss an.

1698 Thomas **Savery** baut eine Dampfmaschine, in welcher er den in einem besondern Kessel erzeugten Dampf abwechselnd in zwei Behältern benutzt; während er das Wasser aus dem einen heraustreibt, saugt er gleichzeitig im andern durch Kondensation des Dampfes Wasser an (Wasserhebemaschine).

— **Langford** kennt den Wirbelcharakter der indischen Stürme.

1699 Guillaume **Amontons** stellt die Gesetze für die gleitende Reibung auf.

— Der Chemiker Wilhelm **Homberg** erfindet die Methode, das spezifische Gewicht fester Körper mittelst des Pyknometers zu bestimmen.

1699—1701 Der englische Seefahrer William **Dampier** entdeckt die Dampierstrasse und stellt fest, dass das östlich gelegene, von ihm Neubritannien genannte Land von der Küste von Neuguinea getrennt ist.

1700 Guillaume **Amontons** schlägt als untern Punkt des Thermometers den absoluten Nullpunkt vor, den er auf —239.5° (umgerechnet auf die heutige Skala) berechnet.

— Guillaume **Delisle** macht sich als Erster völlig frei von den Positionsbestimmungen des Ptolemaeus und legt seiner Weltkarte und den Karten der Erdtheile die bis zu seiner Zeit gemachten neuen astronomischen Bestimmungen zu Grunde. Seine Karte von Europa (1725) gibt zuerst ein naturwahres Bild dieses Erdtheils.

— Joh. Christoph **Denner** in Nürnberg erfindet die Clarinette.

— Hendryk **van Deventer** begründet die Orthopaedie.

— Der Chemiker Johann Conrad **Dippel** erfindet das nach ihm benannte Öl, auch thierisches Stinköl genannt, und giebt Veranlassung zur zufälligen Entdeckung des Berliner Blau.

— Nachdem ein gewisser Hutchinson nach William Whiston schon 1640 eine unvollkommene Karte von Orten gleicher Deklination (Isogonenkarte nach Humboldts Benennung) gezeichnet hatte, gibt **Edmund Halley** die erste vollkommene Karte der Isogonen heraus.

— Gottfried Wilhelm **von Leibniz** definirt die lebendige Kraft als Produkt aus Masse und Quadrat der Geschwindigkeit und betrachtet dieselbe als das wahre Kraftmass eines bewegten Körpers.

— Abraham **de Moivre** führt durch die nach ihm benannte Formel zuerst imaginäre Grössen in die Trigonometrie ein.

1700   Joseph **Sauveur** stellt die Theorie der Schwebungen auf, stellt die Hörbarkeitsgrenzen fest und erfindet die noch jetzt üblichen Mittel, die Theilschwingungen einer Saite durch Berührung der Knotenpunkte hörbar und durch aufgesetzte Papierreiterchen sichtbar zu machen.

— Andreas **Werkmeister** stellt die gleichschwebende 12stufige Tonleiter auf.

1701   Isaac **Newton** erfindet den Spiegelsextanten und sendet eine Beschreibung und Zeichnung seines Instrumentes an Hadley. Die diesem zugeschriebene Erfindung des Instruments (1731) kann nicht aufrecht erhalten werden.

— William **Whiston** bringt die erste Isoklinenkarte, die Orte gleicher Inklination verzeichnet, zu Stande.

1702   Gottfried Wilhelm **von Leibniz** äussert in einem Briefe an Johann Bernoulli bereits die Gesammtidee des Feder-(Aneroid-) Barometers, die erst 1847 durch Vidi ausgeführt wird.

— Der Arzt und Chemiker Georg Ernst **Stahl** stellt die Phlogistontheorie auf, welche die Verbrennungserscheinungen in der Weise erklärt, dass dabei ein hypothetischer Stoff, das Phlogiston, entweicht (s. Becher 1682).

1703   Antony **Leeuwenhock** entdeckt die parthogenetische Fortpflanzung der Blattläuse.

1704   **Diesbach**, Färber in Berlin, entdeckt zufällig bei Verwendung von durch Dippel gelieferten Salzen das Berliner Blau.

— Gottfried **Hautsch** in Nürnberg erfindet das konische Zündloch, bei dem die Pfanne sich selbst beschüttet und gibt dadurch seinen Pistolen eine dreifache Ladegeschwindigkeit.

— Isaac **Newton** erklärt zuerst in richtiger Weise die Entstehung der Farben des Regenbogens.

1705   Pierre **Brisseau**, Militärarzt in Tournay, entdeckt die Ursache des grauen Staars in einer Trübung der Krystalllinse.

— Thomas **Newcomen** und John **Cawley** verwenden bei ihrer Dampfmaschine gleich Papin den Luftdruck zur Arbeitsleistung, erzielen aber bessern Erfolg als Savery, indem sie nicht den Cylinder selbst erhitzen, sondern demselben Dampf aus einem besonderen Dampfkessel zuführen (Atmosphaerische Maschine).

— Henry **Sully** erfindet die Frictionsrollen (Frictionsscheiben).

1706   Der englische Physiker Francis **Hawksbee** entdeckt den elektrischen Funken.

1706 Andreas **Schlüter** benutzt eiserne Anker und Stützen, um den Münzthurm in Berlin vor dem Senken zu bewahren (Erste nachweisliche Eisenkonstruktion).

— Der Capitain **Stannyan** entdeckt die Chromosphaere der Sonne, d. i. jene zarte rosaroth gefärbte Gashülle, die sich bei Verfinsterungen koncentrisch um die Sonne herumlegt.

1707 Der sächsische Stabsmedicus **Daumius** beobachtet, dass erhitzter Turmalin Aschetheilchen anzieht und wieder von sich stösst.

— Denis **Papin** fährt auf einem Ruderradschiff, dessen Maschine er selbst erbaut hat, auf der Fulda von Cassel nach Münden, wo sein Unternehmen mit der Zerstörung des Bootes durch Mündener Schiffer sein Ende findet.

1709 Francis **Hawksbee** konstruirt eine Ventilluftpumpe mit Ventilen in jedem Kolben und Ventilen am Grunde eines jeden Pumpenstiefels.

— René Antoine **de Réaumur** zeigt, dass die Schalen der Schnecken und Muscheln durch Erhärten eines Saftes entstehen, der aus den Poren dieser Thiere hervordringt und beschreibt die Verwandlung zahlreicher Insekten und deren Lebensweise.

— Christian **von Wolf** gibt der Aërometrie eine wissenschaftliche Grundlage und beschreibt in Deutschland das erste Anemometer.

1710 Hermann **Boerhaave** beschäftigt sich mit der Anlage von Treibhäusern (die übrigens den Römern schon bekannt waren) im Leidener Pflanzengarten und bestimmt, unter welchem Winkel die Glasdächer unter jeder Breite gegen den Horizont geneigt sein müssen, um möglichst viel Sonnenstrahlen aufzufangen.

— Johann Friedrich **Böttger** gelingt in Meissen die Darstellung des ersten Hart-Porzellans in Europa.

— Roger **Cotes** verfasst das erste vollständige Werk über Integralrechnung „Harmonia mensurarum".

— Jacob Christoph **le Blon** erfindet den Farbendruck, das Drucken mit mehreren Kupferplatten, die meist in Schabkunst, zuweilen auch in Stich und Radirung ausgeführt wurden.

1710 Die Holländer **van der Mey** und Johann **Müller** stellen
zuerst feste Druckformen her, indem sie die aus gewöhnlichen
Lettern zusammengesetzte Form durch einen dünnen Metall-
überguss auf ihrer unteren Fläche in einen soliden Körper
verwandeln.

— Der Astronom **Maraldi** entdeckt, dass die rautenförmigen
Platten der Bienenwaben immer dieselben Winkel zeigen,
nämlich 109° 28′ für den stumpfen und 70° 32′ für den
spitzen Winkel.

— Der Giesser **Maritz** in Bern giesst massive Kanonen und
bohrt dieselben mit einer selbst erfundenen horizontalen
Bohr-Maschine so aus, dass der Kern als ein massives
Stück herausgenommen werden kann.

— Der schwedische Mathematiker Christopher **Polhem** fördert
in bahnbrechender Weise die praktische Mechanik.

— Der Anatom Giovanni Domenico **Santorini** entdeckt den
Lachmuskel und die Santorinischen Knorpel des Kehlkopfes.

— Pierre **Varignon** leitet die statischen Gesetze der einfachen
Maschinen aus dem Satz vom Kräfteparallelogramm ab,
weist den Zusammenhang von Seilpolygon und Kräftepolygon
nach und erfindet die Seilwage.

1711 Bartolommeo **Cristofori** in Padua erfindet 6 Jahre vor
Schröter, dem diese Erfindung öfters zugeschrieben wird,
die Hammermechanik des Pianoforte, indem er die Hämmer
mit Tasten verbindet, durch welche sie an die Saiten
geschnellt werden.

— **Johann Justus Partels** in Zellerfeld im Harz erfindet den
Ventilator zur Herstellung eines Luftwechsels in geschlossenen
Räumen. Die Priorität von Stephen Hales und Martin
Triewald, die erst 1741 Ventilatoren konstruirten, ist also
ausgeschlossen.

— John **Shore** in London erfindet die Stimmgabel.

1712 Nachdem der Asphalt schon in Babylon und Ninive als
Baumaterial benutzt worden, aber seitdem gänzlich abgekommen
war, begründet der griechische Arzt **Eirinis** dessen Wieder-
verwendung durch Ausbeutung der Lagerstätten des Val de
Travers im Fürstenthum Nauchâtel.

— John **Flamsteed** gibt den ersten umfassenderen Sternkatalog heraus.

1712 Humphry **Potter,** ein jugendlicher Arbeiter, welcher das Drehen des Hahnes an der Newcomenschen Maschine zu besorgen hatte, erfindet die Selbststeuerung, indem er die Hähne mit dem Balancier in Verbindung setzt, durch dessen Spiel sie fortan geöffnet und geschlossen werden.

1713 Der Zimmermannsmeister **Perse** zu Dünkirchen erfindet Fluthmühlen, die sowohl auf die Verwerthung des Ebbe- als auch des Fluthstroms eingerichtet sind und die nach Belidor gegen 30 Jahre in vollem Betrieb standen.

— Abraham **Darby** gelingt es, durch Abschwefeln guter backender Kohle in Meilern brauchbaren Koks zu erzeugen, mit welchem er in Colebrookdale einen Hochofen betreibt. Diese Erfindung bedeutet für die Roheisenerzeugung den praktisch bedeutendsten Fortschritt.

1714 Gabriel Daniel **Fahrenheit** konstruirt die ersten brauchbaren Quecksilberthermometer mit der nach ihm benannten Skala von **212** Graden.

— Henry **Mill** nimmt ein engliches Patent auf eine Schreibmaschine, mit deren Hülfe er geprägte Buchstaben auf Papier erzeugt. Einen praktischen Erfolg hat die Maschine ebenso wenig, wie die 1843 von Thurber erfundene Maschine und die gegen 1860 vom dänischen Pastor Malling Hansen erfundene Schreibkugel.

1715 Johann Thomas **Hensing** in Giessen findet Phosphor im Gehirn.

— William **Kent** verwirft das Symmetrische und geometrisch Berechnete der französischen Gärten und spricht den Grundsatz aus, dass ein Lustgarten nichts sein dürfe, als eine schöne Landschaft in geschmackvoller, den Formen der Natur angepasster Gestalt (Englische Gärten).

— Der Mathematiker Brook **Taylor** stellt den nach ihm benannten Lehrsatz auf.

1716 Philipp **Delahire** erfindet die noch heute nach ihm benannte doppeltwirkende Pumpe.

— Der Schwede Martin **Triewald** construirt die erste Wasserheizanlage für Gewächshäuser in Newcastle on Tyne.

1717 Johann **Bernoulli** erkennt die allgemeine Bedeutung des Prinzips der virtuellen Verschiebungen für alle Gleichgewichtsfälle.

1717 Lady **Montague** lässt ihren Sohn in Konstantinopel zum
Schutz vor den Pocken nach orientalischem Brauch mit mensch-
licher Lymphe impfen und führt dieses Verfahren (1721) in
England und dadurch in ganz Europa ein.

1718 Der französische Chemiker Etienne Francois **Geoffroy** stellt
die ersten Affinitätstabellen auf.

— Edmund **Halley** entdeckt die Eigenbewegung der Fixsterne.

— Der Mediziner Friedrich **Hoffmann** erfindet die aus 1 Theil
Aether und 3 Theilen Weingeist zusammengesetzten Hoff-
mannstropfen (liquor anodynus mineralis). Im gleichen Jahre
führt er Arsen in die Medizin ein.

— Der Finanzmann John **Law** erfindet die Banknote.

— Emanuel **Swedenborg** erfindet eine Rollenmaschine zum
Transport schwerer Lasten über Berg und Thal.

1720 William **Cheselden** in London führt durch einfaches Ein-
schneiden der Iris künstliche Pupillenbildung herbei.

— George **Graham** führt die auch heute noch für Taschenuhren sehr gebräuchliche Cylinderhemmung aus, eine ruhende
Hemmung, deren erste Idee von Tompion (1695) herrührt.

— Der Wundarzt Lorenz **Heister** erfindet den Mundspiegel.

— Colin **Maclaurin** stellt die Maclaurin'sche Formel zur Entwicklung der Funktionen in Reihen auf und macht bahnbrechende Untersuchungen über den Stoss und über Ebbe
und Fluth.

1721 Gabriel Daniel **Fahrenheit** entdeckt, dass Wasser bis auf
—10° unterkühlt werden kann ohne zu gefrieren.

— George **Graham** erfindet das Quecksilberpendel, die erste
Erscheinung im Gebiete der Kompensationspendel, bei denen
die ungleiche Ausdehnung verschiedener Metalle zur Kompen-
sation dient.

— Der holländische Chirurg John **Palfyn** erfindet die Kopf-
zange, die angeblich schon im 17. Jahrhundert als Geheimniss
von den Gebrüdern Chamberlen in England angewandt wurde.

1722 George **Graham** nimmt zuerst wahr, dass nicht nur die Deklination, sondern auch die Inklination von Stunde zu Stunde
variirt.

— **Harwood** in London erfindet die Porterbrauerei (das Bier
wird Porter genannt, weil dasselbe anfangs hauptsächlich von
Lastträgern (Porter) getrunken wird).

1722 René Antoine F. **de Réaumur** erfindet die Verzinnung des Eisenblechs und gibt eine Anweisung, durch Zusammenschmelzen von Roheisen und Schmiedeeisen Stahl zu erzeugen.

1724 Edmund **Halley** steigert die Verwendbarkeit der Taucherglocke dadurch, dass er den Tauchern mittelst eines Schlauches Luft zuführt.

1724 René Antoine F. **de Réaumur** beobachtet zuerst die Entglasung und versucht entglaste Gegenstände unter dem Namen Reaumur-Porzellan einzuführen.

1725 Bernard Forrest **de Belidor** entwickelt die Theorie von den Minen und giebt dadurch eine ganz neue Grundlage für den Minenkrieg.

— John **Harrison** erfindet das Rostpendel, ein Kompensationspendel, das von George Graham noch verbessert wird.

— Stephan Ludwig **Jacobi** erfindet die künstliche Befruchtung der Fische, indem er reifen Forellen die Geschlechtsprodukte abstreift, die Eier durch Vermischung mit der Milch künstlich befruchtet und sie dann in einem Kasten ausbrüten lässt.

1726 Friedrich Constantin **von Beust** führt auf der Saline Glücksbrunnen bei Eisenach statt der für Gradirhäuser bis dahin üblichen Strohwände Wände aus Schwarzdorn (Prunus spinosa) ein. (Dornengradirung.)

— Stephen **Hales** macht die erste exakte Messung des Blutdrucks.

— Der Musiker Jean Philippe **Rameau** in Paris bildet eine neue vereinfachte Harmonielehre aus.

— Der englische Techniker **Root** erfindet das Kapselgebläse.

1727 Der Seefahrer Veit **Bering** durchfährt die nach ihm benannte, jedoch schon 1648 von Deschnew (s. d.) entdeckte, Asien und Amerika trennende Meeresstrasse (Beringstrasse) und erreicht 1741 die nordwestliche Küste von Amerika und die Aleuten.

— Stephen **Hales** misst zuerst die Grösse und Kraft des Saftstromes an angebohrten oder abgeschnittenen Pflanzenstengeln und Zweigen.

— Der Philologe Johann Heinrich **Schulze** in Halle entdeckt die Schwärzung des Chlorsilbers durch das Licht und nutzt diese Erscheinung sofort aus, um aus einer undurchsichtigen Schablone ausgeschnittene Schriftzüge im Licht auf weissen Kreideschlamm zu kopieren. Er war also der Erste, der, wenn auch vergängliche, Lichtbilder erzeugte.

1728 James **Bradley** entdeckt bei Untersuchungen über Fixsternparallaxen die Aberration des Lichtes.

— **Falcon** konstruirt einen Seidenwebstuhl, bei dem Cylinder und nach Vorschrift des Dessins durchbohrte Karten verwendet wurden.

— Pierre **Fauchard** wird durch sein Werk „Le chirurgien dentiste ou traité des dents" der Begründer der selbstständigen wissenschaftlichen Zahnheilkunde.

— John **Payne** führt das Walzen der Eisenbleche ein.

— Henri **Pitot** erfindet das Verfahren, die Stromgeschwindigkeit durch die Steighöhe der Flüssigkeit in dem lothrechten Schenkel einer rechtwinklig gebogenen Röhre zu messen, deren wagerechter Schenkel mit der Mündung dem Strom zugewendet wird.

1729 William **Ged, Fenner** und die beiden Brüder **James** in Edinburgh stellen zuerst wirkliche Stereotypen her, indem sie Abgüsse des Typensatzes (Matrizen) und davon Abgüsse in Metall (Druckplatten) anfertigen.

— Stephen **Gray** entdeckt den Unterschied zwischen Leitern und Nichtleitern und erkennt, dass bei gleich grossen Körpern die Menge der Elektrizität unabhängig von ihrer Masse ist.

— Chester More **Hall** aus der Grafschaft Essex stellt die erste achromatische Linse her, behält die Darstellung aber als Geheimniss für sich, bis Dollond (s. d.) 1757 der Welt die Erfindung offenbart.

— Der Ingenieur **Terral** erfindet das Centrifugalgebläse.

1730 Jacques **Daviel** verbessert die Technik der Staaroperation, indem er den Lappenschnitt einführt.

— Charles Francois **de Cisternay Dufay** in Paris unterscheidet positive und negative Elektricität.

— Thomas **Godfrey,** ein Glaser in Philadelphia, erfindet den Spiegelquadranten.

— Friedrich **Hoffmann** und Anton Elias **Büchner** klären die Lehre von der Apoplexie durch den Nachweis des Blutergusses auf.

— **Leopold I.** von Anhalt-Dessau erfindet den eisernen Ladstock.

— Nachdem ein gewisser Lummis zuerst in dieser Richtung vorgegangen war, bauen **Pashley** und dessen in Rotherham ansässiger Sohn Pflüge nach mathematischen Grundsätzen, welche den Namen Rotherhamer Pflüge erhalten und 1760 von James Small noch wesentlich vervollkommnet werden.

1730 Jean Philippe **Rameau** in Paris benutzt die Flageolettöne zur Erklärung der Konsonanz, indem er annimmt, dass konsonirende Töne solche sind, welche übereinstimmende Flageolettöne besitzen.

— René Antoine F. **de Réaumur** verfertigt sein Weingeistthermometer mit Teilung in 80 Grade.

— Jethro **Tull** führt die Drillwirtschaft ein, d. i. die Reihenbehackung durch Maschinen nach vorhergehender Maschinensaat. Dies führt dazu, dass von jetzt ab mehr auf die Ackergeräthe geachtet wird.

1732 Der Marschall **Moritz von Sachsen** erfindet die Kettenschiffahrt.

1733 Der schwedische Chemiker Georg **Brandt** entdeckt das metallische Kobalt, das in ganz reinem Zustand jedoch erst 1780 von Bergman erhalten wird.

— John **Kay** verbessert den Webstuhl durch Einführung des mechanisch bewegten Schnell-Schützen an Stelle des Hand-Schützen oder -Schiffchens.

— Der schwedische Gymnasiallehrer **Vassenius** erwähnt zuerst die Protuberanzen der Sonne.

1734 **D'Ons-en-Bray** konstruirt den ersten Anemographen (registrirenden Windgeschwindigkeitsmesser).

— Emanuel **Swedenborg** stellt zuerst die kosmologische Theorie von der Entwicklung des Sonnensystems (Nebulartheorie) auf, die später von Kant und Laplace weiter entwickelt und vervollkommnet wird.

1735 Der Physiker Georg **Hadley** findet das Hadleysche Gesetz der Passate, wonach alle Windströmungen durch die Erdrotation abgelenkt werden, und zwar auf der nördlichen Halbkugel nach rechts, auf der südlichen nach links.

— Carl **von Linné** theilt in seinem „Systema naturae" die Thiere in sechs Klassen ein: in Säugethiere, Vögel, Lurche, Fische, Kerbthiere und Würmer und führt die schärfere morphologische Definirung der Gattung und Arten und dementsprechend ihre binäre Benennung allgemein durch.

— Carl **von Linné** weist in seinem „System a naturae" dem Menschen seinen Platz in der Klasse der Säugethiere (Mammalia) an.

1736 Daniel **Bernoulli** entwickelt zuerst die Theorie des Wasserstosses, die dann von Coriolis (1829), Navier (1838) und Weisbach (1846) weiter ausgebaut wird.

1736 Hermann **Boerhaave** begründet die wissenschaftliche Medizin mit dem Satze: der Arzt ist Diener der Natur.

— Henri Louis **Duhamel du Monceau** erkennt zuerst die besondere und vom Kali verschiedene alkalische Natur der Basis des Kochsalzes, die er als identisch mit der Basis des aegyptischen Natrum und der spanischen Soda bezeichnet.

— Nachdem Huygens 1660 eine durch Federkraft bewegte Pendeluhr zum Gebrauch auf See konstruirt hatte, und Sully seit 1703 sich vergebens mit Anfertigung von Längenuhren mit Unruhe abgemüht hatte, verfertigt John **Harrison** nach Vorschlägen des holländischen Uhrmachers Massy vorzügliche, zur Längenbestimmung sich bewährende Seeuhren (Chronometer).

— Der Engländer Jonathan **Hull** nimmt ein Patent auf ein durch eine Newcomen'sche Dampfmaschine bewegtes Ruderradschiff, welches indess nicht zur Ausführung gelangt.

— Carl **von Linné** führt in dem Linnéschen System auch für die Pflanzen die binäre Nomenklatur, d. i. die Benennung mit einem Gattungs- und einem Speziesnamen consequent durch und ordnet auch bereits die Gattungen zu benannten, aber nicht durch Merkmale umschriebenen Gruppen.

— Die französischen Gradmessungen in Lappland unter Führung von **Maupertuis** und in Südamerika unter Führung von **Bouguer** ergeben das Resultat, dass die Breitengrade vom Aequator nach den Polen zu wachsen und führen zur Einführung der Toise du Pérou.

1737—80 J. B. **Bourguignon d'Anville** giebt eine Anzahl von Karten heraus, die sich durch kritischen Scharfsinn in der Benutzung des Quellenmaterials auszeichnen. Er zuerst säubert die Karte von Afrika von den fabelhaften Gebirgen und Flüssen, die auf früheren Karten das Innere erfüllen.

1737 Philipp **Buache** entwirft als erste Isobathenkarte eine Karte des englischen Kanals. Die erste Isohypsenkarte (einer imaginären Insel) als Muster der Darstellung des Bodenreliefs durch Niveaulinien zeichnet 1771 **Du Carla**.

1737—43 **Gmelin** erforscht Sibirien.

1737 Jean **Hellot** benutzt Silbernitrat als sympathetische Tinte und lässt die damit auf Papier gebrachte Schrift durch das Sonnenlicht schwärzen.

1738 Daniel **Bernoulli** spricht zuerst die Ansicht aus, dass die Gasmolekeln ganz unabhängig von einander nach allen Richtungen im Raum umherfliegen und dass es dabei zu mannigfachen Stössen derselben gegen einander, wie gegen die sie einschliessenden Wände kommt, von denen sie wie elastische Kugeln zurückgeworfen werden.

— Daniel **Bernoulli** publicirt seine Hydrodynamik, in der er die Theorie der Wasser- und Windräder, Wasserpumpen und -Schrauben zum Wasserheben entwickelt. Er unterscheidet zuerst zwischen dem Druck der ruhenden Flüssigkeit (hydrostatischem Druck) und dem der bewegten Flüssigkeit (hydrodynamischem Druck).

— Daniel **Bernoulli** schlägt zuerst die Methode, die Reactionswirkung aus Röhren ausströmenden Wassers zum Antrieb von Schiffen zu verwenden, vor. (Reaktionspropeller.)

— Alexis **Clairaut** begründet die Theorie der Kurven von doppelter Krümmung.

— Der Anatom Johann Nathaniel **Lieberkühn** erfindet das Sonnenmikroskop.

— Der spanische Staatsmann Don Antonio **da Ulloa** entdeckt in dem goldführenden Sand des Flusses Pinto in Neugranada das Platin.

— John **Wyatt** erfindet das Spinnen mit Walzen, indem er mehrere neben- und übereinanderliegende kleine geriefte Walzen (Streckwalzen) die Baumwolle zwischen sich hinziehen und ausdehnen lässt. Nur Mangel an Kapital hindert ihn, die Idee im Grossen auszuführen, was dann durch Lewis Paul von 1741 ab geschieht.

1739 John **Clayton** erhält bei der Destillation der Steinkohle ein brennbares Gas, dessen Brennbarkeit, wie Richard Watson 1767 konstatirt, auch beim Durchleiten durch Wasser und lange Röhren erhalten bleibt.

— Leonhard **Euler** begründet die Lehre von den Kettenbrüchen.

1740 Bergrath **Barth** in Freiberg erfindet die Darstellung des Indigokarmins durch Auflösung von Indigo in Schwefelsäure.

— Claude **Bourgelat** in Lyon fördert die Entwicklung der Thierheilkunde derartig, dass sein Name beständig, wie Isensee sich ausdrückt, für alle Veterinärärzte ein Gegenstand der Bewunderung und Verehrung bleiben wird.

1740 William **Cullen,** Professor in Edinburg, gründet die gesammte Lehre von den Erkrankungen auf die Neuropathologie.

— Die Brüder **Havart** zu Rouen erfinden den Baumwollsammet (Manchester oder Velvet).

— Jean **Hellot** in Paris gibt die erste Theorie des Färbeprozesses.

— Benjamin **Huntsman** in Sheffield erzeugt zuerst Gussstahl durch Umschmelzen von Schweissstahl in Tiegeln.

— Der französische Physiker Jean Jacques **Mairan** bestimmt die Höhe des Nordlichtes, die er auf mehr als 100 Meilen berechnet.

— Der Pariser Möbelfabrikant **Martin,** der auch den Vernis Martin erfand, erfindet das Papier maché.

— Der Mediziner Paul Gottlieb **Werlhof** schildert zuerst die nach ihm benannte Krankheit „morbus maculosus Werlhofii" und führt die Chinarinde in Deutschland ein.

1741 Der englische Militärarzt Archibald **Cleland** erfindet gleichzeitig mit Antonio Maria Valsalva den Ohrenkatheterismus, der in Lufteinblasung von der Nase aus besteht.

— Antoine **Ferrein** stellt zuerst akustische Experimente am Kehlkopf selbst an und entdeckt, dass die Vibration der Stimmbänder der hauptsächlichste Faktor bei der Erzeugung der Stimme ist.

— Olaf Peter **Hjörter** in Upsala erkennt den störenden Einfluss der Nordlichter auf die Magnetnadel.

1742 Andreas **Celsius** schlägt die heute für wissenschaftliche Zwecke allgemein adoptirte hunderttheilige, nach ihm benannte Celsius'sche Thermometerskala vor.

— Louis **de Cormontaigne** verbessert die Fortifikation, indem er die übrigens schon von Speckle angewandte vollständige Deckung des Mauerwerks wieder einführt und beherrscht auf lange Zeit mit seinen Ideen den Festungsbau Europas.

— Wilhelm Jacob **s'Gravesande** in Leyden erfindet den Heliostat, der zu physikalischen und astronomischen Apparaten, sowie zu Messapparaten Verwendung findet.

— Colin **Maclaurin** wendet zuerst die Projektion der Bewegungen auf drei zu einander senkrechte feste Coordinatenachsen an.

— **Tscheljuskin** umwandert die Nordspitze Asiens.

1743 Alexis **Clairault** entwickelt in seiner „Theorie de la figure de la terre tirée des principes de l'Hydrostatique" zuerst die partiellen Differentialgleichungen, durch welche man die Gesetze des Gleichgewichts einer flüssigen Masse ausdrücken kann, wenn auf ihre Theile beliebige Kräfte einwirken.

— Jean le Rond **D'Alembert** stellt den Satz auf: Wirken auf ein System mit einander verbundener Punkte Kräfte, die eine gewisse Beschleunigung hervorrufen und fügt man solche Kräfte hinzu, welche, wenn die Punkte frei wären, die entgegengesetzten Beschleunigungen bewirken würden, so tritt Gleichgewicht ein (D'Alembert'sches Prinzip).

— Christopher **Packe** veröffentlicht die älteste, überhaupt existirende, allerdings noch unvollkommene geologische Karte, die ein Areal von 32 englischen Meilen im Osten der Grafschaft Kent umfasst.

1744 Der französische Mathematiker Charles Marie **la Condamine** bringt von der Gradmessungs-Reise nach Peru Kautschuk mit.

— Leonhard **Euler** behandelt die ersten Probleme der Variationsrechnung.

— Pierre Louis M. **de Maupertuis** stellt das Prinzip der kleinsten Wirkung auf: „Wenn in der Natur eine Veränderung vor sich geht, so ist die für diese Veränderung nothwendige Thätigkeitsmenge die kleinstmöglichste." Dieses nach Maupertuis benannte Prinzip erhält erst durch Euler (1753) seine volle Brauchbarkeit.

— Der Organist Georg Andreas **Sorge** in Hamburg entdeckt die Kombinationstöne, die 1754 unabhängig von ihm von Tartini entdeckt werden und nach dem letztern Tartinische Töne genannt werden. Den Namen Kombinationstöne erhalten sie 1805 durch G. U. A. Vieth.

— Abraham **Trembley** erkennt die Süsswasserpolypen als thierische Organismen und entdeckt deren Theilbarkeit.

— Antonio **da Ulloa** und Pierre **Bouguer** geben die erste Beschreibung der von ihnen auf dem peruanischen Hochland beobachteten, später „Brockengespenst" genannten Erscheinung, sowie die des weissen Regenbogens.

— Johann Heinrich **Winkler** in Leipzig konstatirt zuerst, dass die Erde als Leiter der Elektricität zu gelten hat.

1745 Bernhard Siegfried **Albinus,** Anatom in Leiden, entwirft die von Wandelaar gestochenen anatomischen Tafeln, von denen Haller sagt „Albinus seu natura".

1745 Der Engländer **Barker** erfindet nach Desaguliers das Reaktionswasserrad.

— Charles **Bonnet** stellt den Satz auf, dass eine ununterbrochene Stufenfolge zwischen dem vollkommensten Thier und dem niedrigsten pflanzlichen Lebewesen bestehe.

— Der Ingenieur W. **Cooke** erfindet die Dampfheizung.

— Der Dekan **von Kleist** in Cammin erfindet die Verstärkungsflasche, die 1746 durch Musschenbroek in Leiden allgemein bekannt wurde und in Folge dessen als Leidener Flasche bezeichnet wird.

— Der Arzt Christian Gottlieb **Kratzenstein** verwendet die Leidener Flasche zu Heilzwecken.

— Johann Nathaniel **Lieberkühn** entdeckt die Lieberkühnschen Drüsen.

— Benjamin **Robins** konstatirt bei seinen umfangreichen, mit Hülfe des von ihm erfundenen ballistischen Pendels unternommenen ballistischen Versuchen, dass sich das Newton'sche Luftwiderstandgesetz für mit grosser Anfangsgeschwindigkeit abgeschossene Körper nicht anwendbar zeigt, wesshalb Leonhard Euler 1753 die Einführung geeigneter Hülfstafeln zur Correktur der Resultate vorschlägt.

1746 Pierre **Bouguer** veröffentlicht sein Werk „Traité de navire", welches als die eigentliche Grundlage des theoretischen Schiffbaues anzusehen ist.

— Jullien **La Mettrie** weist in seinem Buche „l'homme machine" zuerst auf die Einheit des Bauplans aller Wirbelthiere hin.

— John **Roebuck** wendet zuerst zur Fabrikation der Schwefelsäure Bleikammern an, in welchen er ein Gemisch von Schwefel und Salpeter verbrennt.

— Johann Heinrich **Winkler** weist durch Analogieschlüsse überzeugend nach, dass Schlag und Funken der verstärkten Elektricität für eine Art des Donners und Blitzes zu halten sind.

1747 Nachdem schon Flamsteed und Römer ein Wanken der Erdaxe vermuthet hatten, stellt **James Bradley** bei seinen fortgesetzten Untersuchungen über die Aberration des Lichtes dieses Wanken, dem er den Namen Nutation der Erdachse gibt, ausser Zweifel.

— Leonhard **Euler** kommt auf Grund des Glaubens, dass das menschliche Auge achromatisch sei, auf den Gedanken, die Objectivgläser der Fernrohre aus Glas und Wasser zusammenzusetzen, um so die chromatische Abweichung auszuschliessen.

1747 Andreas Sigismund **Marggraf** entdeckt den Zuckergehalt der Runkelrübe und weist nach, dass der darin enthaltene Zucker Rohrzucker ist.

1748 Georg Matthias **Bose** bemerkt, dass man die elektrische Wirkung der Elektrisirmaschine verstärken könne, wenn man die Elektricität von der Kugel durch eine blecherne Röhre (Conduktor) aufsammle.

— Pierre **Bouguer** erfindet das Heliometer, ein Instrument, das zur Bestimmung des Durchmessers der Sonne dient.

— Leonhard **Euler** und 2 Jahre später Gabriel **Cramer** untersuchen die algebraischen Kurven.

— **Friedrich d. Gr.** führt im preussischen Festungsbau, im Gegensatz zu der damals fast unbeschränkt herrschenden französischen Befestigung, die kasemattirte Grabenflankirung und die kasemattirte Batterie (s. Haxo) ein, und sorgt für permanente Abschnitte zur abschnittsweisen Verteidigung und für gesicherte Unterbringung der Besatzung.

— Stephen **Hales** erfindet den Eudiometer (Luftgütemesser).

— Peter **Kretschmer** schlägt eine neue Methode des Rajolens vor, durch die er abwechselnd den Untergrund, der, wie er meint, fruchtbarer als die Krume sei, zur Krume machen will (Beginn der Tiefkultur).

— Pierre **Le Roy** in Paris erfindet die freie Hemmung für Unruhuhren.

— Johann Friedrich **Meckel** der Ältere entdeckt das Ganglion Meckelii und fördert die Anatomie des Kehlkopfes, des Bauchfells, der Lymph- und Chylusgefässe.

— Der Abbé Jean Antoine **Nollet** entdeckt die Diffusion von Flüssigkeiten, welche durch Scheidewände getrennt sind, indem er den Austausch von Wasser und Alkohol durch eine Schweinsblase beobachtet.

1749 Der französiche Naturforscher George Leclerc **de Buffon** betont zuerst die wesentliche Artverschiedenheit der (süd) amerikanischen Tierarten von den altweltlichen.

— Der engliche Schiffscapitän **Ellis** unternimmt es als Erster, die Wärme grösserer Seetiefen zu messen.

— Leonhard **Euler** behandelt zuerst in seiner „Scientia navalis" mathematisch den Widerstand der Schiffe bei ihrem Fortlauf im Wasser.

1749   Benjamin **Franklin** schlägt in einem Briefe an Peter Collinson in London Versuche über die Elektricität der Gewitterwolken vor, zu deren Ausführung er den elektrischen Drachen empfiehlt (s. 1752).

—   Der französiche General Jean Baptiste Vaquette **de Gribeauval** erfindet die Wall- und hohen Rahmenlafetten, und wirkt für die Trennung der Festungs- und Feldartillerie.

—   E. G. **Lafosse** wirkt bahnbrechend auf dem Gebiete des Hufbeschlags, stellt durch seine Untersuchungen den Sitz des Rotzes fest und wendet zuerst die Fontanelle und die Haarseile an.

—   Der Arzt Francois **Sauvages de la Croix** macht umfassende Anwendung von der Elektricität in der Medizin.

1750   James **Brindley** erfindet die selbstthätige Kesselspeisung.

—   César Francois **Cassini de Thury** beginnt die Bearbeitung der grossen Karte von Frankreich, im Maassstab 1 : 86400, des ersten Musters einer grossen und genauen Landesvermessung.

—   Der Pfarrer Prokop **Divisch** in Brenditz in Mähren kommt unabhängig von Franklin auf die Idee, durch die Wirkung vieler Spitzen einen ruhigen Ausgleich der Elektricität herbeizuführen.

—   Benjamin **Franklin** erfindet den Blitzableiter.

—   **Klingenstjerna,** Professor in Upsala, wiederholt Newtons Versuche über die Farbenzerstreuung und findet im Gegensatz zu Newton, dass dieselbe für verschiedene Gläser verschieden ist. Diese Untersuchung gibt John Dollond Veranlassung, die Construktion der achromatischen Linse in die Hand zu nehmen (s. 1757).

—   Der Mathematiker Johann Heinrich **Lambert** entdeckt die Theorie des Sprachrohrs.

—   **Möllinger** errichtet die erste Kartoffelbrennerei in Monsheim.

—   Johann Joosten **Musschenbroek** konstruirt das erste Pyrometer, das auf der Ausdehnung eines einzelnen Metallstabes beruht.

—   Jean Louis **Petit** macht die erste Warzenfortsatz-Operation.

1750 René Antoine F. **de Réaumur** fördert die künstliche Brütung, indem er Hühnereier in einen hölzernen, mit frischem Pferdemist umgebenen Kasten bringt. Bonnemain führt im Jahre 1780 die Wasserheizung des Brutapparats ein.

— Georg Wilhelm **Richmann** in Petersburg stellt die nach ihm benannte Regel auf, dass beim Mischen von ungleich erwärmten Mengen einer Flüssigkeit die Temperaturen sich im Verhältniss ihrer Höhe und im Verhältniss der Flüssigkeitsmengen ausgleichen.

— Der Wiener Arzt A. N. R. **Sanchez** führt die Sublimatbehandlung der Syphilis ein.

— Der Pfarrer **Schirach,** Reformator der Bienenzucht, entdeckt, dass die Bienen durch Vergrösserung der Zellen künstlich aus einer gemeinen Larve eine Königin machen können.

— Johann Andreas **von Segner** konstruirt das nach ihm benannte Reaktionswasserrad, welches das Vorbild für die Reaktionsturbinen abgibt, von denen insbesondere Burdin, Poncelet und Fourneyron neue Konstruktionen liefern (s. Barker 1745).

— John **Smeaton** macht nachdrücklich auf den grossen Werth des Eisens für Bau- und Maschinen-Konstruktionen aufmerksam (s. Schlüter).

— Jacques **de Vaucanson** erfindet die zum Betriebe von Maschinentriebwerken bestimmten Bandketten und konstruirt eine Maschine zu deren Verfertigung.

— Der französische Apotheker Gabriel François **Venel** stellt zuerst künstliche Mineralbrunnen her, ohne dass es zu einer regelmässigen Fabrikation und zu regelmässigem Absatz kommt.

1751 Der Botaniker Michel **Adanson** aus Paris vergleicht den Schlag des Zitterwelses mit dem Schlage einer Leidener Flasche. Bezüglich des Zitteraales erfolgt der gleiche Nachweis 1755 durch L. S. van s'Gravesande.

— Axel Friedrich **Cronstedt** und Torbern **Bergman** entdecken das Nickel.

— Der Astronom Joseph Jerome **Delalande** macht eine genaue Bestimmung der Parallaxe des Mondes.

1752 Der Pariser Arzt Theophile **Bordeu** begründet den Vitalismus, die Lehre von der Lebenskraft.

— Immanuel **Breitkopf** in Leipzig erfindet den Notendruck mit beweglichen Notentypen.

1752 Nachdem der englische Physiker Wall schon 1708 die Aehnlichkeit zwischen dem elektrischen Funken und dem Blitz behauptet hatte und Grey, Nollet, Winkler und Beccaria sich
gleichfalls dieser Ansicht angeschlossen hatten, stellen Benjamin
Franklin durch seinen Drachenversuch und **Dalibard** durch
einen am 10. Mai während eines Gewitters in Marly bei Paris
mit einem Metallgestänge unternommenen Versuch die Identität
der Luftelektrizität mit der Scheibenelektrizität ausser Zweifel.

— Louis Guillaume **le Monnier** bestätigt die von Cassini
de Thury beiläufig gemachte Beobachtung, dass die Luft, auch
wenn kein Gewitter am Himmel steht, elektrisch sei.

— Pierre Joseph **Macquer** entdeckt das gelbe Blutlaugensalz, in dem
Berthollet 1787 das Eisen als nothwendigen Bestandtheil erkennt.

— John **Smeaton** in England fördert durch Versuche die Lehre
vom Bau der Wasserräder und Windräder.

1753 John **Canton** entdeckt die elektrische Influenz und konstruirt
zum Nachweis derselben sein Korkkugel-Elektroskop. Die Theorie
der Influenz wird im gleichen Jahre von Wilcke aufgestellt.

— Antoine **Deparcieux** weist nach, dass Wasser durch Druck
viel mehr leistet, als durch Stoss, dass daher oberschlächtige
Räder den unterschlächtigen vorzuziehen sind.

— Leonhard **Euler** berechnet unter dem Gesichtspunkt des
Problems von den drei Körpern die Bewegung des Mondes
und ermöglicht dadurch dem Astronomen Johann Tobias
Mayer die Herausgabe seiner berühmten Mondtafeln.

— **Höll** führt die erste nach ihm benannte Höll'sche Luft-
maschine, bei welcher durch niederfallendes Wasser Druckluft
erzeugt wird, im Amaliaschacht zu Schemnitz in Ober-Ungarn
aus. Dass Winterschmidt schon 1749 eine ähnliche Maschine
in einem Harzer Bergwerk aufgestellt habe, lässt sich nicht
erweisen.

1754 Anton Friedrich **Büsching** begründet die politisch-statische
Geographie.

— John **Canton** und 1757 Franz Ulrich Theodor **Aepinus** erweisen, dass Turmalin (s. 1707) durch Erwärmen thatsächlich
elektrisch wird, was später, insbesondere von Hankel (1839)
auch für Krystalle von Kalkspath, Gyps, Feldspath u. s. w.
nachgewiesen wird (Pyroelektrizität).

— Guillaume François **Rouelle** in Paris unterscheidet zuerst
zwischen sauren, neutralen und basischen Salzen.

1755 James **Anderson** und seit 1797 John **Johnstone** und Joseph **Elkington** führen die Trockenlegung nasser Grundstücke vermittelst unterirdischer Kanäle (Unterdrains) in grossem Massstab praktisch durch.

— Leonhard **Euler** gelingt es, die Clairault'schen partiellen Differentialgleichungen auf einfachere Weise abzuleiten und in die Form zu bringen, in der sie heute noch zur Beantwortung der wissenschaftlichen Gleichgewichtsfragen flüssiger Körper angewendet werden.

— Der Berner Michéli **du Crest** nimmt von der Veste Aarburg, wo er als Staatsgefangener internirt war, das erste nach geometrisch richtigen Prinzipien konstruirte Panorama auf.

— Immanuel **Kant** in Königsberg stellt in seiner „Allgemeinen Naturgeschichte und Theorie des Himmels" eine neue Anschauung von der Entstehung des Sonnensystems auf, die 1796 zur Grundlage der von Laplace ausgebauten Kant-Laplace'schen Theorie wird.

— Während Galilei die Ansicht ausgesprochen hatte, dass die Milchstrasse eine Anhäufung unzähliger, nahe aneinander befindlicher Sternchen sei, spricht Nicolas **Louis de Lacaille** bei Gelegenheit der Durchmusterung der Nebel des Südfirmaments den Gedanken aus, dass dieselbe theils aus kleinen Sternen, theils aus unlösbaren Nebeln bestehe, auf denen sich die Sterne projiciren, ein Gedanke, der durch die neuesten Forschungen, besonders die von Kapteyn Bestätigung findet.

— Der schweizer Physiker Martin **Planta** erfindet die Glasscheiben-Elektrisirmaschine, elf Jahre vor Jesse Ramsden, dem mit Unrecht diese Erfindung zugeschrieben wurde.

— Der französische Arzt Francois **Thiéry** gibt die erste Beschreibung der insbesondere in den Heimatsländern des Mais weitverbreiteten Pellagra-Krankheit (mal de la rose).

1756 Marco Antonio **Caldani** beobachtet 33 Jahr vor Galvani das Zucken der Froschschenkel in der Nähe der Elektrisirmaschine, ohne von der Wichtigkeit dieser Beobachtung eine Ahnung zu haben.

— Johann Gottlieb **Leidenfrost** wiederholt das von Erler angegebene Experiment des sphaeroidalen Zustands der Wassertropfen, der nach ihm Leidenfrost'sche Phaenomen genannt wird.

1756 Der Pariser Apotheker **Quinquet** verwendet zuerst den gläsernen Lampen-Cylinder, dessen Idee schon 2 Jahrhunderte vorher von Leonardo da Vinci ausgesprochen wurde.

1757 Joseph **Black** lehrt die von Helmont entdeckte Kohlensäure, die er als fixe Luft bezeichnet, näher kennen und hebt vor allem deren saure, Alkalien neutralisirende Eigenschaft hervor.

— Charles **Cavendish** konstruirt das erste Maximumthermometer.

— John **Dollond** fertigt achromatische Linsen an, welche aus einer biconvexen Crownglas- und einer concaven Flintglas-Linse bestehen und für alle spätern Objektivgläser vorbildlich werden.

— Albrecht **von Haller** macht epochemachende Beobachtungen über die Entwicklung des Keims im thierischen Ei und das Knochenwachsthum.

1758 Axel **von Cronstedt** wendet das von Andreas von Swab im Jahre 1738 zuerst zur Mineralbestimmung eingeführte Löthrohr in hervorragendem Masse in der Mineralogie an.

— Henri Louis **Duhamel du Monceau** begründet mit seiner „Physique d'arbres" die wissenschaftliche Epoche des Forstwesens.

— Der Engländer **Everett** baut die erste durch Wasserkraft betriebene Tuchscheermaschine, die mittelst Scheeren wirkte, die den Handscheeren nachgeahmt waren.

— Der Wiener Arzt Anthony **de Haen** verwendet das Thermometer in grösserem Massstab in der Medizin.

1759 Franz Ulrich Theodor **Aepinus** eliminirt aus der Elektricitätslehre die Cartesianischen Vorstellungen von Ausflüssen und führt in dieselbe die Newton'sche Anschauungsweise der Kraftäusserung. die actio in distans ein.

— Josias Adam **Braun** in Petersburg zeigt, dass Quecksilber durch Kältemischungen zum Gefrieren gebracht werden kann.

— John **Robison** ist der Erste, der die Anwendung der Dampfkraft für Strassenwagen, und zwar seinem Freunde James Watt vorschlägt.

— Johann Heinrich **von Schüle** in Augsburg scheint zuerst die gestochenen Kupferplatten zum Drucken in der Kattundruckerei verwandt zu haben.

— John **Smeaton** macht die Beobachtung. dass der aus thonhaltigen Kalksteinen gebrannte Kalk die Eigenschaft besitzt, unter Wasser zu erhärten und benutzt einen solchen Kalk mit Zuschlag von Sand und Eisenschlacken als Mörtel beim Bau des Eddystone-Leuchtthurms.

1759 John **Smeaton** findet bei seinen Untersuchungen über die Friktion beim Eingriff von Rad- und Getriebezähnen als beste Gestalt der Zähne für die Kammräder die cykloidische, für die Stirnräder die epicykloidische.

— Josiah **Wedgwood** in Etruria in Staffordshire erfindet das „Wedgwood" benannte Steingut.

1760 Robert **Bakewell** bewirkt durch seine Züchtung die Verbesserung des Leicesterschafes und des „Longhorn"-Rindes in so vollendeten Formen, dass er die ideale Grundlage zu allen weitern Fortschritten legt.

— Pieter **Camper** stellt den Gesichtswinkel als Rassemerkmal auf.

— Domenico **Cotugno** weist Eiweiss im Harn der Nierenkranken nach und entdeckt den Aquaeductus Cottunnii im Felsenstück des Schläfebeins.

— Leonhard **Euler** begründet die allgemeine Theorie der krummen Flächen.

— Robert **Kay,** Sohn von John, ermöglicht durch die Doppel- oder Wechsellade im Webstuhl das Einschiessen verschiedenfarbiger Fäden.

— Der Mathematiker Joseph Louis **Lagrange** bildet die Variationsrechnung aus.

— Johann Heinrich **Lambert** erfindet gleichzeitig mit Pierre Bouguer das Photometer (Schattenphotometer) und begründet die Lehre von der Messung des Lichts (Photometrie).

— John **Smeaton** erfindet das Cylindergebläse.

— Lazaro **Spallanzani** macht Forschungen über die Infusionsthierchen, den Kreislauf des Blutes und die Zeugungslehre.

— Der Aesthetiker Johann Georg **Sulzer** bemerkt, indem er die Zunge zwischen zwei Plättchen verschiedener Metalle bringt, eine Geschmacksempfindung, die sauer oder alkalisch war, je nachdem das eine oder andere Plättchen sich über oder unter der Zunge befand.

— Clifton **Wintringham,** Arzt in London, führt die von Borelli begründete Jatromathematik in bahnbrechender Weise weiter.

— William **Watson** bemerkt, dass die Elektrizität im luftleeren Raume auf viel weitere Entfernungen, als sonst und mit glänzenden Strahlen, wie das Nordlicht von einem Körper zum andern geht und macht den ersten Versuch, die Geschwindigkeit der Elektrizität zu bestimmen.

1761   Joseph Leopold **Auenbrugger** begründet in seinem Buche „Inventum novum ex percussione thoracis humani ut signo abstrusos interni pectoris morbos detegendi" in wissenschaftlicher Weise die zuerst von Lancisi 1685 bewirkte Perkussion und benutzt dieselbe in ausgedehnter Weise zur Diagnose der Krankheiten der Brusthöhle.

—   Gottlieb **Kölreuter** macht die ersten Untersuchungen über die Bastardbefruchtung und über die Bestäubungseinrichtungen der Pflanzen.

—   Giambattista **Morgagni** begründet die pathologische Anatomie als selbstständige Wissenschaft. Unter vielem Anderen entdeckt er die Morgagnischen Taschen und das Morgagnische Organ.

—   Carsten **Niebuhr** bereist Arabien, Persien, Palaestina und Kleinasien und wird durch seine Schilderungen, Karten, die Fülle von Beobachtungen und die Aufnahmen von Denkmälern der Bahnbrecher für das tiefere Eindringen seiner Nachfolger in die Kunde des Orients.

—   Johann Gottskalk **Wallerius** stützt in seiner Schrift „Agriculturae fundamenta chemica" die Grundsätze des Feldbaus auf die Vergleichung der Bestandtheile in den Pflanzen mit den Bestandtheilen des Bodens, worauf sie wachsen.

1762   Charles **Bonnet** untersucht in seinen „Considérations sur les corps organisés die Zeugungstheorien und nimmt eine Praeformation der Keime an.

—   James **Bradley** gibt einen mustergültigen Sternkatalog mit 3222 Positionen heraus.

—   John **Canton** beweist, dass das Wasser kompressibel ist.

—   Der Geologe G. Ch. **Füchsel** stellt zuerst eine scharf ausgeprägte Terminologie der Geologie auf und erfindet den Begriff der Formation, deren jede er durch das Vorhandensein von eigenthümlichen Versteinerungen oder Leitfossilien charakterisirt (s. Lister 1680).

—   Marcus Antonius **Plenciz** stellt die erste, der heutigen sehr ähnliche Theorie der ätiologischen Bedeutung von Mikroorganismen für die Entstehung der Infektionskrankheiten auf.

—   Johann Karl **Wilcke** erfindet das auf der elektrischen Influenz beruhende Elektrophor, das von Volta 1775 verbessert wird und dazu dient, während längerer Zeit wiederholt kleine Elektrizitätsmengen zu liefern.

1763 Joseph **Black** stellt die Lehre von der freien und latenten Wärme auf und stellt fest, dass alle Körper behufs gleicher Erwärmung verschiedene Wärmemengen brauchen (specifische Wärme). Wilcke's Priorität auf die letztere Entdeckung scheint zweifelhaft.

—   Mr. **Edgeworth** lässt zu seinem Privatgebrauche die erste mechanisch-optische Telegraphenlinie zwischen London und Newmarket herstellen.

—   Der Kaufmann Johann Jacob **Ott** in Zürich macht die ersten Messungen der Bodentemperatur in verschiedenen Tiefen (s. Morin 1616).

—   Der Schichtmeister Johann J. **Polsunow** zu Barnaul in Sibirien erbaut eine Dampf-Gebläsemaschine zur Winderzeugung bei metallurgischen Operationen.

1764 Louis Claude **Cadet de Gassicourt** entdeckt die rauchende arsenikalische Flüssigkeit, flüssiger Pyrophor genannt, von der Bunsen bei seiner Arbeit über das Kakodyl ausgeht.

—   Domenico **Cotugno** beschreibt zuerst die Neuralgie der Hüftnerven, Ischias, die nach ihm Malum Cotunnii genannt wird.

—   Erik **Laxmann** in St. Petersburg verwendet zuerst in rationeller Weise das Glaubersalz als Flussmittel bei der Glasbereitung.

1765 Der englische Techniker **Crager** erfindet die Kettenspulmaschine.

—   Leonhard **Euler,** der 1736 eine Theorie der Praecession gegeben hatte, gibt in seinem Werke „Theoria motus corporum solidorum seu rigidorum" eine grundlegende Theorie der Hauptachsen, der Drehung im Allgemeinen und die Darstellung der Bewegungen um beliebige Achsen in spezielleren Fällen.

—   **La Salle** erfindet das Papier, auf welches man die Muster für Weberei und Stickerei zeichnet (Patronenpapier) und bemüht sich, den Zugstuhl für grössere Dessins, namentlich auch für Möbelstoffe, zu verbessern.

—   Otto **von Münchhausen** entwickelt in seinem „Hausvater" die Theorie des Pfluges.

—   Lazaro **Spallanzani** erfindet die Methode, die Sporen durch Erhitzung zu tödten und die Thier- und Pflanzenstoffe nach Abtödtung der Sporen durch Luftabschluss unverändert zu halten.

1765 James **Watt** trennt den Condensator mit der Luftpumpe vom Cylinder der Dampfmaschine, befreit dadurch den Cylinder von der schädlichen Abkühlung durch das Einspritzwasser, gibt dem Cylinder einen schützenden Mantel und lässt statt der abkühlenden Luft den Dampf auch über den Kolben treten.

1766—69 Louis Antoine **de Bougainville** macht die erste von Franzosen ausgeführte dreijährige Weltumsegelung, entdeckt die Korallenriffe an der Ostküste Australiens und die Louisiaden, und findet die Salomonen wieder auf.

1766 Adolf Anton **Brunner** erkennt zuerst die Vorzüge des Goldes als Füllungsmaterial für Zähne. Die grösste Bedeutung erhält dies Füllungsmaterial durch die 1855 von Robert Arthur in Baltimore gemachte Entdeckung, dass zwei Stückchen Goldfolie, wenn in einer möglichst kohlenstofffreien Flamme geglüht, sich durch Druck fest und unlösbar verbinden.

— Henry **Cavendish** entdeckt den Wasserstoff, der 1783 von Lavoisier beim Ueberleiten von Wasserdampf über glühendes Eisen erhalten wird.

— J. G. **Gahn** entdeckt, dass die Knochen grösstentheils aus phosphorsaurem Kalk bestehen. Diese Entdeckung erst ermöglicht die Darstellung des Phosphors in grösserem Massstabe.

— Johann Daniel **Titius** weist im Verfolg einer schon von Christian von Wolf gemachten Bemerkung nach, dass die Distanzen der Planeten sehr annähernd in der Formel $0,4+0,3 \cdot 2n$ enthalten sind, dass für $n = 3$ aber ein Planet fehlt. Diese Regel, die sich bei Entdeckung des Uranus glänzend bewährte, wird, weil Bode 1772 noch einmal darauf hinwies, Titius-Bodesche Regel genannt.

1766—68 Samuel **Wallis** führt auf seiner Weltumsegelung die erste Längenbestimmung nach Mondabständen aus. Sein Genosse Philipp Carteret entdeckt die Pitcairn-Insel, durchfährt die Carteret-Strasse und entdeckt die Admiralitätsinseln.

1767 **Reynolds** in Coalbrookdale verwendet zuerst gusseiserne Schienenplatten auf Langhölzern als Fahrbahn.

1768—71 James **Cook** umfährt auf seiner ersten Reise Neuseeland, entdeckt die Cookstrasse und die Ostküste Australiens und findet die Torresstrasse wieder auf. Ausserdem schafft er Klarheit über die Inselwelt der Südsee.

1768—73 Der Schotte James **Bruce** unternimmt eine Reise nach Abessinien und zurück durch Sennaar und Nubien und entdeckt 1770 die Quellen des blauen Nils.

1768 Leonhard **Euler** führt in die Undulationstheorie die Periodizität der Schwingungen ein (Begriff der Wellenlänge).

— Der englische Weber James **Hargreaves** erfindet die Mule Jenny Spinnmaschine.

— Christian **Meyer** spricht zuerst mit Ueberzeugung die Ansicht aus, dass in den bisher als optisch, aber nicht als physisch zusammengehörig betrachteten Sternen eine Art von Fixsterntrabanten oder auch Doppelsonnen vorliege, doch werden seine Untersuchungen erst nach den Arbeiten von Friedrich Wilhelm Herrschel (s. 1781) gehörig gewürdigt.

— Simon Peter **Pallas** findet im vereisten Schuttland des sibirischen Ueberschwemmungsgebietes ein vollständig erhaltenes Mammuth auf.

— **Powers** in Coventry fasst zuerst den Gedanken, Leder seiner Dicke nach derart zu spalten, dass die Narbenseite von der Fleischseite getrennt wird und zwei Blätter entstehen, deren jedes für sich zu geeigneten Zwecken verwendet wird.

1769 Richard **Arkwright,** ein Barbier in Preston, baut in Nottingham die erste praktische, mit Wasserkraft betriebene Spinnmaschine (Waterspinnmaschine).

— Der französische Militäringenieur Joseph **Cugnot** baut ein dreiräderiges Strassenfuhrwerk, das er durch Dampf betreibt.

— David **Macbride** führt die Schnellgerberei mittelst Lohbrühe ein und benutzt zuerst verdünnte Schwefelsäure zum Schwellen der Häute.

— Pfarrer **Mayer** zu Kupferzell macht nachdrücklich auf die den Römern bereits bekannte Wirkung des Gypses als Düngungsmaterial aufmerksam, die dann B. Franklin seinen Landsleuten ad oculos demonstrirt.

1769—84 James **Watt** führt in die Dampfmaschine die Kurbel und das Schwungrad zur Umsetzung der auf- und abgehenden Bewegung in drehende Bewegung ein, erfindet das „Parallelogramm" zur Geradführung des obern Endes der Kolbenstange und den Schwungkugelregulator, der durch Einwirkung auf die Drosselklappe die Zuführung des Dampfes regelt.

Diese Vervollkommnungen befähigen die Dampfmaschine, ihre Siegeslaufbahn anzutreten, die namentlich beginnt, nachdem James Watt sich 1774 mit Matthew Boulton zur Anlegung der Maschinenfabrik in Soho verbunden hat.

1770 Charles und Robert **Colling** folgen dem Beispiele Bakewells und verbessern das einheimische, englische Rind derart, dass es als „improved Shorthorn" zur Vollblutrasse wird und als solche einzig dasteht.

— Der französische Astronom Joseph Jerome **Delalande** bestimmt die Sonnenparallaxe zu 8.5—8.6 Sekunden und findet, dass die Kraft, mit welcher ein Körper in der Nähe der Sonnenoberfläche angezogen wird, 29 mal die Anziehung der Erde übertrifft.

— **Dumontier** erfindet ein pneumatisches Feuerzeug, das aus einem an einem Ende verschlossenen Hohlcylinder besteht, in dem ein luftdicht schliessender Kolben durch einen Stab sich niederstossen lässt. Geschieht dies sehr schnell, so wird durch die bei der Kompression erzeugte Wärme ein am Kolben befestigtes Stück Feuerschwamm entzündet.

— Der Abbé Charles Michel **de l'Epée** erzielt mit Hülfe einer methodisch entwickelten Gebärdensprache und des Fingeralphabets grosse Erfolge im Unterricht der Taubstummen.

— Pascal Joseph **Ferro** verordnet zuerst kalte Bäder bei Fieber.

— Der Mediziner **Hewson** entdeckt die weissen Blutkörperchen.

— Antoine Laurent **Lavoisier** kommt bei Untersuchung der vermeintlichen Umwandlung von Wasser in Erde zu dem Resultat, dass das Gewicht des verschlossenen Glasgefässes nebst dem lange im Kochen erhaltenen Wasser unverändert geblieben war, dass aber die entstandene Erde ebensoviel wog, als das Gefäss an Gewicht abgenommen hatte und zieht den Schluss, dass die Erde aus dem Glase und nicht aus dem Wasser stamme. Dies führt ihm zur Aufstellung des Satzes, dass bei chemischen Vorgängen Nichts entsteht und Nichts vergeht, sondern dass die Summe der in den Prozess eintretenden Materien eine konstante Grösse ist.

— Der französische Ingenieur Jean Rodolphe **Perronnet** entwickelt eine epochemachende Thätigkeit im Bau von steinernen Brücken. Als sein Meisterwerk gilt die Seinebrücke von Neuilly, die 5 Oeffnungen von je 39 m Spannweite hat.

1770—83 Karl Wilhelm **Scheele** entdeckt das Glycerin, die Wein-
steinsäure, die Oxalsäure und untersucht die Flusssäure, die indess erst Ampère 1810 als Wasserstoffsäure des Fluors erkennt.

1770 Max **Stoll** begründet die Lehre von der biliösen Pneumonie
und übt in grossem Umfang die Perkussion (s. 1761).

— Charles **Taylor** und Thomas **Walker** nehmen ein Patent
auf eine Walzendruckmaschine für die Kattundruckerei, das
indess keine praktische Folge hat.

— James **Watt** führt die Pferdestärke PS = 75 Meterkilogramm
als Mass für die Einheit der Arbeitskraft ein und erfindet
1772 den Indikator zur Untersuchung von Dampfmaschinen
und 1780 die Kopiermaschine (Façonniermaschine).

1771 Richard **Arkwright** erfindet die Walzen-Krempelmaschine.

— Samuel **Hearne** erforscht den Kupferminenfluss in Nord-
Amerika.

— Johann Philipp **Kirnberger** erfindet die nach ihm benannte
ungleichschwebende Temperatur der chromatischen Tonleiter,
die es ermöglicht, eine vollkommene Reinheit der Tonintervalle zu erzielen.

— Charles **Messier** veröffentlicht einen Katalog der Nebelflecke
und Sternhaufen mit 103 Objekten, wovon er 61 Objekte
selbst entdeckt hat.

— Joseph **Priestley** und Karl Wilhelm **Scheele** entdecken
gleichzeitig, aber unabhängig von einander den Sauerstoff.

— Christian Ehrenfried **Weigel** erfindet den später fälschlich
nach Liebig benannten Kühler, den er erst aus Blech, 1773
aber bereits aus Glas herstellt.

— Peter **Woulfe,** Erfinder der Woulfe'schen Flasche, stellt
Pikrinsäure aus Indigo her und bewirkt damit die erste
Herstellung eines künstlichen Farbstoffs.

1772 Der Botaniker **Corti** entdeckt die Cirkulation, d. i. die kontinuirliche Bewegung der von Mohl 1844 Protoplasma genannten zähflüssigen Substanz in der Zelle der Chara.

— Jean André **Deluc** scheint die grösste Dichtigkeit des Wassers
und die Anomalie seiner Ausdehnung entdeckt zu haben.

— Etienne **Lafosse** zeichnet sich durch sein Wirken auf dem
Gebiete der Pferdeheilkunde aus und gibt in seinem „Cours
d'Hippiatrique" eine vortreffliche Beschreibung der Krankheiten des Pferdes.

1772 Antoine Laurent **Lavoisier** weist nach, dass bei der Verkalkung von Metallen ebenso, wie bei der Verbrennung von
Phosphor und Schwefel eine Gewichtszunahme stattfindet,
die von der Absorption einer grossen Menge Luft herrührt
und dass bei der Reduktion von Metallkalken sich wieder
Luft in grosser Menge entwickelt.

— J. B. L. **Romé de l'Isle** erkennt das bereits 1669 von
Stenonis ausgesprochene Grundgesetz der Krystallographie,
das Gesetz von der Konstanz der Kantenwinkel in seiner
allgemeinen Gültigkeit.

— Daniel **Rutherford** entdeckt den Stickstoff.

1772—75 **Cook** gelangt auf seiner zweiten Reise bis 71° südl.
Breite und nimmt an, dass ein grösserer Kontinent um den
Südpol nicht vorhanden sei; er entdeckt die Cook-Inseln
und Neukaledonien. Seine Begleiter sind Johann Reinhold
Forster und dessen Sohn Georg, in deren Reisebeschreibung
Australien zuerst als fünfter Kontinent auftritt.

— James **Cook**, Johann Reinhold **Forster** und Georg **Forster**
sammeln zuerst planmässig Geräthe, Waffen, Kleidungs-
stücke u. s. w. fremder Völker, legen dadurch deren Eigen-
thümlichkeiten fest und begründen so die beschreibende
Ethnographie.

1773 Charles Augustin **Coulomb** entwickelt seine, lange Zeit
massgebend gebliebene Theorie der Brückengewölbe, sowie
seine Theorie des Erddrucks auf Stützmauern.

— Der englische Arzt **Fothergill** beschreibt zuerst die nach
ihm benannte Form der Gesichtsneuralgie.

— James Bennett **Monboddo** baut die 1669 von Swammerdam
(s. d.) aufgestellte Evolutionstheorie aus und macht zuerst
auf enge Beziehungen zwischen dem Menschen und dem
Orang-Utang aufmerksam.

1774 Der Chemiker Pierre **Bayen** in Paris zeigt, dass Quecksilber-
oxyd nur durch Temperaturerhöhung, ohne Zusatz von
phlogistonhaltigen Substanzen reduzirt werden kann und hilft
dadurch Lavoisier in seinem Kampfe gegen die Phlogistontheorie.

— Jean Etienne **Guettard** führt die „Degradation" der Berge
und die Modellirung der gesammten Erdoberfläche auf Ab-
spülung und Erosion zurück.

— Der englische Chemiker James **Hunter** führt Knochenschrot
als Düngemittel ein.

1774 Der englische Anatom William **Hunter,** Erfinder des Hunter'schen Verbands, veröffentlicht sein epochemachendes Werk über die Anatomie des schwangeren Uterus.

— Johann Heinrich **Jung-Stilling,** zuerst Kohlenbrenner und Schneider, später Lehrer und Arzt in Elberfeld, zeichnet sich durch Staaroperationen aus.

— Nevil **Maskelyne** und Charles **Hutton** bestimmen durch ihre am Berge Shehallien in Schottland angestellten Messungen der Ablenkung des Bleilothes die mittlere Dichte der Erde auf 4,929.

— Joseph **Priestley** entdeckt das Ammoniakgas beim Erhitzen von Salmiak mit Aetzkalk und Auffangen der entweichenden Luftart über Quecksilber.

— Karl Wilhelm **Scheele** entdeckt das Chlor.

— Der Landwirth Johann Christian **Schubart von Kleefeld** führt den Kleebau in die mitteleuropäische Landwirthschaft ein. Er schafft Brache und Weidegang ab und führt Kunstfutterbau und Stallfütterung ein.

1775 Torbern **Bergman** erkennt den Einfluss der Wärme auf die chemische Verwandtschaft und stellt Affinitätstabellen auf, die allgemein als die richtigsten und vollständigsten anerkannt werden.

— Johann Friedrich **Blumenbach** gibt die Grundzüge zu einer Eintheilung der Menschenrassen.

— Fredrich **af Chapman** in Stockholm gibt eine vollständige Theorie des Schiffbaus sowie Regeln für die Ermittelung des Schwerpunkts der Schiffe, für deren Ausmessung und Belastung.

— William **Cruikshank,** Anatom in Edinburg, gibt eine Anatomie der Lymphgefässe heraus.

— Pierre Joseph **Desault** begründet die chirurgische Anatomie.

— Matthew **Dobson** und **Pool** weisen zuerst bei Diabetes Zucker im Harn nach.

— Benjamin **Franklin** lehrt durch Thermometerbeobachtungen die Ufer des Golfstroms bestimmen und veröffentlicht 1785 die erste genauere Karte desselben (s. Alaminas 1513).

— Der sächsische Bergmeister Gottl. **Gläser** veröffentlicht eine geologische Karte, auf welcher die Verbreitung der verschiedenen Hauptgesteine (Granit, Sandstein, Kalkstein) durch Farben veranschaulicht wird.

1775 Antoine Laurent **Lavoisier,** der von Priestley mit dem Sauerstoffgas bekannt gemacht ist, zeigt, dass der Sauerstoff zur Verkalkung unerlässlich und eine nothwendige Bedingung des Verbrennungsprozesses ist.

— Der französische Chemiker Louis Bernard Guyton **de Morveau** entdeckt die Desinfektion durch Chlorräucherung.

— Peter Simon **Pallas** liefert die erste und umfassende naturgeschichtliche Abhandlung über die mongolische Rasse und offenbart sich damit als einer der ersten sachkundigen Bearbeiter, wenn nicht Begründer der wissenschaftlichen Ethnographie.

— Joseph **Priestley** entdeckt das Salzsäuregas und die gasförmige schweflige Säure.

— Joseph **Priestley** entdeckt das Knallgas; das Knallgasgebläse soll, wie Lavoisier angibt, zuerst vom Praesidenten de Saron angewandt worden sein.

— Abraham Gottlob **Werner** begründet die empirische Methode der Mineralbeschreibung und klassifizirt die Mineralien namentlich nach äusseren Kennzeichen.

1776 Der Amerikaner D. **Bushnell** erfindet die ersten Offensivtorpedos, die er gegen das englische Linienschiff Eagle, jedoch ohne wesentlichen Erfolg verwendet.

1776—79 **Cook** entdeckt auf seiner dritten Reise die Sandwich-Inseln, erforscht die Nordwestküste Amerikas und das Beringsmeer und gelangt durch die Beringstrasse bis zum Eiskap. Auf der Rückkehr wird er in Hawaii ermordet. Die Expedition erforscht nachher noch Kamtschatka.

1776 Benjamin **Curr** erfindet die gusseisernen Schienen und wendet dieselben zuerst für die Sheffield-Bahn an.

— Der englische Ingenieur **Darby,** vielleicht ein Sohn von Abraham Darby (s. 1713), erbaut die erste eiserne Brücke über den Severn bei Coalbrookdale.

— Der englische Ingenieur **Hatton** erfindet die Holzhobelmaschine.

— H. F. **Höfer** entdeckt die Borsäure in den Lagunen von Toscana, aus denen sie seit 1818 fabrikmässig gewonnen wird.

— Antoine Laurent **Lavoisier** stellt fest, dass der Diamant zu seiner Verbennung des Zutritts von Luft bedarf, dass er wirklich verbrennt und sich nicht etwa verflüchtigt und dass bei der Verbrennung ebenso, wie bei der Verbrennung der Holzkohle fixe Luft (Kohlensäure) entsteht.

1776 Alexis Marie **de Rochon** erfindet das nach ihm benannte doppeltbrechende Prisma, das als Mikrometer und Distanzmesser verwendet werden kann.

1777 Tiberius **Cavallo** macht das John Canton'sche Elektroskop erst zu einem wirklichen Elektrometer, indem er die pendelnden Kügelchen in ein Glasgefäss einschliesst und sie so gegen Zug und andere zufällige Störungen schützt.

— Der englische Chemiker Bryan **Higgins** erfindet die chemische Harmonika.

— Antoine Laurent **Lavoisier** zeigt, dass der Sauerstoff der einzige Bestandtheil der Atmosphäre ist, der das Athmen unterhält und dass er sich hierbei in Kohlensäure umwandelt, dass somit der Athmungsprozess der Verbrennung organischer Substanzen analog ist und folglich auch als Wärmequelle angesehen werden kann.

— Antoine Laurent **Lavoisier** zeigt, dass bei vollständiger Verbrennung organischer Körper, wie Alkohol, Oel, Wachs u. s. w. sich nur Kohlensäure und Wasser bilden, dass diese Körper somit nur aus Kohlenstoff, Wasserstoff und Sauerstoff bestehen können.

— Antoine Laurent **Lavoisier** entdeckt durch exakte Versuche, dass die Schwefelsäure sich von der schwefligen Säure nur durch einen grösseren Gehalt an Sauerstoff unterscheidet und gibt eine Erklärung über die Umwandlung, die der Eisenkies an der Luft erleidet.

— Der Physiker Georg Christian **Lichtenberg** entdeckt die elektrischen Staubfiguren (Lichtenberg'sche Figuren).

— Der französische Marschall Marc René **von Montalembert** betont die Nothwendigkeit eines überlegenen Geschützfeuers der Festungen, entwickelt dazu das Polygonaltracé, schlägt die Anlage einfacher oder doppelter Ketten detachirter Forts um die Festungen vor und gibt damit den von Friedrich dem Grossen gehegten oder theilweise ausgeführten Ideen die wissenschaftliche Form.

— Simon Peter **Pallas** gibt die erste geognostische Beschreibung des Baus eines Gebirges.

— Karl Wilhelm **Scheele** benutzt Chlorsilber auf Papier, um die chemische Wirkung des Sonnenspektrums zu prüfen und findet, dass das violette Licht am stärksten darauf einwirkt.

— Karl Wilhelm **Scheele** macht die ersten planvollen Arbeiten über strahlende Wärme und veröffentlicht dieselben in der „Chemischen Abhandlung von der Luft und dem Feuer."

1777 Karl Wilhelm **Scheele** und F. **Fontana** entdecken gleichzeitig die Absorption der Gase durch starre Körper, insbesondere durch frisch geglühte und unter Quecksilber erkaltete Holzkohle.

— Carl Friedrich **Wenzel** erklärt die Fortdauer der Neutralität bei wechselseitiger Zersetzung neutraler Salze damit, dass die verschiedenen Mengen der verschiedenen Basen, welche ein und dasselbe Gewicht irgend einer Säure neutralisiren, auch von jeder anderen Säure ein und dasselbe Gewicht zur Neutralisation bedürfen. Er beobachtet, dass die Geschwindigkeit, mit der ein und dieselbe Menge Metall von einer Säure gelöst wird, von deren Menge und Koncentration abhängt und zieht hieraus den Schluss, dass die Stärke der chemischen Wirkung von der Koncentration und Menge des wirkenden Stoffs abhängt.

— Eberhard August Wilhelm **von Zimmermann** entwirft die erste Erdkarte für die Verbreitung der Säugethiere, und gibt das erste zoogeographische Lehrbuch heraus.

1778 John **Brown** stellt die Erregungstheorie (Brownianismus) auf.

— Charles Augustin **Coulomb** erfindet den Taucherschacht, der die Taucherglocke vielfach in den Hintergrund drängt.

— Der Schweizer Johann **Grubenmann** erbaut die gewaltige Holzbrücke über die Limmat bei Wettingen (119 m Spannweite).

— Der Chef des preussischen Mineur-Korps Heinrich **v. d. Lahr** erfindet ein Vertheidigungsminensystem für den Festungsbau.

— Antoine Laurent **Lavoisier** erkennt, wie das Jahr zuvor in der Schwefelsäure, so auch in den wichtigsten anderen Säuren Sauerstoff als Bestandtheil und erklärt den Sauerstoff für das säurebildende Prinzip.

— Joseph **Priestley** untersucht zuerst die Absorption der Gase durch Flüssigkeiten.

— Benjamin Thompson Graf **von Rumford** beobachtet beim Bohren von Kanonen in der Münchener Kanonengiesserei eine dauernde Temperatur-Steigerung des den Geschützmodellcylinder umgebenden Wassers und gelangt dadurch zu der Einsicht, dass alle Wärmeerscheinungen in Wirklichkeit nur Bewegungserscheinungen seien. Diese Folgerung wird 1812 auch durch Humphry Davy bestätigt, dem es gelingt, Eisstücke durch Aneinanderreiben derselben zum Schmelzen zu bringen.

1778 Karl Wilhelm **Scheele** entdeckt die Kieselfluorwasserstoff-säure, die Molybdaensäure und eine grosse Anzahl organischer Säuren, darunter die Aepfelsäure, Blausäure, Citronensäure, Gallussäure, Harnsäure und Milchsäure.

— John **Smeaton** wendet bei der Brücke von Hexham in Northumberland zum ersten Male die Gründung der Pfeiler mit Luftdruck an.

— Samuel Thomas **von Sömmering** fördert die Anatomie des Centralnervensystems und der Sinne.

— Der Naturforscher Kaspar Friedrich **Wolff** legt den Grundstein zum Aufbau der modernen Biologie, indem er mit Hülfe des Mikroskops die Entwicklung der Thiere aus dem Ei und die Entstehung der Blätter und Blüthen in der Knospe verfolgt, wobei er unter Andrem die Keimblätter entdeckt.

1779 Jan **Ingenhouss** entdeckt, dass alle Pflanzen unaufhörlich kohlensaures Gas ausbauchen, dass aber die grünen Blätter und Schösslinge im Sonnenschein und Tageslicht umgekehrt Sauerstoff aushauchen und Kohlensäure binden.

— James **Keir** zu Westbromwich beobachtet zuerst, dass Messing bei einem hohen Zinkgehalt sich im Glühen strecken lässt. Er und nicht Muntz, der dieselbe Beobachtung 1832 wieder machte, ist als Erfinder des schmiedebaren Messings anzusehen.

1780 Torbern **Bergman** schliesst unlösliche Mineralien zum Zweck der Analyse durch Schmelzen mit Alkali auf und führt in die analytische Chemie das Verfahren ein, einen Mischungs-theil nicht isolirt, sondern in einer genau bekannten constanten Verbindung zu bestimmen.

— Der Wundarzt **Bernard** in London erfindet die biegsame Sonde (Katheter).

— **Carangeot,** Gehülfe des Mineralogen Romé de l'Isle, erfindet das Anlegegoniometer.

— **Carcel** konstruirt die Carcel-Uhrlampe, bei welcher neben der Anwendung eines zur stetigen Kolbenverschiebung dienenden Triebfederwerks die Einrichtung getroffen ist, dass ein Ueberfliessen und Zurückkehren des überflüssigen Oels in den Lampenfuss stattfindet.

— Jacques Alexandre César **Charles** nimmt Schattenrisse in der Camera auf Chlorsilber auf.

1780 Oliver **Evans** in Amerika erfindet den Elevator.

— Felice **Fontana** erfindet das Wassergas (Hydrocarbongas), indem er Wasserdampf auf glühende Kohle einwirken lässt.

— **Hamblin** und David **Avery** errichten bei Nore an der Mündung der Themse eine schwimmende Leuchte, das erste „light vessel" der Welt.

— Nachdem insbesondere von Algöwer in Ulm angeregt war, die Witterungsdaten von verschiedenen Punkten der Erde zu sammeln, um das Gemeinsame zu ermitteln, errichtet der Hofkaplan **Johann Jakob Hemmer** von Mannheim aus ein Beobachtungsnetz von 39 Stationen, die von Bologna bis Grönland, vom Ural bis nach Nordamerika reichen.

— A. L. **Lavoisier** und P. S. **de Laplace** erfinden das Eiskalorimeter und bestimmen mit demselben spezifische Wärmen und Verbrennungswärmen. Sie stellen im gleichen Jahre die ersten genaueren Versuche zur Bestimmung der linearen Ausdehnungskonfficienten fester Körper an.

— Der französische Techniker **Levrier-Delisle** stellt Papier aus Pflanzen und Rinden her.

— José Celestino **Mutis** in Bogota macht nachdrücklich auf die Kultur des Chinarindenbaumes aufmerksam.

— Nachdem das von Charles Taylor und Thomas Walker 1770 ausgenommene Patent auf eine Walzendruckmaschine Resultate nicht gezeitigt hatte, gelingt es Christian Philipp **Oberkampf** in Jouy bei Versailles, den Walzendruck in die Praxis der Kattunfabrikation einzuführen.

— Der italienische Anatom Antonio **Scarpa** macht sich durch seine Arbeiten über die hauptsächlichen Augenkrankheiten und über die Brüche einen unvergänglichen Namen.

— Graf Charles **Stanhope** stellt das Prinzip vom Rückschlag bei Gewittern auf und erfindet 1787 die nach ihm benannte Druckerpresse.

— Der Italiener **Vera** erfindet eine Vorrichtung, vermittelst eines Seils ohne Ende Wasser in grossen Mengen auf beträchtliche Höhen zu heben (Vera's Funikularmaschine).

— L. **Vitet** vermindert die durch die bisherige empirische Behandlung der Thierkrankheiten ins Ungemessene gehende Anzahl der Arzneimittel, empfiehlt die Anwendung von einfachen Stoffen und wird dadurch der Begründer der wissenschaftlichen thierärztlichen Arzneimittellehre.

1781 Felix **de Azara** erforscht in siebenjähriger Reise die Pampas von Südamerika vom atlantischen Gestade bis zu den Anden.

— Henry **Cavendish** zeigt, dass bei der Vereinigung von Wasserstoff und Sauerstoff ausschliesslich Wasser entsteht und liefert so den Beweis für die Zusammensetzung des Wassers.

— René Just **Hauy** und Torbern **Bergman** erkennen gleichzeitig die Konstanz der Spaltungsgestalt des Kalkspaths und ermitteln deren Zusammenhang mit den äussern Formen.

— Friedrich Wilhelm **Herrschel** entdeckt einen neuen Planeten, den Uranus. Das Jahr darauf veröffentlicht er seinen ersten Doppelsternkatalog und nimmt eine wahre Eigenbewegung der Sonne mitsammt ihrem ganzen Systeme an.

— Nachdem K. W. Scheele 1778 in der Molybdänsäure ein eigenthümliches Metall erkannt hatte, gelingt es Peter Jakob **Hjelm,** dieses — das Molybdän — zu isoliren.

— Nachdem die 1774 von Perier und dem Grafen Auxiron auf der Seine in Betrieb gesetzten Dampfboote ihrer Langsamkeit wegen verworfen worden waren, unternimmt der Marquis **de Jouffroy** einen neuen Versuch auf der Saone bei Lyon, der aber gleichfalls resultatlos verläuft.

— Peter Simon **Pallas** weist nach, dass die Eier der Eingeweidewürmer von aussen in den Körper der Wohnthiere gelangen.

— John **Smeaton** konstruirt eine Mehlbeutelmaschine (dressing machine).

— Johann Gottlieb **Wolstein** fördert durch sein Buch „Die Wundarzenei der Thiere" die Veterinärchirurgie.

1782 General **d'Arçons** erfindet schwimmende, mit Eisenblech gepanzerte Batterien, die zuerst vor Gibraltar Verwendung finden.

— René Just **Hauy** entdeckt das Vermögen einiger Mineralien, durch Druck elektrisch zu werden (Piezoelektrizität) und benutzt diese Eigenschaft des Doppelspathes zur Konstruktion eines sehr einfachen und doch empfindlichen Elektroskopes.

— Georges Louis **Lesage** spricht aus, dass die kosmische Schwere auf den Stoss von Aetheratomen zurückzuführen sei. Seine Gravitationstheorie wird 1872 von W. Thomson wieder aufgenommen und weitergeführt.

— Joseph Etienne **Montgolfier** in Annonay erfindet mit seinem Bruder Joseph Michel **Montgolfier** den Luftballon.

— Guyton **de Morveau** entdeckt das Zinkweiss (Zinkoxyd), das seit 1786 von Courtois im Grossen fabricirt wird.

1782 Der Chemiker Franz Joseph **Müller von Reichenstein** in Wien entdeckt das Tellur.

— K. W., **Scheele** entdeckt das Cyankalium, welches Liebig 1842, nachdem seine Verwendung zur galvanischen Vergoldung und Versilberung aufgekommen war, ökonomisch aus Blutlaugensalz darstellen lehrt.

— Der Physiker Jean **Senebier** findet bei seinen Untersuchungen über den Einfluss des Lichts auf die Pflanzen, dass das Chlorophyll schon nach wenigen Minuten durch das Licht gebleicht wird und dass gewisse Harze ihre Löslichkeit in Terpentin und flüchtigen Oelen durch Belichtung verlieren und legt so den Grund zu den modernen Reproduktionsverfahren der Autotypie und des Asphaltzinkprozesses.

— Alessandro **Volta** erfindet den Kondensator, der zum Nachweis geringer Elektrizitätsmengen dient.

— Josiah **Wedgwood** erfindet eine speciell für die Steingutfabrikation geeignete Art von Pyrometern, die aus Thoncylindern bestehen, die in der Hitze schwinden und sich beim Abkühlen nicht wieder ausdehnen.

— William **Wetts** in Bristol erfindet die Herstellung des Patentschrots. Indem das geschmolzene Blei von der Höhe des Schrotthurms 30 bis 40 Meter tief in ein untenstehendes Wassergefäss fällt, wird erreicht, dass die Tropfen sich in der Luft runden und abkühlen.

1783 Der Schweizer Aimé **Argand** erfindet den nach ihm benannten Rundbrenner mit innerer Luftzuführung für Leuchtflammen.

— Pieter **Camper** veranlasst auf Grund von Thierversuchen den Geburtshelfer Damen im Haag, in einem Falle von engem Becken die Symphyseotomie zu machen, was auch vollen Erfolg hat.

— Henry **Cavendish** bestimmt die quantitative Zusammensetzung der Luft und stellt deren Gehalt an Sauerstoff auf 20,85% fest.

— Jacques Alexandre César **Charles** fertigt einen Luftballon aus luftdicht gemachtem Taffet, den er mit Wasserstoffgas füllt und der gegenüber der mit einem Gemisch von Stroh und Papier erhitzten Montgolfière eine neue Erfindung bedeutet.

— James **Cooke** erfindet die mit Löffeln (Bechern) versehene Saemaschine (Löffelsystem),

1783 Henry **Cort** in Lancaster wendet zuerst Kaliberwalzen zum Schweissen und Strecken von Stäben an.

— Nachdem Scheele 1781 in der Wolframsäure ein eigentümliches Metall konstatirt hatte, isoliren **Fausto** und **Juan José d'Elhuyar** daraus das Wolfram.

— Antoine Laurent **Lavoisier** zerlegt das Wasser, indem er Wasserdampf über glühendes Eisen streichen lässt, mit dem sich der Sauerstoff des Wassers verbindet, während Wasserstoff frei wird.

— Antoine Laurent **Lavoisier** unternimmt es, an Hand seiner Erfahrungen über die Verbrennung, die Phlogistonlehre zu stürzen und erreicht, dass um 1785 seine antiphlogistische Lehre allgemein anerkannt wird.

— **Leger** in Paris bringt an Stelle des bis dahin angewandten massiven Dochtes den bandförmigen Flachdocht für die Brennlampe im Vorschlag.

— Der holländische Techniker Jan Pieter **Minckelaers** soll künstliches Gas zu Beleuchtungszwecken dargestellt haben, doch ist seine Priorität vor Murdoch noch nicht mit genügender Sicherheit erwiesen.

— Sven **Rinmann** in Eskilstuna versucht und empfiehlt zuerst das Glasiren (Emailliren) gusseisener Geschirre, ohne jedoch damit wesentlichen Erfolg zu erzielen.

— Der französische Naturforscher Pilâtre **de Rozier** macht mit dem Marquis d'Arlande die erste Luftfahrt in einer Montgolfière.

— Horace Benedict **de Saussure** erfindet ein noch heute gebräuchliches Haarhygrometer.

1784 George **Atwood** beschreibt in seiner Schrift „on the rectilinear motion and rotation of bodies" die nach ihm benannte Fallmaschine, die im Prinzip schon 1746 von C. G. **Schober** in Wieliczka angegeben worden war.

— Joseph **Bramah** erfindet ein Kombinationsschloss mit Schlüssel, das schnell eine grosse Verbreitung erlangt und nach seinem Erfinder Bramah-Schloss genannt wird.

— Nachdem der französische Seeoffizier De Genne (1678) einen mechanischen Webstuhl entworfen hatte, der ebenso wie die von Jacques de Vaucanson (1745) erfundene Webemaschine erfolglos blieb, baut **Edmond Cartwright** den ersten brauchbaren mechanischen Webstuhl.

1784 Henry **Cort** in Lancaster erfindet das unter dem Namen „Puddeln" bekannte Verfahren der Verarbeitung von Roheisen zu Schmiedeeisen und Stahl, das an die Stelle des Herdfrischens tritt. Durch die Verwendung von Steinkohle wird nicht nur die theure Holzkohle, sondern auch Menschenarbeit in grossem Massstabe entbehrlich.

— Der Weber Samuel **Crompton** in England konstruirt durch Verbindung der Streckvorrichtung Arkwrights und des Spindelwagens von Hargreaves seine „Mule"-Spinnmaschine.

— Oliver **Evans** baut ein vielfach in Anwendung gebrachtes Getreidereinigungs-Siebwerk (Rolling Screen and Fan).

— **Goethe** entdeckt gleichzeitig mit **Vicq d'Azyr** den Zwischenkiefer am Schädel des Menschen.

— René Just **Hauy** stellt das Gesetz der Symmetrie (nach dem die Veränderung einer Krystallform durch Kombination mit andern Formen sich stets auf alle gleichartigen Theile erstreckt) und das Gesetz der Achsenveränderung durch rationale Ableitungskoefficienten auf.

— René Just **Hauy** bringt durch Aufstellung seiner Strukturtheorie die Mineralogie auf eine wissenschaftliche Grundlage.

— Friedrich Wilhelm **Herrschel** liefert in seinem Buche „On the construction of heavens" den Nachweis, dass die sichtbaren Sterne sammt der Milchstrasse einen linsenförmigen Haufen bilden und die Sonne sich etwas ausserhalb der Mitte desselben befindet.

— Der Mathematiker Simon Antoine Jean **Lhuilier** begründet rechnerisch den zweckmässigen Bau der Bienenzellen.

— John **Michell** erfindet die Torsionswage, die auch Coulombsche Drehwage genannt wird, weil Coulomb sie zum Messen magnetischer und elektrischer Kräfte zuerst benutzte.

— Der Physiker **Salsano** in Neapel erfindet den ersten Erdbebenmesser (Seismograph).

1785 Der französische Chemiker Claude Louis **Berthollet** erfindet die Chlorbleiche und entdeckt 1792 das unterchlorigsaure Kali.

— Charles Augustin **Coulomb** ermittelt durch ausgedehnte Versuchsreihen, bei denen er sich des von ihm erfundenen Tribometers bedient, die Gesetze der gleitenden und der drehenden Reibung und erlangt mit seiner Arbeit den 1779 von der Academie des sciences ausgesetzten Preis.

1785 Charles Augustin **Coulomb** findet mittelst der Torsionswage, dass die elektrische Anziehung und Abstossung derselben Ladungen umgekehrt proportional dem Quadrat der
Entfernung ist (Coulomb'sches Gesetz).

— Friedrich Wilhelm **Herrschel** konstruirt ein Riesen-Spiegel-
teleskop, dessen Spiegel einen Durchmesser von 4 Fuss
besitzt. Das Jahr darauf veröffentlicht er seinen ersten
Nebelkatalog, dem er 1789 einen zweiten folgen lässt.

— Der Chemiker Johann Tobias **Lowitz,** Entdecker des Eis-
essigs (1789) und des Traubenzuckers (1792) entdeckt das
Entfärbungsvermögen der vegetabilischen Kohle.

— Abraham Gottlob **Werner** in Freiberg begründet die
Geognosie. Er nimmt die Abscheidung des ganzen Bodenreliefs aus dem Meere als eine unzweifelhafte Thatsache an
und wird damit der Begründer des Neptunismus.

1785—88 Der Seefahrer Jean François **de Galoup Lapérouse**
entdeckt auf seiner Weltreise die Lapérouse-Strasse zwischen
Jesso und Sachalin und erforscht die nordjapanischen Inseln
sowie die Küste der Mandschurei.

1785 Der Schotte Andrew **Meikle** erfindet die im Prinzip noch
heute verwendete schottische Dreschmaschine durch Verbindung
von geriffelten Walzen mit einer Trommel.

— William **Murdoch** erfindet die Dampfmaschine mit schwingendem
Cylinder, dessen hohle Drehachsen die Kanäle für den aus-
und eintretenden Dampf bilden. Die Maschine wird dauernd
erst 1820 von Cavé eingeführt. (Oscillirende Dampfmaschine).

— **Ransome** erhält das erste Patent für die Verfertigung der
Pflugschar von Gusseisen und später für das Stählen der
Gusseisenschar.

1786 Abraham **Bennet** konstruirt das auch heute noch gebräuchliche
sehr empfindliche Goldblatt-Elektroskop.

— Claude Louis **Berthollet** lehrt die chlorsauren Salze und ihre
Eigenschaft kennen, in Vermengung mit brennbaren Stoffen
allein durch Druck oder Stoss unter Feuererscheinung zu explodiren, was für die Tauch- und Tunkfeuerzeuge ausgenutzt wird.

— Louis Gabriel **Dubuat** entwickelt die Gesetze der Wasser-
bewegung in Kanälen, Flussbetten und Röhrenleitungen.

— Oliver **Evans** erfindet den Flammrohrkessel mit einem der
Länge nach durchgehenden Feuerkanal. Diese Kessel erhalten,
weil sie in Cornwall vielfach verwandt werden, den Namen
Cornwall-Kessel.

1786 John **Hunter** veröffentlicht sein epochemachendes Werk „A treatise on the venereal diseases".

— Der dänische Arzt Otto Friedrich **Müller** macht den ersten Versuch einer wissenschaftlichen Systematik der mikroskopisch kleinen Lebewesen.

— Nachdem bis dahin die Gletschererscheinungen im Wesentlichen nur eine deskriptive Behandlung (von Wolf, Scheuchzer, Altmann, Gruner etc.) erfahren hatten, studiert **Horace Benedict de Saussure** dieselben zuerst vom geologischen und physikalischen Standpunkt aus.

1787 Henry **Cavendish** beobachtet, dass in reiner dephlogistirter Luft (Sauerstoff) und in reiner phlogistirter Luft (Stickstoff) der elektrische Funken keine Wirkung äussert, dass dagegen in einem Gemisch von beiden eine chemische Verbindung entsteht, die er als mit Salpetersäure identisch erkennt.

— **De Cessart,** General-Inspektor des französischen Wegebaus, gibt die erste Anregung zur Konstruktion und Verwendung schwerer und zwar hohler gusseiserner Walzen für Wegebauzwecke.

— Ernst Friedrich **Chladni** in Leipzig begründet die „Theorie des Klanges" durch die Entdeckung der nach ihm benannten Klangfiguren.

— Der amerikanische Ingenieur **Fitch** fährt mit einem von ihm erfundenen, zum erstenmale mit einer Schiffsschraube versehenen durch Dampf betriebenen Boot, „Perseverance" genannt, auf dem Delaware, ohne dass jedoch dieser Versuch eine Folge hatte.

— Der französische Arzt Francois Emanuel **Foderé** erforscht den Kretinismus.

— Friedrich Wilhelm **Herrschel** entdeckt mit seinem Riesenteleskop zwei Trabanten des Uranus, den 1. und 2. Satelliten des Saturn „Mimas und Enceladus" und stellt fest, dass der Saturnring in zwei Ringe von ungleicher Breite getheilt ist.

— Pierre Simon **de Laplace** erklärt die Acceleration des Mondes, bestimmt die gegenseitigen Störungen der Hauptplaneten und beweist auf analytischem Wege die Unveränderlichkeit der mittleren Entfernungen der Planeten von der Sonne. Seine Rechnungen werden von Lagrange bestätigt, der ausspricht, dass in unserem Sonnensystem die Stabilität vorherrscht und dass dessen Existenz auf die längsten Zeiten hinaus gesichert ist.

1787 Antoine Laurent **Lavoisier** vergleicht den Werth einer Anzahl Brennmaterialien in Beziehung auf die Hitze, welche gleiche Gewichte von ihm geben.

— **Lavoisier, Berthollet** und **Fourcroy** geben gemeinsam mit Guyton **de Morveau** die „Nomenclature chimique" heraus, in der bereits die Prinzipien der heutigen chemischen Sprache enthalten sind.

— Der Schotte Patrick **Miller** wendet zuerst Ruderräder zum Betrieb eines Schiffes an und siegt mit seinem Boot bei einer Wettfahrt auf dem Firth of Forth über die schnellsten Segelboote. Sein Unternehmen hat jedoch ebenso wenig, wie das von Fitch, einen praktischen Erfolg.

— **Rumsey,** ein amerikanischer Ingenieur, wendet zuerst die von Bernoulli (1738) angegebene Idee des Reactionspropellers zum Betriebe eines Dampfschiffes an, welchem indess ein dauernder Erfolg nicht beschieden war.

— Horace Benedict **de Saussure** macht die erste Besteigung des Montblanc zum Zweck wissenschaftlicher Beobachtungen.

1788 Claude Louis **Berthollet** entdeckt das nach ihm benannte Knallsilber.

— Erasmus **Darwin** betrachtet zuerst die Dornen, Rindengifte, scharfriechenden Ausdünstungen, Schleimdrüsen und andere Einrichtungen der Pflanzen als Schutzmittel gegen die Plünderungen räuberischer Insekten und den nackten Mund der Vierfüssler.

— Benjamin **Franklin** empfiehlt wieder die im Alterthum bekannte und u. A. von Plutarch beschriebene Anwendung von Oel zur Wellenberuhigung.

— James **Hutton** veröffentlich seine „Theory of the Earth," in der er gegenüber dem von Werner seit 1785 gelehrten Neptunismus eine scharfe Grenze zwischen sedimentären und aus magmatischem Glutbrei erstarrten Gesteinen zieht, womit er der Schöpfer der plutonischen Lehre wird.

— Joseph Louis **Lagrange** stellt in seiner „Mécanique analytique" das Prinzip der virtuellen Verschiebungen als ein Axiom an die Spitze der ganzen Mechanik und leitet aus dessen Verbindung mit dem d'Alembert'schen Prinzip die Hauptprinzipien der allgemeinen Mechanik ab.

1789   Luigi **Galvani** entdeckt die Berührungselektricität (Galvanismus), indem er zufällig beobachtet, dass ein frisch praeparirter Froschschenkel in starke Zuckungen geräth, wenn man einen Muskel und einen entblössten Nerv mit zwei verschiedenen Metallen berührt, die ein leitender Bogen verbindet oder wenn in dessen Nähe eine elektrische Entladung stattfindet. Er fasst diese Erscheinungen als Bethätigung einer thierischen Elektricität auf.

—   Antoine Laurent **de Jussieu** stellt im Anschluss an die Arbeiten seines Onkels Bernard de Jussieu ein natürliches Pflanzensystem auf, in welchem er die Gattungen nach ihrer Aehnlichkeit zu grösseren Gruppen — natürlichen Familien — vereinigt, die er (etwa 100) durch Merkmale umschreibt.

—   Alexander **Mackenzie** erforscht den Mackenziefluss in Nordamerika.

—   Humphry **Repton** entfernt alles Mechanische und Formelle aus der Anlage der englischen Gärten und wird der Schöpfer der Landschaftsgärtnerei, die auch in Deutschland, insbesondere durch den Fürsten Pückler Muskau und durch Peter Lenné in grossartiger Weise gepflegt wird.

—   Antonio **Scarpa** entdeckt das membranöse Ohrlabyrinth.

—   Paets **van Troostwijk** und **Deimann** beobachten die erste unzweideutige Zerlegung eines zusammengesetzten Stoffes durch die Wirkung der Elektricität, indem sie Wasser in brennbare Luft und Lebensluft scheiden, wie sie in einem Briefe an la Metherie mittheilen.

—   Alessandro **Volta** wiederholt den Galvanischen Versuch und findet, dass die Zuckungen des Froschschenkels nur eintreten, sobald derselbe mit zweierlei sich berührenden Metallen verbunden wurde. Er schliesst daraus, dass die Berührung verschiedener Metalle die Quelle der Elektricität sei, die sich in dem Froschkörper ausgleiche und ihn in Zuckungen versetze.

1790   Matthew **Baillie** fördert durch genaue Beobachtung und Darstellung die pathologische Anatomie.

—   Thomas **Clifford** konstruirt die erste bekannte Maschine zur Fabrikation von Nägeln, die aus 2 mit Vertiefungen von der Gestalt der Nägel versehenen Walzen besteht.

1790 Dem Mechaniker Nicolas Jacques **Conté** in Paris gelingt es,
gleichzeitig mit Joseph' **Hardtmuth,** durch Mischen von ge-
schlemmtem Graphit mit Thon eine Komposition von jedem
gewünschten Härtegrad zu erzeugen und damit die Bleistiftfabrikation zu begründen.

— Diodat G. **de Dolomien** unterscheidet zuerst zwischen ge-
wöhnlichem Kalk und Bitterspath, der nach ihm Dolomit genannt wird.

— Der englische Chemiker **Gowen** entdeckt, dass durch Behandlung des rohen Rüböls mit 1 bis $1\frac{1}{2}$ Prozent konzentrirter Schwefelsäure die schleimige Substanz, die das Oel
dickflüssig und undurchsichtig macht, verkohlt wird und dass
das so behandelte Oel durch Waschen mit Wasser und Filtration klar und leichtflüssig wird.

— James **Hall** macht die ersten geologischen Experimente und
liefert den Nachweis, dass geschmolzene Gesteinmassen glas-
artig oder krystallinisch erstarren, je nachdem sie rasch oder
langsam abgekühlt werden. So erhält er z. B. beim Erhitzen
von Kreide im abgeschlossenen Raum ein krystallinisches,
marmorähnliches Erstarrungsprodukt.

— James **Keir** beobachtet, dass Eisendraht durch Eintauchen
in concentrirte Salpetersäure passiv wird.

— Joseph Michel **Montgolfier** äussert bereits den Gedanken
der Aequivalenz der Wärme und mechanischen Arbeit.

— Der englische Uhrmacher **Mudge** erfindet die freie Ankerhemmung, bei welcher der Regulator seine Oscillationen
fortsetzt, während das Hemmungsrad von einem besondern
Einfall aufgehalten wird.

— Marc Auguste **Pictet** erkennt zuerst die Wärmestrahlung
des Bodens und versucht zu erklären, warum bei trübem
Wetter die Nächte nie so kalt sind als bei klarem und
warum allein bei letzterem die Thaubildung eintritt.

— Edme **Regnier** erfindet das erste Dynamometer, das eine
praktische Anwendung, namentlich zur Messung der Zugkraft
der Pferde, des Widerstands der Wagen auf Strassen, der
Ackergeräthe u. s. w. findet.

— Der Engländer Thomas **Saint** nimmt ein Patent auf eine Kettenstichmaschine, die zur Herstellung von Schuhen und Stiefeln
bestimmt und als Vorläufer der Nähmaschine zu betrachten ist.

1790 Horace Benedict **de Saussure** erfindet das Cyanometer, eine Vorrichtung, die es ermöglicht, eine wenigstens annähernde Messung der Intensität des Himmelsblau zu machen.

— John **Sinclair** erfasst zuerst die Aufgabe einer nationalökonomischen Betrachtung der Landwirthschaft und betritt zuerst den Weg der statistischen Forschung.

— Der Engländer Thomas **Turnbull** erfindet das Glätten (Satiniren) des Papiers.

— Robert **Willan** in London nimmt eine vollständige Reformation in der systematischen Eintheilung und Klassificirung der Hautpathologie auf Grundlage der primären Efflorescenzen vor.

— Der Kattundrucker Johann **Zuber** in Mühlhausen betreibt zuerst das Aneinanderkleben echelonnirter Papierbogen zur Tapetenfabrikation fabrikmässig.

1791 Der französische Baumeister **Cointeraux** erfindet den Pisébau, bei dem die Wände ohne Balken und Steine nur aus fest gestampfter Erde aufgeführt werden.

— Johann Lucas **Boër,** Kaiserlicher Wundarzt in Wien, begründet eine neue Epoche der Geburtshülfe durch Einschränkung der operativen Eingriffe.

— Pierre Joseph **Desault** erfindet den nach ihm benannten Verband zur Behandlung des Schlüsselbeinbruches.

— William **Gregor** entdeckt das Titan im Titaneisen, das 1794 auch von Klaproth im Rutil nachgewiesen wird.

— Dem französischen Chemiker Nicolas **Leblanc** gelingt es, die Soda auf künstlichem Wege aus dem Kochsalz herzustellen.

— Samuel **Peal** verwendet den Kautschuk, um Leder und andere Stoffe wasserdicht zu machen.

— Nathan **Read** erfindet den Feuerröhrenkessel, der später von George Stephenson in seiner Lokomotive „Rocket" zu praktischer Verwendung gelangt und jetzt fast ausnahmslos für Lokomotiven und Lokomobilen verwendet wird.

— George **Vancouver** erforscht die Nordwestküste von Amerika und Vancouversland.

1792 Augustin **de Bétancourt** publicirt in seinem „Mémoire sur la force expansive de la vapeur" die ersten ausgedehnten Beobachtungen über die Spannkraft des gesättigten Wasserdampfes, die später von Arago und Dulong (1830), Magnus (1844) und Regnault (1847) vervollständigt und vielfach berichtigt werden.

1792 **Bonnemain** bedient sich zuerst des Dampfes zur Heizung von Treibhäusern, welche Methode sich von 1813 ab allgemein einführt.

— Johann Adam **Breysig** verbessert das von Du Crest erfundene Panorama, welches fortan häufig Gegenstand der öffentlichen Schaustellung wird.

— Ernst Friedrich **Chladni** zeigt zuerst, dass ausser den Transversalschwingungen bei Saiten Longitudinalschwingungen vorkommen, bei denen die einzelnen Theile der Saiten nicht aus der Richtung der Saiten heraustreten.

— Die Ingenieure **Claude** und Ignace Urbain Jean **Chappe** richten, von **Breguet** unterstützt, Linien mechanisch-optischer Telegraphen in Frankreich ein (siehe 450 v. Chr.).

— Der deutsche Arzt Johann Peter **Frank** legt durch sein System der medizinischen Polizei die Grundlage für alle späteren Arbeiten auf dem Gebiete der öffentlichen Gesundheitspflege.

— Der Physiker Martin **von Marum** bemerkt, dass, wenn durch eine mit Sauerstoff gefüllte Röhre ein elektrischer Funken schlägt, eine Veränderung des Sauerstoffes mit eigenthümlichen Geruch vor sich geht.

— Nachdem im Anschluss an Mouton's (s. d.) Ideen Brisson den Vorschlag gemacht hatte, das ganze Masssystem auf eine natürliche Länge zu gründen, beschliesst eine aus Borda, Lagrange, Laplace, Monge und Condorcet zusammengesetzte Kommission der Akademie, den zehnmillionsten Theil des Erdmeridians als Masseinheit festzusetzen. Im Anschluss hieran beginnen **Mechain** und **Delambre** die Gradmessung zwischen Dünkirchen und Barcelona, die später durch eine grössere Kommission, an deren Spitze Laplace stand, beendet wird und 1800 zur definitiven Einführung des Meters führt.

— William **Murdoch** verwendet das Steinkohlengas zur Beleuchtung der Maschinenfabrik von Boulton & Watt in kleinerem und von 1798 ab in grossem Massstabe. Er hat demnach zweifellos die Priorität vor Philippe Lebon, der das Leuchtgas erst 1799 in dem Feuer eines Leuchtthurms des Hafens von Havre anwendet.

— Der französische Mediziner Philippe **Pinel** spricht zuerst den Gedanken von der analytischen Methode der pathologischen Forschung aus und wendet denselben praktisch in der Lehre von der Entzündung an.

1792 Jeremías Benjamin **Richter** weist für die Vereinigung von Säuren und Basen unter Bildung von neutralen Salzen die Konstanz der Gewichtsverhältnisse nach (s. Wenzel 1777).

— Johann Bartholomaeus **Trommsdorf**, der Nestor der Pharmazie, fördert durch seine gründlichen Untersuchungen das Gesammtgebiet der Pharmazie nach allen Richtungen.

— Der englische Techniker John **Wilkinson** erfindet das Kehrwalzwerk zur Blecherzeugung.

— Thomas **Young** stellt zuerst das schon von Huygens geahnte Akkommodationsvermögen des Auges fest und erklärt dasselbe durch die Fähigkeit der Augenmuskeln, die Krümmung der Linse zu verändern.

1793 Thomas **Beddoes** erfindet die Inhalation von Gasen und Dämpfen, die 1858 von Sales-Girons zu allgemeiner Anwendung gebracht wird.

— **Samuel Bentham** gibt die erste Anregung zum Bau von Langlochbohrmaschinen für die Holzbearbeitungswerkstätten, die jedoch erst gegen das Jahr 1820 in allgemeinere Anwendung kommen.

— **Clément** und **Désormes** zeigen, dass die Bleikammern (s. Roebuck 1746) durch einen kontinuirlichen Luftstrom gespeist werden können und dass der Salpeter nur die Rolle eines Vermittlers zwischen schwefliger Säure und Luftsauerstoff bildet.

— Nicolas **Deyeux** erkennt zuerst, dass der gerbende Bestandtheil der Galläpfel, der Eichenrinde etc. ein eigenthümlicher Körper, die Gerbsäure ist.

— **Fothergill** scheint die erste Flachshechelmaschine konstruirt zu haben, bei der mit Hecheln besetzte Walzen oder Trommeln Anwendung fanden. Eine wesentliche Verbesserung der Hechelmaschine findet 1801 durch Archibald Thomson statt, welcher es erreicht, dass die Hecheln den Flachs in gradliniger Bewegung durchstreichen.

— Der Militärarzt Johann **Görke** führt die „fliegenden Feldlazarethe" ein.

— Der englische Seiler **Huddart** erfindet die erste brauchbare Seilspinnmaschine, die von dem Prinzip ausgeht, dass die Garnfäden durch das Register (eine Platte mit Löcherkreisen) gehen müssen, welches den einzelnen Fäden ihre Anordnung in der Litze vorschreibt. (Anfang der Seilklöppelmaschine.)

1793 **Kehls** entdeckt, dass die Knochenkohle ein Entfärbungsvermögen besitzt, welches dasjenige der Holzkohle bei
Weitem übertrifft (s. Lowitz 1785).

— Karl Friedrich **Kielmeyer** spricht zuerst den später von
Ernst Haeckel seinem biogenetrischen Grundgesetz zu Grunde
gelegten Gedanken aus, dass der Embryo höherer Thiere
die Organzustände der niederen Thiere durchlaufe.

— Benjamin **Outram** soll die ersten Bahnen mit gusseisernen
Schienen in Coalbrookdale konstruirt haben, die nach ihm
den Namen Outram-roads oder abgekürzt Tram-roads erhalten.

— Gilbert **Romme** denkt an die Möglichkeit, den optischen
Telegraphen zu Wetterwarnungen zu benutzen.

— Christian Konrad **Sprengel** macht die Entdeckung der
Fremdbestäubung in der Natur und erklärt den Bau der
Blüthe aus ihren Beziehungen zu den sie besuchenden und
bestäubenden Insekten.

— Die Brüder C. und G. **Taylor** wenden zuerst die Papier-
Halbzeugbleiche an, die sie mit Chlor im Beisein von Wasser
ausführen.

— Alessandro **Volta** legt ebene Platten aus verschiedenen
Metallen mit isolirenden Griffen aneinander und findet bei
der nach der Trennung erfolgenden Prüfung an seinem
Kondensationselektroscop, dass durch die Berührung das
eine Metall stets schwach positiv, das andere ebenso negativ
elektrisch geworden war.

— Alessandro **Volta** stellt die nach ihm benannte Spannungsreihe der Metalle auf. Eine ähnliche Reihe wird gleichzeitig
von C. H. Pfaff aufgestellt.

1794 Der Mechanikus **Böckmann** in Karlsruhe erbaut die erste
mechanisch-optische Telegraphenlinie in Deutschland, um am
22. November dem Markgrafen Karl Friedrich von Baden
aus einer Entfernung von $1\frac{1}{2}$ Wegstunden einen Glück-
wunsch zum Geburtstage zu übermitteln.

— Ernst Friedrich **Chladni** weist die Thatsache nach, dass
Meteoriten aus dem Weltraum auf die Erde fallen.

— Erasmus **Darwin** stellt die Hypothese vom förderlichen
Einfluss des Gebrauchs oder Nichtgebrauchs der Organe auf
und weist zuerst darauf hin, dass viele Thiere die Farben
ihrer gewöhnlichen Umgebung haben, damit sie nicht so
leicht erkennbar sind.

1794 Friedrich Wilhelm **Herrschel** bestimmt die Rotationsperiode des Saturn auf 10 h 16 m.

— Der Chemiker Johann Friedrich **Westrumb** stellt zuerst die Natur der Bierhefe fest.

— John **Wilkinson** erfindet die Kupolöfen zum Umschmelzen des Roheisens für die Giesserei in der Bauart, die sie im Wesentlichen auch jetzt noch inne haben.

1795 Karl Friedrich **Gauss** findet als Student die Methode der kleinsten Quadrate.

— Gaspard **Monge** gibt die erste wissenschaftliche Beschreibung der „Fata morgana" genannten Luftspiegelung.

— Gaspard **Monge** begründet die darstellende Geometrie (géométrie descriptive).

— Der amerikanische Mechaniker Eli **Whitney** erfindet die für die Verarbeitung der Baumwolle epochemachende Sägenentkörnungsmaschine (Egrainirmaschine).

1795—97 Mungo **Park** verfolgt den Gambia aufwärts, erforscht den südwestlichen Sudan und bringt die erste Kunde vom Niger nach Europa. Auf einer zweiten Reise ertrinkt er im Niger bei Bussa (1806).

1795—1802 J. **Barrow** bereist Südafrika und dringt bis zum Oranjefluss vor.

1796 (oder 1798) Augustin **de Bétancourt** legt einen mit Leidener Flaschen betriebenen elektrischen Telegraphen zwischen Madrid und Aranjuez an.

1796 Joseph **Bramah** erfindet die hydraulische Presse.

— Louis Marie **Daubenton** in Paris stellt ein zoologisches System auf, in welchem er die Wirbelthiere als Thiere mit Knochen den Insekten und Würmern als Thiere ohne Knochen gegenüberstellt.

— Der Ingenieur **Grimshaw** konstruirt die erste durch Dampfkraft betriebene Baggermaschine für Arbeiten im Sunderlandhafen.

— Christian Wilhelm **Hufeland** zu Berlin gibt seine „Makrobiotik oder die Kunst, das menschliche Leben zu verlängern" heraus.

— Tobias **Lowitz** stellt zuerst absoluten Alkohol dar.

1796 Robert **Miller** in Glasgow bringt am mechanischen Webstuhl eine Sicherung für den Fall des Steckenbleibens des
Schützen im geöffneten Fach an (Schützenwächter oder
Protektor). Er wandelt den Federschlagstuhl in den Excenter-
schlagstuhl um und bewirkt so eine wesentliche Vervollkommnung und Erhöhung der Geschwindigkeit der Arbeit.

— Joseph Michel **Montgolfier** erfindet den hydraulischen Widder.

— James **Parker** erzeugt aus natürlichem hydraulischem Kalk
durch Brennen und Pulverisiren einen Wassermörtel, dem
er wegen seiner Aehnlichkeit mit den altberühmten römischen
Mörteln den Namen Roman-Zement beilegt.

— Alois **Senefelder** erfindet die Lithographie.

— Samuel Gottlieb **von Vogel** empfiehlt die Benutzung der
Seebäder zu gesundheitlichen Zwecken.

1797 Johann Heinrich Ferdinand **Autenrieth** in Tübingen liefert
eine genaue Beschreibung des menschlichen Embryo.

— Firmin **Didot** verbessert die Stereotypir-Methode, indem er
den Schriftsatz mittelst einer Schraubenpresse in Blei ein-
drückt und diese Matrizen durch die Klischirmaschine in
Schriftzeug abklatscht.

— Bryan **Higgins** stellt als erstes Fulminat das knallsaure
Gold dar.

— Edward **Jenner** stellt die Schutzkraft des Kuhpocken-
Kontagiums gegen die Menschenblattern experimentell fest
und gründet darauf die Schutzpockenimpfung des Menschen.

— Wolfgang **von Kempelen** beschreibt in seinem „Mechanismus
der menschlichen Sprache" die Sprechwerkzeuge und die
Art, wie die in den europaeischen Sprachen vorkommenden
Laute gebildet werden.

— Joseph Louis **Lagrange** begründet die Theorie der analytischen Funktionen, durch welche die Differentialrechnung
nicht, wie von Leibniz, auf den Begriff des unendlich Kleinen,
sondern auf die Betrachtung von lediglich endlichen Grössen
zurückgeführt wird.

— Henry **Maudslay** begründet den Werkzeugmaschinenbau.
Er verbessert den Support der Drehbank und baut zuerst
die sogenannten Prismen-Drehbänke, deren Bett aus einer
einzigen prismatischen Eisenstange besteht.

— Heinrich Wilhelm Matthaeus **Olbers** veröffentlicht eine
Methode zur bequemen Berechnung von Kometenbahnen.

1797 Louis Nicolas **Vauquelin** entdeckt das Chrom.

1798 Paul Joseph **Barthez** in Montpellier, von d'Alembert „puits de science" genannt, erforscht die Mechanik der Bewegungsorgane und trägt wesentlich zur Festbegründung der Lehre von der Lebenskraft bei.

— Henry **Cavendish** bestimmt mit Hülfe der Coulomb'schen Drehwage die Dichtigkeit der Erde zu 5,18.

— James **Currie** wendet kalte Begiessungen bei allen akuten Krankheiten, wie Scharlach, Masern, vor allem aber beim Typhus an. Je höher die Temperatur des Kranken war, um so kälter und um so häufiger erfolgten die Uebergiessungen (s. Ferro 1770).

— Der Franzose **Decroix** nimmt ein Patent auf einen Rundstuhl zum Wirken von schlauchförmigen Gegenständen.

— Nachdem W. Barlow schon 1597 die Kompassablenkung auf Schiffen konstatirt hatte, zeigt Matthew **Flinders,** dass durch anzubringende Eisenmassen der Störungseffekt der da und dort verborgenen Eisenmassen sich kompensiren lasse.

— Friedrich Wilhelm **Herrschel** entdeckt die merkwürdige rückläufige Bewegung der Uranusmonde.

— Johann Wilhelm **Ritter** entdeckt, dass die Volta'sche Spannungsreihe der Metalle mit der Reihenfolge ihrer chemischen Verwandtschaft zum Sauerstoff zusammenfällt.

— Charles **Tennant** entdeckt den Chlorkalk und führt denselben zu Bleichzwecken ein (s. Berthollet 1785).

1798—1801 Friedrich **Hornemann** reist im Auftrage der Engländer von Kairo über Siwa und Fessan bis fast an den Niger und wird in Bokane ermordet.

1799 Wer die Schuss-Spulmaschine erfunden hat, lässt sich nicht feststellen, eine der ersten bekannten und zugleich vortrefflichsten Maschinen für Abrollspulen ist jedoch die von **Arzt** in Wien erfundene, von **Chwalla** daselbst verbesserte.

— Marie Xavier **Bichat** begründet die anatomische und pathologisch anatomische Gewebelehre.

— Francois **Chaussier** und Louis Nicolas **Vauquelin** stellen zuerst das unterschwefligsaure Natron her, das jetzt als Antichlor vielfache Verwendung findet.

— K. F. **Gauss** gibt den ersten Beweis für den Fundamentalsatz der Algebra (dass jede algebraische Gleichung reelle oder komplexe Lösungen besitzt).

1799 Ernst Friedrich **Chladni** entdeckt die drehenden Schwingungen an Stäben, die er hervorbringt, indem er glatte cylindrische Stäbe von rechts nach links in drehender Richtung reibt.

— Humphry **Davy** entdeckt die anaesthetische Wirkung des von Priestley 1776 durch Einwirkung von Eisen auf salpetrige Säure erhaltenen Stickstoffoxyduls (Lachgases), mit dem Horace Wells 1844 die erste Narkose vornimmt.

1799—1804 Alexander **von Humboldt** macht seine grundlegenden Forschungsreisen im Gebiet des Orinoko, des Rio Negro und des Amazonentromes.

1799 Alexander **von Humboldt** beobachtet am 12. November zu Cumana zum ersten Mal den Leoniden Sternschnuppen- schwarm, dessen erste Wiederkehr am 12/13. November 1833 in Nordamerika beobachtet wird.

— P. S. **de Laplace** vertieft die Newton'sche Theorie von Ebbe und Fluth dadurch, dass er nicht allein die Niveaufläche des Meeres ins Auge fasst, sondern die von Euler und Lagrange aufgestellten hydrodynamischen Grundgleichungen auf die Vorausbestimmung der Oscillationen des Meeres anwendet.

— P. S. **de Laplace** begründet in seiner „Mécanique céleste" die Hydrostatik auf die vollkommene Beweglichkeit der kleinsten Flüssigkeitstheilchen und führt die betreffenden Entwicklungen mit alleiniger Zuziehung des Princips der virtuellen Verschiebungen aus.

— Johann Georg **Lehmann** in Dresden führt zuerst auf wissenschaftlicher Grundlage die Methode des Schraffirens mittelst einfacher Striche von verschiedener Stärke zur Be- zeichnung der Neigung des Bodens unter Annahme einer senkrechten Beleuchtung und mit Verwendung von Horizontalen in gleicher vertikaler Entfernung ein.

— Der französische Ingenieur **Lebon** empfiehlt die Benutzung des Theers zur Konservirung des Holzes, sowohl für Zwecke des Schiffbaus als auch für die in die Erde einzurammenden oder einzubettenden Säulen, Schwellen etc.

— Joseph **Priestley** entdeckt das Kohlenoxydgas.

— **Louis Robert,** Arbeiter in der Papierfabrik von François Didot in Essonne erfindet die Papiermaschine und erhält am 18. Januar ein Patent auf die Dauer von 15 Jahren, das er am 27. Juni 1800 an seinen Chef Léger Didot cedirt. Dieser verkauft das Patent 1804 an die Brüder Henry und Sealy Fourdrinier, die nunmehr die Ausführung und Ausbeutung energisch betreiben.

1799 Reinhard **Woltmann** stellt die beste Profilform der Deiche fest und berechnet die Wirkung des Wasserstosses gegen dieselben. Er stellt zuerst eine richtige Theorie der Rammmaschine auf.

1800 Marie Xavier **Bichat** lehrt zuerst systematisch den mikroskopischen Bau des ganzen Körpers. Corvisart berichtet über ihn an Napoleon I. „Personne avant lui n'a fait en si peu de temps tant de choses et aussi bien."

— Ludwig Heinrich **Bojanus** verfasst seine Anatomie der Schildkröte und entdeckt das nach ihm benannte Organ der Muschelthiere.

— Anthony **Carlisle** und William **Nicholson** führen die zuerst von Troostwijk und Deimann 1789 beobachtete Zersetzung des Wassers durch den elektrischen Strom in rationeller Weise aus.

— William **Cruikshank** erfindet den elektrischen Trogapparat, der aus eine Anzahl von Doppelplatten besteht, die in die Rillen eines länglichen Troges so eingesetzt sind, dass sie diesen in eine Anzahl von Abtheilungen theilen, in welche die Flüssigkeit gegossen wird.

— Der Ingenieur Johann Albert **Eytelwein** macht bahnbrechende Arbeiten über Stromkunde, den Bau der Flussbetten und die Bewegung des Wassers.

— Friedrich Wilhelm **Herrschel** deckt die Existenz der ultrarothen Strahlen im Sonnenspektrum auf.

— Der englische Chemiker Edward **Howard** entdeckt das Knallquecksilber (Quecksilberfulminat).

— Der Engländer John **Hoyle** erfindet die Niederdruckwasserheizung.

— Der Uhrmacher **Jörgensen** in Kopenhagen erfindet das Metallthermometer, welches um 1817 durch Abraham Louis Breguet grössere Verbreitung findet.

— Der Chemiker **Knight** in London erfindet, 4 Jahre vor Wollaston, das Verfahren, durch Zusammenschweissen von Platinschwamm Zaine und Bleche dieses Metalls herzustellen. Das Verfahren wird schon 1809 für die Schwefelsäure-Konzentration nutzbar gemacht, in der an Stelle der Glas-

retorten nunmehr Platinblasen Anwendung finden, welche sich
noch mehr verbreiten, nachdem durch Henri Sainte Claire
Deville und Debray's Verfahren (1859), das Platin im Sauer-
stoff-Leuchtgasgebläse zu schmelzen, völlig dichte Bleche
erhalten werden konnten.

1800 Der Chemiker Wilhelm August **Lampadius** entdeckt den
Schwefelkohlenstoff.

— Joseph Carl **Schuster,** Apotheker in Tyrnau in Ungarn,
erfindet die jetzt allgemein in den Apotheken im Gebrauch
befindlichen Tropfgläser.

— Alessandro **Volta** entdeckt die unbegrenzte Steigerung,
welche man der Berührungselektricität durch angemessene
Schichtung der wirksamen Bestandtheile, Metalle und feuchte
Leiter ertheilen kann und konstruirt die Volta'sche Säule.

— Thomas **Young** lehrt zuerst die Ursache für die Verschiedenheit der Klangfarben einer nnd derselben schwingenden
Saite kennen.

1801 Franz Karl **Achard** erfindet die Rübenzuckerfabrikation und
baut die erste Zuckerfabrik auf dem Gute Kunern in Schlesien.

— Edouard **Adam,** Arbeiter in Montpellier, konstruirt den
ersten Destillationsapparat für Spiritus mit Rektificatoren und
Dephlegmatoren.

— Claude Louis **Berthollet** macht darauf aufmerksam, dass
die Geschwindigkeit, mit der zwei Stoffe chemisch auf
einander einwirken, nicht nur von den gegenseitigen Affini-
täten, sondern auch von den angewandten Massen abhängt.

— Georges **Cuvier** begründet die vergleichende Anatomie.

— **Clément** und **Désormes** geben die Zusammensetzung der
Schwefelsäure an und stellen eine Theorie für deren
Fabrikation auf (s. 1793).

— Oliver **Evans** baut die erste Hochdruckdampfmaschine, die
die Grundlage für die Entwicklung des Dampfwagens abgibt.

— Robert **Fulton** konstruirt ein Taucherboot Nautilus, das mit
einer unterseeischen Höllenmaschine versehen war und einen
Treibtorpedo entsendete, der durch ein daran befindliches
Schlagwerk zündete. Auch diesem Torpedo war ebenso
geringer Erfolg wie dem Bushnell'schen (s. 1776) beschieden.

— K. F. **Gauss** ermöglicht die Wiederauffindung der Ceres durch
eine neue Methode, die Bahn eines Planeten aus 4 verhältnissmässig naheliegenden Beobachtungen zu bestimmen.

1801 K. F. **Gauss** legt in seinem Werke „Disquisitiones arith-
meticae" bahnbrechende zahlentheoretische Untersuchungen
nieder und bringt durch die Einführung zahlentheoretischer
Prinzipien in die Algebra das Problem der Kreistheilung zum
völligen Abschluss.

— Charles **Hatchett** entdeckt das Tantalium.

— Der Drucker Louis Etienne **Herhan** erfindet gleichzeitig mit
Genoux, aber unabhängig von demselben die Papier-
Stereotypie.

— Der Franzose **Lebon** nimmt ein Patent auf eine durch ein
Gemisch von Gas und Luft betriebene, doppeltwirkende
Cylindermaschine.

— Giuseppe **Piazzl** entdeckt den ersten Asteroiden, Ceres.

— Joseph Louis **Proust** macht sich um den Nachweis des
Gesetzes von der Konstanz der Gewichtsverhältnisse sehr
verdient, indem es ihm gelingt, die Ansicht Berthollet's,
dass die Elemente sich in stetig veränderlichen, von den
äussern Umständen abhängigen Verhältnissen verbinden, nach
langem Streit siegreich zu widerlegen und nachzuweisen,
dass, wenn zwischen 2 Elementen mehrere Verbindungen
existiren, die Aenderung in der Zusammensetzung nie allmählich, sondern stets sprungweise erfolgt.

— Johann Wilhelm **Ritter** findet, dass im Spektrum das
Reduktionsmaximum für Chlorsilber jenseits der sichtbaren
violetten Strahlen liegt und ist somit der Entdecker der
chemischen Strahlen im Ultraviolett.

— Valentin **Rose** der Jüngere in Berlin entdeckt das doppelt-
kohlensaure Natron.

— P. L. **Simon** konstruirt das erste praktische, auf der galvanischen
Wasserzerlegung beruhende Galvanoskop (Galvanometer).

— Der englische Ingenieur **Symington** verwendet zuerst einen
unbeweglichen, liegenden Cylinder für die direkt wirkende
Dampfmaschine.

— Alessandro **Volta** stellt das Spannungs-Gesetz der Metalle
auf, wonach sich die untersuchten Körper in die Reihe
„Zink, Blei, Zinn, Eisen, Kupfer, Silber, Kohle" ordnen
lassen, welche die Eigenschaft hat, dass jeder vorausgehende
Körper in der Reihe mit einem nachfolgenden berührt positiv
wird und dass der elektrische Unterschied um so grösser wird,
je weiter die Glieder in der Reihe von einander abstehen.

1801 Thomas **Young** entdeckt den Astigmatismus, einen Brechungs-
fehler des Auges, bei dem Strahlen, die von einem Punkte
ausgehen, sich nicht wieder in eiuem Punkte vereinigen können.

1802 Jean **d'Arcet** führt die Scheidung des Goldes vom Silber
durch Schwefelsäure in die Praxis ein.

— L. G. **Brugnatelli** entdeckt das dem Howard'schen Knallquecksilber entsprechende, von dem Berthollet'schen Praeparat
(s. 1788) verschiedene Knallsilber (Silberfulminat).

— Humphry **Davy** nimmt optische Bilder im Sonnenmikroskop
auf Papier auf, das er mit Chlorsilber praeparirt hatte.

— Der englische Meteorologe Luke **Howard** gibt die erste
gute Wolkennomenklatur.

— Heinrich Wilhelm Matthaeus **Olbers** entdeckt am 28. März
den zweiten Asteroiden, Pallas und findet, nachdem Harding
1804 die Juno aufgefunden hatte, am 29. März 1807 den
vierten Asteroiden Vesta.

— J. W, **Ritter** entdeckt die trockenen Säulen, die 1805 und
1806 unabhängig von Ritter von Maréchaux in Wesel und
G. B. Behrens gebaut werden und 1813 durch Zamboni's
Versuche so allgemein bekannt werden, dass sie den Namen
Zamboni'sche Säulen erhalten.

— **Gautherot** und **Ritter** entdecken die galvanische Polarisation,
welche letzterem Anlass zur Konstruktion seiner Ladungs-
säule gibt.

— Louis Joseph **Gay Lussac** macht die Ausdehnung der Gase
zum Gegenstand sorgfältiger Untersuchungen und findet das
Gesetz, dass alle Gase durch die Wärme in gleichem Grade
ausgedehnt werden (das jedoch später dahin eingeschränkt
wird, dass es für die koërziblen Gase nur bei Temperaturen,
die weit vom Kondensationspunkt abliegen, Geltung behält).

— Der italienische Chemiker Domenico Pio **Morichini** entdeckt
Flusssäure in den Zähnen.

— William Hasledine **Pepys** erfindet den Gasometer in seiner
heutigen Form.

— Die Portugiesischen Händler (Pombeiros) Pedro Joas **Batista**
und Antonio **José** durchkreuzen zum ersten Male Afrika
von Angola über Lunda nach Mozambique.

— Josiah **Wedgwood** macht Lichtpausen nach Naturobjekten
auf mit Silbernitrat behandeltem Papier.

1802 **Winzler** aus Znaim (anglisirt Winsor) geht, mit einem Privileg von Georg III. ausgestattet, zuerst daran, das Leuchtgas zur Städtebeleuchtung zu verwenden. 1810 wird die erste Gasgesellschaft Londons, die Chartered Company vom Parlament bestätigt und am 1. April 1814 werden die ersten Gaslaternen in London angezündet.

— William Hyde **Wollaston** wendet die Totalreflexion zur Messung von Lichtbrechungsverhältnissen an und bestimmt nach dieser Methode die Brechungsexponenten undurchsichtiger Körper. Im gleichen Jahre beobachtet er als Erster die dunkeln Streifen im Sonnenspektrum.

— Thomas **Young** begründet die Lehre der Interferenz des Lichts.

1803 William **Henry** stellt für die Absorption der Gase das Gesetz auf, dass bei unveränderlichem Flüssigkeitsvolum die absorbirte Gasmenge dem Druck proportional ist.

— Der Geistliche Sigmund **Adam** erfindet die Liniirmaschine.

— Jacob **Berzelius** und Wilhelm **Hisinger,** sowie Martin Heinrich **Klaproth** entdecken gleichzeitig im Cerit das Cer.

— Charles **Derosne** erhält aus einem wässerigen Opiumauszug eine eigenthümliche, krystallinische Substanz von narkotischer Wirkung, die als Derosne'sches Salz bezeichnet wird und, wenn sie auch kein reines Morphin war, doch den ersten aus einer Pflanze isolirten, spezifisch wirkenden Pflanzenbestandtheil darstellte.

— Nachdem auf Anregung von James Watt John Wilkinson zuerst Dampfmaschinencylinder mittelst nicht bekannt gewordener Vorrichtungen ausgebohrt hatte, werden gleichzeitig von **Billingsley** die erste vertikale, von John **Dixon** die erste horizontale Cylinderbohrmaschine konstruirt.

— Auf Anregung des Spinnereibesitzers William Redcliffe konstruirt Thomas **Johnson** die erste Kettenscheermaschine, wie auch die erste Schlichtmaschine.

1803—08 **Lewis** und **Clarke** erforschen das Felsengebirge und erreichen die Quellen des Missouri und Columbia.

1803—06 Der Hamburger Heinrich **Lichtenstein** besucht das Land der Kaffern.

1803 Der Ingenieur C. **Nixon** wendet zuerst Schienen aus Schmiedeeisen auf der Wallbottle Mine bei Newcastle on Tyne an.

1803 Der englische Oberst Henry **Shrapnel** erfindet die Granat-kartätschen, Shrapnels genannt. Ob diese Erfindung eine selbstständige war, muss dahingestellt bleiben, jedenfalls sind im Dialogus des Augsburger Feuerwerkers Zümelmann von 1573 Granatkartätschen bereits erwähnt.

— Smithson **Tennant** entdeckt das Iridium und das Osmium.

— **Vaucher** erkennt die Conjugation an der später nach ihm benannten Süsswasseralge als einen sexuellen Vorgang.

— William Hyde **Wollaston** entdeckt das Palladium und 1804 das Rhodium.

1804 Nachdem Hooke's und Guglielmini's Fallversuche ein völlig einwandfreies Resultat nicht geliefert hatten, gelingt es Johann Friedrich **Benzenberg,** die östliche Abweichung fallender Körper in Folge der Erddrehung, die Newton 1679 theoretisch erkannt hatte, durch Versuche am Thurm der St. Katharinen-kirche in Hamburg und in dem Rheinischen Kohlenbergwerk in Schlebusch zu beweisen.

— John **Dalton** gibt dem von Wenzel, Richter und Proust mitbegründeten Gesetz der konstanten Proportionen den festen Ausdruck: Verbindet sich ein Körper A mit einem Körper B zu einem Körper C, so stehen die Massen von A, B und C in einem unabänderlichen konstanten Verhältniss.

— **Gay Lussac** und **Biot** unternehmen Luftfahrten zur Untersuchung der atmosphärischen Temperatur und Feuchtigkeit.

— Alexander **von Humboldt** begründet die wissenschaftliche Pflanzengeographie, nachdem das Jahr zuvor schon Gotthold Reinhold Treviranus, wenn auch nicht in so umfassender Weise die Verbreitung der Pflanzenformen über die Erde behandelt hatte.

— Alexander **von Humboldt** macht zuerst wieder auf den im Incareich von den Chinchainseln geholten und viel gebrauchten Guano (huano) aufmerksam, doch gelingt es erst Liebig, demselben die allgemeine Anerkennung zu verschaffen.

— Joseph Marie **Jacquard** erfindet eine Maschine zur Herstellung von Netzen.

— Samuel **Lucas** in England führt das Réaumur'sche Verfahren der Stahlbereitung (s. 1722) mit Erfolg in die Praxis ein.

— Louis **Poinsot** führt in die Mechanik den Begriff der Kräfte-paare (Couple) ein, eine Idee, welche das Verständniss aller Rotationseffecte wesentlich erleichtert.

1804   Georg **von Reichenbach** fasst zuerst den Gedanken, die mittelst Feilen auszuführende Handarbeit durch Maschinenarbeit auszuführen und konstruirt die erste Feilmaschine.

—   Théodore **de Saussure** findet, dass die Pflanzen nur in intensivem Lichte die Kohlensäure zerlegen, dass im Finstern dagegen jede Vermehrung des Kohlensäuregehaltes der Luft schädlich wirkt. Er findet ferner, dass die Vermehrung der Trockensubstanz bei der Kohlensäureassimilation nur von der gleichzeitigen Bindung der Bestandtheile des Wassers herrührt und ergründet die Abhängigkeit des Wachstums von der Sauerstoffathmung der Pflanzen.

—   Théodore **de Saussure** begründet mit seinem Werke „Recherches chimiques sur la végétation" die Humustheorie.

—   Richard **Trevithick** und **Vivian** erbauen unter Verwendung einer selbst konstruirten Hochdruckdampfmaschine, zu der sie Dampf von 6—7 Atmosphaeren Spannung verwenden, eine auf eisernen Schienen laufende Lokomotive, die auf der Merthyr Tydvil Eisenbahn mit Erfolg grosse Roheisenlasten schleppt.

—   Der englische Ingenieur **Walter** entwirft die erste eiserne Drehbrücke.

—   Arthur **Woolf** verbessert die von Hornblower 1776 erfundene und 1781 patentirte Dampfmaschine mit 2 ungleich grossen Cylindern durch Einführung der doppeltwirkenden Cylinder, der Condensation und des hohen Dampfdrucks und gibt dadurch die Grundlage zu der, nach ihm benannten Woolf'schen Dampfmaschine.

1805   Giovanni **Aldini** macht zuerst den Vorschlag, die Kraft von Ebbe und Fluth zum Antrieb von Maschinen zu benutzen.

—   John **Abernethy** in London weist die Hautrespiration nach.

—   Der italienische Chemiker Ludovico Gasparo **Brugnatelli** vergoldet eine silberne Medaille mit der Volta'schen Batterie.

—   Marc Isambard **Brunel** verbessert die seit langer Zeit in Holland bekannte und nicht, wie man bisher annahm, von Patrick Miller erfundene Kreissäge, indem er dieselbe aus Stahl anfertigt und aus mehreren segmentartigen Theilen zusammensetzt.

—   Der Franzose **Chancel** erfindet die sogenannten Tabakzündhölzchen. Ein Stückchen Holz wurde mit einem Ueberzug von Schwefel, Gummi und chlorsaurem Kali versehen. Tauchte man das überzogene Ende in konzentrirte Schwefelsäure, so entzündete sich das chlorsaure Kali und setzte den Schwefel und das Hölzchen in Brand.

1805 **Gay Lussac** und **Humboldt** machen ihre epochemachenden Arbeiten über die eudiometrischen Mittel und das Verhältniss der Bestandtheile der Atmosphaere.

— Ch. J. D. **von Grotthuss** stellt die Theorie auf, dass der galvanische Strom in Elektrolyten als erste Arbeit eine Trennung der Jonen aus ihrem Molekularverband zu bewirken habe und dass erst in zweiter Linie ihr Transport in Richtung der Elektroden in Betracht komme.

— **Hollenweger** in Colmar lehrt das mechanische Vorspinnen schlechter Cocons und der Seidenabfälle (Florett-, Bourrette-, Chappeseide).

— Friedrich Wilhelm **Sertürner** verfolgt die Derosne'schen Studien über die Bestandtheile des Opiums und isolirt das Morphin, das erste als solches erkannte Alkaloid und die Mekonsäure.

1806 **Arago** und **Biot** untersuchen die Brechungsexponenten der Gase und leiten daraus das Gesetz ab, dass die brechenden Kräfte der Gase ihren Dichtigkeiten proportional sind und dass für Gasgemische die brechende Kraft gleich der Summe der brechenden Kräfte der Bestandtheile ist.

— Soweit es sich ermitteln lässt, ist **Böhm** in Strassburg der Erste, der in seinem Marokinpapier ein gaufrirtes Papier hergestellt hat. Wer das Gaufriren in die Textilindustrie übertrug, lässt sich nicht feststellen.

— Humphry **Davy** stellt durch seine ausgedehnten elektrochemischen Untersuchungen fest, dass elektrische wie chemische Attraktionen durch die gleiche Ursache hervorgebracht werden, die nur im ersteren Fall zwischen den Massen selbst, im zweiten Fall aber zwischen deren Atomen wirkt.

— R. J. H. **Dutrochet** wiederholt die Experimente von Ferrein (s. 1741) und versucht zuerst, das Verhältniss zwischen Erhöhung des Tons und Spannung der Stimmbänder durch Anhängung verschiedener Gewichte an dieselben abzuschätzen.

— Johann Friedrich Ludwig **Hausmann** untersucht als Erster die erratischen Verhältnisse und erkennt die Nord-Südrichtung des erratischen Transports.

1806 Alexander **von Humboldt** stellt das Gesetz der Wärme-
abnahme mit der Höhe auf.

— Der Papierfabrikant Moritz Friedrich **Illig** in Erbach erfindet
die Harzleimung des Papiers.

— Thomas Andreas **Knight** weist nach, dass der senkrechte
Wuchs des Baumstamms und das Wachsen der Hauptwurzel
in entgegengesetzter Richtung durch die Schwerkraft verursacht werden (positiver und negativer Geotropismus).

— P. S. **de Laplace** beweist in seiner „Théorie de l'action
capillaire", dass die Kapillarität durch die Kohaesion der
Flüssigkeitstheilchen unter sich und die Adhaesion zwischen
diesen Theilchen und denen der festen Röhrenwände
bewirkt wird.

— Adrien Marie **Legendre** entdeckt unabhängig von Gauss
(s. 1795) die Methode der kleinsten Quadrate.

— Pierre François **Réal** erfindet die Réal'sche Extraktpresse,
eine Vorrichtung, bei der der Druck einer höhern Wasser-
säule das raschere Extrabiren gestattet.

— Karl **Ritter** veröffentlicht in seinen „Sechs Karten von
Europa" mit erklärendem Texte den ersten Versuch der
Herstellung physikalischer Karten.

1807 François **Appert**, Koch in Paris, erfindet das nach ihm
benannte Verfahren zur Konservirung leicht verderblicher
Nahrungsmittel durch luftdichten Verschluss nach vorheriger
Erwärmung bis 100⁰ Celsius.

— Philipp **Bozzini,** Arzt in Frankfurt a. M., führt mit seinem
„Lichtleiter" die erste Durchleuchtung einer Körperhöhle aus.

— John **Dalton** stellt das Gesetz der multipeln Proportionen
auf: Verbindet sich ein Körper A mit einem Körper B in
mehreren Verhältnissen, so stehen die Massen von B, welche
sich mit der gleichen Masse von A vereinigen, untereinander
in einfachem rationalen Verhältniss.

— Humphry **Davy** entdeckt das Kalium und Natrium, indem
er die Aetzalkalien galvanisch zersetzt.

— John **Dalton** erkennt, dass ein Gas in einem Raume, der
mit einem andern Gas ausgefüllt ist. sich so ausbreitet, als
ob das andere Gas gar nicht vorhanden wäre, und dass für
Mischungen von Gasen und von Gasen und Dämpfen der
Druck des Gasgemisches, auf gleiches Volum reducirt, der
Summe der Drucke der einzelnen Gase gleich ist (Diffusionsgesetz der Gase).

1807 Alexander John **Forsyth** zu Belhelvic erfindet das Perkussions-
schloss, das die Aufgabe hat, das chemische Pulver durch
den Schlag des stählernen Hahns oder den heftigen Stoss
eines Stahlstiftes zu entzünden.

— Der Amerikaner Robert **Fulton** macht seine erste Dauer-
fahrt mit dem von ihm gebauten Ruderraddampfboot
(Claremont) mit seitlichen Ruderrädern und ist dadurch
der Erste, welcher ein für dauernden Betrieb geeignetes
Dampfschiff erbaut hat.

— Nachdem Karl Wilhelm Scheele 1774 nachgewiesen hatte,
dass in dem Braunstein ein eigenthümliches Metall enthalten
sei, gelingt es Johann Gottlieb **Gahn,** dieses Metall —
das Mangan — in regulinischem Zustand zu erhalten.

— **Hattenberg** in St. Petersburg baut die erste Ziegel-
maschine, die einen langen prismatischen Thonkörper erzeugt,
der durch Querabschneiden in Ziegel zerlegt wird. Die von
Kinsley 1799 erfundene Ziegelpresse scheint, wie die
Etherington'sche Maschine (s. 1619) zur Ziegelbildung in
Formen bestimmt gewesen zu sein.

— Der Engländer S. **Orgill** erfindet den mechanischen Hand-
kettenstuhl.

— Der Ingenieur **Wiebeking** erbaut eine Reihe weitgespannter
Holzbrücken mit gebogenen Hölzern.

— Nachdem sich schon Humphry Davy (1799) zu Gunsten
einer Vibrationstheorie der Wärme ausgesprochen hatte,
spricht Thomas **Young** sich dahin aus, dass Licht und
Wärme aus ganz gleichartigen Schwingungen bestehen, die
sich nur dadurch unterscheiden, dass die der Wärme langsamer sind als die Lichtschwingungen.

1807—08 Julius **Klaproth** bereist den Kaukasus.

1808 Jacob **Berzelius** stellt die nach ihm benannte und noch
heute in den Laboratorien viel benutzte Spirituslampe mit
doppeltem Luftzug her.

— François Joseph **Broussais**, Arzt in Paris, begründet den Brous-
saismus, der hauptsächlich durch Blutentziehung zu heilen
sucht, auf die Lehre von lokal begrenzten Reizwirkungen.

— Marc Isambard **Brunel** und Henry **Maudslay** führen die
erste von einer Dampfmaschine betriebene Holzsägemühle
(Dampfsägemühle) für das Arsenal in Woolwich aus.

1808 Der französische Chemiker Jean Antoine Claude **Chaptal** scheidet überschüssige Säure aus dem Traubensaft mittelst Zusatzes von kohlensaurem Kalk ab und setzt vor der Gährung den fehlenden Zucker in Form von Rohr- oder Rübenzucker zu (Chaptalisiren).

— John **Dalton** stellt die atomistische Theorie auf, wonach jedes Element aus gleichartigen Atomen von unveränderlichem Gewicht besteht und die chemischen Verbindungen sich durch Vereinigung der Atome verschiedener Elemente nach einfachsten Zellenverhältnissen bilden. Er zeigt zuerst, auf welche Weise man die relativen Gewichte der Atome finden kann (Atomgewichtsbestimmung).

— Humphry **Davy** stellt auf elektrischem Wege das Calcium, Barium, Strontium und Magnesium, sowie das Bor dar.

— Charles **Derosne** entdeckt im Opium einen krystallisirbaren Körper, der von Robiquet 1817 als Narkotin bezeichnet wird.

— Louis Joseph **Gay Lussac** findet das Gesetz, dass die Gase sich nicht nur nach einfachen Raumverhältnissen vereinigen, sondern, dass auch das Volum der entstandenen Verbindung zu demjenigen der in die Verbindung eingegangenen Gase in einem einfachen Verhältniss steht (Gesetz der multipeln Volumina).

— Philippe **Gengembre** in Paris konstruirt die erste Justirmaschine für Münzen.

— Ludwig Wilhelm **Gilbert,** Herausgeber der „Annalen der Physik und Chemie" vervollständigt die von Volta gegebene Spannungsreihe der Metalle und bekämpft die Naturphilosophie Johann Wilhelm Ritters.

— Alexander **von Humboldt** begründet die deskriptive Gebirgskunde und gibt zuerst eine korrekte und bezeichnende orographische Terminologie.

— Joseph Marie **Jacquard** erfindet die nach ihm benannte Maschine für gemusterte Zeuge.

— Der französische Physiker Etienne Louis **Malus** entdeckt die Polarisation des Lichts.

— Der englische Capitain George William **Manby** konstruirt die ersten Rettungsapparate für Schiffbrüchige.

— Der englische Ingenieur William **Newberry** erfindet die Bandsäge.

1808 Georg **von Reichenbach** vervollkommnet die Wassersäulen-
maschine derart, dass es ihm mittelst derselben gelingt, Salz-
soole auf 12^1/$_2$ deutsche Meilen Entfernung und auf die
Vertikalhöhe von 3266 bayr. Fuss zu fördern.

— Der Ophtalmologe James **Wardrop** begründet die pathologische
Anatomie des Auges.

— **Webb** gelangt auf seiner Reise im Himalaya bis zu den
Gangesquellen.

— Aloys **von Widmannstätten** entdeckt die nach ihm benannten auf glattpolirtem Meteoreisen durch Aetzen mit
Salpetersäure entstehenden Figuren.

1809 **Bordier-Marcel,** Mechaniker in Paris, Schüler Argands, erfindet die Sinumbrallampe, bei welcher das Oelgefäss möglichst
wenig Schatten gibt.

— E. J. B. **Bouillon Lagrange** in Paris beobachtet zuerst, dass
die Stärke sich durch Rösten in eine durch Wasser vollkommen auflösliche, dem arabischen Gummi an die Seite zu
stellende Gummiart, das Dextrin, verwandelt.

— Seth **Boyden** in Birmingham ist erfolgreich in der mechanischen Herstellung von Nägeln durch Pressen.

— Pierre Louis Antoine **Cordier** beobachtet zuerst an dem von
ihm Dichroit, jetzt Cordierit genannten Mineral die Erscheinung
des Dichroismus, die 1821 von Soret auch am Topas und
anderen Mineralien beobachtet wird.

— Louis Joseph **Gay Lussac** erfindet die Methoden der Alkali-
metrie, Acidometrie und Chlorometrie.

— John **Heathcoat** in Nottingham erfindet die Bobinetmaschine.

— Jean Baptiste Ant. P. M. **de Lamarck** stellt die Hypothese
auf, dass der Grundplan der organischen Wesen und die
Aehnlichkeit ihrer Organisation in den einzelnen Gruppen
auf einer bald näheren, bald entfernteren Abstammung beruhe
und wird mit seiner Transmutationstheorie der Vorläufer
der Darwin'schen Ideen: er sucht die Ursache der Abänderung
im organischen Bau in der Anpassung an eine besondere
Lebensweise des erwachsenen Tieres.

— Johann Friedrich **Meckel** der Jüngere liefert „Beiträge zur
vergleichenden Anatomie".

1809   Samuel Thomas **von Sömmering** in München sucht die Wasserzersetzung zur telegraphischen Uebersendung von Nachrichten zu verwerthen. Wenn schon selbst auf grössere Entfernungen Resultate erzielt wurden, so hatten die Versuche doch keinen praktischen Erfolg. Der Apparat erforderte 35 Leitungsdrähte.

—   Albrecht Philipp **Thaer,** Begründer der ersten höhern landwirtschaftlichen Lehranstalt Möglin, wendet die Naturwissenschaften auf die Landwirthschaft an und ermöglicht dadurch eine rationelle Entwicklung derselben. Er weist namentlich auf den Werth des Humusgehalts des Bodens für den landwirthschaftlichen Betrieb hin.

—   W. H. **Wollaston** erfindet das Reflexionsgoniometer zur genauen Ausführung von Krystallwinkelmessungen.

—   W. H. **Wollaston** erfindet die Camera lucida.

1810   Friedrich Wilhelm **Breithaupt** erfindet den Grubenkompass, baut einen Grubentheodolith, und 1836 die erste Kreistheilmaschine in Deutschland.

—   Vincenzo **Dandolo** in Varese studirt die Nahrung und die Bedürfnisse der Seidenraupe, verbessert die Einrichtung der Raupenzuchtanstalten und des Fütterungsverfahrens und bemüht sich um die Auswahl und Heranziehung geeigneter Arten des Maulbeerbaumes.

—   Der französische Irrenarzt Jean Etienne Dominique **Esquirol** wirkt im Sinne seines Lehrers Philippe Pinel für Beseitigung des Zwangs in der Irrenpflege.

—   Der englische Chirurg William **Fergusson** erfindet den Mastdarmspiegel.

—   Johann Gottlieb **Gahn** erfindet die sogenannten Reitergewichte, deren man sich zur Ausgleichung der kleinsten Gewichtsdifferenzen jetzt allgemein bedient.

—   Philippe Henri **de Girard** beschäftigt sich in Folge des von Napoleon I. für die Flachs-Maschinenspinnerei ausgesetzten Preises von 1 Million Franken mit dieser Industrie und muss als der eigentliche Begründer der Flachs-Maschinenspinnerei angesehen werden, indem alle späteren Erfindungen nur Fortschritte auf dem von ihm gezeigten Wege sind.

—   Gabriel Joseph **Grenié** erfindet die mit frei schwingenden Zungen konstruirte orgue expressif, Expressivorgel, jetzt Harmonium genannt.

1810 Der Mediziner Christian Friedrich Samuel **Hahnemann** begründet sein neues, Homoeopathie genanntes Heilsystem.

— Der Mineraloge Karl Ernst Adolph **von Hoff** begründet den Standpunkt, dass die meisten Oberflächenveränderungen der Erde durch langsam und stetig wirkende Agentien verursacht seien, ein Standpunkt, auf den sich späterhin auch Lyell stellt.

— Der französische Psycholog François **Magendie** bereichert die Experimentalphysiologie mit so vielen wichtigen Entdeckungen, dass man ihn den Schöpfer derselben nennen kann.

— Der Engländer **Medhurst** macht den Vorschlag, die in einem geschlossenen Kanal enthaltene Luft zu verdünnen und die hierdurch erzeugte Differenz zwischen dem Druck der äussern und der im Kanal enthaltenen Luft zum Transport von Gegenständen zu benutzen. Samuda und Clegg setzen 1838 in London mehrere derartige pneumatische Bahnen in Betrieb.

— Ignaz **Pauer** in Leobersdorf verwendet zuerst zur Trennung der Griese von den Schalen des Getreides eine Griesputzmaschine, in der die Griese gesiebt und durch einen künstlichen Luftzug von den Schalen befreit werden.

— Thomas Johann **Seebeck** entdeckt, dass feuchtes Chlorsilber im farbigen Licht annähernd die Belichtungsfarben annimmt.

— **Thierry** erfindet seine in den Zuckerfabriken, welche mit Pressverfahren arbeiten, allgemein angewendete Reibmaschine, die auch in der Stärkefabrikation Anwendung findet.

1811 François Dominique **Arago** entdeckt die Drehung der Polarisationsebene am Quarz (Cirkularpolarisation).

— Amadeo **Avogadro di Quaregna** spricht das nach ihm benannte Gesetz aus: „Gleiche Mengen aller Substanzen enthalten im gasförmigen Zustand und unter gleichen Bedingungen die gleiche Anzahl Moleküle."

— Jean Pierre **Barruel** in Paris empfiehlt die Kohlensäure zur Abscheidung des überschüssigen Kalks aus den Rübensäften.

— Charles **Bell** erweist die motorische Funktion der vorderen Wurzeln der Spinalnerven, eine Beobachtung, die später durch Magendie und Johannes Müller zum sogenannten Bell'schen Gesetz ergänzt wird.

— **Blenkinsop** nimmt ein Patent auf eine Lokomotive, die mittelst eines Zahnrades bewegt wird, das in eine längs der Schienen gelegte Zahnstange eingreift (ein Prinzip, das neuerdings bei Bergbahnen Verwendung gefunden hat).

1811 Heinrich **Cotta,** der 1795 die Privatforstlehranstalt in Zill-
bach begründet hat, stellt zuerst den organischen Zusammenhang der Forsteinrichtung mit der praktischen Wirthschafts-
führung klar und bahnt die naturwissenschaftliche Begründung
der Waldwirthschaftslehre an.

— Bernard **Courtois** in Paris entdeckt das Jod in der Asche
von Seepflanzen.

— Louis Joseph **Gay Lussac** erfindet im Verein mit **Thénard**
die Elementaranalyse, die 1814 von Berzelius noch verbessert
und 1830 von Liebig in die heute noch übliche Form
gebracht wird.

— Der Pater Placidus **Heinrich** macht bahnbrechende Arbeiten
über die Phosphorescenz.

— Friedrich Ludwig **Jahn** führt das Turnen als Leibesübung ein.

— Gottlieb Sigismund Constantin **Kirchhoff** in Petersburg
stellt Traubenzucker durch Einwirkung von Schwefelsäure
auf Stärke dar.

— Nachdem William Nicholson's erste Idee einer Druckmaschine
(1790) gänzlich verschollen war, kommt Friedrich **König**
selbstständig auf die Verbesserung der alten Buchdrucker-
presse durch Anbringung eines Farbenanftrageapparats und
baut nach mehreren misslungenen Versuchen schliesslich in
Gemeinschaft mit Andreas Friedrich **Bauer** seine Cylinder-
druckmaschine oder Schnellpresse, die sich rasch durch die
ganze Welt verbreitet.

— Thomas Andrew **Knight** weist nach, dass die Wurzeln
durch feuchte Erde von ihrem senkrechten Wachsthum abgelenkt werden (Hydrotropismus) und dass die Ranken des
Weinstocks sich von der Lichtquelle abwenden (negativer
Heliotropismus).

— Der Mineraloge Friedrich **Mohs** stellt zur Mineralbestimmung
seine Härteskala auf und legt auf das spezifische Gewicht
als Unterscheidungszeichen zuerst Gewicht.

— Nachdem ein Spanier Salva im Jahre 1795 zuerst vor der
Akademie der Wissenschaften in Barcelona die Idee der sub-
marinen Telegraphie ausgesprochen hatte, machen **Soemme-
ring** und **Schilling von Canstadt** den ersten Versuch,
mit isolirtem Draht durch die Isar zu telegraphiren, bei
welcher Gelegenheit der letztere den Vorschlag macht, in
die Leitung eine Wasserstrecke einzuschalten.

1812 Jacques Etienne **Bérard** entdeckt die Polarisation der Wärme durch Reflexion von Glasspiegeln. P. Q. Desains und F. H. de la Provostaye zeigen 1849 die Uebereinstimmung dieser Polarisationserscheinungen mit denen des Lichtes.

—— Jakob **Berzelius** stellt im Anschluss an die 1806 von Davy angedeuteten Ideen seine elektrochemische Theorie auf, nach der zusammengesetzte Körper durch Aneinanderlagerung von Bestandtheilen hervorgebracht werden, deren Affinität eine Folge ihrer elektrischen Eigenschaften ist.

—— Georges **Cuvier** weist unwiderleglich nach, dass die meisten fossilen Formen ausgestorbenen Gattungen und Arten angehören und stellt aus den Ueberresten eine ganze Welt untergegangener Geschöpfe wieder her.

—— Georges **Cuvier** nimmt zur Erklärung der geologischen Zeitalter mit ihren verschiedenen Arten von Thieren und Pflanzen eine Folge grosser Umwälzungen an (Katastrophentheorie).

—— Christian Leopold **von Buch** stellt im Anschluss an Cuvier's Katastrophenlehre die Erhebungstheorie (Theorie der Erhebungskrater) auf, für deren Richtigkeit er einen entscheidenden Beweis in den südtiroler Dolomiten sieht.

—— Charles **Derosne** führt die Knochenkohle in die Zuckerfabrikation ein.

—— Der Arzt und Chemiker Ernst August **Geitner** zu Lössnitz erfindet das Argentan.

—— Eduard **Howard** führt den Vacuumapparat in die Technik und speziell in die Zuckerfabrikation ein.

—— Charles **Cagniard de la Tour** erfindet das Schraubengebläse (auch Cagniardelle genannt), das aus einer schräg liegenden, zum Theil in Wasser getauchten Archimedischen Schraube besteht, deren Umdrehung einen ununterbrochenen Windstrom gibt.

—— Der Techniker **Lee** sucht das Rösten des Flachses durch Dörren und nochmaliges Brechen in einer Bläuelmaschine zu ersetzen.

—— Paul **Moldenhawer** gelingt es bei Untersuchung der Maispflanze, die Zellen und Gefässe durch Maceration in Wasser zu isoliren und die Verschiedenheit der dünnwandigen Zellen des Parenchym-Gewebes gegenüber den dickwandigen des Holz-, Bast- und Rinden-Gewebes darzuthun.

1812 **Moorcroft** erforscht das Gebiet des oberen Indus und erreicht 1820 Kaschmir.

— **Napoleon I.** begründet durch mehrere Dekrete das Aufblühen der Rübenzuckerfabrikation in Frankreich.

— H. W. M. **Olbers** stellt zum ersten Male die Theorie der elektrischen Repulsion bei Kometen auf.

— P. L. **Schilling von Canstadt** erfindet die submarine Minensprengung, welche später namentlich durch Baron Ebner (1858), welcher die Minen vom Lande aus durch Elektrizität entzündet, vervollkommnet wird.

— Johann Georg **Tralles** konstruirt das nach ihm benannte Volum-Alkoholometer.

1813 Nachdem Papin das Kochen der rohen Knochen in seinem Digestor unter Dampfdruck ohne Erfolg für die Leimfabrikation unternommen hatte, gelingt es Jean Pierre Joseph **d'Arcet,** die rohen mit Salzsäure behandelten Knochen durch Wasser zu Leim aufzulösen.

— David **Brewster** unterscheidet die optisch einachsigen und zweiachsigen Krystalle und zeigt die Zugehörigkeit der ersteren zum quadratischen und hexagonalen, die der letzteren zum rhombischen und zu den klinischen Systemen.

— Thomas **Brunton** konstruirt die erste Maschine zur Anfertigung von Kettentauen, die sich seit dem Jahre 1811, als Samuel Brown sie zuerst auf seinem Schiff Penelope anwandte, schnell eingeführt hatten.

— Der schottische Ingenieur Robert **Buchanan** erfindet das nach ihm benannte Buchanan'sche Ruderrad mit drehbaren, stets lothrecht stehenden und senkrecht zur Wasserfläche in diese eintauchenden Radschaufeln.

1813—14 Johann Ludwig **Burckhardt** zieht den Nil aufwärts bis Schendi und am Atbara entlang durch die Wüste nach Suakin, nachdem er 1808—12 Vorderasien bereist hatte.

1813 Samuel **Clegg** erfindet die nasse Gasuhr mit rotirender Trommel, nachdem er bereits 1810 eine unvollkommenere Gasuhr mit abwechselnd vertikal auf- und absteigenden Glocken erfunden hatte.

— Humphry **Davy** entdeckt, indem er den Strom der Volta'schen Säule durch Kohlenspitzen leitet, den elektrischen Lichtbogen (Davy'scher auch Volta'scher Lichtbogen).

1813 Auguste Pyrame **Decandolle** stellt ein neues, natürliches System auf, dessen Hauptabtheilungen auf den morphologischen Charakteren der Pflanzen beruhen (160 Familien) und macht auf die „Discordanz zwischen morphologischer Verwandtschaft und physiologischem Habitus" aufmerksam.

— Charles **Dupin** bearbeitet in bahnbrechender Weise die Ingenieur- und industrielle Mechanik, sowohl in Bezug auf das Brücken- und Strassenwesen, als auch auf die Schiffahrt.

— Der französische Chirurg Guillaume **Dupuytren** beschreibt zuerst die nach ihm benannte Fingerverkrümmung und erfindet zahlreiche Instrumente und Operationsverfahren.

— Der englische Physiker John **Leslie** erfindet den Leslie'schen Würfel zur Bestimmung des Ausstrahlungsvermögens und findet die Methode, Wasser vermittelst der Luftpumpe gefrieren zu lassen. Er führt den Nachweis, dass Strahlung und Leitung der Wärme zwei grundverschiedene Vorgänge sind.

— Christian Samuel **Weiss** stellt die auch heute noch gültigen Krystallisationssysteme auf und begründet die mathematische Krystallometrie. Insbesondere gründet er den geometrischen Bau der Krystalle auf das dreidimensionale Achsenkreuz und erkennt das Gesetzmässige der Hemiëdrie.

1814 Der Ingenieur **Alard** in Paris erfindet das Metallmoiré auf verzinnten und verzinkten Blechen.

— K. J. B. **Karsten** entdeckt den Einfluss des chemisch gebundenen und des freien Kohlenstoffs im Eisen.

— Matthew **Murray** in Leeds erfindet gleichzeitig mit James **Fox** in Derby die Metallhobelmaschine. Beide Erfinder lassen den Meissel während des Schnitts feststehen und das Arbeitsstück unter ihm durchgehen.

— George **Stephenson** stellt, da man noch allgemein glaubt, dass die Reibung der glatten Räder auf den Schienen nicht ausreichen würde, Steigungen zu überwinden und Lasten zu ziehen, Versuche mit Maschinen mit glatten Rädern an und befährt mit Erfolg die Grubengeleise bei Newcastle.

1815 Adalbert **von Chamisso,** der bekannte Dichter, entdeckt auf der Weltumsegelung des russischen Kriegsschiffes Rurik den Generationswechsel bei den Salpen (Tunikaten).

— Humphry **Davy** und gleichzeitig und unabhängig von ihm George **Stephenson** erfinden die Sicherheitslampe.

1815 **Eberhard** erfindet die Reproduktion von bildlichen Dar-
stellungen, Formularen, Schriftdrucken u. s. w. durch Aetzen
auf Zinkplatten für Tief- und Hochdruck (Zinkographie).

— Der französische Ingenieur **Emy** verbolzt die Bohlen des
Daches, statt wie Delorme nebeneinander, platt übereinander
und erzielt so eine viel grössere Spannweite.

— Joseph **Fraunhofer** macht aufs Neue die von Wollaston
(s. 1802) nicht weiter verfolgte Entdeckung der dunkeln
Linien im Sonnenspektrum, an die er eine ausführliche Untersuchung anschliesst, die später die Grundlage der Spektralanalyse wird (Fraunhofersche Linien).

— Louis Joseph **Gay Lussac** entdeckt das Cyan und fasst
dasselbe als ein Radikal, d. i. als eine zusammengesetzte
Gruppe auf, die sich wie ein Element verhält.

— Pierre Louis **Guinand** und Joseph **Fraunhofer** bringen
die von Ravenscroft (1674) angegebene Flintglasbereitung
zu solcher Vollkommenheit, dass damit die grössten diop-
trischen Linsen dargestellt werden können.

— Der französische Chirurg Jacques **Lisfranc** macht die erste
Exartikulation des Schultergelenks und die operative Entfernung des vordern Theils des Fusses (Lisfrancsche Operation).

— Der Wiener Instrumentenmacher Johann Nepomuk **Mälzel**
erfindet den Taktmesser.

1815—17 Prinz Max **von Neuwied** bereist Brasilien und 1832—34
das Felsengebirge.

1815 Nachdem Harmar (1794) und Douglass (1802) Konstruktionen
von Longitudinalscheermaschinen angegeben hatten, die sich
als unbrauchbar erwiesen, tritt **Stephen Price** mit der
Cylinder-Scheermaschine auf, die sich bald allgemein einführt
und sowohl als Transversal-, als auch als Longitudinal-
maschine, welch letztere schneller arbeitet, konstruirt wird.

— Der englische Chemiker William **Prout** stellt die Hypothese
auf, dass der Wasserstoff die Urmaterie in der Körperwelt
ist und dass, wenn man das Atomgewicht des Wasserstoffs
= 1 setzt, die Atomgewichte aller übrigen Elemente durch
ganze Zahlen ausgedrückt werden können, eine Hypothese,
die später sich als hinfällig erweist.

— William **Smith** gibt die erste, auch den fossilen Einschlüssen
der Schichten Rechnung tragende geologische Karte Englands
heraus, die grosses Aufsehen erregt.

1815 John **Taylor** zu Stratford stellt aus Oel und wohlfeilen Fetten Oelgas und Fettgas her.

— Der Walliser Ingenieur J. **Venetz** stellt die Theorie auf, dass die erratischen Blöcke von den einstmals weit ausgedehnten Gletschern herabgetragen worden seien.

1816 Johann Jacob **Berzelius** klassificirt die Mineralien zuerst nach ihrer chemischen Zusammensetzung, worin ihm später namentlich von Kobell und Blum mit ihren Systemen folgen, während Naumann neben der chemischen Zusammensetzung auch die äusseren Kennzeichen der Mineralien zu berücksichtigen sucht.

— J. B. **Biot** gibt an, dass der Ton der menschlichen Stimme durch eine Reihe von Stössen und Erschütterungen erzeugt wird, welche dadurch entstehen, dass der Luftstrom durch die abwechselnde Oeffnung und Schliessung der Glottisränder unterbrochen wird.

— August **Breithaupt** vervollkommnet die krystallographische Nomenklatur und stellt ein mineralogisches System auf, das namentlich der Mannigfaltigkeit der Krystallisationsformen der Mineralien Rechnung trägt.

— Charles **Derosne** bringt als Zündmittel eine eigenthümliche Phosphorkombination in Verwendung, die die Grundlage für die Kammerersche Erfindung der Phosphorzündhölzchen wird.

— Louis Joseph **Gay Lussac** macht epochemachende Arbeiten über die Fabrikation der Schwefelsäure und fördert dieselbe durch die Einführung des Gay Lussac Thurmes sowie durch die Benutzung von Salpetersäure an Stelle des bis dahin gebrauchten Salpeters.

— Alexander **von Humboldt** begründet die vergleichende Methode in der Klimatologie, indem er den Begriff der Isothermen (Linien gleicher mittlerer Jahrestemperatur) einführt. Mit seiner 1817 erschienenen Isothermenkarte begründet er die graphische Methode der Kartographie.

— Der Arzt Johann Christian **Jörg,** Erfinder des vaginalen Kaiserschnittes, ist bemüht, überflüssige Eingriffe in der Geburtshülfe einzuschränken und fördert die Behandlung des Klumpfusses und der Verkrümmung.

— Andrew **Knight** macht wichtige Beobachtungen über das Verhältniss von Unterlage und Reis bei der Veredelung von Bäumen.

1816 Der russische Kapitän Otto **von Kotzebue** entdeckt auf seiner Weltumsegelung den Kotzebuesund und den Romanzowarchipel.

— Der französische Arzt Réné Théophile Hyacinthe **Laënnec** erfindet das Stethoskop und legt damit den Grund zur exakten physikalischen Diagnostik der Lungen- und Herzkrankheiten.

— Joseph Nicéphore **Niepce** prüft systematisch viele Körper (auch Asphaltlösungen) auf Lichtempfindlichkeit in der Camera, erhält mit einigen schon Bilder und erfindet die „Heliographie" mit Asphalt, das erste photographische Aetzdruckverfahren.

— Siméon Denis **Poisson** stellt eine Aufsehen erregende Wellentheorie auf und untersucht die Bewegung der Wurfgeschosse.

— Robert **Salmon** in Wobarn konstruirt die erste brauchbare Maschine zum Streuen und Wenden des Heues.

— Heinrich **Stölzel** aus Pless in Schlesien erfindet die Ventile bei Blechblasinstrumenten.

1817 Johann August **Arfvedson** entdeckt das Lithium.

— Peter **Barlow** macht Versuche über die Festigkeit der Metalle, des Holzes, der Steine und des Cements.

— Johann Gottlieb Friedrich **Bohnenberger** konstruirt das nach ihm benannte Maschinchen, ein Tellurium, welches die Gesetze der Umdrehung der Erde um ihre Achse erläutert.

— David **Brewster** entdeckt, dass die Polarisation durch Reflexion am vollkommensten bei dem Polarisationswinkel wird, bei dem der gebrochene Strahl senkrecht auf dem reflektirten Strahl steht.

— David **Brewster** erfindet das Kaleidoskop.

— David **Brewster** beobachtet zuerst am Beryll und alsdann bei einer Reihe von Mineralien aus den verschiedenen monoachsigen Krystallsystemen die Erscheinung des Pleochroismus.

— Michel Eugène **Chevreul** weist im Verein mit Henri **Braconnot** nach, dass die meisten Fette, so namentlich der Talg aus einem festen (Stearin) und einem ölartig flüssigen Bestandtheil (Olein) bestehen. In Folge dieser Arbeit benutzt zuerst Braconnot das Stearin des Talges zur Kerzenfabrikation, gelangt jedoch nicht zu einer vollkommenen Fabrikation.

— Georges **Cuvier** bringt die beiden durchgreifenden Gegensätze der Ausbildung des thierischen Leibes zur Geltung, indem er vier Haupttypen im Thierreich aufstellt, deren höchster die Wirbelthiere sind. Er betont als einer der Ersten die artliche und oft generelle Verschiedenheit der tertiären und mesozoischen Tiere von den jetzt lebenden.

1817 Sir Astley Paston **Cooper,** Chirurg in London, lehrt die operative Behandlung der Hernien und führt zum ersten Male die Unterbindung der Carotis und der Aorta abdominalis aus.

— Der badische Forstmeister Carl **von Drais** erfindet die nach ihm benannte Draisine, die Urform des Fahrrades.

— Der französische Chemiker Pierre Louis **Dulong** entdeckt den Chlorstickstoff, einen äusserst explosibeln Körper.

— Joseph **Fraunhofer** stellt die ersten Beugungsgitter her und verwendet sie zur Messung der Wellenlänge des Lichtes. Neuere Fortschritte auf diesem Gebiete knüpfen an die Namen Nobert, Rutherfurd, Rowland an.

— Ludwig **Gall** konstruirt die erste Dampfbrennerei.

— Der englische Techniker Nottingham **Hall** erfindet die Gas-Sengemaschine für Gewebe, nachdem Molard, der schon 1811 versucht hatte, mit Gas zu sengen, Erfolge damit nicht erzielt hatte.

— Der Chemiker Carl Samuel Leberecht **Hermann** in Schönebeck findet in einem Zinkoxyd, das mit Schwefelwasserstoff eine gelbe Fällung gibt, nicht Arsen, sondern einen bislang unbekannten Stoff, aus dem Friedrich **Stromeyer** in Göttingen mittelst Reduktion das Cadmium erhält.

— Seth **Hunt** in Amerika erfindet die erste, die vollständige Herstellung der Stecknadeln aus dem Draht ausführende Stecknadelmaschine.

— Der Chemiker Wilhelm August **Lampadius** gibt das erste Lehrbuch der Elektrochemie heraus, welche Disciplin von ihm ihren Namen empfängt.

1817—20 Karl Philipp **von Martius** und Johann Baptist **von Spix** machen eine dreijährige wissenschaftliche Reise kurch Brasilien, die insbesondere für die Botanik und Ethnographie bedeutende Resultate liefert.

1817 Der Naturforscher Christian Heinrich **Pander** macht Studien zur Entwicklungsgeschichte, wobei es ihm gelingt, die Keimblättertheorie fest zu begründen.

— Carl **Ritter** veröffentlicht seine „Erdkunde im Verhältniss zur Natur und Geschichte des Menschen", das bahnbrechende Werk für die vergleichende Geographie und die wissenschaftliche Länderkunde.

1817 **Roguin** in Paris konstruirt eine Tangentialhobelmaschine zur fabrikmässigen Zurichtung der Fussböden. In der Folge wird dieser Art von Hobelmaschinen vor den Parallelhobelmaschinen, zu denen die Maschine von Hatton (s. d.) und eine 1802 von Bramah für das Arsenal in Woolwich gebaute Maschine gehörten, der Vorzug gegeben.

— Gustav **Schübler** begründet mit seinem Werke „Ueber die physikalischen Eigenschaften der Erden," die Agrikulturphysik.

— Friedrich August Adolf **Struve** in Dresden nimmt die bereits 1750 von Venel (s. d.) versuchte Fabrikation der künstlichen Mineralwässer mit solchem Erfolg in die Hand, dass dieselben sich dauernd in der Gunst des Publikums befestigen.

— **Taylor** entdeckt bei der trocknen Destillation des Holzes den Methylalkohol, der später in der Theerfarbenfabrikation eine grosse Rolle spielt.

— **Dietrich Uhlhorn** konstruirt unter Anwendung des 1811 von Nevedomsky für Münzprägewerke eingeführten Kniehebels eine Prägemaschine, die sich schnell allgemein einbürgert.

1818 Pierre **Bretonneau** beobachtet und benennt die Diphtherie, die er durch Alaunbehandlung und Tracheotomie bekämpft.

— Jeremiah **Chubb** erfindet ein Kombinationsschloss, das nach ihm Chubb-Schloss genannt wird.

— Joseph **Egg** in London erfindet die kupfernen Zündhütchen, die schnell alle anderen Arten der Perkussionszündung verdrängen.

— Johann Franz **Encke** schliesst aus der von einer Revolution zur andern sich stets verkürzenden Umlaufzeit des nach ihm benannten Kometen, dass im Interstellarraum ein widerstehendes Medium existiren müsse, das möglicherweise mit dem Lichtäther der Physiker identisch sein könne.

— Der Chirurg Karl Ferdinand **von Graefe** verbessert die Resektion des Unterkiefers und die Rhinoplastik und vervollkommnet die Technik des Kaiserschnitts.

— **Hill** in Deptford schlägt zuerst die Anwendung der Pyrite für die Schwefelsäurefabrikation vor, die indess erst durch die von Perret und Sohn und Olivier 1833 konstruirten Kieseöfen praktische Bedeutung erlangt.

— Der Mechaniker **Neubauer** in Hundisburg verwendet die hydraulische Presse (s. Bramah 1796) zum Oelpressen.

— Joseph Claude Anthelme **Recamier** erfindet den Scheidenspiegel.

1818 Der englische See-Offizier John **Ross** ist einer der Ersten, der die Idee einer Erforschung des Meeresbodens hat. Auf seiner Polarfahrt holt er in der Baffinsbai aus einer Tiefe von 1000 Faden Schlamm herauf und weist darin lebende Schlangensterne nach. Damit war die Auffassung von Péron widerlegt, dass der Boden der Oceane mit Eis bedeckt sei.

— **Thomas** in Colmar konstruirt eine Multiplikationsmaschine, die die vollkommenste Anordnung dieser Art repraesentirt und sowohl Wurzelausziehen wie Potenziren gestattet.

1819 Henri **Braconnot** stellt Glukose durch Einwirkung von Schwefelsäure auf Cellulose dar, auf welcher Reaktion die gegenwärtige Darstellung des Spiritus aus Holz und Flechten in Schweden und Russland beruht.

— **Brockedon** verwendet zur Fabrikation der Gold- und Silberdrähte gebohrte, harte Edelsteine (Rubine, Saphire) an Stelle der stählernen Zieheisen.

— Charles **Cagniard de la Tour** verbessert die zuerst von T. J. **Seebeck** angegebene Löcher-Sirene derart, dass man damit die absolute Tonhöhe zu bestimmen im Stande ist.

1819—20 Der französische Reisende Frédéric **Cailliaud** macht eine Reise durch die libysche Wüste, die er ebenso wie den obern Nillauf kartographisch festlegt.

1819 John **Cheyne**, Militärarzt in Dublin, beschreibt das nach ihm und Stokes benannte Athmungsphänomen.

— Pierre Louis **Dulong** und Alexis Thérèse **Petit** entdecken das nach ihnen benannte Gesetz, wonach das Produkt aus specifischer Wärme und Atomgewicht für alle im festen Aggregatzustand befindlichen Elemente annähernd gleich ist.

— Gustav Gabriel **Hällström** entdeckt das Gesetz der Schwingungszahlen der Kombinationstöne.

— Der Banquier Jacques **Laffitte** in Paris erfindet den Omnibus.

— Der englische Ingenieur John Loudon **Mac Adam** erfindet das Macadamisiren der Wege.

— Eilhard **Mitscherlich** entdeckt die Isomorphie und erklärt das Auftreten isomorpher Krystalle bei verschiedenartigen Körpern durch den Nachweis, dass dieselben eine gleichartige chemische Zusammensetzung haben.

— William Edward **Parry**, der sich 1818 an der Nordpolfahrt von John Ross betheiligte, dringt bis zur Melville-Insel vor und macht in den folgenden Jahren drei weitere Nordpolfahrten.

1819   Edward **Sabine** nimmt an Parry's Reise zur Auffindung einer nordwestlichen Durchfahrt Theil und macht wichtige magnetische Beobachtungen, welche von Gauss später bei Aufstellung seiner Theorie des Erdmagnetismus benutzt werden.

—   Der Irländer Patrick **Shireff** fördert die Saatzucht, indem er durch Auswahl der besten Pflanzen das Saatgut verbessert und durch künstliche Befruchtung neue Varietäten erzeugt.

1820   Hans Christian **Oersted** beobachtet, dass eine frei aufgehängte Magnetnadel durch den galvanischen Strom abgelenkt wird. Romagnosi und Mojon, denen diese Entdeckung von Aldini zugeschrieben wird, haben die Wichtigkeit dieses Fundes nicht genügend gewürdigt.

—   André Marie **Ampère** entdeckt das Gesetz des Ausschlags der Magnetnadel unter dem Einfluss eines elektrischen Stroms (Ampère'sche Schwimmerregel).

—   François Dominique **Arago** entdeckt, dass Eisen und Stahl magnetisch werden, wenn man sie in die Nähe eines von einem galvanischen Strom durchflossenen Leiters bringt.

—   John **Berkinshaw** erzeugt auf dem Bedlington-Eisenwerk bei Durham die ersten gewalzten Schienen aus Schmiedeeisen und ebnet dadurch den Weg zur Entwicklung des Eisenbahnoberbaus.

—   Jakob **Berzelius** gibt der 1787 aufgestellten chemischen Nomenklatur die Form, in der sie jetzt noch besteht. Er verlässt seine Auffassung, dass jede Säure Sauerstoff enthalten müsse und erkennt Humphry **Davy**'s 1810 aufgestellte Ansicht, dass Chlor ein Element und die Salzsäure dessen Wasserstoffverbindung sei, als richtig an.

—   **Biot** und **Savart** finden auf experimentellem Wege das nach ihnen benannte mathematische Gesetz der Wirkungen des galvanischen Stromes auf die Magnetnadel.

—   Thomas **Burr** in Shrewsbury erfindet die erste brauchbare Vorrichtung zur Anfertigung der gepressten Bleiröhren.

—   Heinrich Wilhelm **Brandes** macht die ersten Anfänge synoptischer Wetterstudien.

—   Jean Baptiste **Caventou** und Joseph **Pelletier,** die im Jahre vorher das Brucin und das Veratrin (letzteres gleichzeitig mit Meissner) entdeckt haben, finden in der Chinarinde das Chinin und das Cinchonin.

1820 **Cellier Blumenthal** erfindet den später von Derosne verbesserten Kolonnenapparat.

— Augustin Louis **Cauchy,** auf fast allen Gebieten der Mathematik mit ausgezeichnetem Erfolge thätig, begründet die allgemeine Reihenlehre.

— Der Genfer Arzt Charles W. C. **Coindet** führt das Jod in die medizinische Praxis ein.

— George **Dickinson,** Papierfabrikant in England, erfindet die Papier-Cylinderformmaschine, die einfacheren Bau und geringere Länge als die Langformmaschine aufweist.

— Johann Friedrich **Dieffenbach** erfindet die Schieloperation.

— Der Franzose **Duvoir** erfindet die Mitteldruckwasserheizung.

— Der Mediziner Johann Nepomuk **Eberle** stellt künstlichen Magensaft her und entdeckt die Bedeutung des Pankreas für die Fett- und Stärkeverdauung.

— **Garden** entdeckt das Naphtalin im Steinkohlentheer.

— K. F. **Gauss** erfindet das Heliotrop und wendet dasselbe bei der hannoverschen Gradmessung zum Signalisiren an. Aehnlichen Zwecken dient der von Henry **Mance** gegen 1875 erfundene Heliograph, der insbesondere im Burenkrieg den Engländern gute Dienste leistete.

— Ernst Friedrich **Gurlt** wird durch seine „Vergleichende Anatomie der Haussäugethiere", in der er nicht, wie bisher üblich, nur das Pferd und das Rind, sondern auch das Schwein, den Hund und die Katze in Betracht zieht, der Schöpfer der Veterinär-Anatomie.

— John Frederick William **Herschel** führt das unterschwefligsaure Natron zum Fixiren von Chlorsilberpapierbildern ein.

— **Long** erforscht das Felsengebirge.

— Der Ingenieur James **Malam** baut den ersten trockenen Gasmesser.

— Louis Marie Henri **Navier** bearbeitet die Elasticitätslehre und das Gebiet der Baumechanik.

— Der Schweinfurter Fabrikant Joseph **Sattler** entdeckt das Schweinfurter Grün.

— Felix **Savart** in Paris erfindet die Zahnradsirene (s. Hooke 1681). Er macht bahnbrechende Forschungen über die Schwingungen gasförmiger, flüssiger und starrer Körper.

1820 Salomo **Schweigger** und Johann Christian **Poggendorff** finden fast gleichzeitig, dass die Ablenkung der Magnetnadel verstärkt wird, wenn statt eines einzigen Drahtes, wie ihn Oersted verwandte, eine grosse Anzahl Windungen desselben hergestellt werden und verwirklichen dieses Prinzip im elektromagnetischen Galvanometer oder Multiplikator zur Beobachtung und Messung elektrischer Ströme.

— **Stadler** in Wien gelingt es, Kautschuk zu Fäden zu ziehen und sie übersponnen zu elastischen Geweben zu verbinden. Die Fabrikation wird 1828 in grossem Massstabe von Johann Nepomuk **Reithoffer** aufgenommen.

1820—23 Der russische Reisende Ferdinand **von Wrangell** unternimmt eine mehrjährige Reise nach dem nördlichen Eismeer an die Nordküste Sibiriens.

1821 A. M. **Ampère** verwendet, um die Wirkung des Erdmagnetismus auf die Magnetnadel auszuschliessen, an Stelle einer Magnetnadel deren zwei, die er parallel, aber mit entgegengesetzten Polen über einander auf einer messingenen Achse befestigt (Astatische Nadel).

— Johann Jacob **Bernhardi** kommt bei Untersuchung der von Hauy gegebenen Theorie der Krystallformen auf die sechs Grundformen der heutigen Krystallsysteme, ohne aber die Bedeutung derselben richtig zu würdigen.

— Henri Marie **Ducrotay de Blainville** legt der Versteinerungskunde die bezeichnende Benennung „Palaeontologie" bei.

— Nachdem Green in Mansfield sich bereits 1815 mit Lösung des Problems der komplizirten selbstständigen Drehung der Spulen beschäftigt hatte, gelingt es **Cocker** und **Higgins** in Manchester den ersten brauchbaren Flyer (Spindelbank) für die Baumwollspinnerei zu konstruiren.

— Augustin Jean **Fresnel** führt in die Undulationstheorie die Anschauung transversaler Lichtschwingungen ein.

— Augustin Jean **Fresnel** konstruirt Leuchtthurmfeuer, bei denen die Verdichtung der Strahlenmasse zu einer den ganzen Horizont bestreichenden Lichtzone mit Hülfe von aus ringförmigen Zonen gebildeten Linsen ausgeführt wird.

— Etienne **Geoffroy St. Hilaire** lehrt im Gegensatz zu Cuvier die einheitliche Uebereinstimmung der Typen des Thierreichs.

1821 Der dänische Astronom Christopher **Hansteen** entdeckt die tägliche reguläre Variation der horizontalen magnetischen Intensität.

— **Helfenberger** in Rorschach baut zuerst die von den allgemein gebräuchlichen Steinmühlen prinzipiell abweichenden Walzenmühlen, die von Sulzberger in Zürich 1835 noch vervollkommnet werden.

— Jean Marc Gaspard **Itard** fördert die Ohrenheilkunde und führt die Injektion von Flüssigkeiten durch die Ohrtrompete in die Praxis ein.

— Hans Christian **Oersted** spricht zuerst den Gedanken aus, dass das Licht eine elektromagnetische Erscheinung sei.

— Henry Robinson **Palmer** projektirt eine „Schwebebahn", deren Fahrbahn aus einer 3 m über dem Boden fortlaufenden, durch Pfosten unterstützten und mit Flachschienen (Leitschienen) belegten Balkenlage besteht.

— Der Physiker Gaspard Claude F. M. **Prony** erfindet den Prony'schen Zaun (Dynamometer).

— Thomas Johann **Seebeck** entdeckt die Thermoelektricität, welche Entdeckung 1823 von Oersted und Fourier, die auch die erste Thermosäule aus Wismuth und Antimon konstruiren, bestätigt wird.

— Der Ingenieur Robert **Stevenson** erbaut den ersten eisernen Leuchtthurm.

— Friedrich **Tiedemann** und Leopold **Gmelin** arbeiten auf dem Gebiete der Verdauungsphysiologie.

1822 A. M. **Ampère** konstruirt zur Beobachtung der Wirkungen galvanischer Ströme das Solenoid und braucht den Kunstgriff, die Drahtenden in Quecksilber zu stellen.

— Charles **Babbage,** Mathematiker in London, gibt eine Rechenmaschine an.

— Nachdem E. F. von Schlotheim (1804) die wissenschaftliche Grundlage für die Kenntniss der fossilen Pflanzen geschaffen und K. M. von Sternberg (1820) viel für die richtige botanische Deutung derselben gethan hatte, gibt Adolphe Theodore **Brongniart** in seiner Abhandlung über die Klassifikation und Verbreitung der fossilen Gewächse die vollständigste und wissenschaftlich beste Uebersicht der gesammten, bis dahin bekannten fossilen Pflanzenwelt.

1822 Charles **Cagniard de la Tour** macht die Beobachtung, dass
Aether, Alkohol und Wasser in hermetisch verschlossenen
Röhren bei sehr starker Erhitzung, trotzdem sich die Flüssig-
keiten dabei nur auf höchstens das Vierfache ihres früheren
Volums ausdehnen konnten, scheinbar vollständig in Dampf
verwandelt werden (Cagniard-Latour'scher Zustand).

— William **Church** baut die erste Setzmaschine, deren Idee schon
1815 von Pierre Simon Ballanche in Paris ausgesprochen
worden war.

— Louis **Daguerre** in Paris erfindet das Diorama.

1822—27 Der englische Reisende Hugh **Clapperton** erforscht
in Begleitung von **Denham** und **Oudney** von Tripolis aus das
mittlere Sudan und den Tschadsee und stellt auf einer zweiten
Reise von Guinea aus den Lauf des Niger auf eine weite
Strecke hin fest.

1822 Mathieu **de Dombasle** führt die Zucht der Merinoschafe in
Frankreich ein.

— Christian Gottfried **Ehrenberg** liefert den Nachweis, dass
das Meeresleuchten, wie schon Humboldt vermuthete, durch
Leuchtinfusorien bewirkt wird.

— Johann Franz **Encke** berechnet aus den Venusdurchgängen
von 1761 und 1769 die Parallaxe der Sonne zu 8″, 571.

— Jean Baptiste Joseph **Fourier** gibt in seinem Werke „Théorie
analytique de la chaleur" die mathematische Theorie der
Wärmeverbreitung im Innern der Körper, zu deren Erforschung
er die nach ihm benannten Reihen anwendet.

— Leopold **Gmelin** entdeckt das rothe Blutlaugensalz.

— Die französischen Chemiker **Javelle** und **Labarraque** entdecken unabhängig von einander die desinficirenden Eigenschaften der unterchlorigsauren Alkalien und bringen Lösungen
derselben unter den Namen Eau de Javelle und Eau de
Labarraque in den Handel (s. Guyton de Morveau 1775).

— Nachdem Accum 1815 den Vorschlag gemacht hatte, den
Theer zu destilliren und gewisse Fraktionen des Destillats
zur Firnissbereitung zu verwenden, wird die erste Theer-
destillation von **Longstaffe** und **Dalston** in der Nähe von
Leith errichtet.

— Hans Christian **Oersted** gelingt es mit Hülfe des von
ihm erfundenen Piëzometers die Grösse der Kompressibilität
des Wassers zu messen.

1822 Der französische General **Paixhans** erfindet die „Paixhans-Kanone" benannte Bombenkanone.

— Jean Victor **Poncelet** begründet die projektivische Geometrie.

— Coelestin **Quintenz** und **Schwilgué** erfinden die Dezimal-Brückenwage, deren Arretirung durch Aufhebung des Wage-balkens und gleichzeitige Senkung des Mittellagers Johann Friedrich H. **Rollé** 1827 einführt.

— Théodore **de Saussure** constatirt die Beziehungen zwischen Selbsterwärmung der Blüthe und Sauerstoffverbrauch.

— Magnus **Schwerd** in Speyer reformirt die Gradmessung, indem er von einer kleinen Basis ausgeht (s. 1617).

— Georg Simon **Serullas** entdeckt das Jodoform, das er durch Einwirkung von Kalium auf alkoholische Jodlösung herstellt.

— H. **Weilhöfer** in Wien erfindet den Röhrchenhobel zur Erzeugung von Holzdrähten und fördert dadurch die Zündholzfabrikation.

1823 Giovanni Battista **Amici** entdeckt, dass aus dem Pollenkorn der Pflanzen ein Schlauch hervorwächst, dessen Hinabdringen durch den Griffel bis zur Samenknospe und Eintritt durch die Mikropyle er 1830 entdeckt. Er weist 1842 und 1846 nach, dass sich vor Eindringen des Pollenschlauches in der Samenknospe ein Keimbläschen ausbildet, welches durch Zutritt des Pollenschlauchs zur Ausbildung des Embryos angeregt wird.

— Der italienische Reisende Costantino **Beltrami** entdeckt die Quellgegend des Missisippi.

— Jacob **Berzelius** entdeckt das Selen und stellt das metallische Silicium dar.

— Friedrich Wilhelm **Bessel** führt bei der Reduktion der astronomischen Beobachtungen die persönliche Gleichung ein.

— Samuel **Brown** gibt die Idee einer atmosphärischen Gaskraftmaschine an und erhält ein englisches Patent auf eine Maschine, bei welcher durch eine ausserhalb des Cylinders brennende Zündflamme die Ladung desselben entzündet wird.

— Der Instrumentenmacher Sebastian **Erard** erfindet für die Hammermechanik des Pianoforte die Repetition, durch welche derselbe Ton in raschester Aufeinanderfolge wiederholt zum Anschlag gebracht werden kann.

1823 Michael **Faraday** legt durch die Verflüssigung des Chlors
dar, dass das Dogma von der Permanenz der Gase unrichtig
ist und dass der Aggregatzustand von dem Druck und der
Temperatur abhängig ist.

— **Faraday** und **Barlow** zeigen, wie man elektrischen Strom
in Bewegung und damit Stromenergie in mechanische Energie
umsetzen kann.

— Joseph **von Fraunhofer** untersucht die Spektren von Fixsternen.

— Augustin Jean **Fresnel** wendet das Young'sche Interferenz-
prinzip auf das Huygens'sche Prinzip (Theorie der Elementarwellen) an und gibt so die Erklärung für die Beugung und
für die geradlinige Fortpflanzung und alle Ausbreitungser-
scheinungen des Lichtes.

— Der Chemiker Johann Nepomuk **Fuchs** entdeckt das Wasserglas.

— Charles Louis Stanislas **Heurteloup** gibt für die Lithotripsie
(Steinzertrümmerung) ein spezielles Instrument an. Sein Streit
mit Civiale, der die Priorität der Erfindung beanspruchte,
blieb unentschieden.

— Justus **von Liebig** findet bei der Analyse der Knallsäure
Zahlen, welche völlig mit den für Cyansäure berechneten übereinstimmen. Für solche Stoffe mit gleicher Zusammensetzung
und gleichem Atomgewicht, aber ungleichen Eigenschaften
führt **Berzelius** 1830 den Ausdruck „Isomerie" in die Wissenschaft ein.

— Friedrich **Mohs** bringt die von Hauy, Bernhardi und Weiss
gefundenen krystallographischen Gesetze in klaren organischen
Zusammenhang.

— Nachdem die Versuche von Peal (s. 1791) und Thomas
Hancock (1820), Stoffe durch Kautschuk wasserdicht zu
machen, ohne praktische Resultate geblieben waren, gelingt
es **Charles Macintosh,** wasserdichte Stoffe herzustellen,
indem er zwei Gewebeschichten durch dazwischen liegenden
in Steinkohlentheeröl aufgelösten Kautschuk verbindet. Hieran
schliesst sich später das Verfahren der Millerain-Gesellschaft
zum Wasserdichtmachen an.

— Louis Marie Henri **Navier** wendet zuerst das Gesetz von
der Erhaltung der lebendigen Kräfte auf das Gebiet der
technischen Hydraulik an und gibt eine Theorie der Ketten-
brücken heraus.

1823 Der Techniker **Palmer** erfindet eine zum Buntpapierdruck dienende Model-Druckmaschine, die den Druck mit der Hand nachahmt, jedoch nicht kontinuirlich arbeitet und später von der im Prinzip den Maschinen für Kattundruck nachgebildeten Walzendruckmaschine verdrängt wird.

— Der Fabrikant Karl Sebastian **Schüzenbach** in Baden-Baden führt die Schnellessigfabrikation ein, bei welcher die alkoholische Flüssigkeit in einer sehr grossen Oberfläche der Einwirkung der Luft ausgesetzt wird. Das Prinzip dieser Methode ist 1732 von Boerhaave angegeben worden.

1824 François Dominique **Arago** entdeckt die Erscheinungen des Rotationsmagnetismus.

— Joseph **Aspdin** nimmt die 1818 von Vicat in Paris begonnenen Versuche, den natürlich vorkommenden thonigen Kalkstein, der die Grundlage des Parker'schen Roman-Cements ist, durch künstliche Gemenge von Kalk und Thon zu ersetzen, wieder auf und führt sie in seinem Portland-Cement zu vollem Erfolge.

— Jacob **Berzelius** stellt aus der 1789 von Martin Heinrich Klaproth entdeckten Zirkonerde metallisches Zirkon her.

— Der französische Ingenieur M. **Burdin** gibt einem von ihm konstruirten Wasserrad den Namen „turbine"·

— Sadi **Carnot** weist nach, dass die Menge der von der Dampfmaschine geleisteten Arbeit der Menge der aus dem Kessel in den Kondensator übergehenden Wärme proportional ist und stellt den Satz auf; „Die bewegende Kraft der Wärme ist unabhängig von den Wirkungsmitteln, welche dazu dienen, dieselbe hervorzubringen, ihre Menge ist lediglich durch die Temperatur der Körper bestimmt, zwischen denen sich als letztes Ergebniss die Uebertragung der Wärme vollzieht." (Carnot'scher Satz.)

— **Dallas** in London erfindet die erste Steinhaumaschine zur Zurichtung grösserer, ebener Steinflächen.

— Cesar Mansuète **Déspretz** in Paris stellt Versuche über den Ursprung der thierischen Wärme an.

— Johann Wolfgang **Döbereiner** in Jena entdeckt, dass schwammiges Platin in einem mit atmosphaerischer Luft versetzten Wasserstoffstrom freiwillig glühend wird und gründet darauf das nach ihm benannte Platinfeuerzeug.

— Augustin Pierre **Dubrunfaut** lehrt die Bereitung des Spiritus aus Zuckerrüben.

1824 Marie Jean Pierre **Flourens** legt den Grund zur physiologischen Erkenntniss des Ohrlabyrinths. Er weist durch Experimente an Vögeln und Säugethieren die Gleichgewichtsfunktion der halbkreisförmigen Kanäle und die Funktion der Schnecke als Hörorgan nach.

— Alexander Jean Baptiste **Parent-Duchatelet** fördert die Hygiene und bemüht sich insbesondere, die schädlichen Momente im Leben grosser Städte nach physikalisch-chemischen Grundsätzen zu beseitigen.

1824—30 Der Naturforscher Philipp Franz **von Siebold** erforscht Japan.

1824 Wilhelm **von Struve** macht Beobachtungen von Doppelsternen mit dem grossen Fraunhofer'schen Refraktor der Dorpater Sternwarte und gibt 1837 sein grossartiges Werk über die Doppelsterne heraus, das Mikrometermessungen von 2710 Doppelsternen enthält.

1825—29 N. H. **Abel** und K. G. J. **Jacobi** begründen die Theorie der elliptischen Funktionen.

1825 E. F. **August** in Berlin erfindet das Psychrometer.

— Der französische Mediziner Jean **Bouillaud** bemerkt zuerst, dass bei allen Personen, die von Aphasie befallen sind und an Sprachstörungen leiden, die Sektion eine Gehirnveränderung in der Umgebung der sogenannten Reil'schen Insel zeigt.

— Robert **Brown,** von Humboldt „Fürst der Botaniker" genannt, studirt zuerst die vergleichende Morphologie und Anatomie der Samenknospe und des aus ihr sich bildenden Samens bei Phanerogamen, Coniferen und Cycadeen.

1825—43 Marc Isambard **Brunel** erbaut den Themsetunnel und begründet damit die Kunst des Tunnelbaus, wie auch der Name „Tunnel" (Röhre) von diesem Bauwerk datirt.

1825 James **Copeland** wendet zuerst bei Syphilis das Jod, und zwar in Form von Jodkalium an.

1825—40 Der französische Seemann Jules Sebastien César **Dumont d'Urville** erforscht auf mehreren Weltreisen ausser den Südpolargegenden zahlreiche Inseln der Südsee, die Torres- und Cookstrasse und nimmt grosse Küstenstrecken von Neuseeland und Neuguinea auf.

1825 Michael **Faraday** entdeckt das Benzol unter den Produkten der Destillation der fetten Oele.

1825—26 **Franklin, Back** und **Richardson** erforschen die Nordküste Amerikas.

1825   Joseph **Fraunhofer** gibt die erste richtige, auch jetzt noch
gültige Erklärungsweise der Höfe um Sonne und Mond.

— Der italienische Professor **Gonella** und der Schweizer
Ingenieur **Oppikofer** erfinden unabhängig von einander das
Parallelkoordinaten Planimeter.

— Peter Heinrich **Ling** begründet die sogenannte schwedische
Heilgymnastik.

— Moreau **de Jonnès** behandelt zuerst ausführlich die klimatische
Bedeutung des Waldes und macht auf die Veränderungen,
die durch Ausrottung der Wälder im physischen Zustande
der Länder entstehen, aufmerksam.

— C. L. **Nobili** vereinigt Ampère's astatische Nadel mit dem
Multiplikator und macht diesen dadurch zu dem anerkannt
besten Galvanometer.

— **Pessina von Czechorod** stellt anknüpfend an die schon
von Xenophon gemachte Beobachtung die Grundsätze für
die Ermittlung des Alters der Pferde aus den Zähnen fest.

— Der französische Ingenieur Jean Victor **Poncelet** bringt
ein ganz neues Prinzip in die Wasserradkonstruktion, indem
er unterschlächtige Räder mit gekrümmten Schaufeln versieht,
wodurch bewirkt wird, dass das Wasser fast ohne Stoss
und überwiegend durch Druck wirkt.

— **Roberts** in Manchester erfindet eine selbstthätige Spinnmaschine, den „Selfactor".

— **Poulett Scrope,** der sich um die vulkanische Lehre sehr
verdient macht, gibt in seiner Schrift „Volcanoes" eine
Definition der vulkanischen Phaenomene, unter denen er
jedwedes Ausstossen fester, flüssiger, halbflüssiger oder gasförmiger Massen durch Spalten der Erdrinde versteht.

— Der Techniker **Purkinje** in Wien macht zuerst den Vorschlag
zur Verwendung eines endlosen Seiles für Eisenbahnzwecke
(Seilbahn).

— Der Dessauer Apotheker Samuel H. **Schwabe** wird durch sein
durch 50 Jahre fortgesetztes tägliches Studium der Sonnenoberfläche der Begründer der Sonnenphysik. Er entdeckt
1843 die Periodizität der Sonnenflecken und die Excentrizität
der Saturnringe.

1825 George **Stephenson** befördert mit einer von ihm erbauten Lokomotive am 29. September den ersten mit Personen besetzten Wagenzug auf der Stockton-Darlington-Bahn mit einer Geschwindigkeit von 10 Kilometer in der Stunde.

— Wilhelm Eduard **Weber** und Ernst Heinrich **Weber** machen ihre glänzenden Forschungen zur Wellenlehre, die sie in dem Buche „Die Wellenlehre auf Experimente gegründet", publiciren.

— Ernst Heinrich **Weber** begründet die Psychophysik.

— Wilhelm Eduard **Weber** weist die Interferenz der Schallwellen an Stimmgabeln nach.

1826 N. H. **Abel** beweist, dass die Gleichungen höheren als 4ten Grades im Allgemeinen durch rationale und Wurzeloperationen nicht lösbar sind.

— Jean Francois **d'Aubuisson** stellt die Gesetze des Widerstands der Röhren gegen das Durchströmen von Gasen fest.

— Antoine Jérome **Balard** entdeckt das Brom in der Mutterlauge, die bei der Seesalzgewinnung aus Mittelmeerwasser zurückbleibt.

— A. C. **Becquerel** erfindet das Differentialgalvanometer, in welchem die Magnetnadel von zwei Drähten gleicher Dicke, deren jeder eine gleiche Anzahl von Windungen hat, umgeben ist. Dieser Apparat gibt Veranlassung zur Erfindung des Differentialgegensprechens von Siemens und Frischen (s. 1854).

— Wilhelm **von Biela** entdeckt den nach ihm benannten Kometen, der vorher 1805 von Pons gesehen worden war, 1832 wieder erscheint und sich 1845 unter den Augen der Astronomen von Yale College zertheilt und schliesslich ganz auflöst.

— Jean Jacques **Colin** entdeckt mit Pierre Jean **Robiquet** im Krapp das Alizarin.

— **Desfosses** entdeckt, dass Cyankalium in bedeutenden Mengen gebildet wird, wenn man Stickstoff über glühende Holzkohle und Pottasche leitet.

— Der Ingenieur **Drummond** erfindet das nach ihm benannte Drummond'sche Licht, indem er Kalk oder Magnesiastifte durch ein Wasserstoff-Sauerstoffgebläse in Weissgluth versetzt.

— René Joaquin Henri **Dutrochet** untersucht die von Nollet entdeckte Diffusion durch thierische Blase, bezeichnet das Wandern der Flüssigkeit mit dem Namen Endosmose und Exosmose und hebt die Bedeutung der Endosmose für wichtige Lebenserscheinungen der Pflanze hervor.

1826 Michael **Faraday** imprägnirt zuerst wenig oder nicht leuchtende Gase mit beim Brennen leuchtenden Kohlenwasserstoffen (Karburirung).

— Der Fabrikant **Guimet** in Lyon bringt nach einem von ihm entdeckten Verfahren hergestellten künstlichen Ultramarin in den Handel und hat ersichtlich die Priorität vor Christian G. Gmelin, der sein Verfahren erst zwei Jahre darauf veröffentlicht.

— Der französische General **Haxo** führt, nachdem er bei der Schleifung der Festung Schweidnitz (1807) die kasemattirten Batterien Friedrichs d. Gr. kennen gelernt hat, dieselben in Frankreich ein. Unter dem Einflusse der französischen Litteratur werden dieselben allgemein als Haxo'sche Batterien bezeichnet.

— N. J. **Lobatschefsky** und 6 Jahre später J. **von Bolyai** bearbeiten die sog. nicht-euklidische Geometrie, welche das Parallelenaxiom aufgibt.

— Johannes **Müller** schreibt sein „Handbuch der Physiologie des Menschen" und begründet die physikalisch-chemische Schule in der Physiologie. Er stellt die Lehre von den spezifischen Energien der Sinnesnerven auf.

— Leopoldo **Nobili** entdeckt die Farbenringe, die bei elektrischer Abscheidung dünner Metallschichten durch Interferenz der Lichtwellen entstehen.

— Johann Christian **Poggendorff** schlägt zum Messen der täglichen Aenderungen der magnetischen Deklination, die jetzt im allgemeinsten Gebrauch befindliche Methode vor, kleine Winkel an Messinstrumenten, deren messende Theile eine Drehung erfahren, mit Hilfe von Spiegel und Skala abzulesen.

1826—32 Eduard **Pöppig** bereist Brasilien, Chile, Peru und den Ucayali- und Amazonenstrom.

1826 Jean Victor **Poncelet** führt in seiner „Introduction à la mécanique industrielle" den Begriff der Arbeit als des Produktes aus der Kraft und der Wegstrecke in die theoretische Mechanik ein.

— Major a. D. **Reiche** legt dem preussischen Kriegsministerium den Entwurf eines eisernen gezogenen Hinterladers (3 Pfünder) vor.

1826 Der Oesterreicher Joseph **Ressel** baut ein mit einer Schraube als Propeller getriebenes Dampfschiff, bei welchem die Schraube bereits in einem besonderen, zwischen Hintersteven und Steuerruder gelegenen Raume, dem „Schraubenbrunnen", gelagert ist, wodurch der erste Schritt zur dauernden Verwendung der Schiffsschraube als Triebmechanismus gethan ist.

— Der Physiker William **Sturgeon** in Addiscombe erfindet den Elektromagneten, der für die Telegraphen- und Beleuchtungstechnik von grösster Wichtigkeit wird.

— Thomas **Telford** wirkt auf dem Gebiet des Strassen- und Brückenbaus reformirend und selbstschöpferisch und legt 1200 Kilometer Hauptwege und über 1200 Brücken an, unter denen sich bedeutende Werke, wie z. B. die Menaybrücke, befinden.

— Johann Heinrich **von Thünen** zieht in seinem Werke „Der isolirte Staat in Beziehung auf Landwirthschaft und Nationalökonomie" die unter dem Namen „Thünen'sches Gesetz" bekannten Schlussfolgerungen, aus welchen sich ergibt, wie ein Landgut rationell zu behandeln ist.

— Otto **Unverdorben** entdeckt unter den Destillationsprodukten des Indigo eine flüchtige organische Basis, die er „Krystallin" nennt. Das von Ferdinand Runge (s. d.) im Steinkohlentheer aufgefundene „Kyanol", sowie das von Fritzsche bei Destillation von Anthranilsäure 1840 erhaltene Anilin und Zinin's Benzidam (1841) werden von A. W. von Hofmann 1843 sämmtlich als identisch mit Krystallin erkannt und mit dem Namen „Anilin" belegt.

1827 Der hannoversche Oberbergrath Julius **Albert** lehrt zuerst gedrehte Drahtseile, welche aus Eisendrähten in derselben Weise wie gewöhnliche Seile aus gesponnenen Hanffäden zusammengesetzt werden, mittelst Handarbeit zu Zwecken der Grubenförderung herzustellen.

— Giovanni Battista **Amici** erfindet die Immersionslinse, bei der der kleine Raum zwischen Objektiv und Deckglas mit Wasser oder Oel gefüllt ist.

— André Marie **Ampère** gibt eine Theorie der elektromagnetischen Vorgänge und begründet die Elektrodynamik. Er entdeckt die gegenseitige Wirkung elektrischer Ströme auf einander und stellt das elektrodynamische

Fundamentalgesetz auf, wonach die Kraft, mit der zwei Stromelemente auf einander wirken, den Längen der Elemente und den Intensitäten der Ströme direkt, dem Quadrat der die Mitte der Elemente verbindenden Strecke umgekehrt proportional ist.

1827 Karl Ernst **von Baer** entdeckt das menschliche Ei und weist die Entstehung des Foetus aus demselben nach. Er entdeckt bei dieser folgenreichen Untersuchung als ein schon auf den ersten Stufen erkennbares, für alle Wirbelthiere typisches Organ die Chorda dorsalis.

— Der Londoner Arzt Richard **Bright** beschreibt zuerst die nach ihm Bright'sche Nierenkrankheit benannte Nierenaffektion, sowie die gelbe Leberatrophie.

1827—28 Der französische Reisende René **Caillié** macht die zweite Durchkreuzung Afrika's von Senegambien über Timbuktu nach Marokko.

1827 Jean Daniel **Colladon,** Professor der Mechanik in Genf, bestimmt mit Jacob Carl Franz **Sturm** die Fortpflanzungsgeschwindigkeit des Schalles im Wasser auf 1435 m in der Sekunde.

— Nikolaus **Dreyse** in Sömmerda erfindet die Nadelzündung, die für das Perkussionsgewehr eine neue Epoche bezeichnet und konstruirt sein Zündnadelgewehr erst als glatten Vorderlader, seit 1835 aber als gezogenen Hinterlader.

— Benoît **Fourneyron** erfindet eine Wasserturbine, die nach dem Reaktionsprinzip (als Ueberdruckturbine) arbeitet.

— Der Techniker **Frankenfeld** in Rothehütte im Harz erfindet die mechanische Modellplattenformerei (11 Jahre vor Holmes, dem man bisher diese Erfindung zuschrieb).

— K. F. **Gauss** veröffentlicht Arbeiten über die krummen Flächen, deren Eintheilung er nach dem Krümmungsmass bewirkt.

— John F. W. **Herschel** entdeckt, dass Strontium, Natrium, Kalium etc. durch ihre Gegenwart in der Flamme bestimmte Linien im Spektrum hervorrufen.

— Carl Heinrich **Hertwig** erwirbt sich durch seine mit eigener Lebensgefahr verbundenen Untersuchungen grosse Verdienste um die Kenntniss der Wuthkrankheit.

— P. S. **de Laplace** gelingt es, aus den Dimensionen des Erdsphaeroides Werthe für die Praecessionsbewegung abzuleiten, die im Grossen und Ganzen auch heute noch gültig sind.

1827 Der Mathematiker August Friedrich **Moebius** begründet den barycentrischen Kalkül, ein neues Hülfsmittel zur analytischen Behandlung der Geometrie.

— Hugo **von Mohl** studirt in seiner preisgekrönten Arbeit die Bewegungen der Ranken und Schlingpflanzen und erkennt die Berührung mit der Stütze als den auf die Ranke wirkenden Reiz.

— Der Physiker Georg Simon **Ohm** stellt das Ohm'sche Gesetz auf: „Die Stromstärke ist proportional der elektromotorischen Kraft und umgekehrt proportional dem Widerstande.

— William Edward **Parry** dringt zu Schlitten im Norden Spitzbergens bis zu 83° vor.

— Der französische Physiker Jean Claude Eugène **Péclet** macht die ersten theoretischen Versuche über Lichtstärke und Oelverbrauch der Lampen.

— John **Stirling** in Dundee konstruirt eine Heissluftmaschine, welche jedoch keinen dauernden Erfolg erzielt.

— Thomas **Tredgold** macht Versuche über den Widerstand der Baumaterialien und untersucht die physikalischen und mechanischen Eigenschaften des Wasserdampfes in Bezug auf dessen Anwendung für Dampfkessel, Dampfmaschinen, Lokomotiven und Dampfschiffe.

— Charles **Wheatstone** erfindet das Kaleidophon, in welchem sich in einem und demselben Stabe senkrecht gegeneinander gerichtete Querschwingungen zu Figuren formen.

— Friedrich **Wöhler** stellt Aluminium aus Thonerde dar.

1828 Jacob **Berzelius** entdeckt das Thorium.

— **Dumont** verwendet für die Entfärbung des Zuckers die Knochenkohle zuerst in gekörntem Zustand und lehrt ihre Wiederbelebung.

— Heinrich Ludwig Lambert **Gall** in Trier lehrt die Verbesserung minderwerthigen Weines durch Verdünnung und Zuckerzusatz vor der Vergährung (Gallisiren).

— K. F. **Gauss** stellt das unter dem Namen „Prinzip des kleinsten Zwanges" bekannte allgemeine Grundgesetz der Mechanik auf.

— George **Green** wendet die analytische Mathematik auf die Elektrizitätstheorie und die Theorie des Magnetismus an und legt den Grund zur Potentialtheorie.

1828 Josua **Heilmann** erfindet die Plattstich-Stickmaschine.

— H. **Hennel** lehrt die synthetische Bildung von Alkohol aus
ölbildendem Gas und Schwefelsäure, die von Berthelot 1855
zur Darstellung von Alkohol aus Leuchtgas benutzt wird.

— Nachdem Daries 1776 Belladonna und J. A. Schmidt 1804
Hyoscyamin in der Augenheilkunde verwendet hatten, führen
Karl **Himly** und Franz **Reisinger** die Mydriaka allgemein
in die ophtalmologische Praxis ein.

— **Needham** in England erfindet die Filterpresse für die Thon-
industrie, die im Jahre 1863 von **Daneck** in die Zuckerfabrikation eingeführt wird.

— J. B. **Neilson** macht die Entdeckung, dass durch Erhitzung
des Windes vor seinem Eintritt ins Feuer die Kraft des
letztern wesentlich verstärkt und so eine sehr erhebliche
Ersparung an Brennmaterial herbeigeführt wird. Er führt im
Verein mit **Macintosh** und **Wilson** sein Verfahren 1830
bei den Hochöfen der Clyde-Eisenwerke in Schottland ein.

— Georg Friedrich **Pohl** erfindet einen zweckmässigen Strom-
wender, Gyroskop oder Pohl'sche Wippe genannt.

— J. L. M. **Poisseuille** stellt durch Versuche und Beobachtungen
die physikalischen Bedingungen des Blutkreislaufs fest.

— Der Mediziner Johann Evangelista **Purkinje,** der 1825 die
Keimbläschen entdeckt hat, entdeckt die Flimmerbewegung
in den Schleimhäuten, durch welche Transportbewegungen
in den Organen vermittelt werden. Seine „Beiträge zur
Kenntniss des Sehens in subjektiver Hinsicht" fördern die
Physiologie des Sehorgans.

— Karl **von Reichenbach** in Blansko entdeckt das Kreosot.

1828—29 Charles **Sturt** entdeckt im Innern von Australien den
Darlingfluss und den Murrayfluss.

1828 Friedrich **Wöhler** macht die Beobachtung, dass beim Ein-
dampfen der Lösung des Ammoniaksalzes der 1822 von ihm
entdeckten Cyansäure Harnstoff gebildet wird und macht damit
die erste Synthese eines Produktes des animalischen Lebens.

— Friedrich **Wöhler** und **Bussy** gelingt es, aus der 1797 von
Vauquelin entdeckten Beryllerde das Beryllium abzuscheiden.

1829 **F. W. Bessel** lässt ein wesentlich verbessertes Heliometer
von 6 Pariser Zoll Oeffnung für die Königsberger Sternwarte
von Fraunhofer bauen, das sich in der Folge als das feinste
astronomische Messinstrument erweist.

1829 Der selbst blinde Lehrer an der Pariser Blindenanstalt Louis **Braille** führt die Punktirschrift für Blinde ein.

— Christian Leopold **von Buch** schlägt vor, zwischen dem heissen und gemässigten Erdgürtel eine Uebergangsregion — die subtropische Zone — einzuschieben.

— Augustin Louis **Cauchy** findet auf theoretischem Wege die nach ihm benannte Dispersionsformel.

— P. B. **Lejeune Dirichlet** liefert die ersten exakten Untersuchungen über die trigonometrischen Reihen.

— John **Ericsson** erfindet den Oberflächenkondensator, der später eine grosse Rolle für Schiffsmaschinen spielt (s. Hall 1837).

— Louis Joseph **Gay Lussac** stellt Oxalsäure durch Schmelzen von Sägespänen, Baumwolle, Zucker, Stärke, Gummi, Weinsäure und anderen organischen Säuren mit Kaliumhydroxyd dar, welche Methode 1857 durch Roberts Dale ins Grosse übertragen wird.

— Alexander **von Humboldt** gelingt es durch unermüdliche Thätigkeit, das Netz geomagnetischer Beobachtungen über die ganze Erde auszudehnen.

— Alexander **von Humboldt** bereist West- und Südsibirien.

— Gerhard Moritz **Roentgen** in Rotterdam erbaut die erste Verbund- oder Mehrfachexpansionsmaschine mit Zwischenbehälter.

— George **Stephenson** konstruirt die „Rocket", die mit einem Röhrenkessel und mit 2 Blasrohren versehene erste Lokomotive für grosse Fahrgeschwindigkeiten, die bei der Konkurrenzfahrt der Liverpol-Manchesterbahn am 6. Oktober die geforderte Schnelligkeit von 16 Kilometern per Stunde um mehr als das Doppelte übertrifft.

— Barthélemy **Thimonnier** erfindet den einfachen Kettenstich und stellt denselben auf der von ihm erfundenen Kettenstichmaschine mittelst einer Hakennadel her.

— Nachdem schon der Hütteninspektor Schwarz in Hettstädt beobachtet hatte, das eine eben erstarrte, zur schnelleren Abkühlung auf den Amboss gelegte Silberplatte einen Ton gab, bemerkt A. **Trevelyan** dasselbe Phaenomen, als er ein heisses Eisen, mit dem er Pech anstreichen wollte, gegen einen Bleiblock legte. Er erkennt als Ursache dieses Phaenomens die Ausdehnung des kalten Metalls an den wechselnden Berührungsstellen, welcher Erklärung sich Faraday 1831 anschliesst.

1830 Dr. **Alban** in Plauen erfindet die Breitsäemaschine zur gleichmässigen Vertheilung des Samens.

— **Braithwaite** und **Ericsson** erfinden die Dampffeuerspritze.

— Die Botaniker Alexander **Braun** und Karl Friedrich **Schimper** finden merkwürdige Gesetzmässigkeiten im Aufbau der Pflanzen, über die Braun in seinen „Untersuchungen über die Anordnungen der Schuppen an den Tannenzapfen" berichtet.

— A. **Collas** erfindet die Reliefguillochirmaschine (Relief-kopirmaschine), die auch heute noch zur Wiedergabe von Köpfen auf Kassenscheinen viel gebraucht wird. (Collas-manier.)

— Johann Fr. Chr. **Dieterichs** leitet durch sein Handbuch der Veterinärchirurgie, in der die pathologischen Zustände der Thiere treffend definirt, beschrieben und beurtheilt werden, eine neue Epoche für die Veterinärchirurgie ein.

— Christian Gottfried **Ehrenberg,** der in den Jahren 1820 bis 1825 Aegypten, Nubien und Syrien bereist hat, erforscht die mikroskopischen, thierischen und pflanzlichen Organismen in lebendem und fossilem Zustande und weist sie in fossilem Zustande in Feuerstein, Kreide, Dammerde und Torf nach, wie er auch die ausgedehnte Verbreitung der lebenden Arten konstatirt.

— Thomas **Graham** beobachtet zuerst die endosmotischen Erscheinungen an Gasen und findet, dass das für die freie Diffusion gültige Geschwindigkeitsgesetz auch hier gilt.

— Thomas **Graham** erfindet die Dialyse zur Trennung colloïder und krystalloïder Substanzen.

— Jules René **Guérin** fördert durch seine Arbeiten die chirurgische Orthopaedie.

— Der englische Ingenieur Timothy **Hackworth** legt die Dampfcylinder der Lokomotiven wagerecht unter den Kessel und innerhalb der Räder.

— Der englische Arzt Marshall **Hall** gibt eine Methode der künstlichen Athmung bei Scheintod an.

— Der Student L. **Hengler** erfindet zur Messung freier An-ziehungsdifferenzen die Schwungwage, die 1875 von **Zöllner** beträchtlich vervollkommnet wird und von demselben den Namen Horizontalpendel erhält.

1830 Der Mediziner Hugh Lennox **Hodge** in Philadelphia erfindet das Hodge Pessar, den Urtypus aller seitdem erfundenen Pessare.

— Der Ingenieur **Howe** erfindet seinen noch heute vielfach angewendeten Holz-Eisen-Träger.

— Der Reisende Richard **Lander** entdeckt mit seinem Bruder John den untern Nigerlauf.

— Der englische Geologe Charles **Lyell** erklärt die Veränderungen der Erdoberfläche aus noch jetzt wirksamen Ursachen und ohne Beihülfe gewaltsamer Umwälzungen (siehe Hoff 1810).

— Der Botaniker Hugo **von Mohl** macht das feste Zellgerüst der Pflanzen zum Gegenstand der eingehendsten Untersuchung, stellt die Entwicklungsgeschichte der Gefässe fest und gibt eine Theorie des Deckenwachsthums der Zellhäute.

— Arthur **Morin** erfindet das Federmanometer und macht ausgedehnte Versuche über die Leistungen vertikaler und horizontaler Wasserräder und den Zugwiderstand der Räderfuhrwerke auf Land- und Kunststrassen.

— James **Perry** in London vervollkommnet die bis dahin rohen Stahlfedern und ist der eigentliche Begründer der Stahlfederindustrie.

— J. H. L. **Pistorius** wendet zuerst zwei kombinirte Brennblasen an und verbindet mit diesen Rektifikatoren und die nach ihm benannten Becken als Dephlegmatoren (Pistorius'scher Brennapparat).

— Der französische Wegeingenieur Antoine R. **Polonceau,** der zuerst die Chausseewalze (s. 1784) in grösserem Umfang verwendet, erfindet einen neuen Dachbinder, der sich derart einführt, dass fortan diese Dachbinder „Polonceau" genannt werden.

— Louis Constant **Prévost** spricht in seinem Buche „Sur le mode de formation des cônes volcaniques et sur celui des chaînes de montagnes" die Ansicht aus, dass die durch Abkühlung des Erdballs verursachte Schrumpfung die Erdoberfläche in Runzeln lege und wird dadurch der Vorläufer der Kontraktionshypothese.

— Vincenz **Priessnitz**, ein Bauersmann aus Gräfenberg, begründet die Kaltwasserkur (Hydropathie).

— Karl **von Reichenbach** in Blansko in Mähren entdeckt das Paraffin.

1830 N. **Rillieux** in Cuba konstruirt einen Verdampf-Apparat für die Zuckerfabrikation, der aus mehreren unter verschiedenem Luftdruck gehaltenen kommunizirenden Körpern besteht (Triple Effet).

— Nachdem man bereits gegen Ende des neunzehnten Jahrhunderts Versuche gemacht hatte, den Brotteig mit Maschinen zu kneten, gelingt **Roland** in Paris die Herstellung der ersten brauchbaren Knetmaschine.

— Der schwedische Chemiker Nils Gabriel **Sefström** entdeckt das Vanadium, das, wie Wöhler nachweist, mit dem nach Humboldt's Angabe 1803 von del Rio in einem Bleierz von Zimapan aufgefundenen Erythronium identisch ist.

— Philander **Shaw** erfindet die atmosphärische Maschine und die elektrische Zündung für Sprengzwecke.

— Der Landwirth Karl **Sprengel** wendet die Lehren der Chemie auf den Ackerbau an und weist auf die Wichtigkeit der Stickstoffverbindungen als Pflanzennährstoffe hin (Stickstofftheorie).

— George **Stephenson** erkennt zuerst die Nothwendigkeit von Signalen für den Eisenbahnbetrieb und führt dieselben ein.

— William **Sturgeon** wendet zuerst für elektrische Batterien die Amalgamation des Zinks an.

— William Henry Fox **Talbot** beschreibt die Spektren künstlicher Flammen und sagt „danach zögere ich nicht zu behaupten, dass die optische Analyse die kleinsten Mengen dieser Stoffe (Strontium, Lithium) mit ebenso viel Genauigkeit unterscheiden kann, als irgend eine andere bekannte Methode".

— Nachdem James Carlisle in Paisley die Nähzwirne ohne Druck mittels eines gewöhnlichen Spulrades aufgespult hatte, erfindet George **Taylor** in Paisley eine Maschine, um sie auf kleine Spulen zu winden und ihnen durch Druck und Reibung Glanz zu geben (Glanzzwirne).

— Der Schweizer Julius **Thurmann** bezeichnet zuerst die Faltenbildung durch doppelseitigen Lateralschub als ein sehr wichtiges Moment der Gebirgsbildung (Kontraktionshypothese).

— Der Botaniker Franz **Unger** begründet die Phytopalaeontologie.

1830 Soweit es sich feststellen lässt, sind die ersten Plättmaschinen für die Kammwollspinnerei von **Weiss** in Langensalza und unabhängig von diesem von **Haubold** in Chemnitz gebaut worden. Wer der Erfinder derselben war, lässt sich nicht feststellen.

1831 Giuseppe **Belli** konstruirt die erste Influenzelektrisirmaschine, die im Jahre 1865 von Holtz und Toepler wesentlich verbessert wird.

— Jean Robert **Bréant** und Anselme **Payen** erfinden die Imprägnirung des Holzes mit antiseptischen Flüssigkeiten (Leinöl und Harz, Eisenvitriol) zum Schutze gegen Fäulniss und Insektenfrass. John Howard **Kyan** verwendet 1832 zu gleichem Zweck Quecksilberchlorid (Kyanisiren), **Burnett** 1840 Chlorzink und **Boucherie** 1841 Kupfervitriol.

— Jean Baptiste **Dumas** isolirt das Anthracen aus Steinkohlentheer.

— Adolf **Erman** spricht die Vermuthung aus, dass der Luftdruck sich nicht bloss mit der Breite, sondern auch mit der Länge ändere, eine Vermuthung, die 1864 von E. Renou zur Gewissheit erhoben wurde und in der von A. Buchan für die ganze Erde entworfenen Isobarenkarte vollauf bestätigt wurde.

— Michael **Faraday** entdeckt, dass beim Oeffnen und Schliessen eines galvanischen Stromes in einem in der Nähe befindlichen elektrischen Leiter ein momentaner elektrischer Strom entsteht (Voltainduktion).

— Michael **Faraday** entdeckt, dass Magnete in gleicher Weise, wie Stromkreise induzirend wirken können und gibt damit der modernen Entwicklung der Elektrotechnik ihre Grundlage (Magnetoinduktion). Er zeigt, dass es sich im Fall von Arago's Rotationsmagnetismus (s. 1824) um einen Fall magnetoelektrischer Induktion handelt.

— Franz Joseph **von Gerstner** gibt eine Formel zur Schätzung der Kräfte von Menschen und Thieren und eine Gleichung für die Kettenbrückenlinie, sowie eine Theorie der Wellen.

— Der Physiker Macedonio **Melloni** untersucht mit Hilfe des von Nobili 1830 erfundenen Thermomultiplikators die Eigenschaften der strahlenden Wärme und findet, dass für dieselbe die aus der Optik bekannten Gesetze der Brechung und Zurückwerfung gelten. Er entdeckt die Diathermansie und Thermochrose.

1831 Das von Chevreul und Braconnot (s. 1817) ausgearbeitete Verfahren zur Darstellung von Fettsäuren für die Stearin-Industrie durch Zersetzung von Alkaliseife mit Säure gelangt dadurch zu technischer Verwendung, dass Adolphe **de Milly** die billige Verseifung der Fette mit Kalk und die Zersetzung der gebildeten Kalkseife mit Schwefelsäure lehrt.

— Der Ingenieur Arthur **Morin** stellt Versuche über die gleitende und rollende Reibung an.

— Der englische Ingenieur Augier M. **Perkins** erfindet die Hochdruckwasserheizung.

— Charles Gabriel **Pravaz** erfindet die nach ihm benannte, späterhin zum hypodermatischen Injektionsverfahren verwendete Pravaz'sche Spritze.

— John **Ross** erreicht den magnetischen Pol auf der nordkanadischen Halbinsel Boothia felix.

— Der französische Chemiker Eugène **Soubeyran** entdeckt gleichzeitig mit Justus **von Liebig** das Chloroform durch Behandlung von Alkohol oder Aceton mit Chlorkalk.

— Der Techniker **Talabot** in Lyon erfindet einen Konditionirapparat zur Messung des Feuchtigkeitsgehalts von Gespinnstfasern, der von Persoz noch verbessert wird.

1832 **Bogardus** in New York erfindet die Schrotmühle mit exentrisch gestellten Steinen, die sich von 1834 ab auch in Europa verbreitet.

— David **Brewster** theilt im Juni der britischen Naturforscher-Versammlung in Oxford mit, dass es ihm gelungen sei, die Fraunhofer'schen Linien in künstlichem Lichte nachzuahmen.

— Der italienische Physiker Salvatore **Dal Negro** konstruirt mit **Pixii** die erste elektromagnetische Maschine, bei der in Anwendung der von Faraday das Jahr zuvor entdeckten magnetischen Induktion das magnetische Feld durch permanente rotirende Stahlmagnete erzeugt wird. An den später konstruirten derartigen Maschinen, wie denen von Saxton (1833), Ritchie (1834), Clarke (1835) und der verbreitetsten von Stöhrer (1844) werden die Magnete festgestellt und die mit Eisenkernen versehenen Spiralen vor deren Polen in Rotation versetzt.

— Karl Friedrich **Gauss** zieht zum ersten Male in seiner berühmten Arbeit „Intensitas vis magneticae terrestris ad mensuram absolutam revocata" ein Naturgesetz zur Begründung eines absoluten Masssystems heran, welches er zur Messung der magnetischen Intensität der Erde benutzt.

1832 Der englische Astronom William Rowan **Hamilton** entdeckt auf mathematischem Wege die konische Refraktion.

— Der Fabrikant Jacob Friedrich **Kammerer** in Ludwigsburg erfindet die Reibzündhölzchen.

— Marshall **Hall** konstatirt in unwiderleglicher Weise die bis dahin unbekannt gebliebenen Reflexfunktionen der medulla oblongata und des Rückenmarks. Die Kenntniss der Reflexbewegungen wird insbesondere von Johannes Müller weiter ausgebaut.

— Justus **von Liebig** und Friedrich **Wöhler** werden durch ihre Arbeit über das Bittermandelöl zur Annahme eines sauerstoffhaltigen Radikals, des Benzoyl's geführt, welches neben dem Cyan und dem von Bunsen 1837 entdeckten Kakodyl die Grundlage der Radikaltheorie wird.

— Justus **von Liebig** entdeckt das Chloral als Endprodukt der Einwirkung von Chlor auf Alkohol.

— Der Astronom Joseph Johann **von Littrow** und der Instrumentenmacher Simon **Ploessl** in Wien machen eine Verbesserung in der Konstruktion des achromatischen Fernrohrs, indem sie das Crownglas und Flintglas des Objektivs nicht in Berührung mit einander bringen, sondern letzteres getrennt weiter zurück im Rohre einsetzen (Dialytisches Fernrohr).

— Der Techniker **Lüdersdorf** beobachtet zuerst, dass Schwefel dem in Terpentin gelösten Kautschuk die Klebrigkeit nimmt und legt dadurch den Grund zu Goodyears (s. d.) Erfindung der Vulkanisation des Kautschuks.

— Joseph Antoine Ferdinand **Plateau** und Simon **Stampfer** erfinden gleichzeitig, aber unabhängig von einander die stroboskopischen Scheiben, die in der 1866 aus Amerika kommenden Wundertrommel eine besonders zweckmässige Ausführung erhalten.

— Der Mathematiker Jacob **Steiner** macht bahnbrechende Forschungen in der synthetischen Geometrie.

1833 William **Beaumont** in St. Louis in Amerika macht Beobachtungen zur Verdauungsphysiologie an der Magenfistel des kanadischen Jägers Alexander San Martin.

— Benoît Pierre Emile **Clapeyron** kleidet in seinem Werke „Mémoire sur la puissance motrice de la chaleur" Carnot's Schlüsse und Ergebnisse (s. 1824) in ein analytisches Gewand und legt darin das mathematische Fundament zur mechanischen Wärmetheorie.

1833　John **Dyer** erfindet die Walzenwalke, welche die von Alters her benutzte Hammerwalke fast vollständig verdrängt und in neuester Zeit von Hemmer in Aachen wesentliche Verbesserungen erfahren hat.

— Der englische Seemann George **Back** macht, nachdem er bereits an Franklins Expedition Theil genommen hatte, eine erfolgreiche bis 1835 dauernde Nordpolexpedition, auf der er den Grossen Fischfluss und King Williams-Land entdeckt.

— **Biot** und **Persoz** stellen Dextrin durch Einwirkung verdünnter Säuren auf Stärke dar.

— **Burnes** zieht von Indien über den Hindukusch nach Buchara.

— **Dörell** und **Albert** in Zellerfeld am Harz erfinden die für den Bergbau wichtige Fahrkunst (Spiegelthaler Hoffnungsschacht).

— John **Ericsson** konstruirt eine lebensfähige kalorische Maschine, nachdem die 1824 von Sadi Carnot, 1827 von Stirling konstruirten Heizluftmaschinen keine wesentlichen Resultate geliefert hatten.

— Der englische Ingenieur William **Fairbairn** baut den ersten Dampfkessel mit zwei innern Feuerrohren (Fairbairn Kessel).

— Michael **Faraday** entdeckt das elektrolytische Grundgesetz, nach dem die in der Zeiteinheit zur Abscheidung gelangten Mengen der Jonen direkt proportional der Stromstärke sind und die durch denselben Strom aus verschiedenen Elektrolyten abgeschiedenen Mengen zu einander im Verhältniss der chemischen Aequivalente der Stoffe stehen.

— Michael **Faraday** studirt die aus verschiedenen Quellen erhaltenen Elektrizitäten und kommt zu dem Schluss, dass dieselben in Wirklichkeit identisch sind und sich nur durch die Verhältnisse ihrer Quantität und Spannung unterscheiden.

— Nachdem die ersten Versuche von Burette (1811) und Duparge (1830), ein künstliches Brennmaterial in Ziegelform herzustellen, an dem ungenügenden, zu starken Rauch entwickelnden Bindemittel gescheitert waren, gelingt es **Ferrand** und **Marsais,** das Steinkohlenklein durch Zusatz von Theer und später von weichem Pech zu brauchbaren Briquettes zu verarbeiten.

— Eduard **Forbes** verwendet als einer der ersten das Schleppnetz zur zoologischen Erforschung der Tiefsee, namentlich an den Küsten Kleinasiens und später in den englischen Meeren.

1833   **Gauss** und **Weber** legen in Göttingen zwischen dem physikalischen Cabinet und der Sternwarte die erste elektrische Telegraphenverbindung in Deutschland. Der Empfangsapparat ist ein grosses Magnetometer mit Spiegelablesung.

—   Philipp Heinrich Moritz **Geiss** in Berlin führt Kunstwerke von Schinkel, Kiss und anderen in Zinkguss aus, und begründet die Kunstzinkgussindustrie.

—   Theodor **Hartig** gibt in der Untersuchung der Roth- und Weissfäule der Kiefer die erste wissenschaftliche Behandlung einer Pflanzenkrankheit und führt ihre Entstehung auf einen Pilz zurück.

—   Der Techniker Hugh Lee **Pattinson** entdeckt, dass aus geschmolzenem schwach silberhaltigem Blei beim Abkühlen silberarmes Blei sich krystallinisch ausscheidet und von der silberreichen Schmelze getrennt werden kann, so dass man durch Wiederholen des „Pattinsoniren" genannten Prozesses schliesslich ein silberreiches Blei erhält.

—   A. **Payen** und J. F. **Persoz** entdecken die Diastase, einen fermentartigen, in gekeimter Gerste enthaltenen Körper, der grosse Mengen Stärke schon bei gewöhnlicher Temperatur, noch rascher aber bei 60—70° C erst in Gummi, dann in Zucker überführen kann.

—   **Smith** in Deanston verwendet an Stelle der unterirdischen Kanäle (s. 1755) zur Drainage Thonröhren, wodurch ein grosser Aufschwung der Thonröhrenindustrie bewirkt wird. Die ersten Maschinen zur Herstellung von Thonröhren konstruirt Ainslie in Redheugh 1841; durch Pressen wurden sie, soweit bekannt, zuerst von J. G. Deyerlein in London 1810 hergestellt.

—   Robert **Stephenson** konstruirt die erste Dampfbremse.

—   Durch **Unger** und späterhin durch **Wiegmann** (1839) und **Mayen** (1841) werden die Grundlagen einer Pflanzenpathologie geschaffen.

—   Charles **Wheatstone** erfindet das Stereoskop (Spiegelstereoskop).

1834   Friedrich Wilhelm **Bessel** schliesst aus minimalen Ortsveränderungen des Sirius, dass derselbe Glied eines Binarsystemes sei und dass das zweite lichtschwächere Glied sich wegen der Lichtschwäche der Beobachtung entziehe, eine Angabe, die sich später völlig bestätigte.

1834 Der Irrenarzt Alexandre **Brierre de Boismont** trägt in bahnbrechender Weise zur Entwicklung der Irrenpflege bei.

— **Cambacères** erfindet die geflochtenen Kerzendochte, die in Folge der durch die Flechtung hervorgerufenen Spannung im Material, welche ihr Biegen veranlasst, ihr Ende stets selbstthätig aus der Flamme herausbringen, sodass es an der Luft verbrennen kann und das Putzen unnöthig wird.

— J. B. A. **Elie de Beaumont** bildet die Theorie der Erhebung der Gebirgszüge aus und theilt die hauptsächlichsten europaeischen Gebirgszüge in 21 Erhebungssysteme.

— Der englische Astronom William Rowan **Hamilton** stellt das Prinzip der variirenden Wirkung auf und führt die Kraftfunktion ein, die George Green (s. d.) schon 1828, ohne Beachtung zu finden, benutzt hatte und die erst 1836 durch Gauss unter dem Namen „Potential" allgemeine Verbreitung und Anerkennung findet.

— J. F. W. **Herschel** erfindet das Aktinometer, ein Instrument zur Messung der erwärmenden Wirkung der Sonnenstrahlen.

— Franz **Horsky von Horskysfeld** führt die Pflanzenkultur auf Erdkämmen ein.

1834—38 **Humboldt** veröffentlicht kritische Untersuchungen über die historische Entwicklung der geographischen Kenntnisse der neuen Welt und begründet dadurch die historische Geographie, die später (1867) auch Oscar Peschel fördert.

1834 Moritz Hermann **Jacobi** in Petersburg baut einen durch 320 Zinkkupferelemente getriebenen Elektromotor, mit dem er 1838 ein 26 Fuss langes, $8^1/_4$ Fuss breites, mit 12 Personen besetztes Boot auf der Newa betreibt.

— Heinrich Friedrich Emil **Lenz** stellt das nach ihm benannte Gesetz zur Bestimmung der Richtung des induzirten Stromes auf.

— Wilhelm **Marr** in London erfindet den feuerfesten Geldschrank, indem er zwei verschieden grosse eiserne Kasten so ineinander anbringt, dass die Wände einen Zwischenraum von 8 —10 cm bilden, den er mit einem schlechten Wärmeleiter ausfüllt.

— E. **Martin** in Vervin erfindet die Fabrikation der Weizenstärke ohne Gährung.

— Der Chemiker Eilhard **Mitscherlich** entdeckt zahlreiche neue chemische Körper, unter Anderem das Nitrobenzol, die Benzolsulfosäure, die Selensäure, die Uebermangansäure und untersucht zuerst die Bleikammerkrystalle.

1834   Johannes **Müller** publicirt seine klassische Arbeit über die
vergleichende Anatomie der Myxinoiden (Schleimfische), die
für die Morphologie der Wirbelthiere von höchster Bedeutung ist.

—   Der Freiherr **von Oeynhausen** erfindet die sogenannte
Rutschscheere für Tiefbohrungen, welche die Nachtheile des
steifen Gestänges behob, indem sie das Obergestänge von
dem Untergestänge unabhängig machte.

—   Der General **Paixhans** macht zuerst den Vorschlag, Kriegsschiffe mit Eisen zu panzern, ein Vorschlag, der erst 1855
in den schwimmenden Batterien des Ingenieurs Guieysse
verwirklicht wird.

—   Der englische Ingenieur Jacob **Perkins** patentirt das Prinzip
der Aether-Eismaschine.

—   Der französische Kattundrucker **Perrot** in Rouen erfindet
eine Druckmaschine für Kattundruck mit erhaben gravirten
Platten (Perrotine), die alle bis dahin vorhandenen Maschinen
aus dem Felde schlägt.

—   Jean Charles Athanase **Peltier** zeigt, dass man durch elektrische Ströme nicht bloss Wärme, sondern auch Kälte
hervorbringen kann. Dies Phaenomen wird 1838 von Lenz
bestätigt, der durch den elektrischen Strom sogar Wasser
zum Gefrieren bringt.

—   Ferdinand **Runge** in Oranienburg entdeckt das Phenol
(Carbolsäure) im Steinkohlentheer.

—   Nachdem die bis ins siebzehnte Jahrhundert zweckführenden
Bestrebungen zur Schaffung eines einheitlichen Grundtons
erfolglos geblieben waren, wird auf Vorschlag von **Johann
Heinrich Scheibler** von der Naturforscherversammlung
in Stuttgart der Beschluss gefasst, das a mit 440 ganzen
oder 880 halben Schwingungen in der Sekunde als Grundton
zu definiren, wohingegen von der internationalen Stimm-
konferenz, die 1885 in Wien stattfindet, das a mit 870 halben
Schwingungen als internationaler Normalton proklamirt wird.

—   Der Chemiker Ernest **Selligue** in Paris stellt aus dem durch
Destillation bituminösen Schiefer gewonnenen Theer Leucht-
öle dar, die von 1840 ab in den Handel kommen.

1834 Der französische Chemiker A. **Thilorier** erbaut einen praktischen Apparat für die Komprimirung der Kohlensäure und liefert zuerst dies Produkt in flüssigem und festem Zustand in grösseren Mengen.

— Nachdem Sargent in Paris 1820 ein Patent auf das Biegen des Holzes genommen hatte, ohne dass daraus eine praktische Verwendung erfolgte, gelingt es **Michael Thonet,** aus gebogenem Holze Möbel darzustellen und eine grossartige Industrie ins Leben zu rufen.

— Charles **Wheatstone** misst die Dauer des Entladungsfunkens der Leidener Flasche und des Blitzes mit Hülfe eines rasch rotirenden Spiegels.

1835 André Marie **Ampère** erklärt Licht und Wärme für eine einheitliche Naturerscheinung.

— François Dominique **Arago** findet bei Beobachtung des Halley'schen Kometen mit dem von ihm erfundenen Polariskop, dass derselbe neben dem erborgten Licht auch eigenes Licht besitzt.

— Der belgische Hauptmann **Bormann** erfindet den nach ihm benannten ringförmigen Zeitzünder.

— H. G. **Bronn** macht mit seiner „Lethaea geognostica" den ersten Versuch einer chronologischen Darstellung der fossilen Organismen und übt damit einen tiefgreifenden Einfluss auf die Entwicklung der Formationenlehre aus.

— Robert **Brown** weist als Erster den Zellkern in den Pflanzenzellen nach.

— Heinrich Wilhelm **Dove** stellt das nach ihm benannte Drehungsgesetz der Windrichtung auf.

— Michael **Faraday** entdeckt den Extrastrom, der durch einen jeden Strom in seinem eigenem Leiter induzirt wird.

— Karl Friedrich **Gauss** erfindet das Bifilar-Magnetometer, welches zur genauen Bestimmung der Elemente des Erdmagnetismus dient.

— Der oesterreichische Telegraphendirektor Julius Wilhelm **Gintl** empfiehlt die thermometrische Höhenmessung.

— John F. W. **Herschel** regt die Idee an, gleichzeitig an verschiedenen Orten stündliche meteorologische Beobachtungen zur Zeit der Solstitien und der Aequinoktien zu machen.

1835—49 Der Naturforscher Franz Wilhelm **Junghuhn** erforscht in holländischem Dienste Java.

1835 Auguste **Laurent** begründet die Substitutionstheorie, auch
Kerntheorie genannt. Er unterscheidet ursprüngliche Kerne,
welche Koblenstoff und Wasserstoff nach einfachen Atom-
verhältnissen enthalten und abgeleitete Kerne, in denen dem
Wasserstoff andere Körper, die nicht Elemente zu sein
brauchen, substituirt werden.

— Justus **von Liebig** entdeckt den Aldehyd.

— John **Melling** erfindet die Kugelventile der Speisepumpen
zum Ersatz der sich häufig festsetzenden konischen Ventile.

— Samuel Finlay **Morse** erfindet den Schreibtelegraphen, den
er 1837 in verbesserter Form dem Kongress vorlegt und
1844 auf der Versuchslinie zwischen Washington und Baltimore
praktisch erprobt.

— Der englische Ingenieur Henry **Moseley** macht zuerst in
der Gewölbetheorie die Mittellinie des Druckes und den
Satz vom kleinsten Widerstand zur Grundlage.

— Johannes **Müller** zeigt durch Experimente am menschlichen
Kehlkopf und an künstlichen Nachahmungen desselben, dass
die Stimmbänder in Bezug auf das Verhältniss zwischen
Spannung und Tonhöhe den Gesetzen vibrirender Saiten
unterliegen.

— Sir Richard **Owen** gibt einer im Muskelfleisch des Menschen
gefundenen Parasitenform den Namen Trichina Spiralis.

— Der Chemiker Karl Friedrich **Plattner** fördert die Probir-
kunst (Analyse mit dem Löthrohr).

— Der englische Irrenarzt James Cowles **Prichard** erforscht
die Nerven- und Geisteskrankheiten. Er wendet zuerst den
Ausdruck „moral insanity" an.

— Der Astronom Lambert Adolphe Jacques **Quetelet** in
Brüssel sucht durch Begründung der statistischen Unter-
suchungsmethode die Gesetze des physischen und moralischen
Lebens zu erforschen.

— Michael **Sars** entdeckt den Generationswechsel der Medusen.

— P. L. **Schilling von Canstadt** zeigt seinen im Jahre 1832
erfundenen 5-Nadeltelegraphen, der, ebenso wie der Telegraph
von Gauss und Weber, auf der Ablenkung der Magnetnadel
durch den Strom beruht, öffentlich auf der Naturforscher-
Versammlung in Bonn.

1835 Karl Friedrich **Schimper** zu Schwetzingen stellt die als Spiraltheorie bekannte Ansicht über die Blattstellung auf (s. Braun und Schimper 1830).

— Theodor **Schwann** entdeckt das Pepsin.

— Magnus **Schwerd** wendet die Theorie der Beugung auf die mannigfachsten Beugungserscheinungen an und trägt so zur Stütze der Undulationstheorie des Lichtes bei.

— Der belgische Arzt Louis Joseph **Seutin** erfindet den Kleisterverband.

— Dem österreichischen Hüttenmann Peter **von Tunner** gelingt die Darstellung von Stahl im Puddelofen.

— Charles **Wheatstone** lässt den elektrischen Funken zwischen verschiedenen Metallen überspringen und findet, dass das Spektrum des Funkens für jedes Metall charakteristisch ist.

— Der Amerikaner **White** baut eine der Church'schen Maschine (s. 1822) weit überlegene Letterngiessmaschine.

1836 George Biddell **Airy** gibt die moderne Theorie des Regenbogens, die namentlich durch Stokes, Mascart und Pernter noch weiter ausgebaut wird. Er erklärt die Nebenregenbogen durch die Interferenz der Lichtwellen.

— Der Ingenieur **Bromer** stellt fest, dass der Boden die Eigenschaft besitzt, Mistjauche bei der Filtration so zu reinigen, dass sie farblos und klar abläuft und gibt dadurch die Grundlage für die Berieselung der Aecker.

— Nachdem **Chadwick** die Anlage von Rieselfeldern angeregt hat, wird die erste Anlage dieser Art von **Latham** für die Stadt Croydon in England geschaffen.

— John Frederick **Daniell** konstruirt, nachdem das Becquerel'sche Element sich nicht bewährt hatte, als erstes wirklich konstantes Element sein Zink-Kupfer-Element, dem bald das Grove'sche Zink-Platin-Element (1839) und das Zink-Kohle-Element von Bunsen (1840) folgten.

— Charles Robert **Darwin** erklärt die Bildung der Koralleninseln, die nach ihm ursprünglich Saumriffe gewesen sind (Atolltheorie).

— **Franchot** in Paris erfindet die Moderateurlampe, bei welcher der Oelauftrieb durch ein Steigrohr (Moderateur) erfolgt.

— Karl Friedrich **Gauss** macht Untersuchungen über das Potential, d. h. die charakteristische Funktion, deren partielle Differentialquotienten die Komponenten der Kräfte darstellen (s. Hamilton 1834).

1836   Karl Friedrich **Gauss** stellt seine Theorie des Erd-
        magnetismus auf.

— Moritz Hermann **Jacobi** in Petersburg erfindet die Galvanoplastik.

— A. **Kuers** führt zuerst die Erfahrungen über die Ernährung
  der von Pflanzen lebenden Haussäugethiere auf physiologische
  Grundsätze zurück.

— Der Genfer Uhrmacher **Leschot** führt die Diamantbohrung
  ein, indem er einen Kranzbohrer mit schwarzem Diamant
  herstellt, denselben mittelst eines Getriebes rasch umdreht und
  um die Bohrfläche rein zu halten, Wasser zuströmen lässt.
  In grösserem Massstabe wird die Diamantbohrung 1851 beim
  Mont Cenis-Tunnel zuerst von Mauss und Colladon in Anwendung gebracht.

— Humphrey **Lloyd** erfindet die nach ihm benannte „Wage"
  zur Messung der Vertikalintensität des Erdmagnetismus.

— Der Wiener Schneidermeister **Madersperger** führt eine Nähmaschine aus, die das Oehr an der Spitze der Nadel und den
  Unterfaden in einem Schiffchen enthält, konstruktiv aber noch
  unvollkommen ist.

— Der Chemiker James **Marsh** in Woolwich entdeckt die
  Marsh'sche Arsenprobe.

— Der Botaniker C. F. A. **Morren** in Lüttich begründet die
  Phaenologie, die Lehre von den periodischen Lebensbethäti-
  gungen der Pflanze.

— Der Physiker Ottaviano Fabrizio **Mossotti** macht Arbeiten
  über die Molekularkräfte, die für die neuern Theorien des
  Raumes und der Substanz massgebend werden.

— Johannes **Müller** untersucht die Entwicklungsgeschichte,
  Organisation und allgemeine Morphologie der Echinodermen
  (Stachelhäuter) derart, dass diese Untersuchung für alle ähn-
  lichen Forschungen typisch wird.

— **Penzoldt** in Paris konstruirt die erste noch unvollkommene
  Centrifugaltrockenmaschine, die das Vorbild zu den jetzt in
  der Technik gebrauchten Centrifugen abgibt.

— Adolph **Pleischl** in Wien gelingt es, die von Rinman im
  Jahre 1783 bereits in Angriff genommene Fabrikation gusseiserner emaillirter Geschirre mit Erfolg durchzuführen.

1836 Der Chemiker Franz Ferdinand **Schulze** zeigt, dass durch Kochen fäulnissfähiger Stoffe und dadurch erfolgtes Abtödten etwa vorhandener Keime die Zersetzung vermieden wird.

— Francis Pettit **Smith** vervollkommnet die Schiffsschraube und gibt dadurch Veranlassung zum Bau des ersten grösseren Schraubendampfers „Archimedes", der alle englischen Häfen anläuft, um den Rhedern, Ingenieuren und Seeleuten die Wirksamkeit und den praktischen Nutzen der Schiffsschraube zu beweisen.

— Karl August **Steinheil** in München wandelt auf Anregung von Gauss und Weber deren unhandlichen Apparat zu einem leicht zu bedienenden, mit Induktionsströmen arbeitenden Apparat um, der bleibende Zeichen gibt (Steinheilschrift). Mit diesem Apparatsystem wird die zwischen München und Bogenhausen erbaute Telegraphenlinie mit Doppelleitung betrieben.

— Robert **Stephenson** führt die elektrische Telegraphie in den Eisenbahnbetrieb ein, indem er den ersten elektrischen Signal-Apparat nach einer von Wheatstone & Cooke erdachten Anordnung aufstellt.

— **Stratingh** und **Becker** in Groningen und **Botto** in Turin konstruiren gleichzeitig durch magnetelektrische Maschinen betriebene Wagen, wobei der Strom durch eine galvanische Batterie geliefert wird.

— Der Mediziner Eduard Friedrich **Weber** eröffnet durch seine Arbeiten über Muskelbewegung der Physiologie neue Bahnen und macht in Gemeinschaft mit seinem Bruder Wilhelm Eduard umfassende Studien über die Mechanik der menschlichen Gehwerkzeuge.

1837 Louis **Agassiz** und Karl Friedrich **Schimper** begründen in Anlehnung an die Glazialtheorie von Venetz (s. 1815) die Lehre von der Moräuenlandschaft, die durch eine in einer starken Kälteperiode (Eiszeit) stattgehabte sehr grosse Gletscherentwicklung entstanden sei.

— Charles **Cagniard de la Tour** und **Kützing** stellen gleichzeitig den pflanzlichen Charakter der Alkoholhefe fest.

— Der französische Fabrikant **Croquefer** erfindet die zum Färben (Streichen) des Buntpapiers dienende Grundirmaschine.

— P. G. **Lejeune Dirichlet** fördert die Arithmetik durch Einführung analytischer Methoden.

1837 Jean Baptiste **Dumas** zeigt, dass Wasserstoff in seinen
Verbindungen durch die Halogene und durch Sauerstoff
ersetzt werden kann und begründet 1839 seine Typentheorie.

— Nachdem der französische Ingenieur Aubertot 1809 ohne Erfolg
versucht hatte, die Gichtgase zum Schweissen, Puddeln,
Erzrösten und zur Erwärmung des Gebläsewindes zu verwenden, gelingt dies dem würtembergischen Bergrath **Faber
du Faur** in Wasseralfingen mit bestem Erfolge.

— Der Physiologe Marie Jean Pierre **Flourens** legt den Grund
zur Kenntniss der Funktionen des Centralnervensystems und
zur Lokalisationslehre und entdeckt den „Noeud vital", das
Centrum für die Athembewegung.

— Marc Antoine Auguste **Gaudin,** Chemiker in Paris, stellt zuerst
durch Schmelzen im Knallgasgebläse künstliche Edelsteine,
namentlich Rubin her.

— **Hall** erbaut den ersten Oberflächenkondensator für Schiffs-
Dampfmaschinen.

— Der Engländer **Knox** entdeckt das eigenthümliche Verhalten
des Selens, elektrische Ströme zwar ähnlich den Metallen
zu leiten, sein Leitungsvermögen aber von dem Grade der
Belichtung abhängig zu machen.

— Oberbergrath **Henschel** in Cassel erfindet die nach ihm
benannte Henschel-Turbine (auch vielfach als Henschel-
Jonval- oder Jonval-Turbine bezeichnet), deren erste Ausführung 1841 in einer Steinschleiferei in Holzminden aufgestellt wird.

— Humphrey **Lloyd** liefert den experimentellen Beweis für die
von William Rowan Hamilton aus theoretischen Gründen
abgeleitete konische Refraktion.

— Der Berliner Botaniker Franz Julius Ferdinand **Meyen**
schafft die erste zusammenhängende Phytotomie.

— Der österreichische Astronom J. **Morstadt** macht zuerst
darauf aufmerksam, dass zwischen Kometen- und Meteoriten-
anhäufungen ein prinzipieller Unterschied nicht bestehe.

— **Newall** in Dundee stellt die ersten erfolgreichen Maschinen
zur Drahtseilfabrikation her.

— Claude S. M. **Pouillet** entwickelt das Galvanometer zu
einem wirklichen Messapparat, indem er die Tangenten- und
die Sinusbussole erfindet.

1837 Gustav **Rose** entdeckt die Polymorphie, die nur in seltenen Fällen als Trimorphie und meistens als Dimorphie auftritt.

— Ferdinand **Runge** macht die erste Beobachtung einer aus Anilin entstehenden Farbsubstanz, indem er bei Behandlung des von ihm „Kyanol" genannten Anilins mit Chlorkalk eine intensive blaue Färbung erhält.

— Ernest **Selligue** macht Verbesserungen in der Herstellung des Wassergases (s. Fontana 1780) und stellt die ersten Paraffinkerzen her.

— A. **Siebe** konstruirt einen geschlossenen Taucherhelm, nachdem die von ihm und C. A. Deane konstruirten offenen Taucherhelme sich bei verschiedenen Gelegenheiten nicht bewährt hatten.

1837—48 Die Brüder Antoine Thomson und Arnould Michel **d'Abbadie** erforschen Abessynien.

1837 Der Amerikaner Alfred **Vail** konstruirt einen Typendrucktelegraphen, der sich jedoch ebenso wenig, wie 1841 der von Wheatstone und 1847 der von Morse erfundene, bewährt.

— Robert **Willis** macht Arbeiten über die Radzähne, erfindet den Odontographen und schreibt das berühmte Werk „Principles of mechanism".

— Alfred Wilhelm **Volkmann** zu Dorpat begründet die Haemodynamik, die Physik der Blutbewegung.

— Charles **Wheatstone** und **Cooke** erbauen nach dem Muster des Schilling'schen Apparates einen 5-Nadeltelegraphen. Im Jahre 1845 vereinfachen sie das System zu einem 1-Nadel-Telegraphen, der noch jetzt in England im Gebrauch ist.

1838 Der Engländer **Barnett** erfindet eine Gasmaschine mit Verdichtung der Ladung vor der Entzündung und Mischung der frischen Ladung mit im Cylinder zurückgebliebenen Verbrennungsgasen.

— Friedrich Wilhelm **Bessel** bestimmt mittelst des Fraunhofer'schen Heliometers in Königsberg die Parallaxe von 61 Cygni zu 0,3 Bogensekunde. Dies ist die erste Parallaxenbestimmung für Fixsterne. Ein Jahr später bestimmt Henderson auch die Parallaxe von Alpha Centauri.

— Nachdem die erste Beobachtung einer Fluorescenz 1575 von Nicolò Monardes an einem mexikanischen Holz (Nierenholz) gemacht worden, aber gänzlich in Vergessenheit gerathen war, beobachtet David **Brewster** die Fluorescenzerscheinungen am Chlorophyll und am Flussspath. Das Phaenomen wird jedoch erst von John F. W. **Herschel** 1845 richtig gewürdigt und erst 1860 von G. G. **Stokes,** der ihm die Bezeichnung „Fluorescenz" gibt, einer eingehenden Untersuchung unterworfen.

1838 Die Ingenieure Samuel **Clegg** und Jacob **Samuda** machen zuerst Medhurst's Vorschlag (s. 1810) brauchbar, indem sie die Wormwood Scrubsbahn bei London als atmosphärische Eisenbahn mit Erfolg betreiben, doch stellt sich das System als zu theuer heraus.

— Der englische Ingenieur William **Fairbairn** konstruirt die erste Nietmaschine für den Bau von Dampfkesseln und Eisenschiffen.

— Michael **Faraday** entdeckt die diëlektrische Polarisation, d. i. den Vertheilungszustand, in den ein Nichtleiter durch Influenz geräth.

— Der Ingenieur Joseph **Francis** baut Rettungsboote aus kannelirtem Stahlblech und bringt zuerst vorn und hinten stählerne Luftkästen an, um die Schwimmfähigkeit des Bootes auch nach dem Vollschlagen bei schwerem Seegang aufrecht zu erhalten.

— Der englische Physiker William **Hopkins** erfindet die Interferenzröhre zur Veranschaulichung des Prinzips der Interferenz des Schalls.

— Johannes **Müller** legt durch seine Arbeiten über den feinern Bau und die Formen der krankhaften Geschwülste den Grund zur pathologischen Histologie.

— **Munck af Rosenschöld** beobachtet zuerst einen Einfluss der elektrischen Entladungen oder des elektrischen Stromes auf die Leitfähigkeit von Metallpulvern.

— Th. J. **Pelouze** macht in der Akademie der Wissenschaften zu Paris die Mittheilung, dass sich alle vegetabilisch-holzigen Substanzen, mit Salpetersäure behandelt, in eine entzündliche Masse verwandeln, und gibt damit den ersten Anstoss zur Herstellung der Schiessbaumwolle.

— Peter **Riess** und Pietro **Marianini** entdecken gleichzeitig, dass auch durch Reibungselektrizität Induktionswirkungen ausgeübt werden.

— **Robertson** in London baut eine Ratinirmaschine (Filzmaschine), vermuthlich die erste ihrer Art in Europa. Die Erfindung scheint aber aus Amerika zu stammen.

1838 Matthias **Schleiden** macht Untersuchungen über die Entstehung der Zelle im Allgemeinen und des Pflanzenkeims
im Besondern. Auf Grund dieser Forschungen tritt 1842
in seinem Lehrbuch das erstemal die charakteristische Unterscheidung der Kryptogamen von den Phanerogamen auf.

— Karl August **Steinheil** in München entdeckt von Neuem
die früher schon bekannte, aber ganz vergessene Eigenschaft des Erdreichs, den elektrischen Strom zu leiten
(s. Winkler 1744). Er benutzt 2 Jahre später den „Erdstrom"
zum Telegraphiren für den Eisenbahndienst und den Feuer-
wachtdienst.

1839 G. B. **Airy** erfindet eine aus einem System permanenter und
induzirter Magnete bestehende Kompensirung des Kompasses.

1839—41 **d'Arnaud, Sabatier** und **Werne** gelangen nilaufwärts
bis Gondokoro (4^0 n. Br.).

1839 Leopold Christian **von Buch** weist durch den Vergleich
der Ablagerungen aus verschiedenen Gegenden die grosse
Verbreitung der einzelnen Formationen nach, bringt die einander entsprechenden Ablagerungen entfernter Länder mit einander in Parallele und fördert so die stratigraphische Geologie.

— Der anhaltische Hüttenmeister **Bischoff** in Mägdesprung im
Harz führt die erste Generator-Gasfeuerung praktisch mit
Erfolg aus.

— John **Conolly,** Arzt in der Irrenanstalt Hanwell bei London,
führt das System der zwanglosen Behandlung der Irren
praktisch ein (No restraint-System).

— Louis **Daguerre,** Entdecker der Entwickelbarkeit des latenten
Bildes auf Jodsilber, macht die „Daguerrotypie", eine Photographie auf jodirten Silberplatten mit „physikalischer Entwicklung", bekannt.

— Gerard Paul **Deshayes** in Paris gründet auf seine Forschungen
im Pariser Tertiärbecken die Eintheilung der Tertiärschichten
in Eocän, Miocän und Pliocän.

— Stephan **Endlicher** in Wien stellt ein neues natürliches
System der Pflanzen auf, bei dem er 61 Klassen und 275
natürliche Familien unterscheidet (Hauptgruppen: Thallophyten
und Cormophyten).

1839—41 Edward John **Eyre** erforscht von Adelaide aus das
Innere von Südaustralien bis zum Eyresee und verfolgt 1841
die Südküste von Australien bis nach Albany in Westaustralien.

1839 Michael **Faraday** entdeckt an Krystallen magnetische Eigenschaften, welche nicht durch die äussere Form, sondern
durch die krystallographischen oder optischen Achsen bedingt
sind und welche nicht anziehend oder abstossend, sondern
nur richtend wirken (Magnekrystallkräfte).

— Michael **Faraday** zeigt, dass auch die Kraft der elektrischen
Fischen in allen Wirkungen mit den aus andern Quellen
stammenden Elektrizitäten identisch ist (s. Faraday 1833).

— Der Amerikaner Nelson **Goodyear** erfindet das Vulkanisiren
des Kautschuks und den Hartgummi.

— George **Grey** erforscht das nordwestliche Australien und
entdeckt die Mündung des Gascoyne und des Murchison River.

— W. R. **Grove** konstruirt zuerst eine Gasbatterie, bei welcher
Zink und Kupfer durch Wasserstoff und Sauerstoff ersetzt
werden, welche jedoch, wenn auch theoretisch wichtig, ohne
praktische Bedeutung bleibt.

— Urbain Jean Joseph **Leverrier** berechnet die Veränderungen
der Bahnelemente der sieben grossen Planeten vor- und
rückwärts auf 100 000 Jahre, und schafft damit die Grundlage der
gegenwärtigen Kenntniss der Planetenbewegungen.

— Justus **von Liebig** begründet die Gährungschemie.

— Justus **von Liebig** und Friedrich **Wöhler** stellen den zweiten
künstlichen Farbstoff in dem aus Harnsäure gewonnenen
Murexid her.

— Carl Gustav **Mosander** entdeckt im Ceroxyd das Lanthan.

— Der Mediziner C. E. **Neeff** erfindet mit dem Mechaniker
J. P. **Wagner** den „Neeff'scher Hammer" genannten selbst-
thätigen Stromunterbrecher.

— **Osler** erfindet den nach ihm benannten Anemograph.

— J. T. Ch. **Ratzeburg** macht wichtige Studien über die Forst-
insekten und deren Lebensweise und wirkt dadurch erfolgreich
für die Erkenntniss des Wesens der zahlreichen Pflanzen-
beschädigungen.

— Robert **Remak** in Berlin untersucht die Ganglienzellen und
entdeckt die marklosen Nervenfasern.

— Nachdem Lagerhjelm (1818), Schmidt und Koch (1820),
d'Aubuisson (1826), Navier (1827) sich mit mehr oder weniger
Erfolg mit Versuchen über den zuerst von Daniel Bernoulli
bearbeiteten Ausfluss von elastischen Flüssigkeiten aus Gefäss-

mündungen beschäftigt hatten, stellen **Saint Venant** und **Wentzel** eine Hypothese dafür auf, die von Weisbach (1855), Max Hermann (1860) und Zeuner (1871) experimentell als richtig erkannt wird.

1839 Christian Friedrich **Schönbein** entdeckt, dass der beim Entladen elektrischer Batterien zu beobachtende „elektrische Geruch" (s. Marum 1792) einer eigenthümlichen Gasart zu verdanken ist, die er „Ozon" benennt. 1844 findet er, dass Phosphor die Eigenschaft besitzt, den Sauerstoff zu ozonisiren.

— Der Mediziner Johann Lukas **Schönlein,** Begründer der naturhistorischen Schule der Medizin, entdeckt den Favuspilz und begründet damit die Lehre von den Dermatomykosen.

— Theodor **Schwann** lehrt, dass alle Organe des Thieres aus Zellen zusammengesetzt und aus der Theilung der Eizelle hervorgegangen sind.

— Der Wiener Arzt Joseph **Skoda** macht zuerst umfangreichen Gebrauch von der Auskultation und Perkussion und bemüht sich, die physikalische Diagnostik zum Allgemeingut der Aerzte zu machen.

— Karl August **Steinheil** in München überträgt auf elektrischem Wege von einer Normaluhr aus die Zeitanzeige übereinstimmend auf eine beliebige Anzahl Zeigerwerke und Zifferblätter und erfindet hiermit die elektrischen Uhren.

— W. H. Fox **Talbot** findet in der Gallussäure einen Entwickler für Papiernegative. Im gleichen Jahre entdeckt er die das Chlorsilber übertreffende Lichtempfindlichkeit des Bromsilbers, mit dem er schon in der Kamera leicht Papiernegative erhält, nach welchen er Positive in beliebiger Anzahl auf Papier kopirt (Kalotypie).

— Der französische Ingenieur **Triger** verbessert das Smeaton'sche Fundamentirungsverfahren, indem er Pressluft in einen im Wasser stehenden, unten offenen, sonst allseitig geschlossenen Kasten pumpt, um denselben trocken zu legen, und die Arbeiter zur Vornahme der Fundamentirungsarbeiten durch Luftschleussen eintreten lässt.

— Charles **Wheatstone** erbaut einen Zeigertelegraphen mit 2 Elektromagneten und 3 Leitungen, den er 1841 vereinfacht, so das nur noch 1 Elektromagnet und 2, beziehungsweise nur eine Leitung erforderlich ist. Der Betrieb geschieht mit Batterieströmen.

1839—42 Charles **Wilkes,** nordamerikanischer Admiral, entdeckt im Südpolarmeer den nach ihm Wilkes-Land genannten Kontinent und erforscht mehrere Gruppen der Südseeinseln.

1840 Sir Robert **Armstrong** erbaut auf Grund der Beobachtung, dass bei Dampf, der dem Sicherheitsventil einer Lokomotive entströmte, Elektrizität auftrat, seine Dampfelektrisirmaschine. Faraday weist nach, dass die Quelle dieser Dampf-Elektrizität vor Allem in der Reibung der Wassertheilchen des kondensirten Dampfes an den Wänden des Ausflusskanals zu suchen sei.

— Der Arzt Karl A. **v. Basedow** in Merseburg beschreibt die nach ihm benannte Krankheit, welche sich durch Anschwellen der Schilddrüse und stärkeres Hervortreten der Augäpfel zu erkennen gibt.

— Jacques **Boucher de Perthes** entdeckt in den Diluvialschichten des Sommethals bei Amiens zahlreiche Stein- und Knochenwerkzeuge, die mit Sicherheit auf die Existenz des vorgeschichtlichen Menschen hindeuten.

— **Delvigne** in Paris setzt an Stelle des Kugelgeschosses für Feuergewehre einen Cylinder mit vorderer konischer Zuspitzung, die Spitzkugel, der von Minié 1849 durch Aushöhlung des hintern Theils noch verändert wird.

— Alexandre **Donné** zu Paris macht die ersten Versuche, das mikroskopische Bild photographisch zu fixiren und legt derartige, mittelst des Daguerrotypie-Verfahrens gewonnene Objekte der Akademie vor. Die Methode wird später, namentlich von Joseph Gerlach (1863) zur höchsten Vollendung gebracht (Mikrophotographie).

— P. **Haecker,** ein Kaufmann in Nürnberg, ermittelt die Tragkraft von Magnetstäben und Hufeisenmagneten und stellt fest, dass unter sonst ganz gleichen Bedingungen die Tragkraft aus dem Gewicht herzuleiten ist (Haeckersches Gesetz).

— Der Fabrikant Karl Samuel **Heussler** in Hirschberg in Schlesien erfindet die Holzcementdeckung für Dächer.

— Der Anatom Jacob **Henle** tritt für ein Contagium animatum ein, eine Lehre, die schon Athanasius Kircher (1671) ausgesprochen hatte, und entwickelt zuerst die Beziehungen, die zwischen den Parasiten als Krankheitserreger und dem Verlauf der Krankheiten bestehen.

1840 Jacob **Henle** macht zahlreiche Entdeckungen, wie die des Cylinderepithels des Darmkanals, der Leberzellen, der Henle'schen Schleifen der Nierenkanälchen, der gefensterten Gefässmembranen.

— Germain H. **Hess** in Petersburg findet das Gesetz der konstanten Wärmesummen, welches darin besteht, dass die chemische Reaktionswärme nur abhängt vom Anfangs- und Endprodukt und unabhängig ist von dem Wege, auf dem sie verläuft.

— Der englische Generalpostmeister Rowland **Hill** setzt die Einführung eines gleichmässigen Briefportos von 1 Penny durch und führt die von J. **Chalmers** aus Dundee erfundene Briefmarke in England ein.

— Der englische Arzt Thomas **Hodgkin** entdeckt die nach ihm „Hodgkin'sche Krankheit" benannte Pseudoleukämie.

— Der Ingenieur Eaton **Hodgkinson** macht Arbeiten über den Widerstand der im Ingenieurwesen gebrauchten Materialien, über deren Elasticität und Festigkeit.

— Orlando **Jones** begründet die Reisstärkefabrikation.

— James Prescott **Joule** findet, dass die Wärmewirkung des galvanischen Stromes dem Widerstand und dem Quadrat der Stromintensität proportional ist.

— Der Amerikaner T. **Kingsland** führt die Papierstoffmühle (Ganzholländer) ein.

— Der Göttinger Astronom Ernst Friedrich Wilhelm **Klinker-fues** erfindet den hydrostatischen galvanischen Gaszünder.

— Der Fabrikant Fréderic **Kuhlmann** in Lille erfindet die Methode, Buntpapiere durch Krystallisation von Salzlösungen herzustellen.

— Justus **von Liebig** begründet durch sein Werk „Die Chemie in ihrer Anwendung auf Agrikultur und Physiologie" die moderne Landwirthschaft und die neuere Agrikulturchemie.

— Justus **von Liebig** stellt fest, dass die Pflanze durch ihr Wachsthum dem Boden bestimmte, nachweisbare Mengen mineralischer Stoffe entzieht und lehrt die Wiederersetzung der so dem Boden entzogenen Stoffe mittelst chemisch herstellbarer Verbindungen, d. i. durch Verwendung künstlichen Düngers an Stelle des bisher allein gebräuchlichen animalischen Düngers.

1840 Justus **von Liebig** zeigt, dass der Humus nicht von den Pflanzen als Nahrung aufgenommen wird, sondern dass die Kohlensäure der Atmosphäre die einzige Kohlenstoffquelle ist.

— Der Physiker Gustav **Magnus** macht seine berühmten Untersuchungen über die Eigenschaft des Blutes, Kohlensäure und Sauerstoff zu absorbiren.

— William **Montgomerie** erkennt zuerst den Wert der Guttapercha, führt sie in Europa ein und bemüht sich, ihre werthvollen Eigenschaften praktisch zu verwerthen.

— Johannes **Müller** begründet die Histochemie, welche sich mit der chemischen Konstitution der Formelemente und Gewebe des thierischen Körpers beschäftigt.

— Der holländische Chemiker Gerard Johannes **Mulder** macht Untersuchungen über die Eiweisstoffe, deren gemeinsame Grundlage er als Proteïn bezeichnet, und begründet die Mikrochemie der Gewebe als wichtiges Hülfsmittel bei physiologischen und histologischen Forschungen.

— Anselme **Payen** isolirt zuerst durch Entfernung der Inkrustationen des Holzes mittelst Lösen in Salpetersäure die Cellulose, deren Namen von ihm herrührt.

— Der Wiener Physiker Joseph **Petzval** findet durch mechanische Konstruktion ein äusserst lichtstarkes Doppelobjektiv, wodurch das Portraitiren erleichtert wird.

— Franz **von Pitha** fördert die Chirurgie und trägt wesentlich zum Glanz der Wiener Schule bei.

— Der Engländer **Prior** erfindet ein Zuspitzrad für die Nadelfabrikation, durch welches das Umherfliegen des Metallstaubes vermieden wird.

— H. V. **Regnault** und später Ph. G. **von Jolly** konstruiren Gasthermometer resp. Luftthermometer, in denen die Ausdehnung oder Spannkraftzunahme eines Gases zur Bestimmung der Temperatur dient und die weit empfindlicher als die gewöhnlichen Thermometer sind.

— Karl Bogislaus **Reichert** führt die Zellenlehre in die Embryologie ein und weist nach, dass die Furchungskugeln Zellen werden und alle späteren Organbestandtheile sich von den Furchungszellen ableiten lassen.

— Johann August **Roebling** in Pittsburgh baut die ersten grösseren Hängebrücken mit Stahldrahtseilen.

1840 II. **Schröder** sucht zuerst Beziehungen zwischen der Raumerfüllung der durch die chemischen Formeln ausgedrückten Gewichte und der Zusammensetzung starrer Substanzen nachzuweisen (Sterengesetz).

— Robert **Stephenson** erbaut die erste Röhrenbrücke (Britannia bridge). Die zweckmässigste Querschnittsform für die dazu erforderlichen Röhren wird von William **Fairbairn** auf Grund seiner Festigkeitsversuche ermittelt.

— Der französische Mediziner Alfred Armand **Velpeau** führt die permanente Irrigation ein.

— Der Mediziner Theodore **Vidal de Cassis** empfiehlt zuerst die Höllenstein-Injektion gegen die Uterin-Katarrhe.

— Baron **von Wahrendorff** zu Äker in Schweden stellt einen glatten Hinterlader her, um durch das Laden von hinten die Bedienung der Geschütze in Kasematten zu erleichtern.

— Charles **Wheatstone** erfindet den ersten brauchbaren, selbstregistrirenden Chronograph, der 1861 von Matthias Hipp in Neuchatel noch wesentliche Verbesserungen erfährt.

— **Wright,** ein Mitarbeiter Elkingtons, führt zuerst das Cyankalium als Bestandtheil der zum Niederschlagen der Metalle dienenden Bäder ein und ermöglicht so neben den dicken Kupferniederschlägen auch galvanostegische Niederschläge von Silber und Gold herzustellen, eine Methode, die von Henry und Richard **Elkington** technisch ausgebeutet wird.

1841 James **Braid,** Arzt in Manchester, entdeckt den hypnotischen Zustand.

— **Clarke** findet das erste Gold unweit Sidney und spricht die Meinung aus, dass die Blauen Berge goldführend seien, was 1845 von Sir Roderick **Murchiston** durch Vergleich der östlichen Gebirgskette Australiens mit der Formation des Ural bestätigt wird. 1851 werden dann die Goldgruben von Summer Hill Creek 150 englische Meilen westlich von Sidney von **Hargraves** entdeckt.

— Der Ingenieur Gotthilf **Hagen** in Berlin gibt ein grosses Werk über Wasserbaukunst heraus und ist auch auf andern technischen Gebieten hervorragend als Forscher und Schriftsteller thätig (Wahrscheinlichkeitsrechnung, Wellenbewegung, Bögen und Kuppeln).

1841 Heinrich **Kiepert** beginnt mit der Herausgabe seiner ersten grossen wissenschaftlichen Arbeit, des Atlas von Hellas, seine hervorragende Thätigkeit auf dem Gebiete der Topographie der Länder des klassischen Alterthums.

— William **Nicol** erfindet das Nicol'sche Prisma, welches aus einer Kombination zweier Kalkspathprismen besteht und das sicherste Mittel ist, um ein ungefärbtes und vollkommen polarisirtes Strahlenbündel zu erhalten.

— Eugène **Péligot** weist nach, dass das von Klaproth 1790 entdeckte Uran nur Oxydul war und stellt zuerst das metallische Uran dar.

— Johann Christian **Poggendorff** erfindet den ersten brauchbaren elektrischen Widerstandsmesser.

— Karl **von Rokitansky** begründet die Wiener pathologisch-anatomische Schule und legt den Hauptwerth auf die zusammenfassende systematische Behandlung der makroskopischen Vorgänge. Nach ihm erhält die klinische Erfahrung erst Werth und feste Grundlage durch den korrespondirenden anatomischen Befund.

— James Clark **Ross** entdeckt auf seiner ersten Südpolarfahrt (bis 79° s. B.) Victorialand mit den Vulcanen Erebus und Terror, und stellt Beobachtungen über den Erdmagnetismus an.

— Joseph **Toynbee** nimmt zuerst systematische pathologisch-anatomische Untersuchungen des Gehörorgans vor, um den Zusammenhang der Schwerhörigkeit mit den Veränderungen im schallleitenden Apparat nachzuweisen.

— Franz **Unger** weist im Gegensatz zu Schleidens Lehre von der Entstehung der Zellen in Geweben als Bläschen die Bildung auf dem Wege der Theilung am Vegetationspunkte nach.

— Der englische Fabrikant Joseph **Whitworth** begründet zuerst ein einheitliches Masssystem für Schrauben, das auch heute noch überwiegend gebraucht wird.

— Der Schwede **Wahlberg** dringt über die Drakenberge und den Vaalfluss nach den Magaliesbergen und dem Limpopo vor.

1842 **Berg** und **Gruby** entdecken das Oïdium albicans als Erzeuger der Soor-Krankheit der Rinder.

— Der Anatom Theodor Ludwig Wilhelm **Bischoff** weist die periodische Reifung und Loslösung des Eies nach.

— Dem Chemiker Rudolf **Böttger** in Frankfurt a. M. gelingt es, das Nickel aus einem Doppelsalze vermittelst des elektrischen Stromes niederzuschlagen (Vernickelung).

1842 Ludwig August **Colding** leitet aus der Unwandelbarkeit der Kraft die Definition der Wärme, die immer auftritt, wenn eine Bewegung zum Stillstand gebracht wird, als eines Ersatzes der Kraft oder einer neuen Art von Kraft ab und schliesst aus seinen Versuchen, dass eine Temperaturerhöhung um 1^0 einer Arbeitsleistung von 350 Meterkilogramm gleichkomme.

— Der Physiker Christian **Doppler** findet das Doppler'sche Prinzip, wonach die Höhe eines Tons, sowie die Art eines Lichteindrucks davon abhängen, ob sich die Entfernung zwischen der Wellenquelle und dem empfindenden Organ vergrössert oder verringert. Dies Prinzip erlangt später in der messenden Astrophysik zur Geschwindigkeitsbestimmung der Himmelskörper in der Richtung der Gesichtslinien grosse Bedeutung.

— Guillaume Benjamin **Duchenne de Boulogne** erforscht vermittelst elektrischer Reizung an Gesunden und klinischer Beobachtung an Gelähmten die Wirkungsweise der einzelnen Muskeln.

— Michael **Faraday** untersucht die Bestandtheile der Flamme durch Absaugen der einzelnen Schichten derselben (Faraday'scher Versuch).

1842—46 John Charles **Fremont** macht eine an Entdeckungen reiche Reise durch die nordwestlichen Prairien und durch das Felsengebirge.

1842 Der englische Ingenieur **Gregory** erfindet das auf allen Bahnstrecken gebräuchliche Mastensignal (Semaphore), das zuerst auf der Croydonbahn angewendet wird.

— Der amerikanische Physiker **Henry** entdeckt bei der Magnetisirung von Stahlnadeln durch den Entladungsschlag einer Leidener Flasche die oszillatorischen (kontinuirlichen) Entladungen, deren Natur William **Thomson** 1855 aufklärt.

— Franz Joseph **Hugi** in Solothurn macht bahnbrechende Forschungen über das Wesen der Gletscher.

— Nachdem verschiedene Forscher wie Chevreul, Fremy, Melsens u. a. vergeblich versucht hatten, die Fette praktisch durch Schwefelsäure zu spalten, gelingt es **Jones** und F. **Wilson,** diese Art der Fettspaltung durchzuführen und die abgeschiedenen Fettsäuren durch Dampfdestillation zu reinigen.

1842 Julius Robert **von Mayer** stellt den Satz von der Aequivalenz der Wärme und Arbeit (Erster Hauptsatz der mechanischen Wärmetheorie) auf und beweist, dass nicht nur der Materie, sondern auch der lebendigen Kraft in allen ihren Formen die Eigenschaft quantitativer Unzerstörbarkeit zukommt (Gesetz der Erhaltung der Kraft).

— James Prescott **Joule** gelingt es, fast gleichzeitig mit Julius Robert von Mayer, das mechanische Aequivalent der Wärme, jedoch auf experimentellem Wege zu finden.

— Nachdem Gilbert Roman schon 1793 vorgeschlagen hatte, den optischen Telegraphen zur Uebermittlung von Wetterbeobachtungen zu benutzen, regt der Meteorologe Karl **Kreil** in Wien eine solche Uebermittlung durch den elektrischen Draht an.

— Justus **von Liebig** lehrt zuerst die einzelnen Nährstoffe der Futtermittel nach ihrer Zusammensetzung kennen und unterscheidet zwischen Blut- und Fleischbildnern und Respirationsmitteln.

1842—45 Alexander Theodor **von Middendorf** erforscht das nördliche Sibirien und das Amurgebiet und entdeckt in dem erstern eine bis dahin ganz unbekannte Bodenform, die gefrorene Tundra.

1842 Nachdem James Watt die erste Idee, den Dampf direkt zum Betrieb grosser Hämmer zu verwenden, schon 1784 ausgesprochen hatte, wird der Dampfhammer von **James Nasmyth** zur praktischen Brauchbarkeit ausgebildet.

— Lambert Adolphe Jacques **Quetelet** macht zuerst auf die Periodizität im Auftreten der Meteoriten aufmerksam.

— Anders Adolf **Retzius** versucht zuerst die Menschenrassen nach der Form des Schädels zu klassificiren.

— James **Syme**, der schon 1823 die erste Hüftgelenkexarticulation ausgeführt hat, macht die Amputation in den Malleolen und führt 1744 den äussern Harnröhrenstrikturschnitt und 1847 die erste Exstirpation der Clavicula aus.

— Johannes Japetus **Steenstrup** stellt zuerst den „Generationswechsel" als eine eigenthümliche in sich übereinstimmende Art der Fortpflanzung in verschiedenen niedern Klassen des Thierreichs auf.

1842 Benjamin **Stilling** beginnt mit der methodischen Zerlegung des Rückenmarks in Schnittserien vermittelst der Gefriermethode.

— Der Orgelbauer Eberhard Friedrich **Walcker** erfindet die für die Entwicklung des modernen Orgelbaues wichtige Kegelwindlade.

— Nicolaus Nicolajewitsch **Zinin** entdeckt die Umbildung der Nitrokörper in Amidokörper.

1843 Alexander **Bain** gibt einen sehr einfachen elektro-chemischen Telegraphen an.

— Der französische Physiker Auguste **Bravais** macht bis zu seinem 1863 erfolgenden Tode bahnbrechende Untersuchungen über das Polarlicht, die Bewegung des Sonnensystemes, die thermometrische Höhenmessung, die Geschwindigkeit des Schalls und kann als einer der Mitbegründer der Geophysik und der meteorologischen Optik bezeichnet werden.

— David **Brewster** erfindet das Linsenstereoskop, das durch seine bequemere Handhabung das Wheatstone'sche Stereoskop verdrängt.

— Robert Wilhelm **von Bunsen** erfindet das Fettfleckphotometer.

— Der englische Ingenieur **Cooke** erfindet das elektrische Blocksignalsystem und bringt dasselbe bei der London-Chatham- und Dover-Bahn in Anwendung.

— Der Techniker **Drayton** in Brighton erfindet ein Verfahren, die Zinnamalgambelegung der Spiegel durch eine auf nassem Wege geschehende Versilberung der Glasrückseite zu ersetzen.

— John **Ericsson** erbaut das Kriegsschiff Princeton, den ersten Dampfer mit dem Propeller unter Wasser, der eine vollständige Umwälzung im Bau der Kriegsschiffe hervorruft.

— Hippolyte Louis **Fizeau** führt die Goldtönung der Daguerrotypen ein.

— Der Brunnenmeister Franz **Fleckes** in Düsseldorf führt in Gemeinschaft mit dem Grubenschmied Josef Kindermann das erste fahrbare Bohrloch von 3 Fuss Durchmesser aus.

— Peter Andreas **Hansen** verallgemeinert die periodischen Störungsformeln so weit, dass sie eine Anwendung auf Körper von beliebiger Excentrizität und Neigung zulassen.

— Ober-Bergrath **Henschel** in Cassel und Dr. **Alban** in Plauen sind gleichzeitig mit Erfolg thätig, den wahrscheinlich zuerst Anfangs des 19. Jahrhunderts in Amerika in Anwendung gekommenen Wasserröhrenkessel konstruktiv auszubilden. Sämtliche späteren Systeme (Howard, Root, Sinclair, Belleville) beruhen auf Henschels und Albans Arbeiten.

1843 Der Engländer **Howe** erfindet die Kulissensteuerung, die ihre erste Anwendung bei einer von Stephenson gebauten Lokomotive findet.

Friedrich Gottlob **Keller** zu Hainichen schleift Holzstückchen auf einem Schleifstein ab und erhält durch Absetzen aus dem im Schleiftrog befindlichen Wasser eine dicke Masse, die nach Wegsickern des Wassers papierähnlich war. Damit war die Erfindung des Holzschliffes zur Papierfabrikation bewirkt, die 1846 von Heinrich **Völter** in Bautzen weiter ausgebeutet wird.

— Friedrich **Krupp** stellt zuerst Gewehrläufe aus Gussstahl her.

— Bernhard **von Langenbeck** führt die Resektion der Gelenke (konservative Chirurgie) ein und vervollkommnet die Technik der plastischen Chirurgie.

— Carl Gustav **Mosander** entdeckt in der von Johann Gadolin 1794 entdeckten Yttererde die Erden zweier neuer Metalle, des Erbiums und des Terbiums.

— Der belgische Physiker Joseph A. F. **Plateau** macht den nach ihm benannten Versuch zur Veranschaulichung der Abplattung der Erde sowie der Bildung der Saturnringe, der darauf beruht, dass in einer Mischung von Wasser und Alkohol vom spezifischen Gewicht des Oels Oel sich schwebend erhält.

— Charles **Wheatstone** und gleichzeitig Gustav **Kirchhoff** konstruiren einen Widerstandsmesser, in welchem die Differentialschaltung zur Messung von Widerständen benutzt wird und der nach dem ersteren den Namen „Wheatstone'sche Brücke" erhält.

— v. **Wrede** bereist die Küste Hadramaut in Arabien.

1844 Alexander **Bain** konstruirt eine selbstständige elektrische Uhr, deren Triebkraft durch Einwirkung eines elektrischen Stroms auf das Pendel gegeben wird.

— Karl Gustav **Bischof** begründet durch seine Lehre von den geothermischen Verhältnissen die physikalisch-chemische Geologie.

— Der preussische Oberst **Brese** (der nachmalige Ingenieurgeneral v. Brese-Winiary) stellt die Grundsätze der neupreussischen Befestigung auf und schafft dadurch die Grundlage für die spätere preussisch-deutsche Befestigung.

1844 Jean Baptiste **Boussingault** wird durch seine in seinem Werke „Économie rurale" niedergelegten Untersuchungen neben Schübler einer der Begründer der Agrikulturphysik.

— Der englische Ingenieur **Bruxton** betreibt zuerst eine Steinbohrmaschine mit gepresster Luft.

— Ernst Carl **Claus,** Apotheker in Kasan, entdeckt das Ruthenium in Platinerzen.

— Der amerikanische Ingenieur James B. **Eads** erbaut ein Taucherglockenboot zur Hebung gesunkener Schiffe.

— Léon **Foucault** ersetzt die bis dahin für den elektrischen Lichtbogen dienende Holzkohle durch harte Stäbe von Retortenkohle und konstruirt 1848 mit Duboscq die erste brauchbare Bogenlampe mit Uhrwerk für Nachschub und Uhrwerk für Auseinanderziehen der Kohlen.

— Ellijah **Galloway** stellt eine Decke aus durch Kautschuk und Guttapercha verbundenen Korktheilen unter dem Namen Kamptulikon her, womit der Grundgedanke der Linoleumherstellung gegeben ist.

— Karl Friedrich **von Gärtner** untersucht in bahnbrechender Weise alle Umstände und Verhältnisse, die bei der sexuellen Fortpflanzung der Phanerogamen in Betracht kommen.

— Hermann **Grassmann** stellt seine Ausdehnungslehre auf.

— Der Bohrmeister **Kind** aus Freiberg in Sachsen kommt auf die Idee, das Untergestänge mit Meisel vollständig frei fallen zu lassen, und gibt durch seinen Freifallapparat der Bohrtechnik einen grossartigen Aufschwung. Diese Methode war bereits als Seilbohrung den Chinesen bekannt.

1844—48 Der Reisende Ludwig **Leichhardt** macht seine berühmten Australienreisen, auf deren letzter er verschollen ist.

1844 **Lenz** einerseits, **Joule** andererseits finden, dass bei der Arbeit des galvanischen Stromes sich nicht die gesammte innere Arbeit, sondern nur ein Theil derselben in Wärme umsetzt, während der andere Theil für chemische Prozesse (zur Zersetzung) verwendet wird (Joule-Lenz'sches Gesetz der Wärmewirkung des Stroms).

— Gustav **Magnus** und Henri Victor **Regnault** (1847) gelangen bei Versuchen, die nach ganz verschiedenen Methoden angestellt waren, zu genau übereinstimmenden Werthen für die Spannkraft des Wasserdampfs.

1844 J. **Mercer** behandelt die Baumwolle mit koncentrirter Natronlauge, um die Faser fester, dicker und durchsichtiger zu machen
(Mercerisation).

— Der Ingenieur J. J. **Meyer** in Mühlhausen erfindet eine
Dampfmaschine mit vom Regulator selbstthätig einstellbarer
variabler Expansion, die lange Zeit als die beste existirende
Construktion betrachtet wird.

— Hugo **von Mohl** bezeichnet mit dem angeblich 1840 von
Purkinje geschaffenen Namen „Protoplasma" die zähflüssige,
körnige Substanz, die in jeder Pflanzenzelle neben dem
festeren Zellkorn enthalten ist und die zum intakten Leben
nicht nur der Pflanzenzelle, sondern, wie Robert Remak
nachweist, auch der Thierzelle nöthig ist. Er weist darauf
hin, dass das Protoplasma und nicht der Zellsaft die von
Corti (s. 1772) entdeckte Cirkulation in der Zelle ausführt.

— Karl Wilhelm **von Nägeli** rundet durch seine Arbeiten die
Zellenlehre ab und bezeichnet das Protoplasma als den
eigentlichen Lebensträger.

— James **Nasmyth** erfindet die Dampframme, indem er nach
dem Vorbild seines Dampfhammers den Rammbär durch
direkte Einwirkung des Dampfes hebt.

— Heinrich **Rose** entdeckt im Tantalit von Bodenmais das
Niobium.

— Der englische Techniker John Scott **Russel** begründet auf
Untersuchungen über den Wasserwiderstand eine Theorie
der Schiffsform (System der Wellenlinie) und erbaut mit
Isambard Kingdom Brunel den Great Eastern.

— **Saxby** und **Farmer** führen die centralisirte Weichenstellung,
und zwar zuerst in England ein.

— Der französische Artillerie-Oberst **Thouvenin** konstruirt das
Dorngewehr (Stiftbüchse), bei welchem durch das scharfe Aufsetzen des Bleigeschosses dieses in die Züge eingepresst wird.

— Der Zahnarzt Horace **Wells** nimmt die erste Narkotisirung
zur Vornahme von Operationen vor, und zwar mit Stickstoff-
oxydul (Lachgas) s. Davy 1799.

— Wilhelm **Wertheim** macht bahnbrechende Untersuchungen
über die Elastizität fester Körper.

1845 Carl Joseph Napoleon **Balling** konstruirt das nach ihm
benannte, in den Gährungsgewerben allgemein gebrauchte
Saccharometer und begründet die Attenuationslehre.

1845 Der Chirurg Amedée **Bonnet** in Lyon erfindet den Draht-Verband, und lehrt die Enucleatio bulbi.

— William **Bowman** in London weist den Querzerfall der Muskelfaser, die Struktur der Nierenkörperchen nach und fördert die Kenntniss vom Bau des Auges.

— Louis François Clément **Breguet,** Enkel von Abraham Louis, erbaut im Auftrage der französischen Staats-Telegraphen-Verwaltung einen elektrischen doppelten Zeigertelegraphen, bei dem Batterie-Ströme in Anwendung kommen. Die Zeiger bilden dieselben Zeichen wie die Flügel des Telegraphen von Chappe. Nach demselben Prinzip erbaut Breguet 1849/50 einen einfachen Zeigertelegraphen mit Buchstaben und Ziffern, der bei den französischen Eisenbahnen Eingang findet.

— Robert Wilhelm **von Bunsen** stellt seine Geysirtheorie auf. Im gleichem Jahre begründet er die Gasanalyse und legt durch die Analyse der Gichtgase den Grund zur wissenschaftlichen Theorie des Hochofenprozesses.

— Andreas **Castillero** gewinnt das erste Quecksilber in Kalifornien (New Almaden), indem er das Erz in Kanonenrohren destillirt.

— Nachdem schon 1778 von Brugmans und später von Coulomb und A. C. Becquerel die abstossende Einwirkung von Magneten auf gewisse Körper, wie Wismuth und Antimon, beobachtet worden war, lehrt **Michael Faraday** den Diamagnetismus genau kennen und gibt eine Theorie der diamagnetischen Erscheinungen.

— Michael **Faraday** äussert den Gedanken, dass Licht, Wärme und Elektrizität sämmtlich Manifestationen einer und derselben Naturkraft seien.

— Der englische Nordpolfahrer John **Franklin** sucht die nordwestliche Durchfahrt, geht aber mit seiner Expedition zu Grunde.

— Der Mediziner Wilhelm **Griesinger** in Berlin führt die pathologische Anatomie in der Psychiatrie ein.

— Josua **Hellmann** bringt zuerst an Stelle des Kratzens der Baumwolle das Kämmen in Anwendung und lässt von Schlumberger in Gebweiler die erste Kämmmaschine bauen.

— Karl Ludwig **Hencke,** ein Liebhaber der Astronomie, entdeckt, nachdem man durch 38 Jahre nur vier Planetoiden gekannt hatte, am 8. Dezember den fünften, Astraea, und am

1. Juli 1847 den sechsten, Hebe. Von jetzt ab folgen sich die Entdeckungen so schnell, dass bis Ende 1900 nicht weniger als 456 Asteroiden bekannt sind.

1845 Der Ingenieur Edmund **Heusinger v. Waldegg** begründet das Organ für die Fortschritte des Eisenbahnwesens und fördert durch sein Handbuch für specielle Eisenbahntechnik, das erste grosse Sammelwerk dieser Art, das gesammte Eisenbahnwesen.

— Alexander **von Humboldt** eröffnet durch seinen „Kosmos" und durch seine zahlreichen Entdeckungen in allen Gebieten der Naturwissenschaften eine neue Blütheperiode derselben.

— Der holländische Arzt J. L. C. Schröder **van der Kolk** findet die elastischen Fasern im phtisischen Sputum.

— Der Münchener Astronom Johann **von Lamont** macht rationelle Messungen der Wärmebewegung der obern Erdbodenschichten und konstruirt dazu ein Bodenthermometer.

— Urbain Jean Joseph **Leverrier** und John Couch **Adams** finden, unabhängig von einander, durch Rechnung den Planeten Neptun, der an der von ihnen berechneten Stelle von Johann Gottfried Galle 1846 aufgefunden wird.

— Der englische Ingenieur Jacob **Perkins** erfindet die nach ihm „Perkinsrohre" genannten geschweissten schmiedeeisernen Rohre.

— **Schlotthauer** in München erfindet die Stereochromie, die in grösserem Massstab zuerst von Kaulbach 1847 bei den Treppenhausgemälden im Neuen Museum in Berlin angewendet wird.

— Carl Theodor **Siebold** stellt den Satz auf, dass die niedrigsten Thiere, wie Infusorien und Rhizopoden einzellige Organismen seien.

— Der amerikanische Techniker Thomas J. **Sloan** erfindet eine automatisch arbeitende Maschine für die Fabrikation von Holzschrauben.

— **Véron** erfindet die Verarbeitung des Weizenklebers zu Nahrungsmitteln durch Trocknung und Körnung.

— Rudolph **Virchow** entdeckt und erläutert das Wesen der Leukämie.

— Wilhelm und Eduard **Weber** entdecken die herzhemmende Wirkung des Nervus vagus.

1846 Der Geologe Wilhelm Hermann **Abich** erforscht auf wieder-
holten Reisen die Länder am Kaukasus, das armenische Hochland und das nördliche Persien.

— Der englische Ingenieur Sir Robert **Armstrong** erfindet den
Akkumulator oder Kraftsammler zur Aufsammlung mechanischer Arbeit, welcher die Arbeit einer durch längere Zeit
wirkenden kleineren Kraft in sich aufnimmt, um sie innerhalb eines weit kürzeren Zeitraums aufzunehmen. Er dient
namentlich als Sammler für hydraulische Pressen, indem er
das gepresste Wasser aufnimmt, so lange die Presse dasselbe
nicht gebraucht und es auch abgeben kann, ohne dass die
Pumpe nötig hat, zu arbeiten.

— Alexander **Bain** wandelt seinen elektro-chemischen Telegraphen für Schnellbetrieb um. Die Depeschen werden zur
Beförderung vorbereitet, indem sie in einen Papierstreifen
gelocht und dieser durch einen besonderen Gebeapparat hindurch geführt wird.

— Claude **Bernard** stellt zuerst in exakter Weise fest, welche
Rolle das Pankreas bei der Verdauung spielt.

— Ernst Wilhelm **von Brücke** macht Studien über den Ge-
sichtssinn, den Kreislauf des Blutes und die Verdauungs-
vorgänge.

— James Dwight **Dana** ebnet durch seine Abhandlung „Geo-
logical Results of the Earth Contraction" der Kontraktionshypothese die Wege.

— Der piemontesische Artillerieoffizier Giovanni **Cavalli** macht
zuerst in Schweden Versuche mit von hinten zu ladenden
gezogenen Geschützrohren und kann als der Erfinder der
kriegsbrauchbaren gezogenen Geschütze bezeichnet werden.

— Augustin Pierre **Dubrunfaut** entdeckt, dass der Zucker, der
bei der Einwirkung der Diastase auf Stärke entsteht, „Maltose" ist.

— Michael **Faraday** entdeckt, dass starke magnetische Kräfte
eine Drehung der Polarisationsebene des Lichtes zu Stande
bringen und bezeichnet diese Erscheinung als Magnetisation
des Lichtes.

— Der französische Ingenieur **Fauvelle** erfindet das Verfahren,
mit continuirlichem Wasserstrahl zu bohren.

— Robert **Fitzroy** bemüht sich zuerst, eine geregelte Organisation
für Sturmwarnungen ins Leben zu rufen.

1846 Evariste **Galois** begründet durch Einführung der Substitutionslehre eine neue Theorie der algebraischen Gleichungen.

— **Gillard** versetzt mit Hülfe von reinem Wassergas Platinkörper
in Weissgluth und wird mit seinem „gaz-platine" genannten
Incandeszenzlicht der Vorläufer des Wassergasglühlichts.
Eine Beleuchtung nach seinem System war von 1856 – 1869
in Narbonne in Betrieb.

— Der Ingenieur **Henz** führt an Stelle der hölzernen eiserne
Gitterbrücken ein.

— **Huc** und **Gabet** erreichen Lhassa in Tibet.

— Charles Thomas **Jackson,** Arzt in Amerika, entdeckt, dass
die Einathmung von Schwefelaether einen Zustand der
Empfindungslosigkeit hervorruft und lässt das Mittel von
seinem Freunde, dem Zahnarzt William Morton in der Zahnheilkunde ausprobiren, aus der es bald auch in die Chirurgie
übernommen wird.

— Der Astronom William **Lassel** entdeckt den einzigen bis jetzt
bekannten Satelliten des Neptun und 1851 zwei weitere, auch
von Herrschel schon beobachtete Satelliten des Uranus.

— Nachdem zuerst H. W. Brandes (s. 1820) eine synoptische
Karte entworfen hatte, die jedoch nicht veröffentlicht wurde,
publicirt **E. Loomis** 13 derartige Karten, die er seit 1842
in Folge zweier in diesem Jahre stattgehabter Stürme entworfen hatte.

— Der Astronom Thomas Romney **Robinson** construirt das für
die Windmessung jetzt allgemein angewendete Schalenkreuz.

— **Ronalds** konstruirt die ersten photographischen Registrirapparate für meteorologische und magnetische Zwecke.

— Christian Friedrich **Schönbein** erfindet die Schiessbaumwolle.

— Christian Friedrich **Schönbein** spricht sich über die Lösungsverhältnisse der Cellulose in Alkoholaether klar und deutlich
in der Times vom 13. November aus und erkennt die Verwendbarkeit der Lösung (die später von Augustus A. Gould
den Namen Kollodium erhält) für die Wundpflege im Dezember.
Maynard kann demnach nicht als Entdecker des Kollodiums
angesehen werden.

— Der englische Fabrikant Robert W. **Thomson** erfindet den
luftgefüllten Gummiring für Wagenräder. Diese Erfindung
bildet die Grundlage für die Pneumatik des Fahrrades.

1846 **Siemens** und **Halske** erbauen den ohne Uhrwerk arbeitenden Zeigertelegraphen mit Selbstunterbrechung.

— **Smart** baut in England die erste lithographische Schnellpresse.

— Der amerikanische Astronom Sears Cook **Walker** leitet die erste telegraphische Längenmessung und führt die elektrische Zeitnotirung in die Astronomie ein.

— Wilhelm Eduard **Weber** publicirt seine elektrodynamischen Massbestimmungen, an deren Spitze er das nach ihm benannte Webersche Kraftgesetz stellt, das ebensowohl für ruhende als strömende Elektricität gilt. Er macht entscheidende Versuche über die Analogie der Volta- und Magnetoinduktion.

— William Robert Willis **Wilde** in Dublin fördert durch die von ihm eingeführten Untersuchungsmethoden die Entwicklung der wissenschaftlichen Ohrenheilkunde.

1847 George Biddell **Airy** vervollkommnet die von Laplace gegebene Theorie der Gezeiten (s. 1799).

— Franz Cornelius **Donders,** Professor der Medicin in Utrecht, stellt das Gesetz der Augenbewegungen auf.

— **Fizeau** und **Foucault** weisen die Interferenz der Wärmestrahlen nach.

— Hermann **von Helmholtz** legt mit seiner Abhandlung „Ueber die Erhaltung der Kraft" den Grund zur mathematischen Betrachtungsweise der mechanischen Wärmetheorie.

— Hermann **von Helmholtz** spricht in seiner Abhandlung „Ueber die Erhaltung der Kraft" aus, dass die chemischen Strahlen des Sonnenlichts die einzige Kraftquelle im Pflanzen- und Thierreich seien.

— Der Amerikaner Elias **Howe** erfindet die erste wirklich brauchbare Nähmaschine.

— Gustav **Kirchhoff** stellt für beliebig verzweigte Leitungssysteme die Gesetze über die Beziehungen der Stromintensitäten und der Widerstände in den einzelnen Zweigen der Leitung auf.

— Der Physiologe Karl **Ludwig** schafft durch Erfindung des Pulsmessers (Kymographion), durch welchen die Druckschwankungen im Blutgefässsystem gemessen werden, für die Physiologie die graphischen Methoden.

— H. V. **Regnault** zeigt durch seine unübertroffenen Versuche über die Ausdehnung der Gase, dass das Boyle-Mariotte'sche

Gesetz weder für die sogenannten unbeständigen Gase, wie Kohlensäure, Ammoniak etc., noch auch für die sogenannten permanenten Gase, wie Luft, Stickstoff, Wasserstoff etc. in aller Strenge Gültigkeit besitzt.

1847   Anton **Schrötter** entdeckt den rothen, amorphen Phosphor, welcher der Ausgangspunkt für die Fabrikation der Sicherheitszündhölzer wird.

—   Werner **von Siemens** weist auf die Verwendung der Guttapercha als Isolationsmittel hin und konstruirt Maschinen zur Umhüllung der Leitungsdrähte mit diesem Stoff. Die preussische Regierung lässt ein Versuchskabel zwischen Berlin und Grossbeeren verlegen, an dem Werner Siemens wichtige Beobachtungen betreffs der Wirkung der Kapazität auf den Kabelbetrieb macht. Die Abhandlung darüber legt er 1850 der Kgl. Akademie der Wissenschaften vor.

—   Der Mediziner James Young **Simpson** zu Edinburg entdeckt die Anaesthesirung durch Chloroform, von der er zuerst bei einer Entbindung Anwendung macht. Ihrer Einfachheit halber verdrängt die Chloroform-Narkose den Aether und tritt rasch ihren Siegeslauf durch die Welt an.

—   Ascanio **Sobrero** entdeckt das Nitroglycerin, das seit 1862 von Alfred Nobel fabrikmässig erzeugt wird.

—   N. **Soleil** erfindet ein Saccharometer, bei dem die Drehung der Polarisationsebene durch Zuckerlösungen zur quantitativen Bestimmung des Zuckergehaltes derselben benutzt wird.

—   Der Mathematiker Karl Georg Christian **von Staudt** vollzieht durch seine Geometrie der Lage die Loslösung dieser Geometrie von den metrischen Hülfsmitteln und entwickelt eine ganz neue Auffassung der imaginären Elemente in der Geometrie.

—   **Vachon** erfindet die „Trieur" genannte Getreidereinigungsmaschine.

1848   Michele Alberto **Bancalari** in Genua entdeckt den Diamagnetismus der Flammen.

—   Alexandre Edmond **Becquerel** photographirt das Sonnenspektrum farbig auf gechlorten Silberplatten mit den Fraunhofer'schen Linien.

—   William Cranch **Bond,** Uhrmacher, dann Astronom in Cambridge, entdeckt den 7. Saturntrabanten „Hyperion".

1848 Rudolf Christian **Böttger** in Frankfurt stellt Zündhölzer her, die einen Kopf von mit Gummi vermischtem Schwefelantimon und chlorsaurem Kali haben und die auf einer besondern Reibfläche, die aus dem im Jahre vorher von Schrötter erfundenen amorphen Phosphor besteht, entzündet werden. — Lundström in Jönköping gibt durch seine Schiebeschachteln dieser Erfindung die weiteste Verbreitung (Sicherheits- oder schwedische Zündhölzer).

— George H. **Corliss** erfindet die nach ihm benannte Corliss-Ausklink-Ventilsteuerung, welche 1849 in Amerika patentirt wird.

— C. F. **Delabarre** und W. **Rogers** führen den vulkanisirten Kautschuk in die Zahnheilkunde ein, die dadurch eine grosse Umwälzung erfährt.

— Emil Heinrich **du Bois-Reymond,** Professor der Physiologie in Berlin, weist Form und Grösse der elektrischen Kräfte in Nerven und Muskeln nach.

— John **Fowler** konstruirt einen Drainpflug, der die Grundlage für die späteren Dampfpflüge bildet und durch ein starkes Hanfseil mittelst eines Göpels in Bewegung gesetzt wird.

— **Frankenstein** in Leipzig bringt in der Mitte der Flamme einer Argandlampe einen verstellbaren Kegel an, der aus einem mit einer erdigen Substanz durchdrungenen Gewebe besteht. Das Gewebe brennt aus, die in derselben Form zurückbleibende erdige Masse wird weissglühend und erhöht die Leuchtkraft der Flamme.

— Heinrich Robert **Goeppert** erbringt den mikroskopischen Nachweis, dass man in den Kohlen die Natur der Pflanzen, aus denen sie entstanden sind, wieder erkennen kann.

— Der Wiener Mediziner Ferdinand **von Hebra** begründet die wissenschaftliche Dermatologie.

— Rudolf **Leuckart** macht bahnbrechende Untersuchungen über den Polymorphismus im Thierreich und begründet die natürliche Abtheilung der Coelenteraten als höhere Einheit im Thierreich.

— Robert **Mallet** konstruirt einen neuen Seismographen, der auf der Bewegung eines im Gleichgewicht befindlichen Gewichtes beruht.

1848 Der Mühlenbaumeister J. W. **Marshall** findet am 19. Januar das erste Gold in Kalifornien auf dem Besitzthum des Kapitäns Sutter.

— Coelestin **Martin** in Pepinster bei Verviers erfindet den Continue-Vorspinner (Flortheiler).

— Der französische Techniker Claude Nicéphore **Nièpce de St. Victor** macht zuerst photographische Aufnahmen mit Silberverbindungen in Eiweissschichten und auf Glasplatten.

— Die deutschen Missionare **Rebmann, Erhardt** u. **Kraft** entdecken den Kilimandjaro und den Kenia und bringen 1855 Erkundigungen über die grossen Binnenseen Afrikas.

1848—54 Der englische Reisende John **Richardson** u. a. unternehmen zur Aufsuchung John Franklins Nordpolfahrten.

1848 Der Chemiker Leonhard Carl Heinrich **Schwarz** in Halle begründet die Industrie des Paraffins und Photogens aus Braunkohlentheer.

— Der Prager Arzt Ignaz Philipp **Semmelweiss** erkennt den septischen, infektiösen Charakter des Puerperalfiebers, weist auf die leichte Uebertragung des infizirenden Stoffes hin und zieht daraus den Schluss, dass die Hände des Untersuchenden, die Instrumente und das Verbandmaterial desinficirt werden müssen. Er ist also der Urheber des Verfahrens, das später als Asepsis bezeichnet wird.

— Karl Theodor Ernst **von Siebold** klärt den innern Bau, die Lebens- und Fortpflanzungsbedingungen der wirbellosen Thiere auf.

— **Wertheim** zu Paris prüft die zuerst von dem amerikanischen Physiker Dr. C. G. Page 1837 gemachte Beobachtung, dass der elektrische Strom einen in einer Drahtrolle befindlichen Eisenstab zum Tönen bringen könne, nach und findet, dass der Stab sich bei der Magnetisirung verlängert und bei der Entmagnetisirung wieder verkürzt und die Tonbildung Folge dieser Verlängerung und Verkürzung ist. Er findet den Ton unabhängig von der Anzahl der Stromunterbrechungen in einer gewissen Zeit und weist nach, dass derselbe lediglich der Longitudinalton des Eisenstabes ist und dass Stäbe aus nicht magnetisirbarem Metalle nicht tönen. Von diesen Versuchen geht Reis (s. 1861) bei seinen Arbeiten über das Telephon aus.

1849 Claude **Bernard** entdeckt, dass nach Ausführung einer Punktur in den Boden des vierten Ventrikels Zuckerbildung (künstliche Diabetes) eintritt.

— Auguste **Bravais** macht Untersuchungen über den innern Bau der Krystalle, die eine neue Epoche der Krystallographie begründen.

— Rudolph **Clausius** erforscht und erklärt die von W. Weber 1835 entdeckte elastische Nachwirkung. Er ermittelt im gleichen Jahre gesetzmässige Beziehungen zwischen Druck und Temperatur, als deren graphisches Symbol er die Siedekurve gibt.

— César Mausuète **Despretz** kommt zuerst auf den Gedanken, die Temperatur des elektrischen Lichtbogens auszunutzen und nimmt für seine Versuche eine Kohlenretorte, in deren Innerem ein elektrischer Bogen übergeht; der negative Pol des Bogens besteht aus einem Kohlenstab, die Retorte selbst bildet den positiven Pol. (Erster elektrischer Ofen mit Tiegelelektrode.)

— Armand Hippolyte Louis **Fizeau** misst die Geschwindigkeit des Lichtes vermittelst einer gezähnten Scheibe und eines Spiegelapparates und findet den Werth von 42219 geographischen Meilen in der Sekunde.

— Joseph **Francis** erfindet eine Wasserturbine, die nach dem reinen Aktionsprinzip (als Freistrahlturbine) arbeitet.

— Der amerikanische Chemiker Ebenezer Norton **Horsford** erfindet das Verfahren zur Kondensation der Milch, das durch seinen Assistenten Gail Borden verbessert und 1853 in Amerika in die Praxis eingeführt wird; in Europa wird 1866 die erste Fabrik in Cham in der Schweiz in Betrieb gesetzt.

— Der Bohrmeister **Kind** führt den von Combes schon 1844 ausgesprochenen Gedanken durch, ganze Bergbauschächte mit Durchmesser von 15 Fuss abzubohren. Sein Verfahren wird 1853 von **Chaudron** zu St. Vaart noch vervollkommt (Kind-Chaudron'sches Bohrverfahren).

— Hermann **Kolbe** zerlegt zuerst organische Säuren, wie Essigsäure und Valeriansäure, durch den elektrischen Strom. Kekulé macht 1864 darauf aufmerksam, dass die Elektrolyse einen Anhaltspunkt für die Bestimmung der Basizität einer Säure liefern könne.

— Johann **von Lamont** macht ausgedehnte Studien über den Erdmagnetismus und begründet die magnetische Landesaufnahme, für die er einen magnetischen Reisetheodoliten erfindet.

1849 Der englische Chemiker Charles **Mansfield** findet das von
Faraday 1825 entdeckte Benzol im Steinkohlentheer.

— Der französiche Infanterie-Kapitän Etienne **Minié** erfindet
das Miniégewehr genannte, gezogene Vorderladegewehr mit
Expansionsgeschoss, das bis zur Einführung der Hinterlader
eine grosse Rolle spielt (s. Delvigne 1840).

— Karl Wilhelm **von Nägeli** trennt die farblosen Mikroorganismen von den mit ihnen morphologisch nahe ver-
wandten Algen und fasst erstere, welche ausserdem keinen
Sauerstoff produciren und nicht den Kohlenstoff der Kohlensäure assimiliren, als Schizomyceten, „Spaltpilze" zusammen.

— **Redfield** und **Loomis** gelingt es, unter Benutzung der Tele-
graphenlinien der Vereinigten Staaten die von Fitzroy (s. 1846)
angeregte Organisation der Sturmwarnungen ins Leben zu
rufen.

— Der Thierarzt H. **Pollender** entdeckt im Blute von an Milzbrand verendeten Thieren stäbchenförmige Körper (Bazillen)
und beweist zuerst, dass die miasmatischen und kontagiösen
Krankheiten auf der Einwanderung niederer Organismen in den
thierischen Körper beruhen.

— Dem amerikanischen Gynaekologen Marion **Sims** gelingt die
Heilung der bis dahin für unheilbar gehaltenen Vesicovaginal-
fistel und die Erfindung des Sims'schen Rinnenspekulums.
Er verwendet zuerst die Silberdrahtnaht.

— Der Mathematiker Carl **Weierstrass** macht sich durch seine
Theorie der Abelschen Integrale berühmt.

— B. **Wolff** in Berlin begründet zur Versendung von Nach-
richten an die Zeitungen und an Privatleute ein Telegraphen-
Korrespondenz-Bureau, das 1865 in die Aktiengesellschaft
„Kontinental-Telegraphen-Kompagnie" umgewandelt wird.

1850—51 Der schwedische Reisende Karl Johann **Andersson**
erforscht mit Francis **Galton** Damara und Ovamboland
und zieht von dort allein nach Namaqualand und dem Ngamisee. Auf einer späteren Reise erforschte er den Kunenefluss.

1850 Joseph Jacob **Baeyer** fasst den Plan zu einer ganz Mitteleuropa
umfassenden Gradmessung. Der Plan verwirklicht sich 1862
und wird 1867 zu einer europaeischen Gradmessung erweitert.

1850—54 Der Reisende Heinrich **Barth** macht im Verein mit
James **Richardson** und **Overweg** eine an Erfolgen sehr
reiche, bis 1854 dauernde Reise nach Inner-Afrika, auf der er

den Binne erreicht, sorgfältige Untersuchungen über den Tschadsee anstellt, die Lage von Timbuktu festlegt und eine vorzügliche Karte von den westlichen Negerländern Adamaua, Baghirmi, Wadai und Gando anfertigt.

1850 Alexander **Braun** bildet die Zellenlehre der Pflanze aus und definirt den Begriff der Zelle durch Untersuchungen an niederen Algen.

— Nachdem Dr. O'Shaugnessy in der Gangesmündung bei Calcutta (1839), Morse im Hafen von Neu-York (1842) und Samuel Colt zwischen New-York und Brooklyn (1842) die Möglichkeit der Unterwassertelegraphie bewiesen hatten, legt John W. **Brett** das erste submarine Kabel mit Guttaperchahülle zwischen Dover und Calais, das jedoch in Folge von Konstruktionsfehlern — es war ohne Schutzdrähte gelassen — nach kurzer Zeit reisst.

— Robert Wilhelm **von Bunsen** erfindet den nach ihm benannten Bunsenbrenner, in dem durch Luftbeimischung die Gasflamme entleuchtet wird, so dass sie nicht russt und höhere Temperatur ergibt.

— Rudolph **Clausius** bringt den zweiten Hauptsatz der mechanischen Wärmetheorie als ein allgemein gültiges Naturgesetz zur vollen Geltung: „Jeder Vorgang, der sich in einem beliebigen System von selbst, d. h. ohne Zufuhr von Energie in irgend einer Form abspielt, ist im Stande, bei richtiger Ausnutzung ein endliches Quantum äusserer Arbeit zu liefern".

— Augustin Pierre **Dubrunfaut** empfiehlt zur Ausscheidung von Zucker die Anwendung des Baryt, der später auch zur Melasseentzuckerung angewendet wird.

— Der Ingenieur Wilhelm **Engerth** konstruirt eine Lokomotive, bei der das Gesammtgewicht von Maschine und Tender für die Adhaesion nutzbar gemacht wird (Tenderlastzuglokomotive).

— Léon **Foucault** gibt durch seinen berühmten Pendelversuch in dem Meridiansaal der Pariser Sternwarte einen direkten anschaulichen Beweis für die Rotation der Erde.

— Nachdem schon Cagniard de Latour 1825 und Benjamin Guy Babington 1832 primitive Laryngoskope konstruirt hatten, gelingt dem Gesanglehrer Manuel G. del Vicente **Garcia** die Erfindung des Kehlkopfspiegels, den **Czermak** 1858 zu ärztlichem Gebrauch einführt.

— Der Mediziner Johann Florian **Heller** begründet die Harnanalyse.

1850 Hermann **von Helmholtz** erfindet den Augenspiegel.

— Hermann **von Helmholtz** misst die Geschwindigkeit, mit der sich die Erregung in den motorischen Nerven des Frosches fortpflanzt.

— Charles **Hermite** macht bahnbrechende Arbeiten über die elliptischen Funktionen.

— Gustav Adolf **Hirn** macht grundlegende Arbeiten über das mechanische Aequivalent der Wärme, welches er durch die bei Dampfmaschinen gemessene mechanische Arbeit und durch Zusammenpressen von Blei mittelst stossender Körper ermittelt.

— Der Ingenieur Ferdinand **Hirn** macht die erste gelungene Ausführung einer Drahtseil-Transmission in der von ihm geleiteten Logelbacher Kattunfabrik.

— Wilhelm **Hofmeister** macht seine embryologischen Arbeiten und verwerthet sie auf phylogenetischem Wege für die Kenntnis der Verwandtschaft der grossen Gruppen im Pflanzenreiche.

— Der Gastechniker **Laming** erfindet die Gasreinigung durch eine im wesentlichen aus Eisenoxyduloxyd bestehende, nach ihm „Laming'sche Masse" benannte Komposition.

— Der amerikanische Finanzmann Collin Potter **Huntington** erbaut die Central-Pacific-Bahn.

— Der französische Photograph **Le Gray** erfindet das Kollodiumverfahren, das im Jahre darauf von **Fry** und **Archer** noch vervollkommnet wird.

— Der Reisende Robert John **Mac Clure** erreicht auf einer Nordpolexpedition von der Beringstrasse aus die Südspitze von Banksland und den Melvillesund und findet damit die langgesuchte nordwestliche Durchfahrt.

— Gustav **Magnus** untersucht die Beeinflussung rotirender Geschosse durch das umgebende Medium und stellt die eigenthümlichen Oszillationsbewegungen fest, denen ein Projektil unterliegt, je nachdem es durch rechts oder links gewundene Züge hindurchgegangen ist.

— Richard **Owen** weist in seiner Odontographie die Bedeutung der Zähne für die Classifikation der Wirbelthiere nach und macht bahnbrechende anatomische Untersuchungen von Dinornis. Archaeopteryx und über fossile Hufthiere.

— Bernhard **Riemann** stellt die Funktionentheorie auf eine neue Grundlage.

1850   Theodor Hermann **Rimpau** erfindet die Moordammkultur, die er auf dem Rittergut Cunrau im Kreis Salzwedel durchführt.

—   Prinz **von Salm Horstmar** macht umfangreiche Versuche über die Bedeutung der einzelnen Mineralstoffe für die Entwicklung der einzelnen Organe der Pflanze.

—   Michael **Sars** findet an den Lofoten in 450 Faden Tiefe eine reiche Tiefsee-Fauna und widerlegt hierdurch die 1841 von Eduard Forbes aufgestellte Abyssus-Theorie, nach der in einer Tiefe unter 300 Faden keine Organismen mehr vorkommen sollten.

—   Werner **von Siemens** findet ein Verfahren, mit Hülfe von Widerstandsbestimmungen bis auf einige Meter genau die Stelle zu ermitteln, wo ein Kabel fehlerhaft geworden ist und so das Ausgraben desselben bei jedem Fehler zu vermeiden.

—   William **Siemens** erfindet das Attraktionsbathometer, das durch Messung der kleinen Aenderungen, welche die Erdanziehung über dem Meeresniveau bei wechselnder Tiefe erleidet, gestattet, die Tiefe des Meeres unmittelbar von der Oberfläche aus zu bestimmen.

—   Der englische Mineraloge Henry Clifton **Sorby** wendet zuerst das Mikroskop auf das Studium der Gesteine an, von denen er zu dem Behuf dünne Blättchen „Dünnschliffe" herstellt, wie sie zuerst 1831 von Nicol und Witham beim Studium verkieselter fossiler Hölzer angewandt worden waren.

—   Karl **Thiersch** in Leipzig macht bahnbrechende Untersuchungen über die Wundheilung per primam.

—   Armand **Trousseau** erwirbt sich besondere Verdienste um die Lehre vom Croup, welche Krankheit er mittelst der Tracheotomie erfolgreich bekämpft.

—   Der Physiologe Karl **von Vierordt** in Tübingen erfindet den Pulswellenzeichner (Sphygmograph), für dessen Kurven J. Redtenbacher die Gleichungen ableitet.

—   Augustus **Waller** in London stellt das nach ihm benannte Gesetz auf, dass die Entartung durchschnittener Nervenfasern nur in der Richtung ihrer physiologischen Wirksamkeit stattfinde.

—   William **Whewell** ermittelt die Gesetze der Gezeiten und konstruirt aus den, an vielen Küstenpunkten beobachteten Eintrittszeiten des Hochwassers Linien (Isorachien, Homopleroten), die den Ort des Scheitels der Fluthwelle von Stunde zu Stunde angeben.

1850 Ludwig Ferdinand **Wilhelmy** trägt durch seine Arbeiten über die Zuckerinversion und die Aufstellung einer Gleichung über die Geschwindigkeit derselben wesentlich zur bessern Erkenntniss der Reaktionsgeschwindigkeit bei.

— Alexander William **Williamson** erklärt die Bildung des Aethers aus dem Alkohol, indem er die Vertretung eines Atoms Wasserstoff durch Aethyl annimmt. Die von ihm gemachte Entdeckung der gemischten Aether gibt einen Grund mehr für ihn ab, jede andere Ansicht auszuschliessen. Diese Untersuchungen tragen wesentlich zur Aufstellung der neueren Typentheorie von Gerhardt bei.

— Nachdem Christoph Girtanner 1792 und nach ihm Faraday 1820 auf die Fähigkeit des Nickels, sich mit Eisen zu legiren, hingewiesen hatten, stellt der Fabrikant **Wolf** in Schweinfurt das Nickeleisen zuerst gewerblich her.

— Der Ingenieur **Wyvall** erfindet die Feuerleiter (Rettungsapparat).

— James **Young** in Manchester stellt Paraffin aus dem Theer von Steinkohlen, Torf und bituminösen Schiefern dar (s. Schwarz 1848).

1851 Alois **Auer,** Leiter der Staatsdruckerei in Wien, wendet den „Naturselbstdruck" an, ein Verfahren, um geeignete Gegenstände unmittelbar auf Druckplatten abzuformen. Die Gebrüder Weber hatten das Verfahren schon 1836 zur Abbildung der Wirbelsäule angewendet.

— Claude **Bernard** entdeckt die vasomotorischen Funktionen des nervus sympathicus.

— Der holländische Physiker Christophe Henry D. **Buys-Ballot** stellt das barische Windgesetz auf, wonach die Luft stets von einem Punkte des höchsten Luftdrucks nach dem nächstgelegenen Punkte des niedrigsten Luftdrucks hingeweht und auf der nördlichen Halbkugel stetig nach rechts, auf der südlichen Halbkugel stetig nach links abgelenkt wird.

— A. **Cramer** zeigt, dass sich beim gesunden Menschen die Krümmungsradien der vordern oder hintern Linsenoberfläche des Auges verändern, so dass eine genaue Einstellung auf das entfernte Blickziel erfolgen kann, während ein krankes Auge nicht fähig ist, diese Wölbung zu reguliren. Diese Beobachtung wird 1853 von Helmholtz bestätigt.

1851 Der amerikanische Oberst Samuel **Colt** in Hartford erfindet den Revolver.

— Der italienische Arzt Alfonso **Corti** entdeckt die Endorgane der Hörnerven (das Corti'sche Organ) im Ohrlabyrinth.

— James **Drew** erfindet die Sohlendurchnähmaschine, eine der wichtigsten Erfindungen der Schuhwaarenfabrikation.

— Der Mediziner Otto **Funke** entdeckt die Blutkrystalle.

— Wilhelm **Hofmeister** beobachtet die Befruchtung der Eizelle in den weiblichen Organen der Farne durch bewegliche Spermatozoiden.

— Ernst Eduard **Kummer** begründet die Theorie der idealen Zahlen.

— Der Ingenieur **Küper** in London umspinnt die Guttaperchahülle der Kabel mit Eisendraht und gibt dadurch das Vorbild für alle späteren Kabel. Das erste so montirte erfolgreiche Seekabel wird durch die Gebrüder **Brett** zwischen Dover und Calais im gleichen Jahre verlegt (s. Brett 1850).

— Gustav **Köber** in Cannstatt erfindet die Karbonisation der Baumwollen- und Leinenfaser, durch welche die Abfälle mit längster und guter Wolle nutzbar gemacht werden. Durch diese Behandlung werden lediglich die Pflanzenfasern zerstört, die Wolle dagegen kaum beeinträchtigt. Diese Erfindung macht erst die Kunstwollefabrikation möglich.

— Der Physiologe Karl **Ludwig** weist den Einfluss der Nerven auf die Speichelsekretion nach.

— Nachdem Joseph Boyce (1799) und Patrick Bell (1826) mit ihren Maschinen wenig Erfolg hatten, gelingt es **Mac Cormick,** die erste Mähmaschine mit horizontal beweglichen Schlitzscheerenmessern zu konstruiren, die auf der Londoner Ausstellung viel Aufsehen erregt.

— Der belgische Militärarzt Anthonius **Mathysen** erfindet den Gypsbindenverband.

— Jacob Albert W. **Moleschott** macht Untersuchungen über den Stoffwechsel in Pflanzen und Thieren.

— Robert **Remak** macht Untersuchungen über die Zelltheilung und weist zuerst den Ursprung der Keimblätter durch eine flächenartige Aneinanderreihung der Zellen nach.

1851 Nachdem der Amerikaner Page schon 1836 Induktionsapparate zur Erhöhung der Spannung gebaut hatte, die indess wenig Erfolg hatten, gelingt es dem deutschen Mechaniker H. D. **Rühmkorff** in Paris, Induktionsapparate für hochgespannte Ströme zu bauen, die Funken erzeugen, wie sie die Elektrisirmaschine gibt.

— **Siemens & Halske** führen in Berlin telegraphische Feuermelder ein.

— Auf **Stoeckhardt's** Anregung wird die erste „agrikulturchemische Versuchsstation" in Moeckern bei Leipzig gegründet.

— Der englische Physiker William **Thomson** (Lord Kelvin) stellt den Satz auf, das die Temperatur stets der lebendigen Kraft proportional ist, welche der von der Wärme bedingten Molekularbewegung der kleinsten Körpertheilchen innewohnt und dass jede derartige Bewegung bei — 273 C., dem absoluten Temperaturnullpunkt aufhört.

— Die französischen Botaniker Gebrüder **Tulasne** begründen die Entwicklungsgeschichte der Pilze (Mutterkorn) und finden bei einzelnen derselben Sexualorgane.

— Alexander William **Williamson** bestimmt die Molekulargrössen der Körper auf rein chemischem Wege, indem er sich die Körper aus dem Wasser durch Vertretung von ein oder zwei Wasserstoffatomen entstehend denkt.

1852 Theodor **von Dusch** erfindet mit **Schröder** ein neues Prinzip der Luftreinigung, indem sie dieselbe durch Baumwolle filtriren und dadurch von allen Keimen befreien.

— A. **Coupier** und M. A. **Mellier** stellen aus Stroh vermittelst Natronlauge Papierstoff dar. Im Jahre 1854 wird dasselbe Verfahren von Watt und Burgess für Holz angewendet.

— Michael **Faraday** führt den Begriff der Kraftlinien in die Physik ein. Er versteht darunter Kurven, die an jeder Stelle des Raums die Richtung der daselbst wirksamen Kräfte (Gravitationskraft, elektrische, magnetische Kräfte) haben.

— Die Physiker Pierre Antoine **Favre** und Johann Theobald **Silbermann** bestimmen die Verbrennungswärme zahlreicher Körper vermittelst des von ihnen erfundenen Wasserkalorimeters.

1852 **Gwynne** stellt zuerst Presstorf her, indem er den Rohtorf in einer Centrifugalmaschine einer vorläufigen Trocknung unterwirft, ihn darauf fein mahlt und in dampferhitzten Pressen verdichtet.

— Der Fabrikant Wilhelm **Funcke** in Hagen erfindet die Mutterpresse zur Fabrikation der Schraubenmuttern.

— Gustav **Heyer** unterzieht zuerst das Verhalten der Waldbäume gegen Licht und Schatten einer eingehenden Würdigung.

— John Russel **Hind** entdeckt einen veränderlichen Nebel im Stier.

— Gottlieb Heinrich Friedrich **Küchenmeister** liefert den experimentellen Nachweis der Entwicklung des Bandwurms aus den Finnen des Schweinefleisches und der Finnen aus der Bandwurmbrut.

— **Lemercier, Barreswil** und **Davanne** erfinden die Photolithographie.

1852—56 Der englische Missionär David **Livingstone** macht, nachdem er 1849 den Ngamisee erreicht hatte, in dreijähriger Reise die dritte Durchkreuzung von Afrika, indem er von Kapstadt ausgeht und über den Dilolosee nach der Westküste bei Loanda gelangt. Den Rückweg nimmt er dann von Angola nach Mozambique 1854/56. Er entdeckt dabei den Victoriafälle des Sambesi, ohne aber den Sambesi in seinem ganzen Laufe verfolgen zu können.

1852 Der österreichische Offizier **Lorenz** und unabhängig von ihm der englische Fabrikant **Wilkinson** erfinden das Kompressionsgeschoss, eine Spitzkugel mit ringsherum laufenden tiefen Einkerbungen am cylindrischen Theil.

1852—59 Der englische Seemann Francis Leopold **Mac Clintock** macht, nachdem er bereits 1848 an der Ross'schen Nordpolexpedition zur Aufsuchung Franklins Theil genommen hatte, zwei weitere Expeditionen, auf deren zweiter er die Urkunden findet, die über Franklins Ende Auskunft geben.

1852 Dem Mechaniker **Périn** in Paris gelingt es, die Bandsäge (Säge ohne Ende) wesentlich zu vervollkommnen.

— Während Christian Gottfried **Ehrenberg** (1838) in seinem Hauptwerke „Die Infusionsthierchen als vollkommene Organismen" die Bakterien, die er in vier Klassen, Bakterium, Vibrio, Spirochaete, Spirillum eintheilte, als thierische Organismen betrachtet hatte, betont Max **Perty** in seinen Werke

„Zur Kenntniss der kleinsten Lebeformen" dass die Bakterien theils dem Thier-, theils dem Pflanzenreich angehören.

1852 **Sabine, Gautier** und Rud. **Wolf** finden fast gleichzeitig einen Zusammenhang zwischen den Sonnenflecken und den Erscheinungen des Erdmagnetismus.

— Der physiologische Chemiker Carl E. W. **Schmidt** macht gemeinsam mit F. **Bidder** in Dorpat umfassende Untersuchungen über den Verdauungsvorgang und den Stoffwechsel.

— Franz **Unger** spricht zuerst die Ueberzeugung aus, die Unveränderlichkeit der Arten sei eine Illusion; die im Laufe der geologischen Zeiträume neu auftretenden Arten fossiler Pflanzen stünden im Zusammenhang, die jungen seien aus den ältern hervorgegangen.

1853 Anton **de Bary** trägt durch sein Buch „Untersuchungen über die Brandpilze" in hervorragender Weise zur Erkenntniss der Pflanzenkrankheiten bei.

— Latimer **Clark** legt eine sich im Betrieb bewährende Rohrpost zwischen der International Telegraph Company und der Stock Exchange in London an. Die Fortbewegung der die Sendungen enthaltenden Kapseln in den Röhren geschieht durch Aufsaugen mittelst verdünnter Luft (s. 1810 M und 1838 C).

— Ferdinand **Cohn** stellt in seinen „Untersuchungen über die Entwicklungsgeschichte der mikroskopischen Pilze und Algen" zuerst die pflanzliche Natur der Bakterien und ihre Verwandtschaft mit den Spaltpflanzen (Schizophyten) fest (s. Perty 1852).

— Jean Victor **Coste,** Professor am Collège de France in Paris, begründet die erste Fischzuchtanstalt in Hüningen und ebnet durch sein Buch „Instruction sur la Pisciculture" der künstlichen Fischzucht den Boden.

— Johann **Dzierzon** erfindet die Bienenwohnungen mit beweglichen Waben und begründet die rationelle Bienenzucht.

— Der Ingenieur **Elliot** stellt eine Vorrichtung her, Guttaperchadrähte ebenso mit Blei zu umpressen, wie der Kupferdraht mit Guttapercha umhüllt wird.

— Edward **Frankland** legt durch seine bei den metallorganischen Körpern gemachten Erfahrungen den Grund zu der Lehre von der Valenz der Elemente.

1853 Der englische Chemiker E. **Gaine** erfindet das Pergament-
papier, das durch Eintauchen von Papier in Schwefelsäure,
welche nur wenig verdünnt ist, erhalten wird.

— Charles **Gerhardt** baut auf den Formeln des Wasserstoffs
bezw. Chlorwasserstoffs, Wassers und Ammoniaks, die er als
Grundtypen der Moleküle betrachtet, das ganze chemische
System auf und begründet so die neuere Typentheorie, welche
besonders durch die Experimental-Untersuchungen von Williamson, Wurtz und Hofmann vorbereitet war.

— Dr. Julius Wilhelm **Gintl** in Wien zeigt, dass es möglich
ist, mehr als ein Telegramm gleichzeitig in einer Leitung zu
befördern, und erfindet die Art des Gegensprechens, bei welcher
der Apparat jeder Anstalt für die von dieser Anstalt selbst ent-
sandten Telegraphirströme durch Ströme aus einer besonderen
„Kompensations"-Batterie unempfindlich gemacht wird.

— Johann Wilhelm **Hittorf** beginnt seine berühmten Untersuchungen über die Wanderungen der Jonen bei der Elektrolyse.

— **Johnson** baut mit **Atkinson** in England eine vorzügliche
Giessmaschine für Buchdrucklettern, „Komplet-Giessmaschine"
genannt.

— Elisha Kent **Kane** weist auf seiner Polarreise im Norden des
Smith-Sundes nach, dass unter hohen Breiten auch offenes
Wasser vorkommt.

— Hermann **Kolbe** und Edward **Frankland** nehmen an, dass
die gepaarten Verbindungen von anorganischen Körpern abstammen, in denen die Sauerstoffaequivalente durch Kohlen-
stoffradikale ersetzt worden sind und tragen durch diese Anschauung wesentlich zum Fortschritt der organischen Chemie bei.

— Rudolph Hermann Arndt **Kohlrausch** erfindet das Sinus-
elektrometer.

— Alfred **Krupp** stellt die ersten ungeschweissten Gussstahlreifen im Walzverfahren her.

— Der Schweizer Antiquar Jacob **Messikommer** entdeckt die
Pfahlbauten des Neuenburger Sees, die 1867 ausführlich von
Edouard Desor beschrieben werden.

— Henry **Milward** zu Redditch erfindet die erste selbstthätige Näh-
nadel-Maschine zum Vorprägen und Durchstossen der Oehre.

— Der Physiker Peter **Riess** in Berlin fördert durch zahlreiche
Versuche die Lehre von der Reibungselektricität und wendet
zu seinen Versuchen das von ihm erfundene elektrische Luftthermometer an.

1853 Der Polarforscher John **Rae** weist nach, dass King Williams-land eine Insel ist.

— **Schützenbach** erfindet das Verfahren der Saftgewinnung durch „Maceration" des Zuckerrübenbreis mit kaltem Wasser.

— Der dänische Chemiker Julius **Thomsen** wendet zuerst die Prinzipien der mechanischen Wärmetheorie auf thermochemische Vorgänge an.

— Der französische Ingenieur **Tournaire** überreicht der Academie de sciences eine Abhandlung, in der er theoretisch die Möglichkeit einer mehrstufigen Dampfturbine eingehend darlegt.

1853—56 Der Reisende Eduard **Vogel** erforscht Bornu, Mandera, Kuka und den Binue, wird aber auf der Fortsetzung der Reise 1856 in Wadai ermordet.

1853 Alfred Russell **Wallace** trägt durch seine Studien in Süd-amerika und das diesem Studium entspringende Buch „Travels on the Amazon and Rio Negro" in hervorragender Weise zur Förderung der beschreibenden Ethnographie bei.

— G. **Wiedemann** und R. **Franz** stellen zuerst genaue Messungen des galvanischen Widerstandes an.

1854 Neill **Arnott** erfindet das Wasserbett (hydropathisches Bett) zur Verhütung des Aufliegens der Kranken.

— Dem englischen Ingenieur **Boydell** gelingt es, nach acht-jährigen Versuchen eine Lokomobile mit endloser Schienen-bahn (Schleppbahn) zu konstruiren, die sich im Krimkriege auf Wegen bewährt, die kein anderes Fuhrwerk mehr passiren kann.

— Wilhelm **von Breithaupt** erfindet im Anschluss an den Bormann'schen Zeitzünder den sogenannten Rotationszünder und später, behufs Erzielung längerer Brennzeiten, den Etagen-zünder.

— Francesco **Brioschi** gibt die erste wissenschaftliche, voll-ständige Darstellung der Determinantentheorie.

— Der Amerikaner **Brown** erfindet die erste Röhrenform-maschine.

— Der Schweinfurter Mechaniker Philipp Moritz **Fischer** versieht ein von ihm benutztes Laufrad mit Trittkurbeln und stellt so das erste Fahrrad her. Baader folgt erst 1862, Michaux 1867.

— Léon **Foucault** bestimmt mittelst des von Wheatstone zur Messung der Dauer des elektrischen Funkens benutzten rasch rotirenden Spiegels die Geschwindigkeit des Lichts zu 40160 Meilen und findet durch Einschalten einer mit Wasser gefüllten Röhre in die vom Lichtstrahl zu durchlaufende Strecke, dass das Licht sich in dem dichteren Medium langsamer bewegt als in der Luft, womit die Emanationstheorie endgültig abgethan war.

1854 Der Mediziner Albrecht Theodor **Middeldorpf** erfindet die Galvanokaustik.

— Julius **Plücker** führt zur Untersuchung der Gasspektra die mit verdünnten Gasen gefüllten, sogenannten Geissler'schen Röhren ein, welche gleichzeitig auch von J. P. **Gassiot** zur Untersuchung der Lichterscheinungen beim Durchgang der Elektrizität durch den leeren Raum verwendet werden.

— Henri **Sainte Claire Deville** stellt zuerst in technischem Mafsstabe Aluminium vermittelst Reduktion von Kryolith mit Natrium her.

— Der Münchener Physiker Karl E. **Schafhäutl** macht umfassende Versuche über Tonstärkemessung oder Sonometrie und bedient sich dazu des von ihm erfundenenen Phonometers.

— Max J. S. **Schultze** macht Untersuchungen über den histologischen Bau der Retina und die Endigungsweise der Geruchsnerven, verbessert die Technik der mikroskopischen Forschung und fördert die vergleichende Anatomie.

— Werner **Siemens** und gleichzeitig Karl **Frischen** in Hannover erfinden ein Gegensprechverfahren, bei dem nur eine Batterie auf jedem Amte und Empfangs-Apparate mit zwei einander entgegenwirkenden Wickelungen benutzt werden. Die Empfangs-Apparate sind nach dem Prinzip des Differential-Galvanometers erbaut. Das Verfahren wird daher das Gegensprechen nach der Differential-Methode genannt.

— Adolph **Strecker** und Eugen **von Gorup Besanez** bearbeiten die physiologische Chemie.

— Der Militärarzt Wilhelm Joseph **Sinsteden** in Cleve verwendet zuerst Bleiplatten zur Erzeugung von Polarisationsströmen und gibt dadurch Veranlassung zur Herstellung der sekundären Elemente (Akkumulatoren).

— Der Chirurg Gustav **Simon** macht die erste Milzexstirpation und später die Operation der Blasenscheidenfistel.

— **Thuret** beobachtet die Befruchtung durch Spermatozoiden und die Ei-Entwickelung bei der Meeresalge Fucus.

1854 Nachdem Berthelot und Melsens dahin zielende Vorschläge gemacht hatten, gelingt es zuerst **Tilghmann,** die Fette durch überhitzten Wasserdampf erfolgreich zu spalten.

1855 Thomas **Addison** führt die nach ihm benannte Bronze-Krankheit auf Veränderungen in den Nebennieren zurück.

— Henry **Bessemer** erfindet das nach ihm benannte Verfahren zur direkten Umwandlung von geschmolzenem Gusseisen in Stahl und Schmiedeeisen durch Einblasen von Luft. Dieses Verfahren macht die Stahl- und Schmiedeeisenbereitung unabhängig von der Handfertigkeit des Arbeiters und kürzt den Prozess von anderthalb Tagen auf zwanzig Minuten ab.

— **Bunsen** und **Roscoe** legen den Grund zur messenden Photochemie (Aktinometrie).

— Nachdem Bain und Bakewell mit ihren Bestrebungen, Schriftzüge, Zeichnungen, Noten etc. telegraphisch zu befördern, gescheitert waren, weil sie den Synchronismus ihrer Apparate nicht erhalten konnten, gelingt es Giovanni **Caselli** besser, Schriftzeichen und Bilder durch den von ihm erfundenen Pantelegraph zu übertragen.

— Marcelin **Berthelot** stellt synthetisch Ameisensäure durch Ueberleiten von Kohlenoxyd über erhitzten Natronkalk her.

— Cowper Phipps **Coles** erfindet den Kuppelthurm für Panzerschiffe.

— Der französische Nautiker Edmond Paulin **Dubois** lehrt die Störungen des Kompasses auf Eisenschiffen durch einen Kompass mit doppelter Nadel zu bestimmen.

— Der preussische General **Encke** veranlasst die Verwendung des Gussstahls zu Geschützrohren in Preussen.

— A. **Fick** stellt durch sorgfältige Versuche fest, dass die freie Diffusion von Salzlösungen nach den Gesetzen der Verbreitung der Wärme in festen Körpern geschieht und stellt das nach ihm benannte Diffusionsgesetz auf.

— Nachdem bereits im Jahre 1833 Heathcoat die Konstruktion eines Dampfpfluges ohne Erfolg versucht hatte, gelingt es **John Fowler,** den Dampfpflug zur praktischen Brauchbarkeit auszubilden, wobei der Balancirpflug Verwendung findet, der von den Gebrüdern Fisken und dem Schmied Rodgers 1851 erfunden und von Fowler zur höchsten Vollkommenheit ausgebildet wurde.

1855 Joseph **von Gerlach,** Anatom in Giessen, führt die Färbung mikroskopischer Präparate ein.

— Albrecht **von Gräfe** in Berlin begründet die neuere Ophtalmologie.

1855—61 Die Gebrüder **Gregory** unternehmen mehrere wichtige Reisen in West- und Nordostaustralien.

1855 Der französische Ingenieur **Guieysse** baut (auf Befehl des Kaisers Napoleon III und auf Anregung des Ingenieurs Dupuy de Lôme) schwimmende Panzerbatterien, welche sich bei der Beschiessung von Kinburn bewähren und den Anlass zur Einführung der Schiffspanzer geben (s. Paixhans 1834).

— **Hasenclever** senior konstruirt einen Kiesofen für die Schwefelsäurefabrikation, der die Verwendung von Zinkblenden und Feinkiesen gestattet. Moritz Gerstenhöfer und Malétra geben andere Konstruktionen für Oefen für Feinkiese an.

— David Eduard **Hughes** erfindet einen Typendruck-Telegraphen, bei welchem der Abdruck geschieht, ohne dass die am Umfange eines Rades angeordneten Typen zum Stillstand gebracht werden, also gleichsam im Fluge. Seit 1868 ist dieser inzwischen wesentlich verbesserte Apparat zum Betriebe von internationalen Leitungen zugelassen.

— Der Physiker Jules Antoine **Lissajous** in Besançon konstruirt das von Helmholtz Vibrationsmikroskop genannte Instrument, das die Schwingungskombination gestrichener Stimmgabeln zur unmittelbaren Anschauung bringt. In den oszillirenden Spiegeln zeigen sich dabei die Lissajous'schen Figuren.

— Der Ingenieur **Lohse** erbaut die grossen Gitterbrücken über die Nogat bei Marienburg und den Rhein bei Köln, sowie nach eigener neuer Anordnung die Elbebrücke zwischen Hamburg und Harburg (1868).

— In einer englischen Zeitschrift erscheint ein anonymer Vorschlag, nach welchem in mechanischer Weise eine Leitung auf mehrere Apparatsätze in schneller Folge nacheinander geschaltet werden sollte, so dass die Zwischenpausen zwischen den einzelnen Zeichen des einen Telegramms, das auf dem einen Apparatsatz-Paare befördert wurde, benutzt werden konnten, um die Zeichen eines oder mehrerer Telegramme auf anderen Apparatsatz-Paaren zu befördern. Die dieser Art der Mehrfach-Telegraphie eigenthümlichen Umschalte-Apparate — die Vertheiler — erfordern synchronen Gang. 1872 geben Bernhard **Meyer** und Jean Maurice E. **Baudot** nach diesem Prinzip konstruirte Apparate zur Mehrfach-Telegraphie an, jener für eine abgeänderte Morseschrift, dieser für Typendruck.

1855 Der Techniker Alexander **Moncrieff** erfindet eine Lafette, die die Kraft des Rückstosses des Schiessens mechanisch derart verwerthet, dass das Geschützrohr aus der hohen Feuerstellung in die tiefe Ladestellung hinabgesenkt und der Kraftüberschuss durch Heben von Gewichten aufbewahrt wird, deren Senkung dann genügt, um das Geschütz wieder in die Feuerstellung zu heben (Verschwindelafette).

— Charles **Montigny** in Brüssel erfindet das Szintillometer, einen Apparat zur Messung der Farbenänderungen der Sterne.

— Der Geograph August Heinrich **Petermann** entfaltet in seinen „Mittheilungen" eine nachhaltige, erfolgreiche Thätigkeit in der Kartographie und als Agitator für Förderung geographischer Forschungsreisen.

— Robert **Remak** führt den galvanischen (konstanten) Strom wieder zur Behandlung von Entzündungen, Geschwulsten und als diagnostisches Mittel bei Nervenkrankheiten ein.

1855—56 Die Brüder Adolf, Hermann und Robert **von Schlagintweit** erforschen den Himalaya, überschreiten den Karakorum, das Hochland von Tibet und den Kuenlün.

1855 Der amerikanische Chemiker Benjamin **Silliman** erfindet die Petroleumlampe.

— Der Schwede **Sternswärd** erfindet die erste Buttermaschine mit um eine vertikale Achse rotirenden Flügeln und erzielt mit derselben auf der Pariser Industrie-Ausstellung desselben Jahres grossen Erfolg.

— William **Thomson** erfindet das Quadrantenelektrometer, das prinzipiell der Coulomb'schen Wage nachgebildet ist und das absolute Elektrometer, bei dem als Messapparat zwei parallele entgegengesetzt elektrisirte Platten benutzt werden.

— Rudolph **Virchow** entdeckt die durch Embolie (Verschleppung von Gewebetheilen auf dem Blutwege) hervorgerufenen pathologischen Prozesse, insbesondere der Lungen.

— F. **Wilson** u. **Payne** rektificiren zuerst das durch Spaltung der Fette gewonnene rohe Glycerin durch Destillation mit überhitztem Wasserdampf.

1855 Alexander **Wood** in Edinburgh führt die subkutane (hypodermatische) Injektion in die Praxis ein. Die Injektion wird zweckmässig mittelst der von dem französischen Arzt Pravaz 1831 zu anderem Zweck angegebenen Spritze vorgenommen.

— **Yale** in Philadelphia erfindet das Stechschloss, ein Kombinationsschloss mit ganz neuer Anordnung und Wirkungsweise seiner Kombinationstheile.

— Gustav Anton **Zeuner** gibt eine auf die mechanische Wärmetheorie sich stützende Theorie der Dampfmaschine und macht durch die Einführung des Begriffes „Wärmegewicht" die Analogie zwischen kalorischen und mechanischen Verhältnissen einleuchtend.

1856 J. **Amsler** in Schaffhausen erfindet, nachdem er vorher schon ein Polarplanimeter konstruirt hatte, den Integrator (Momentenplanimeter), der durch einmaliges Umfahren einer ebenen Figur deren Inhalt, statisches und Trägheitsmoment in Bezug auf eine in ihrer Ebene gelegenen Achse zu ermitteln gestattet.

— Der Hydrotechniker Marie François Eugène **Belgrand** erfindet die subterrane Kanalisation (Siehlanlagen), die er in Paris durchführt.

— Ernst Wilhelm von **Brücke** macht Untersuchungen über die Physiologie der Sprachlaute und gibt 1863 eine Methode an, dieselben nach ihrem wirklichen Lautwerth abzubilden (Methode der phonetischen Transskription).

— **Deiss** in Pantin bei Paris erfindet das Verfahren, das Oel aus Samen ohne Pressung mittelst Schwefelkohlenstoff zu extrahiren.

— **Dubrunfaut** erfindet das von ihm „Osmose" genannte Verfahren zur Entzuckerung der Melasse.

— Herrmann **von Helmholtz** entdeckt neben jener Art von Kombinationstönen, die er nach Hällström's Gesetz (s. 1819) als Differenztöne bezeichnet, eine neue Art von Kombinationstönen, die er Summationstöne nennt, weil ihre Schwingungszahlen den Summen der Schwingungszahlen der sie erzeugenden Töne gleich sind.

— Ebenezer Norton **Horsford** erfindet das aus saurem phosphorsaurem Natron und doppeltkohlensaurem Natron bestehende Backpulver.

1856 James **Howard** nimmt am 22. Mai ein Patent auf ein Dampfpflugsystem, bei dem der Betrieb der Ackerinstrumente durch eine Lokomobile erfolgt und erringt mit seiner „Round-about-System" genannten Anordnung ebenso praktische Erfolge wie Fowler mit seinem System.

— Der Franzose **Knab** erbaut zu Commentry den ersten Koks-ofen mit Gewinnung von Theer und Ammoniak.

— A. **Krönig** und R. **Clausius** bearbeiten in theoretisch zu-sammenhängender Weise die 1851 von **Joule** in seiner Ab-handlung „Einige Bemerkungen über die Wärme und die Konstitution der elastischen Flüssigkeiten" aufgestellte Hypo-these von der freien geradlinigen Bewegung der Gasmoleküle (kinetische Gastheorie).

— **Lacaze - Duthiers** gibt eine genaue anatomische Be-schreibung der Dentalien und begründet ihre Mittelstellung zwischen Schnecken und Muscheln.

— Der französische Artillerie-General **La Hitte** konstruirt eine gezogene Vorderladungskanone mit Warzenführung der Ge-schosse, welche (mit einigen Aenderungen) in den Feldzügen 1859 und 1870/71 die Hauptbewaffnung der französischen Feldartillerie bildet.

— Der amerikanische Physiker Matthew Fontaine **Maury** be-gründet die Meeres-Geographie und gibt Wind- und Strom-karten heraus. Er ruft zuerst systematische Tiefsee-lothungen ins Leben, die viel Interesse hervorrufen, da sie mit den Projekten der unterseeischen Telegraphie zwischen Europa und Amerika zusammenfallen.

— Der Kopenhagener Mediziner Peter Ludwig **Panum** fördert das physiologische und physiologisch-chemische Verständniss in der Pathologie.

— William Henry **Perkin** entdeckt bei Behandlung von Anilin-sulfat mit Kaliumbichromat das Anilinviolet (Perkin-Violet).

— Der französische Ingenieur Alphonse Louis **Poitevin** be-nutzt zum Kopiren die Härtung des mit Chromaten be-handelten Leims durch Belichtung, welche schon 1782 von Senebier (s. d.) zu ähnlichen Zwecken verwandt worden war, und fördert durch seine Arbeiten die modernen Re-produktionsverfahren.

— Der Botaniker Nathanael **Pringsheim** beobachtet zuerst das Eindringen und die Verschmelzung der Samenzelle mit der Eizelle bei einer gemeinen Süsswasseralge (Oedogonium).

1856 Karl Theodor Ernst **von Siebold** macht epochemachende Entdeckungen über Trennung der Geschlechter bei den Muscheln und über Parthenogenesis bei den Bienen, bei welch' letzterer Arbeit Johann Dzierzon betheiligt ist.

— Friedrich **Siemens** und William **Siemens** erfinden die Regenerativ-Feuerung mit Generatorgasen, bei welcher Temperaturen von etwa 2000° erreicht werden (Regenerativ-Gasofen).

— Werner **von Siemens** erfindet den Cylinderinduktor.

— John **Tyndall** fördert die experimentelle Geologie und macht eingehende Untersuchungen über die Bewegung der Gletscher, deren winterliches Vorrücken er am Mer de Glace bei Chamouny feststellt.

— Der österreichische Artillerie-General Franz **von Uchatius** erfindet die Stahlbronce. (Angewendet bei den österreichischen Geschützen 1875.)

— Wilhelm Eduard **Weber** stellt der bisher zur Erklärung der magnetischen Erscheinungen geltenden Coulomb'schen Scheidungstheorie seine Drehungstheorie gegenüber, die in neuerer Zeit allen Betrachtungen über Magnetismus zu Grunde gelegt wird. Er dehnt die absolute Maßsbestimmung auch auf die galvanischen Ströme aus.

— Julius **Weisbach** macht Versuche über die Steighöhe springender Wasserstrahlen und die Widerstände des strömenden Wassers in Röhren.

— W. **Zenker** stellt die Theorie der stehenden Lichtwellen auf und wendet sie zur Erklärung der farbigen Photographie an.

1857—58 Richard **Burton** und John Hanning **Speke** entdecken von Bagamoyo ausgehend den Tanganyika-See bei Udjidji. Speke entdeckt 1858 die Südküste des Viktoriasees, den er für einen Quellsee des Nils erklärt.

1857 Benoît Pierre Emile **Clapeyron** stellt die nach ihm benannten Gleichungen zur Berechnung des Stützendrucks eines durchgehenden Trägers auf mehreren Stützen (des kontinuirlichen Trägers) auf.

— Der Techniker A. **Eisenstuck** konstruirt die erste Strickmaschine zum Stricken von Strümpfen. Die jetzt am Weitesten verbreitete Lamb'sche Strickmaschine ist der Eisenstuck'schen Maschine sehr ähnlich.

1857 Nachdem die Quecksilberluftpumpe von der Academia del
Cimento erfunden, aber wieder in Vergessenheit gerathen war,
bis Swedenborg ihrer 1722 wieder gedachte, gibt ihr Heinrich
Geissler nach Angaben von Pflüger eine Form, in der sie
sich allgemeine Anerkennung, insbesondere zur Gewinnung
der Blutgase, erwirbt.

— Peter Johann **Griess** entdeckt die Diazoverbindungen und
deren Umwandlung in Azoverbindungen.

— A. W. **von Hofmann** entdeckt das Anilinroth (Fuchsin),
indem er Vierfach Chlorkohlenstoff auf Anilin wirken lässt.

— Der Geologe Franz **von Hauer** veröffentlicht sein Nord-
Südprofil durch die Alpen und fügt in den Raibler Schichten
in die Alpentrias ein neues fest umschriebenes Glied ein.

— Der Ingenieur Gustav Adolf **Hirn** entdeckt die Ueberhitzung
des Dampfes.

1857—59 Der Geologe Ferdinand **von Hochstetter** macht als
Geologe die Novara-Expedition mit und erforscht Neuseeland.

1857 Der Baumeister Friedrich Eduard **Hoffmann** erfindet den
Ringofen.

— August **von Kekulé** spricht die Ansicht aus, dass der Kohlenstoff vieratomig ist und stellt 1858 die Hypothese von der Ver-
kettung der Kohlenstoffatome auf. Er führt für die organischen
Verbindungen den Namen „Kohlenstoffverbindungen" ein.

— Gabriel **Lamé** begründet die Reihendarstellung durch die
nach ihm benannten Lamé'schen Funktionen und verwendet
die krummlinigen Koordinaten als Rechnungsinstrument in
der theoretischen Physik.

— Jean Baptiste **Payer** gibt eine für die Entwicklungsgeschichte
wichtige, ausführliche Darstellung der Blüthenentwicklung
der höhern Pflanze (Organogénie de la fleur).

— Joseph **Petzval** konstruirt, da sich sein Portraitobjektiv
(s. 1840) als nicht orthoskopisch erwies, ein neues orthos-
kopisches Objektiv von grossem Bildwinkel (Orthoskop).

— John Macquorn **Rankine** gibt eine neue, originelle Theorie
des Erddrucks, die indess nicht unbestritten bleibt.

— Bernhard **Riemann** macht bahnbrechende Arbeiten über
die Abelschen Funktionen.

— Der nordamerikanische Leutnant **Rodman** stellt die ersten
Versuche zur Messung der Gasspannungen im Geschütz an.

1857 Der Nervenarzt Moritz Heinrich **Romberg** in Berlin gibt an, eines der frühzeitigsten Symptome der Tabes sei, dass der Patient mit geschlossenen Augen nicht stehen bleiben könne.

— Henri **Sainte Claire Deville** ermittelt die Gesetze der Dissociation für Wasserdampf, Sauerstoff und Wasserstoff.

— Der Ingenieur Hermann **Scheffler** in Braunschweig stellt werthvolle Untersuchungen über Gewölbe und Futtermauern an.

— Graf Johann C. **Schaffgotsch** bemerkt, dass die Flamme einer chemischen Harmonika, wenn in deren Nähe ein musikalischer Ton erregt wird, der mit dem Harmonikaton im Einklang steht oder eine Oktave höher ist, in lebhafte Erregung und starke Auf- und Abwärtsbewegung geräth und wenn der äussere Ton stark genug wird, wohl auch ganz erlischt.

— **Sommeiller, Grandis** und **Grattoni,** die Ingenieure des Mont-Cenis-Tunnels, benutzen komprimirte Luft zur Ventilation des Tunnels und als Motor für ihren hydraulischen Stosskompressor.

— **Ssemenow** dringt zuerst über den Thianschan ins Thal des Naryn vor.

— John **Tyndall** gelingt es, die Kombinationstöne bequem und deutlich mittelst der singenden Flammen hörbar zu machen, die man erhält, wenn man über zwei gewöhnliche Gasflammen zwei Glasröhren setzt, die mit Papierschiebern versehen sind, um die Länge der Röhren und damit die Höhe der Töne innerhalb gewisser Grenzen verändern zu können.

— Der Münchener Physiologe Karl **von Voit** stellt auf Grund seiner gemeinsam mit Pettenkofer ausgeführten Stoffwechselversuche Mindestsätze für die Ernährung des Menschen auf.

1858 Der Amerikaner **Blake** erfindet die Backenquetsche (Steinbrecher), die zum Brechen von Steinsalz, Erz und Zuschlägen für hüttenmännische Arbeiten dient.

— Der russische Reisende Nikolaus **von Chanykow** erforscht Chorasan und Afghanistan.

— Antoine Adolphe **Chassepot,** Arbeiter im Depot d'artillerie erfindet das nach ihm benannte Hinterladergewehr, das in drei Griffen geladen wird und nur 11 mm Kaliber hat.

— Der preussische Telegraphendirektor Etienne **von Chauvin** führt zur Isolirung der oberirdischen Telegraphenleitungen Porzellanglocken ein, deren untere Fläche immer trocken bleibt (Doppelglocken-Isolator).

1858 Der Chemiker A. S. **Couper** entwickelt fast gleichzeitig mit Kekulé (s. d.) die Anschauung von der Vierwerthigkeit und Verkettungsfähigkeit des Kohlenstoffatoms.

— Charles Robert **Darwin** stellt die Hypothese auf, dass die verschiedenen Thier- und Pflanzenarten gegenseitig von einander abstammen und dass die verschiedenen Modifikationen derselben in Folge davon entstehen, dass die am vortheilhaftesten gebauten Individuen die andern überleben und zur Fortpflanzung kommen, was er als „natürliche Auswahl" bezeichnet (Descendenztheorie).

— Giovanni Battista **Donati** entdeckt den nach ihm benannten Kometen und begründet gleichzeitig mit Huggins und Miller im Jahre 1874 die kometarische Spektroskopie.

— Franz Cornelius **Donders** entdeckt, dass jedem Vokal ein Eigenton der Mundhöhle entspricht.

— **Dupuy de Lôme** erweist an der von ihm erbauten Panzerfregatte „La Gloire" die Ausführbarkeit der Panzerung grosser Schiffe (s. Guieysse 1855).

— B. W. **Feddersen** gelingt es, durch die Photographie des elektrischen Funkens den oszillatorischen Charakter des Entladungsaktes darzustellen.

— Theodor **von Frerichs** arbeitet auf dem Gebiete der Verdauungskrankheiten, namentlich der Leberkrankheiten, sowie der urämischen Intoxikation und entdeckt das Tyrosin und das Leucin.

— Cyrus **Field** und F. N. **Gisborne** legen ein mit Guttapercha isolirtes Kabel von der Bucht von Biscaya nach Amerika. Nachdem dasselbe vier Wochen funktionirt hatte und etwa 800 Telegramme zwischen Amerika und Europa gewechselt worden waren, versagte das Kabel, wahrscheinlich in Folge zu schwacher Umhüllung.

— **Friedrich** macht auf der Grube von der Heydt bei Ammendorf die ersten Versuche, Braunkohle auf trockenem Wege ohne Zusatz eines Bindemittels zu festen Briquettes zu formen.

— Henry **Giffard** erfindet den Injektor der Dampfmaschine.

— Hermann **von Helmholtz** gibt eine Theorie der Konsonanz und Dissonanz. Die Letztere ist nach ihm durch Schwebungen (Stösse) verursacht, die so rasch auf einander folgen, dass sie einzeln nicht mehr aufgefasst werden können und dem

Ton eine gewisse Rauhigkeit geben. Die konsonirenden Töne sind solche ohne Stösse. Er erklärt gleichzeitig das Wesen der Klangfarbe aus dem Vorhandensein der Obertöne.

1858—63 David **Livingstone** erforscht den unteren Sambesi, die Stromschnellen oberhalb von Tete, den Schire und den Njassasee. Er löst das Sambesiproblem, indem er den Fluss von Linyanti bis zur Mündung befährt.

1858 Der Ingenieur **Mohnié** führt die Brückenträger mit einfachem und mehrfachem Fachwerk ein.

— Karl Wilhelm **von Nägeli** verfolgt die Bildung der Stärkekörner in der Pflanze mit dem Polarisations-Mikroskop und stellt fest, dass deren Wachsthum durch Einlagerung neuer Moleküle zwischen die schon gebildeten erfolgt.

— Der amerikanische Ingenieur George **Pullmann** führt die Eisenbahnluxuswagen (Pullmann Cars) ein.

— Der Ingenieur F. **Redtenbacher** erwirbt sich grosse Verdienste um die Begründung des wissenschaftlichen Maschinenbaus durch Einführung der Methode der Verhältnisszahlen.

— James **Thomson** und Michael **Faraday** entdecken die Regelation (das Aneinanderhaften gepresster Eisstücke).

— W. **Thomson** (Lord Kelvin) gibt dem von Gauss und Weber 1833 erfundenen Spiegelgalvanometer zum Zweck der Verwendung auf Kabelschiffen eine so zweckmässige Einrichtung, dass die Schwankungen des Schiffes, selbst bei hohem Seegang, die Stellung des Spiegels gegen die Skala nicht beeinflussen. Aus dem „Marine-Galvanometer" genannten Apparat geht später das Sprech-Galvanometer für den Kabelbetrieb hervor.

— Alfred Russell **Wallace** kommt unabhängig von Darwin auf die Zuchtwahltheorie, die er im Juli der Linnean Society in London vorlegt.

— Charles **Wheatstone** konstruirt den mit Induktionsströmen betriebenen sogenannten A B C - Telegraphen, der in verbesserter Form noch jetzt in England in Gebrauch ist.

— Joseph **Whitworth** erfindet die Whitworthkanone.

1859 William George **Armstrong** erfindet die nach ihm benannten Ringrohre mit künstlicher Metallkonstruktion. (Armstrong Kanone).

1859 Nachdem seit Herschels, Talbots, Brewsters und Wheatstones (siehe diese) Forschungen die Anschauungen über die Spektrallinien trotz der Arbeiten von Miller, Swan, Foucault, Angström, Balfour Stewart u. A. nicht vorwärts gekommen waren, erkennen Robert Wilhelm **von Bunsen** und Gustav **Kirchhoff** den Satz, dass eine jede verdampfbare Substanz, in eine Flamme gebracht, oder jeder glühende Dampf ein charakteristisches Spektrum habe und das Spektrum deshalb ein ausgezeichnetes Mittel für die chemische Analyse sei, in seiner ganzen Allgemeinheit. Sie gründen hierauf die Spektralanalyse, zu welcher sie den nöthigen Apparat in dem Spektroskop schaffen.

— Der Kommissionsrath **Collenbusch** erfindet den Pressspahnboden und fördert damit die Einführung der gezogenen Hinterladekanonen.

— G. L. **Drake** erbohrt in Titusville in Pennsylvania Petroleum. Seitdem wird dieses seit alten Zeiten als Erdöl bekannte Produkt ein Welthandelsartikel.

1859—1860 Der französische Reisende Henry **Duveyrier** erforscht die westliche Sahara, sowie die Grenzgebiete von Algier, Tunis und Tripolis.

1859 Nachdem Bunsen und Roscoe auf die Leuchtkraft des brennenden Magnesiums hingewiesen hatten, benutzt William **Crookes** dasselbe zuerst zu photographischen Aufnahmen. Für die Momentphotographie wird es 1888 von **Miethe** und **Gaedicke** in Form des Blitzlichts angewendet.

— Nachdem Jobard 1838 die Idee gegeben hatte, Kohle im luftleeren Raum zu Beleuchtungszwecken zum Glühen zu bringen und W. R. Grove 1840 eine Glühlampe mit Platinspirale, J. W. Starr 1845 eine solche mit Kohle erfunden hatte, erleuchtet, wie er selbst behauptet, Moses G. **Farmer** in Newport im Juli sein Haus mit elektrischem Licht und betreibt schon 1875 eine Anlage für 42 Platinglühlampen, für welche eine elektrische Maschine den Strom liefert.

— Der französische Ingenieur **Fleur-Saint-Denis** wendet zur pneumatischen Fundirung der Kehler Rheinbrücke Caissons (Senkkästen) an.

— F. A. **Günther** und C. **Günther** stellen zuerst in ihrem Werk „die Beurtheilungslehre des Pferdes" allgemeine auf die thierische Mechanik sich stützende Prinzipien über diesen Gegenstand auf.

1859 Der Anthropologe Robert **Hartmann** macht auf seiner Reise mit dem Sohn des Prinzen Adalbert von Preussen bemerkenswerthe Beobachtungen über die wilden und zahmen Säugethiere der oberen Nilgegenden und macht später auf der Insel Läsö im Kattegat interessante Beobachtungen über wirbellose Seethiere.

— Gustav **Kirchhoff** beweist die Koinzidenz der Natriumlinie mit der Linie D des Fraunhofer'schen Sonnenspektrums, indem er Drummond'sches Licht durch eine Natriumflamme und dann durch das Prisma fallen lässt und so an Stelle der hellen Natriumlinie eine dunkle Linie erhält. Er zieht hieraus den Schluss, dass die Fraunhofer'schen Linien in Folge von Dämpfen entstehen, welche die glühende Sonne umgeben und das von ihr ausgehende Licht der Absorption unterwerfen und eröffnet so der Astronomie eine ungeheure Perspektive.

— Gustav **Kirchhoff** stellt das Gesetz auf, dass das Verhältniss des Emissionsvermögens zum Absorptionsvermögen bei allen strahlenden Körpern, das gleiche ist für jede Wellenlänge und gegeben durch die Emission des schwarzen Körpers für dieselbe Wellenlänge und Temperatur.

— Hermann **Schacht** entdeckt die Rübennematode (Heterodera Schachtii), einen Rundwurm, der die Rübenmüdigkeit erzeugt.

— Julius **Kühn** in Halle macht eingehende Studien über die Ursachen der Pflanzenkrankheiten und findet Mittel gegen die Rübennematoden.

— Der Vicomte Ferdinand **von Lesseps** bewirkt die Durchstechung der Landenge von Suez.

— Der elsässische Fabrikant **Moeckel** erfindet den Aufwinde-Regler für die Selbstspinnmaschine.

— Der Mediziner **Niemann** stellt in Wöhlers Laboratorium Cocaïn aus Cocablättern dar, und findet, dass es die Zunge empfindungslos macht. Die Einführung in die Medizin erfolgt 1884 durch Freud und Koller.

— Die englische Krankenpflegerin Florence **Nightingale** begründet die Krankenpflege im Kriege.

— Der Physiologe Eduard **Pflüger** erforscht die Funktionen des Rückenmarks und findet, fussend auf E. **du Bois Reymond's** Entdeckung des Elektrotonus, d. i. der Veränderung, die ein Nerv beim Durchleiten eines konstanten Stromes erfährt, das nach ihm benannte Pflüger'sche Zuckungsgesetz. Er stellt das neue Prinzip der polaren Erregung des Voltastromes auf.

1859 Der französische Elektriker R. L. Gaston **Planté** erfindet den elektrischen Akkumulator, welcher zur Aufspeicherung elektrischer Energie dient (s. Sinsteden 1854).

— G. **Quincke** entdeckt, dass beim Durchfliessen von Flüssigkeiten durch poröse Wände elektrische Ströme in der Richtung des Fliessens entstehen.

— William J. Macquorn **Rankine** gibt in seinem Werke „The steam engine and other prime movers" eine auf die mechanische Wärmetheorie aufgebaute, in jeder Hinsicht vollständige und epochemachende Theorie der Dampfmaschine (s. auch Zeuner 1855).

— E. L. **Scott** überträgt nach dem Vorgang von W. Weber (1830) die Luftschwingungen behufs deren Messung auf dünne Membrane, deren Schwingungen er direkt durch einen Schreibstift aufzeichnen lässt (Scott'scher Membranphonograph, Phonautograph).

1859—62 Der Reisende Friedrich **Schmidt** zu Petersburg erforscht das Amurgebiet.

1859 Werner **von Siemens** stellt die Siemens'sche Quecksilber-Widerstands-Einheit auf.

— August **Toepler** erfindet die Schlierenmethode, ein optisches Verfahren zur Untersuchung von optischem Glas, Prismen, Linsen etc. in Bezug auf ihre Reinheit.

— Der Mineraloge Gustav **Tschermak** bildet als Ergänzung der Nebularhypothese die Hypothese vom kosmischen Vulkanismus aus.

— Emanuel **Verguin** oxydirt rohes Anilin mit Zinnchlorid und stellt so zuerst das von Hofmann erfundene Fuchsin in technischem Maassstabe her.

— Rudolf **Virchow** begründet die Cellularpathologie, indem er die Lehre vom kranken Menschen auf die Lehre von der kranken Zelle aufbaut.

1860 Giovanni Battista **Amici** konstruirt einen Spektralapparat, der gestattet, den Lichtstrahl in derselben Richtung, in der er einfällt, zu untersuchen (geradsichtiges Spektroskop).

— Thomas **Andrews** untersucht im Anschluss an die Arbeiten von Cagniard de la Tour (s. 1822) den kritischen Zustand der Gase und nennt den Thermometergrad, bei dem das Gas zu so energischer Molekularbewegung angeregt wird, dass kein noch so hoher Druck es in den tropfbaren Zustand zurückzuzwingen vermag, die kritische Temperatur.

1860 Henry Walter **Bates** erklärt die sogenannte Nachäffung lebender Wesen durch andere, die ihre Gestalt erborgen, und der er den Namen Mimikry gibt, durch die natürliche Zuchtwahl (s. E. Darwin 1794).

— Paul **Bert**, Professor der Physiologie und Unterrichtsminister in Paris untersucht den Einfluss der Luftdruckveränderung auf den Organismus.

— Jean Baptiste **Boussingault** stellt fest, dass die Pflanzen nicht im Stande sind, den Stickstoff der Atmosphäre zu assimiliren, dass man dagegen eine normale und kräftige Vegetation erzielt, wenn man ihnen den Stickstoff in Form salpetersaurer Salze darbietet.

— Robert Wilhelm **von Bunsen** entdeckt bei seinen Spektraluntersuchungen in Dürkheimer Mutterlauge das Caesium, welches durch zwei scharfe blaue Linien charakterisirt ist und das Jahr darauf das Rubidium, welches durch zwei rothe Linien erkennbar ist.

— **Bunsen** und **Roscoe** bestimmen die chemische Wirkung der Aetherwellen mit Hülfe des Chlorknallgases.

— Die englischen Reisenden Robert O. Hara **Burke** und William John **Wills** durchschneiden in südnördlicher Richtung das unbekannte Innere von Australien bis zur Carpentariabai, erliegen aber bei der Rückreise am Cooper Creek der durch die Anstrengungen der Reise bewirkten Erschöpfung.

— Der französische Ingenieur E. **Carré** konstruirt seine Ammoniak-Eismaschine, in der Wasser durch die rasche Verdunstung von kondensirtem Ammoniak zum Gefrieren gebracht wird.

— Karl Sigmund Franz **Credé**, Geburtshelfer in Berlin, gibt das nach ihm benannte Verfahren zur Entfernung der Nachgeburt an.

— Auguste **Daubrée** gelingt es, aus Gesteinen unter dem Einfluss überhitzten Wassers Produkte zu gewinnen, die über die Entstehung der krystallinischen Schiefer wichtige Aufschlüsse geben.

— John **Elder** in Glasgow führt die Compoundmaschine in den Schiffsmaschinenbau ein und gibt demselben dadurch einen gewaltigen Aufschwung.

1860 Der Physiker Gustav **Fechner** fördert die von Weber begründete Psychophysik und stellt im Anschluss an E. H. Weber's Theorie der Reize das Fechner'sche Gesetz auf, wonach die Empfindung proportional dem Logarithmus des Reizes ist, weniger dem Logarithmus desjenigen Reizes, der eben noch fähig ist, sich bemerkbar zu machen.

— Charles V. **Galloway** in Manchester bringt zur Vergrösserung der Heizfläche der Dampfkessel konisch geformte Röhren in den Zügen der Cornwallkessel in vertikaler oder geneigter Stellung an (Gallowaykessel).

— Charles **Girard** und Georges **de Laire** erhalten beim mehrstündigen Erhitzen von Anilin mit Rosanilinsalzen auf ca. 160° das Anilinblau (Bleu de Lyon).

— Der amerikanische Arzt Sylvester **Graham** schlägt vor, Brot aus geschroteten Getreidekörnern ohne Gährung zu bereiten (Grahambrot).

— Thomas **Grubb** erfindet eine Presse zum Drucken der Kassenscheine.

— **Harrison** erfindet die Kugellinse, das erste wirkliche Weitwinkelobjektiv.

— Der Optiker Edmund **Hartnack** erwirbt sich durch Anwendung der Amici'schen Immersionslinse (s. 1827) zum Bau von Mikroskopen ein grosses Verdienst.

— Der amerikanische Nordpolfahrer Isaac Israel **Hayes,** Begleiter von Kane im Jahre 1853/55, erforscht das vergletscherte Innere von Grönland.

— Hermann **von Helmholtz** macht die von Wheatstone aufgestellte Theorie der Vokalklänge zum Gegenstand einer eingehenden Untersuchung und bestimmt mit Hülfe der von ihm erfundenen, für je einen bestimmten Oberton abgestimmten Resonatoren die Klangfarbe der Vokale, die er instrumentell durch eine Reihe abgestimmter Stimmgabeln nachbilden lehrt und denen gegenüber er die Konsonanten als unzerlegbare Geräusche definirt.

— Der Agrikulturchemiker Johann Wilhelm Julius **Henneberg** gibt die wissenschaftliche Begründung der neuen landwirthschaftlichen Fütterungslehre.

1860—63 Der Reisende Theodor **von Heuglin** bereist das Nilgebiet, Abessinien und die Gallaländer.

1860 Heinrich **Hirzel** in Leipzig stellt Leuchtgas aus Petroleumrückständen her.

1860 Der Mechaniker **Kreiner** konstruirt den Kreiner'schen Doppel-
keilverschluss für gezogene Hinterlade-Kanonen.

— Willy **Kühne** in Heidelberg begründet die Chemie des
Muskeleiweisses.

— Der Arzt Adolf **Kussmaul** erfindet die Magenpumpe.

— Der französische Irrenarzt Henry **Legrand du Saulle** fördert
die Psychiatrie und die gerichtliche Psychopathologie.

— Der Apotheker **Lemaire** in Paris entdeckt die bakterien-
vernichtenden Eigenschaften der Karbolsäure und betont die
Bedeutung derselben für die Wundkrankheiten.

— Der Franzose **Lenoir** erhält ein Patent auf eine doppeltwirkende Gasmaschine, welche sich in dauerndem Betriebe
vollständig bewährt.

— Charles **Locock** in London entdeckt die Wirksamkeit des
Bromkalium gegen Epilepsie.

— Gustav **Magnus** gelingt es, die Wärmeleitungsfähigkeit der
Gase experimentell am Wasserstoff zu erweisen.

— James Clark **Maxwell** stellt das Vertheilungsgesetz der
Molekulargeschwindigkeiten auf und fördert durch dasselbe
die kinetische Gastheorie.

— James Clark **Maxwell** weist nach, dass der Brechungs-
exponent elektrischer (event. auch optischer) Wellen gleich
der Quadratwurzel aus der Dielektricitätskonstante ist.

— Der englische Chemiker **Medlock** erfindet das Arsensäure-
verfahren zur Herstellung des Fuchsin.

— Der Baseler Ingenieur **Merian** macht den Asphalt für die
Strassenbedeckung nutzbar, indem er erwärmtes Asphaltpulver
auf die Strasse schüttet und künstlich komprimirt (stampft).

— Ludwig **Mond** und **Guckelberger** in Ringkuhl bei Cassel
erfinden ein Verfahren zur Wiedergewinnung des Schwefels
aus den Sodarückständen, an das sich späterhin viele andere
Verfahren, u. a. von P. W. Hofmann (1866), Schaffner (1878),
Claus (1883) anschliessen.

— Robert **Napier** erfindet die Differentialbremse.

— Der preussische General Rudolf Sylvius **von Neumann**
erfindet den Perkussions-Zünder für Hinterlader-Granaten.

— Louis **Pasteur** erfindet ein Verfahren, die Luft durch
Schiessbaumwolle zu filtriren und durch Lösung der Schiessbaumwolle in Aether-Alkohol die Luftkeime zur Prüfung
unter dem Mikroskop zu sammeln. Er erfindet die Pasteur'sche
Nährflüssigkeit.

1860 Louis **Pasteur** beseitigt endgültig die Lehre von der Urzeugung, indem er die Entstehung der niedersten Organismen
(Infusorien, Pilze, Bakterien) aus den in der Luft ganz
ausserordentlich verbreiteten Keimen nachweist und zeigt,
dass man durch Fernhalten der Luft eine bisher keimfreie
Lösung auch dauernd keimfrei erhalten kann.

— Louis **Pasteur** stellt fest, dass die Gährung auf's Innigste
an das Leben und Wachsthum der Hefezellen gebunden und
daher als deren Arbeitsleistung zu betrachten ist, dass deren
Wachsthum auf Kosten der ihre Nahrung bildenden Nährflüssigkeit stattfindet. Er trennt die verschiedenen Arten
der Gährung nach den spezifisch verschiedenen lebenden
Erregern.

— Der russische Chirurg Nicolai Iwanowitsch **Pirogow** erwirbt
sich einen Weltruf durch die von ihm erfundene Methode
der exarticulatio pedis und seine anatomischen Forschungen
an gefrorenen und dann zersägten Leichen.

— **Ramsbottom** in Crewe (England) bringt an dem Tender
der Lokomotive Füllschläuche an, durch die sich derselbe
während der Fahrt aus einer zwischen den Schienen an-
gebrachten Wasserrinne selbstthätig mit Wasser füllt (Automatische Tender-Füllung).

— G. H. **Reay** erfindet die selbstthätige Couvertfaltmaschine.

— Der amerikanische Techniker **Rodman** erfindet das Mammuth-
Pulver, durch welches man langsamere Abbrennzeiten erreicht
und das zuerst im amerikanischen Kriege 1861 benutzt wird.
(Aus dem Mammuth-Pulver entwickelt sich später das prismatische Pulver.)

— Albert **Schultz-Lupitz** veröffentlicht seine Ansichten über
Stickstoffersatz und Düngung.

— Der Mediziner Bernhard Sigismund **Schultze** macht sich
bekannt durch seine Methode der Wiederbelebung asphyctisch
Geborener.

1860—63 J. H. **Speke** und J. A. **Grant,** von Sansibar ausgehend,
ziehen im Westen um den Viktoriasee bis Uganda. Grant
begibt sich nach Unyoro, während Speke 1862 den Nil
erreicht, aufwärts bis zum See verfolgt und 1863 von Norden
her in Goudokoro eintrifft.

1860 Der Ingenieur **Sternberg** konstruirt die erste grosse Eisen-
bahn-Bogenbrücke (bei Coblenz über den Rhein).

1860 Ludwig **Türck** in Wien fördert und vervollkommnet die Laryngoskopie durch zahlreiche Entdeckungen und bemüht sich um die Verwendung des Laryngoskops zu diagnostisch-operativen Zwecken.

— Charles **Vignoles** gibt den Eisenbahnschienen diejenige Gestalt, in der sie gegenwärtig auf den meisten Bahnen im Gebrauche sind. (Von andrer Seite wird die Erfindung der Breitfussschiene J. K. Brunel zugeschrieben.)

— Der Amerikaner James **Willcox** erfindet das jetzt für Banknoten vielfach angewendete Papier mit lokalisirten Fasern.

— Friedrich Albert **von Zenker** in Dresden weist nach, dass die Trichinen Ursache der jetzt als Trichinose bezeichneten Epidemieen sind.

— David Heinrich **Ziegler** in Winterthur bewirkt die rationelle konstruktive Durchführung der von Ferdinand Hirn erfundenen Drahtseil-Transmission im grossartigsten Mafsstabe.

1861—66 Adolf **Bastian** macht nach einer vorhergegangenen Reise, die ihn durch Mexico, China und Indien führte, eine sechsjährige Reise durch das östliche Asien, die sich insbesondere für die Ethnographie als bahnbrechend herausstellte.

1861 Ernst **Brand** in Stettin nimmt den 1798 von Currie gemachten Vorschlag der Kaltwasserbehandlung des Typhus mit Erfolg wieder auf.

— Paul **Broca** zeigt, dass das Sprachvermögen des Menschen in der dritten vorderen Stirnwindung der linken Hirnhälfte lokalisirt ist.

— William **Crookes** entdeckt in dem Schlamm der Bleikammern ein neues Metall, welches namentlich durch eine grüne Spektrallinie charakterisirt ist und gibt demselben den Namen Thallium.

— Karl Klaus **von der Decken** erforscht zuerst das Gebiet des Kilimandjaro und bestimmt seine Höhe.

— John **Ericson** erbaut das Panzerthurmschiff „Monitor".

— Der Chemiker Adolph **Frank** begründet die Stassfurter Kaliindustrie und führt deren Produkte in die Landwirthschaft ein.

— Der amerikanische Ingenieur Richard Jordan **Gatling** erfindet das nach ihm benannte Revolvergeschütz mit rotirenden Läufen.

1861 Der Chemiker John **Glover** lässt in dem von ihm erfundenen „Gloverthurm" die Röstgase der Kiesöfen die nitrosehaltige Schwefelsäure durchziehen, wodurch dieselbe denitrirt und bis zu einem Gehalt von 62 bis 65 Prozent wasserfreier Säure koncentrirt wird.

— Nachdem Smith in Smethwick bei Birmingham schon 1854 die hydraulische Presse zum Formen von Naben und Speichen zu Eisenbahnrädern aus weissglühendem Eisen in gusseisernen Formen benutzt hatte, konstruirt John **Haswell** die erste Schmiedepresse von einem effektiven Druck von 16000 Centnern. Diese erste Presse kommt bei der Oesterreichischen Staatsbahngesellschaft zum Schmieden von Stahl und zur Erzeugung von Maschinenbestandtheilen in Verwendung.

— Gustav **Kirchhoff** konstatirt mittelst eines Spektralapparats mit vier Flintglasprismen, dass in der Sonnenatmosphaere in grösseren Mengen Eisen, Calcium, Magnesium, Natrium und Chrom, in geringerem Mafsstabe Gold, Silber, Quecksilber, Aluminium und Cadmium vorhanden seien.

— Etienne Jules **Marey** erfindet den Kardiograph zur Untersuchung der Herzthätigkeit.

— James Clark **Maxwell** stellt zur Erklärung aller in die Gebiete des Magnetismus, der statischen und dynamischen Elektrizität gehörigen Erscheinungen den Begriff der Molekularwirbel (Wirbelatome) auf.

— James Clark **Maxwell** photographirt durch drei Licht-Filter in den Grundfarben gelb, roth und blau drei Theilbilder und projizirt die Positiven mit drei Lampen mit denselben Filtern auf einen weissen Schirm (Additives Dreifarben-Verfahren).

— Der Pariser Arzt Prosper **Menière** entdeckt eine eigenthümliche Affektion des häutigen Labyrinths, die nach ihm „Menière'sche Krankheit" benannt wird.

— Max **von Pettenkofer** verbessert den zuerst von Regnault und Reiset (1849) benutzten Respirationsapparat und stellt mit Hülfe desselben jene zahlreichen exakten Ernährungsversuche am Menschen an, auf welchen die modernen Lehren von der Ernährung des Menschen- und Thierkörpers beruhen.

— Philipp **Reis**, Lehrer in Friedrichsdorf bei Homburg v. d. Höhe, beschäftigt sich seit 1852, von den Versuchen Wertheim's (s. 1848) ausgehend, mit der Frage, ob sich Töne in gewisser

Entfernung mit Hülfe des elektrischen Stromes reproduziren lassen. Er erfindet einen Apparat, der dies leistet, nennt ihn „Telephon" und führt ihn zuerst öffentlich am 26. Oktober im Physikalischen Verein zu Frankfurt (Main) vor. Der Apparat gibt Musikstücke (Gesang und Instrumentalmusik) deutlich und gut wieder; weniger gut die menschliche Stimme. Die letzte und vollendetste Form des Apparates stammt aus dem Jahre 1863.

1861   Der Ingenieur Franz **von Rziha** in Wien vervollkommnet den Tunnelbau und stellt ihn wissenschaftlich dar.

—   Hermann **Settegast** begründet in der Thierzucht die Lehre von der Individualpotenz.

—   Der belgische Chemiker Ernest **Solvay** führt das zuerst von Dyer und Hemming (1839) studirte Verfahren der Darstellung von Ammoniaksoda in die Technik ein.

—   Der schwedische Naturforscher Otto **Torell** erforscht Spitzbergen.

—   Ludwig **Traube** schafft die physiologische Grundlage für die Verwendung der Digitalis in der Behandlung der Herzkrankheiten. Die Digitalis, ein altes Geheimmittel der schottischen Schäfer, war zuerst 1775 von Charles Darwin, Sohn des Erasmus und dann 1785 von Wilhelm Withering gegen Wassersucht empfohlen worden.

—   John **Tyndall** macht Arbeiten über die strahlende Wärme und die Fortpflanzung des Schalls in der atmosphärischen Luft.

—   Der englische Ingenieur **Weston** erfindet den Differential-Flaschenzug, der zuerst von Ransome ausgeführt wird.

—   J. C. Friedrich **Zöllner** beschreibt in seinen Grundzügen einer allgemeinen „Photometrie des Himmels" ein Polarisationsphotometer, durch welches die photometrische Erforschung des Himmels wesentlich gefördert und es ermöglicht wird, auch über die physische Beschaffenheit der Himmelskörper Anhaltspunkte zu gewinnen (Astrophotometer).

1862—64   Sir Samuel White **Baker** dringt von Chartum aus über Unyoro nach Inner-Afrika vor, wo er mit Grant und Speke zusammentrifft und später den Albert Nyanza-See entdeckt.

1862   Der französische Ingenieur **Beau de Rochas** beschreibt in seinem Buche über die Ausnutzung der Wärme zuerst den Viertakt-Prozess der Gasmaschine, welcher für dieselbe grundlegend wird.

1862   Marcelin **Berthelot** und **Péan de St. Gilles** machen eingehende Studien über die Bildung zusammengesetzter Aether resp. Aethersäuren aus einem Alkohol und einer Säure und wirken dadurch in hohem Grade aufklärend für den Begriff des chemischen Gleichgewichtszustandes.

—   Der Chirurg Victor **von Bruns** in Tübingen, später in Berlin, führt die ersten Kehlkopfoperationen mit Hülfe des Kehlkopfspiegels aus.

—   Der englische Ingenieur **Carr** erscheint auf der Londoner Weltausstellung mit seinem Aufsehen erregenden 1860 gebauten Disintegrator (Schleudermühle),

—   Warren **De la Rue** erfindet den Heliograph, ein astronomisches Fernrohr mit Apparat zur photographischen Aufnahme der Sonne.

—   Franz Cornelius **Donders** erklärt, warum ein normales Auge im Alter weitsichtig wird und stellt fest, dass jedes Auge alterssichtig und durch die Verhärtung der äusseren Schalen der Linse die Einstellungsfähigkeit für nahe Gegenstände beeinträchtigt wird. Er macht eingehende Studien über den von Young 1801 entdeckten Astigmatismus.

—   Guillaume Benjamin **Duchenne de Boulogne** beschreibt die Bulbärparalyse, die auch nach ihm genannt wird.

—   Der Ingenieur **Gilbert** unternimmt die fabrikmässige Herstellung des nach Liebig benannten Fleischextrakts zu Fray Bentos in Uruguay, nachdem Pettenkofer schon seit 1848 die Herstellung in der Münchener Hofapotheke veranlasst hatte.

—   Der Chemiker Hermann **Grüneberg** stellt aus den Stassfurter Kalisalzen zuerst schwefelsaures Kali und Pottasche her.

—   Der englische Meteorologe James **Glaisher** steigt zum Zwecke wissenschaftlicher Erforschung der Atmosphäre mit Coxwell bis zur Höhe von 8500 Metern im Luftballon auf.

—   Hermann **von Helmholtz** erfindet das Ophtalmonometer, mit dem es gelingt, die Krümmungen der brechenden Flächen des Auges zu berechnen.

—   Hermann **von Helmholtz** erklärt die Akkomodation des Auges durch die elastische Zusammenziehung der Linse beim Nachlassen des Aufhängebandes infolge der Kontraktion des Ciliarmuskels.

—   Der Physiologe Ewald **Hering** findet das Gesetz der identischen Sehrichtungen.

1862 A. W. von **Hofmann** erhält durch Einwirkung der Jodüre und Bromüre der Alkoholradikale auf Rohanilin das Hofmann-Violet (Dahlia). Bei einem Ueberschuss von Jodaethyl geht das Violet in Grün über (Jodgrün). Auf die Farbenwandlung des Anilinroth beim Aethyliren hatte Emil Kopp zuerst aufmerksam gemacht, ohne dass daraus praktische Folgerungen gezogen wurden.

— **Kershaw u. Colvin** in London konstruiren die erste Melkmaschine, die im wesentlichen die mechanische Bewegung des Handmelkens nachahmt.

— Der Techniker **Kirk** konstruirt eine Maschine zur Kälteerzeugung und Eisbereitung mittelst Expansion der Luft.

— David **Kirkaldy** bewirkt einen bedeutenden Fortschritt in der wissenschaftlichen Klassifikation von Eisen und Stahl, indem er systematische Zerreissversuche mit über tausend Eisen- und Stahlsorten der verschiedensten Herkunft, Qualität und Gestalt anstellt.

— **Le Roux** entdeckt die anomale Dispersion (am Joddampf), die wieder in Vergessenheit geräth.

— Hubert **von Luschka** entdeckt die Glandula coccygea („die letzte anatomische Entdeckung") und fördert die topographische Anatomie, insbesondere der Körperhöhlen, durch die Methoden der Fixirung mit Nadeln oder durch Gefrieren.

— J. **Mac Donall Stuart** durchkreuzt Australien nach mehreren vergeblichen Versuchen von Süden nach Norden.

— Alexander **Moncrieff** erfindet die hydropneumatische Kanone.

— Georg **Palgrave** durchquert den Norden Arabiens.

— Der Astronom Christian August Friedrich **Peters** berechnet den von Bessel 1834 vorausgesagten Siriusbegleiter, der dann an der berechneten Stelle von A. Clark entdeckt wird.

— Frederick **Walton** aus Manchester bindet Korkmehl mit Leinöl anstatt mit Kautschuk, wie es Galloway (1844) gethan hatte und erhält ein Linoleumprodukt, das er Lincrusta Walton nennt.

— Friedrich **Wöhler** beobachtet, dass beim Erhitzen von Calcium und Kohlenstoff Calciumkarbid entsteht, welches bei der Zersetzung mit Wasser Acetylen entwickelt.

1863 Anton **de Bary** in Strassburg fördert durch seine „Morphologie und Physiologie der Pilze" die mykologische Forschung und Kultur der Entwickelungsformen der Pilze.

1863 **Baudelot** in Hérancourt konstruirt einen Berieselungskühlapparat, der später von Lawrence verbessert wird und in der
Bierbrauerei, Milchwirthschaft u. s. w. grosse Verwendung findet.

— Der belgische Ingenieur-Officier H. Alexis **Brialmont** vervollkommnet den Festungsbau nach dem Princip der linearen
Trace.

— Der Amerikaner William **Bullock** erhält ein Patent auf die
erste brauchbare Rotationspresse (zum Buchdruck auf endloses
Papier).

— Dem französischen Arzt Casimir Joseph **Davaine** gelingt es,
durch Impfung mit frischem und getrocknetem bazillenhaltigen
Blute von Milzbrandthieren den Milzbrand auf andere Thiere
zu übertragen und so die ätiologische Bedeutung der Milz-
brandbazillen nachzuweisen.

— Franz Cornelius **Donders** in Utrecht führt die cylindrischen
und prismatischen Brillengläser ein.

— Der General F. H. **Dufour** beendet die „Topographische
Karte der Schweiz" in 1 : 100000, das seiner Zeit „vollendetste
kartographische Kunstwerk der Welt".

— Nicolaus **Friedreich** arbeitet auf dem Gebiete der Neuropathologie und beschreibt die Friedreich'sche Ataxie.

— Hermann **von Helmholtz** begründet mit seinem klassischen
Buche „Die Lehre von den Tonempfindungen" die physikalische Theorie der Musik und zeigt darin unter Anderem,
auf welche Weise der Schall im Ohre bis zu den empfindenden
Nerven hingeleitet wird.

— Urbain **Leverrier** veröffentlicht die ersten täglichen Wetter-
karten mit Isobaren auf Grund telegraphischer Wetterberichte.

— Der englische Chemiker John **Lightfoot** entdeckt bei Oxydation von Anilinsalz mittelst chlorsaurem Kali auf der Faser
das Anilinschwarz.

— **Lucas** in Dresden baut die erste Centrifugalsichtmaschine für
die Müllerei.

— **Maron** in Berlin entwirft nach dem Princip der Wheatstone'schen Brücke (1833) die erste Brückenmethode zum
Gegensprechen.

— Der Frankfurter Maschinenbauer Giovanni **Martignoni** erfindet den Spiralbohrer.

1863 Die Brüder Paul und Wilhelm **Mauser** verbessern das Zündnadelgewehr, aus welcher Verbesserung sich das deutsche
Infanteriegewehr M 71 entwickelt.

— Adam **Politzer** in Wien verbessert das Cleland'sche Verfahren (s. 1741) der künstlichen Eintreibung von Luft in die
Eustachische Ohrtrompete zur Heilung der Schwerhörigkeit.

— Der Mediziner Johann Georg **Mezger** in Amsterdam behandelt einzelne Erkrankungsformen durch Reiben, Kneten,
Streichen, Drücken und Klopfen mit der flachen Hand und
begründet die wissenschaftliche Massage.

— Der Naturforscher Ferdinand Friedrich **Radde** in Tiflis erforscht Kaukasien und Hocharmenien.

— Ferdinand **Reich** und Hieronymus Theodor **Richter** in
Freiberg entdecken im Zink ein neues Metall, das Indium,
das besonders durch eine blaue Spektrallinie charakterisirt ist.

— Max J. S. **Schultze** zeigt in seiner Arbeit „Ueber das
Protoplasma der Rhizopoden und Pflanzenzellen", dass das
Zellprotoplasma mit der Sarkode, wie Félix Dujardin 1841
die zähflüssige Materie gewisser niederer Thiere genannt
hatte, identisch sei.

— Angelo **Secchi** sucht aus den Spektren der Sterne deren
Entwicklungsgeschichte darzuthun und insbesondere nachzuweisen, wie weit deren Verdichtungsprozess fortgeschritten ist.

— William **Siemens** gibt die erste Anregung zur Städteheizung
durch Gas und stellt das Projekt einer Central-Gasheizung
der Stadt Birmingham auf, das jedoch nicht die Zustimmung
des Parlamentes erhält.

— Edward **Tangye** macht die Erfindung, das Schweissen der
Kettenringe unter einer Presse zu bewerkstelligen.

1864 William **Banting** schliesst auf den Rath seines Arztes
William Harvey die Kohlenhydrate aus der Nahrung aus,
bei gleichzeitiger Beschränkung der Fette. Sein offener Brief
„letter on corpulence addressed to the public" erregt grosses
Aufsehen und begründet die Banting-Kur.

— Friedrich Wilhelm Felix **von Baerensprung** gibt die anatomische Begründung der neuritischen Dermatosen durch den
Nachweis der Spinalganglienerkrankung bei Herpes zoster.

— F. **Charlier** und A. **Vignon** in Paris erfinden den Ex-
tinkteur (Gasspritze).

1864   Julius Friedrich **Cohnheim** weist nach, dass die Eiter-
körperchen mit den weissen Blutkörperchen identisch sind.

—   Carl **Culman** in Zürich gibt sein grundlegendes Werk über
die graphische Statik heraus.

—   Friedrich Wilhelm **Dünkelberg** weist die Berechtigung der
Benutzung nicht rassereiner Thiere für erfolgreiche Zucht
durch zahlreiche Belege aus der Geschichte der Viehzucht nach.

—   William **Huggins** und William **Miller** wenden die spek-
troskopische Methode auf die Durchforschung des Himmels
an und finden, dass die nämlichen Elementarstoffe, aus denen
die Sonne sich zusammensetzt, bei sämmtlichen Fixsternen
wiederkehren.

—   Carl A. **Martius** erhält durch Einwirkung von salpetriger
Säure auf Phenylendiamin das Anilinbraun (Bismarckbraun),
das wissenschaftlich von Caro und Griess untersucht wird.

—   James Clark **Maxwell** stellt die dynamische Theorie des
magnetischen Feldes auf.

—   James Clark **Maxwell** findet den nach ihm benannten, in
der Lehre von den Baukonstruktionen viel benutzten Satz
von der Gegenseitigkeit der Formänderungen.

—   Werner **Munzinger** macht wiederholte Forschungsreisen
nach den nördlichen und nordöstlichen Grenzländern
Abessiniens.

—   Nachdem Franz Ernst **Neumann** 1831 gezeigt hatte, dass
das Dulong Petit'sche Gesetz (s. 1819), welches nur für
einfache, feste Körper ausgesprochen worden war, auch auf
alle, chemisch ähnlich zusammengesetzte, feste Verbindungen
sich ausdehnen lässt, d. h. dass deren spezifische Wärmen
multiplizirt mit ihren Atomgewichten gleiche Produkte geben,
erweitert Hermann **Kopp** dieses Gesetz noch dahin, dass die
Atomwärmen (richtiger Molekularwärmen) fester Verbindungen
gleich der Summe der Atomwärmen der in ihnen enthaltenen
Elemente sind (Neumann-Kopp'sches Gesetz).

—   Der italienische Physiker Antonio **Pacinotti** bringt an einer
von ihm konstruirten elektromagnetischen Maschine den 1841
von Elias in Haarlem beschriebenen Ringanker an und
erfindet die Kollektor- oder Sammelsteuerung.

—   Antonin **Prandtl** führt, nachdem J. C. Fuchs schon 1859
die Centrifugalkraft zum Abrahmen der Milch empfohlen
hatte, die Centrifuge in die Molkerei ein.

1864 Der Mediziner Benjamin Ward **Richardson** führt die Aether-besprengung bei chirurgischen Operationen ein und entdeckt die anaesthesirende Eigenschaft des Amylnitrits.

— Florentin **Robert** aus Seelowitz führt das nach ihm benannte Diffusionsverfahren, die Auslaugung der frischen Rüben-schnitzel mit Wasser in die Zuckerfabrikation ein.

— Der Wiener Photograph Ludwig **Schrank** erfindet die Hoch-ätzung von Tonbildern, indem er Zinktonbilder mit Hülfe der Photographie und des Asphaltkopirprozesses ätzt.

— Max J. S. **Schultze** führt die Osmiumsäure in die mikros-kopische Technik ein.

— Der Ingenieur J. W. **Schwedler** macht epochemachende Ar-beiten über Baukonstruktionen, insbesondere auch über die nach ihm benannten Träger und konstruirt zuerst die grossen flachen, gleichfalls seinen Namen tragenden Kuppeln der Gasbehälter.

— Der russische Zoologe N. A. **Ssewerzow** erforscht das Thianschangebirge.

— Der Münchener Techniker Adolf **von Steinheil** erfindet ein neues photographisches Objektiv, den sogenannten Aplanat, der bei mittlerer Lichtstärke absolute Orthoskopie und grosse Randschärfe gibt.

— Der französische Arzt **Tabarié** konstruirt einen pneumatischen Apparat „Cloche pneumatique", um Kranke, insbesondere Asthmatiker dem Einfluss komprimirter Luft auszusetzen.

— Der Ingenieur A. **Thommen** ersinnt für Gebirgsbahnen den Kehrtunnel und wendet denselben zuerst im Jodocusthal und Pflerschthal auf der Brennerbahnstrecke an.

— Hermann **Vambery** erforscht die turkmenische Wüste.

1865 Frederick Augustus **Abel**, Direktor des chemischen Departe-ments zu Woolwich, erzeugt eine zersetzungssichere, kriegs-brauchbare Schiessbaumwolle.

— Alexandre Edmond **Becquerel** beschäftigt sich erfolgreich mit den Problemen der Phosphorescenz und ist geneigt, die Erscheinungen der Fluorescenz und Phosphorescenz für identisch zu erklären.

— Paul **Broca** begründet die Methode der Messung des Ver-hältnisses des Gehirns zum Schädel, auf welcher die exakte, positive Kraniologie beruht. Ausserdem zieht er die Messung der Knochen und die messende Bestimmung der Haut- und Haarfarben in Betracht.

1865 Ludwig **Carius** in Marburg macht die erste Synthese zucker-
ähnlicher Körper.

— Rudolph **Clausius** folgert aus der mechanischen Wärmetheorie, dass die Entropie des Weltalls einem Maximum zu-
strebt, d. h. dass die mechanische Energie des Weltalls von
Tag zu Tag immer mehr in Wärme umgewandelt wird, die
sich nach allen Seiten hin verbreitet und dadurch die Tem-
peraturunterschiede des Weltalls immer kleiner macht, so
dass schliesslich ein Zeitpunkt eintreten muss, bei welchem
die unausgesetzte Licht- und Wärmeabgabe der Sonne nicht
mehr durch Zufuhr von aussen kompensirt werden kann.

— Julius **Cohnheim** führt die von Stilling (s. 1842) zuerst
angewendete und von Willy Kühne (1864) verbesserte Gefriermethode für Objekte für mikroskopische Untersuchungen
in die allgemeine Benutzung ein.

— Der Amerikaner **Crosby** entwirft eine Nähnadelmaschine,
die aus dem rohen Drahte in einer zusammenhängenden
Folge von Bearbeitungen sogleich ganz fertige Nadeln herstellen soll.

— Der Naturforscher William Healey **Dall** erschliesst auf mehrjähriger Reise Alaska, wo er namentlich das Gebiet des
Yukon aufnimmt, und durchforscht 1871—1873 die Aleuten.

— Adolph **Frank** stellt das Brom fabrikmässig aus Stassfurter
Salzen her.

— Der schweizer Naturforscher Oskar **Heer** fördert die Kenntniss
der känozoischen Floristik.

— Benjamin Berkeley **Hotchkiss** erfindet die nach ihm „Hotch-
kisskanone" benannte Revolverkanone.

— Der Oesterreicher Dr. Emanuel **Herrmann** soll die Postkarte
erfunden haben. Diese Priorität wird bestritten [Archiv f. P.
u. Tel. 1896, S. 674 ff.], da feststeht, dass 1865 der damalige
Geheimrath Heinrich Stephan den Mitgliedern der V. Konferenz
des deutschen Postvereins in Karlsruhe eine Denkschrift über
das „Postblatt" überreichte, worin die ganze Art der Ausführung des jetzigen Postkartensystems bis auf alle Einzelheiten klargelegt war. Erst 1869 veröffentlichte Dr. Herrmann
seinen Artikel durch die Presse. Eingeführt ist die Postkarte
1869 in Oesterreich, 1870 im Bereiche des Norddeutschen
Bundes.

1865 August **von Kekulé** entwirft die Grundzüge einer neuen Theorie der aromatischen Verbindungen und fasst das Benzol, von dem sich die meisten aromatischen Verbindungen ableiten lassen, als eine geschlossene Kohlenstoffkette auf, deren einzelne Glieder abwechselnd eine Valenz oder zwei austauschen, so dass von den 24 Verwandtschaftseinheiten der 6 Kohlenstoffatome an jedem Kohlenstoffatom je eine übrig bleibt, die durch je 1 Wasserstoffatom gebunden ist.

— Der Physiker Johann Benedikt **Listing** bestimmt einen in der Linse des Auges gelegenen Punkt, den Knotenpunkt, der so beschaffen ist, dass in ihm sich alle geraden Linien schneiden, welche die Punkte eines Gegenstandes mit den von ihnen im Augenhintergrund entworfenen Bildern verbinden.

— Der Würtemberger Karl **Mauch** stellt auf seinen südafrikanischen Forschungsreisen das Vorkommen von Gold im Maschonaland und am Tati fest und entdeckt die Ruinen von Zimbambye.

— Durch den Augustiner Gregor **Mendel** in Brünn werden umfangreiche Versuche über Pflanzenhybriden angestellt und die wichtigen Mendelschen Regeln gefunden, die die Grundlage und den Ausgangspunkt der modernen Bastardforschung in der Botanik bilden.

— Der Arzt Max Joseph **Oertel** in München gibt seine diätetische Kurmethode an, und erfindet die „Terrainkur" gegen Herzerkrankungen.

— Louis **Pasteur** konservirt Wein durch Erwärmen auf 45—50⁰ Celsius (Pasteurisiren), welches Verfahren 1867 von Eugen **Velten** auf Bier übertragen wird.

— Lord William Parsons **Rosse** baut das grösste Spiegel-Teleskop der Welt von 50 Fuss Länge und 6 Fuss Durchmesser, mit dem er den ersten Spiralnebel im Sternbild der Jagdhunde entdeckt.

— Carl **Scheibler** erfindet das Elutionsverfahren zur Entzuckerung der Melasse. Dasselbe wird von **Seyffert** in Braunschweig 1872 in die Praxis eingeführt.

— **Swartz**, Landwirth in Hofgarden bei Wadstena in Schweden, begründet das nach ihm benannte Kaltwasser- und Eisverfahren in der Molkerei.

1865 M. **Thévenon** in Lyon versieht die Räder seines Fahrrades mit vollen Gummireifen.

— Der Würzburger Ohrenarzt Anton Friedrich **von Troeltsch** erfindet die künstliche Beleuchtung des Ohrs.

— Der Fabrikant A. **Voigt** in Kappel erfindet die Schiffchen-Strickmaschine.

— Karl **Weierstrass** gibt in seinen Vorlesungen die erste vollständige Theorie der Irrationalzahlen.

— **Woodbury** erfindet den photographischen Reliefdruck: Woodburydruck.

1866 Der Engländer **Banks** erfindet die Nadelschleifmaschine.

— Der Italiener **Bonelli** schlägt vor, zur Beförderung von Wagen und Packeten die Elektrizität zu benutzen, eine Idee, die später von John **Williams** in Newyork in der elektrischen Schnellpost verwirklicht wird.

— Antoine **Bonnaz** erfindet eine, mit Hakennadel versehene Tambourirmaschine, die durch ihre Arbeitsgeschwindigkeit (1800 Stiche in der Minute gegen 20—25 einer Handstickerin, und durch ihre kompendiöse Anordnung sich namentlich in der Tüll- und Mullgardinen-Hausindustrie rasch einführt.

— Der französische Chemiker **Coupier** benutzt Nitrobenzol an Stelle von Arsensäure als Oxydationsmittel für Anilin und erhält ungiftiges Fuchsin. Die Methode von Laurent und Casthelaz, rohes Nitrobenzol mit Eisen und Salzsäure in den Farbstoff überzuführen, hatte ungenügende Resultate ergeben.

— Auguste **Daubrée** bewirkt eine Eintheilung der Meteorite und stellt 1880 auf synthetischem Wege im Laboratorium Mineralverbindungen her, die vollkommen mit den aus der Luft herabgefallenen Meteoriten übereinstimmen.

— Cyrus **Field**, John **Pender** und James **Anderson** legen nach einem im Vorjahr missglückten Versuch ein dauernd erfolgreiches Kabel zwischen Europa und Amerika.

1866—68 Marie Joseph François **Garnier** und Doudard **de Lagrée** erforschen den Mekongfluss, besuchen Jünnan und befahren den Jantsekiang bis nach Hankou.

1866 Johann Heinrich Gottfried **Gerber** in Nürnberg erfindet die Träger mit freischwebenden Stützpunkten und wendet sie mit Erfolg bei Auslegerbrücken an.

1866 Ernst **Haeckel** formulirt das biogenetische Grundgesetz, wonach die Entwicklung des Einzel-Individuums (Ontogenese) eine abgekürzte Wiederholung der Stammesentwicklung (Phylogenese), d. h. des Weges ist, auf welchem die Art im Laufe unendlicher Zeiten entstand (s. Kielmeyer 1793).

— Ernst **Hallier** behauptet die engste Verwandtschaft zwischen Bakterien und Schimmel-Pilzen und zwar derart, dass erstere nur besondere, durch äussere Lebensbedingungen entstandene Vegetationsformen der letzteren seien und als solche Krankheiten erzeugen.

— Julius **Hann** begründet die streng dynamische Auffassung des Wesens der Fallwinde.

— **Livingstone** geht den Rovuma aufwärts und bleibt verschollen, bis ihn Stanley 1871 wiederfindet. Er wendet sich dann vom Tanganyika ins Gebiet des Luapula und Lualaba, wo er stirbt. 1870 entdeckte er den Bangweolo-See.

— Der Mediziner Albrecht **von Mosetig-Moorhof** führt den Jodoform-Verband in die Chirurgie ein.

1866—67 Der deutsche Afrikareisende Gerhard **Rohlfs** durchkreuzt Afrika von Tripolis aus, gelangt über Bornu an den Benue und Niger und von da zur Küste.

1866 Der Kliniker Leopold **von Schrötter** macht Arbeiten über die Behandlung der Kehlkopfverengerungen.

— Der preussische Ingenieuroffizier Maximilian **Schumann** bringt auf dem grossen Sande bei Mainz eine Panzerkasematte zur Ausführung, — als erste Anwendung des Panzers im deutschen Festungsbau.

— Der Chirurg Henry **Thompson** in London vervollkommnet die Methoden der Steinoperationen.

— B. C. **Tilghman** in Philadelphia erfindet das Verfahren der Zellstoffherstellung mittelst schwefliger Säure und sauren schwefligsauren Salzen, das erst durch A. **Mitscherlich** und Karl Daniel **Ekman** 1874 in die Praxis Eingang findet.

— P. H. **Watson** in Edinburg führt die erste Exstirpation des Kehlkopfes bei unheilbarer Krebserkrankung des Organs aus.

— Ferdinand **Zirkel** macht im Anschluss an die Sorby'schen Arbeiten (s. 1850) mit Hülfe des Mikroskops grundlegende Untersuchungen der Mineralien und Gesteine, insbesondere der Basalte.

1867 Friedrich August **Argelander** führt die Ortsbestimmung von 33 811 Sternen aus.

1867   Frederick **Crace Calvert,** Chemiker in Manchester, bringt die
im Jahre 1834 von Ferdinand Runge im Steinkohlentheer
entdeckte Karbolsäure als Desinfektionsmittel in den Handel.

—   Adolf **Fick** in Würzburg bearbeitet die Muskelphysiologie
vom thermodynamischen Standpunkt und zeigt gemeinsam
mit **Wislicenus,** dass die Energie des Muskels nicht aus der
Zersetzung von Eiweissstoffen, sondern von Kohlehydraten
stammt.

—   H. **Fischer** in Hannover führt den ersten unterläufigen
Mahlgang mit balancirendem Oberstein aus.

—   Cato Maximilian **Guldberg** und Peter **Waage** entreissen die
Berthollet'schen Arbeiten (s. 1801) der Vergessenheit, wenden
die mathematische Analyse auf die Reaktionsgeschwindigkeiten
und Gleichgewichtsverhältnisse bei chemischen Vorgängen an
und begründen auf diese Weise das Guldberg-Waage'sche
Massenwirkungsgesetz.

—   Der amerikanische Geologe Ferdinand Vandeveer **Hayden**
entdeckt den Yellowstone-Park mit seinen Geysirn.

—   Hermann **von Helmholtz** begründet in seinem „Handbuch
der physiologischen Optik" eingehend die 1807 von Young
geäusserte Idee, dass die Verschiedenheit der Farben aus
der Häufigkeit der durch die Bewegung des Aethers in der
Netzhaut erregten Schwingungen entstehe, und dass in der
Netzhaut drei verschiedene, die Empfindung der drei Grundfarben, roth, grün, violett vermittelnde Nervenelemente vorhanden seien, bei deren gleichmässiger Erregung der Eindruck
„weiss" entstehe.

—   Der Fabrikant Friedrich **Kaiser** in Iserlohn erfindet die selbstthätige Stempel- und Lochmaschine für Nähnadeln.

—   Der Ingenieur **Liernur** führt das pneumatische Abfuhrsystem
ein, das auf der Anwendung eiserner, unter der Erde liegender
Röhren zur Aufnahme der Fäkalstoffe und Benutzung von
Luftdruck zur täglichen Entleerung dieser Röhren beruht.

—   Joseph **Lister** begründet, gestützt auf die Lehre Pasteur's
von der Panspermie, d. h. der Allgegenwart von Keimen in
der Luft (s. 1860), die Nothwendigkeit der antiseptischen
Wundbehandlung. Er bildet deren Technik auf das Sorg-
fältigste aus, um die Instrumente, die Hände des Operateurs,
die Haut des zu Operirenden von anhaftenden Keimen durch

keimtödtende Chemikalien zu befreien, die Luft durch Karbolsäure zu desinficiren und die Wunde nach der Operation
durch luftdichte Verbände abzuschliessen.

1867 Alfred **Nobel** erfindet das Dynamit, indem er Infusorienerde
bis zur Sättigung mit Nitroglycerin durchtränkt.

— Der Ingenieur W. **v. Nördling** führt die nach ihm benannte
Uebergangskurve zur Erleichterung des Einlaufes von Eisen-
bahnfahrzeugen in Krümmungen ein.

— Nicolaus **Otto** und Eugen **Langen** erfinden ihre atmosphaerische Gaskraftmaschine, bei der die Explosionswirkung nur
indirekt zur Arbeitsleistung benutzt wird.

— Der Berliner Fabrikant Julius **Pintsch** ermöglicht die Eisen-
bahnwagenbeleuchtung vermittelst Oelgas durch Erfindung
eines sicher wirkenden Druckreglers.

— Der französische Oberst A. **de Reffye** konstruirt die später
in der französischen Armee eingeführte Mitrailleuse

— Giovanni Virginio **Schiaparelli** stellt den Satz auf, dass
Kometen verdichtete Meteorschwärme und die Ansammlungen
von Meteoriten aufgelöste Kometen sind und erweitert so
den 1837 von Morstadt geäusserten Gedanken.

— C. Latham **Sholes,** Samuel W. **Soulé** u. Carlos **Glidden**
konstruiren unter Verwendung der von Alfred Beach 1855
erfundenen Typenstangen, die sie kreisförmig aufhängen und
der von John Pratt in der Pterotype-Maschine (1867) verwirk-
lichten Ideen, eine Schreibmaschine, deren Fabrikation von
1873 ab bei E. **Remington & Sons** in Ilion erfolgreich
durchgeführt wird (Remington-Typewriter).

— Werner **von Siemens** entdeckt das Dynamoprinzip, wonach
Strom und Magnetismus bis zu einem durch die Masse, Form
und die magnetischen Eigenschaften des Magnetgestells bedingten Maximum sich gegenseitig immer verstärken, und
erfindet hierauf gestützt, die dynamoelektrische Maschine. Nur
14 Tage später veröffentlicht auch Charles Wheatstone
dieses Prinzip.

— William **Siemens** wendet den Regenerativofen zur Herstellung
von Stahl an, der, da er zuerst in der Fabrik der Gebrüder
Martin hergestellt wird, den Namen Siemens-Martinstahl erhält.

— William **Siemens** schlägt zuerst vor, die Vergasung der
Steinkohlen unmittelbar in den Kohlengruben vorzunehmen,
um durch die centralisirte Vergasung den Grossstädten Vor-
theile zu schaffen.

1867 C. **Tessié de Motay** erfindet den Lichtdruck, der in der Folge von Joseph **Albert** in München verbessert und allgemeiner Anwendung zugeführt wird.

— C. **Tessié de Motay** bringt Zirkonstifte durch einen aus Leuchtgas und Sauerstoff zusammengesetzten Strom zum Glühen und erleuchtet mit diesem „Hydrooxygenlicht" genannten Lichte die Plätze vor dem Hotel de Ville und den Tuilerien in Paris. Gleichzeitig kommt das Clamond'sche Licht auf, bei dem an Stelle des Zirkonstiftes ein Magnesiageflecht verwendet wird.

— W. **Thomson** (Lord Kelvin) erfindet den Heberschreiber — Siphonrekorder — für den Betrieb langer Kabel, um die ankommenden Zeichen aufzuschreiben. (Rekorderschrift in Gestalt einer Wellenlinie.) Der Apparat wird später namentlich durch Muirhead verbessert.

— Der Kliniker Ludwig **Traube** macht Untersuchungen über die Veränderungen des Lungenparenchym nach Durchschneidung des nervus vagus, über die Fiebervorgänge und den Zusammenhang zwischen Herz- und Nierenkrankheiten und weist nachdrücklich auf die Nothwendigkeit der Temperaturmessung am Krankenbett hin, die er wissenschaftlich begründet.

— Der französische Arzt Jean Antoine **Villemin** erbringt durch Ueberimpfen von Tuberkeln den Beweis der Uebertragbarkeit der Tuberkulose.

— Der Chemiker Walter **Weldon** erfindet das Weldon-Verfahren zur Wiedergewinnung des Mangans aus den bei der Chlorfabrikation abfallenden sauren Manganbrühen.

— Der Ingenieur Robert **Whitehead** und der Kapitän **Lupis** in Fiume erfinden den Fischtorpedo.

— Der Ingenieur Emil **Winkler** vervollkommnet die Regeln des Brückenbaus und gibt, neben andern werthvollen Schriften, ein grosses Werk über Brückenbau heraus.

1868 Johann **Bauschinger** macht ausgedehnte Versuchsreihen über die Festigkeit der Baumaterialien, zu denen er sich des von L. **Werder** erfundenen, sehr verlässlichen Festigkeitsprüfers bedient.

— Ernst **von Bergmann** und Oswald **Schmiedeberg** weisen nach, dass bei den chirurgischen Infektionskrankheiten neben der Infektion auch eine Intoxikation (Blutvergiftung) auf chemischem Wege zu Stande kommt (Sepsin).

1868 V. J. **Boussinesq** zieht zur Erklärung der Dispersion die Wechselwirkung zwischen dem Aether und den Körpermolekülen heran und schafft so die Grundlage für alle späteren Dispersionstheorien (Sellmeier, Helmholtz).

— Der russische Reisende Alexander **Czekanowski** wird nach Sibirien verbannt und erforscht bis zu seiner 1876 erfolgenden Begnadigung die Gebiete der Tunguska, des Olenek und der Lena.

— Der französische Mediziner Sulpice Antoine **Fauvel** veranlasst auf Grund seiner Untersuchungen über Pest, Cholera und Typhus den Erlass von Quarantaine-Vorschriften.

— Der russische Reisende Alexei Pawlowitsch **Fedtschenko** erforscht in dreijähriger Reise Turkestan und macht 1871 eine zweite Reise nach Ferghana und dem Pamirplateau.

— Karl **Graebe** und Karl **Liebermann** stellen auf synthetischem Wege das Alizarin aus Anthracen dar. (Erste Synthese eines Pflanzenfarbstoffes.)

— Thomas **Graham** entdeckt die Okklusion, d. i. die Eigenschaft einiger Metalle, wie insbesondere des Palladiums, Wasserstoff aufzunehmen und festzuhalten. Es gelingt ihm, in Meteoreisen okkludirten Wasserstoff nachzuweisen.

1868—70 Der französische Reisende Alfred **Grandidier** macht Forschungsreisen in Madagaskar.

1868 G. F. **Green** erfindet die erste zahnärztliche, mit Druckluft arbeitende Bohrmaschine, die jedoch bald durch die 1870 von **Morrison** erfundene Bohrmaschine mit direkter Uebertragung verdrängt wird.

— Ausgehend von klinischen Beobachtungen L. Traube's entdecken H. E. **Hering** und F. **Breuer,** dass durch Vermittlung des Vagus jede Erweiterung der Lungen eine nachfolgende Ausathmung, jede Verengung des Brustraums eine Einathmung auslöst, und bezeichnen dies als „Selbststeuerung" der Athmung.

— Wilhelm **Hofmeister** versucht an Stelle der rein formalen (Schimper'schen) Blattstellungstheorie eine genetisch mechanische Erklärung zu setzen.

— William **Huggins** wendet das Doppler'sche Prinzip zum ersten Mal auf die Bestimmung der Bewegung der Sterne in der Gesichtslinie beim Sirius an.

1868 Karl **Koldewey** führt die erste deutsche Nordpolexpedition und macht 1869 eine zweite Expedition nach Ostgrönland mit den Schiffen Germania und Hansa, die durch das tragische Schicksal der Hansa bemerkenswerth wird und auf der der Franz Joseph-Fjord entdeckt wird.

— Adolph **Kundt** beobachtet zuerst das Spektrum des Blitzes und erhält bei Funkenblitzen mit höherer Temperatur das Linienspektrum, bei Flächenblitzen das Bandenspektrum.

— Georges **Leclanché** erfindet das insbesondere für die Haustelegraphie viel benutzte Kohlenzinkelement (Leclanché-Element).

— Joseph Norman **Lockyer** und Pierre Jules César **Janssen** erforschen mit Hülfe der Astrophotographie und der Spektroskopie die Strukturverhältnisse und die chemische Konstitution der Sonne und aptiren das Spektroskop derart, dass sie sich auch von dem Vorhandensein von Protuberanzen überzeugen können.

— Der Chemiker Wilhelm **Lossen** entdeckt das Hydroxylamin bei der Reduktion von Salpetersäure-Aethylaether mit Zinn und Salzsäure.

— Mège **Mouriés** erfindet die Bereitungsmethode der Kunstbutter (Oleomargarine).

— Der dänische Mediziner Hans Wilhelm **Meyer** macht epochemachende Arbeiten über adenoide Vegetationen in der Nasenrachenhöhle und bezeichnet diese Vegetationen als eine der Hauptursachen der Taubheit.

— Der Gutsbesitzer Asmus **Petersen** in Wittkiel (Schleswig) begründet mit seiner „Beschreibung der neuen Methode des Wiesenbaues" die Drainbewässerung oder das Petersen'sche Wiesenbausystem.

1868—77 Wilhelm **Reiss** und Alfons **Stübel** reisen den Magdalenenstrom hinauf bis nach Bogota und durch das Caucathal nach Popayan, Pasto und Quito, ferner nach Peru und den Huallaga und Amazonas abwärts bis zur Küste. Seit 1876 reist Stübel allein in Südbrasilien, an der chilenischen und bolivianischen Küste und auf dem Hochland von Bolivia.

1868—72 Ferdinand **von Richthofen** erforscht in mehrjähriger Reise China und einen Theil von Japan.

1868 Hermann **Schwartze** in Halle begründet die operative Ohrenheilkunde.

1868 Simon **Schwendener** erkennt, dass die Flechten aus zwei verschiedenen zur innigen Lebensgemeinschaft (Symbiose) verbundenen Organismen, einem Schlauchpilz und einer niedern Alge bestehen.

— **Sladen** gelangt am Irawadi aufwärts bis Bhamo.

— C. **Tessié du Motay** erfindet die kontinuirliche Bereitung von Sauerstoff aus der Luft unter Verwendung von mangansaurem Natron, welches bei hoher Temperatur unter Mitwirkung eines Dampfstroms Sauerstoff abgibt und in erhitztem Zustand durch Ueberleiten eines Luftstroms wieder in die ursprüngliche Verbindung zurückgeführt wird.

— Der Reisende Moritz **Wagner,** der 1836—38 in Algerien gereist war, stellt die sogenannte Migrationstheorie auf, die darin besteht, dass das Auswandern von Thieren aus ihrer früheren Heimath einen mächtigen Anstoss zur Differenzirung und zur Entstehung neuer Arten gibt.

1869 Robert Wilhelm **von Bunsen** erfindet die Wasserluftpumpe.

— Friedrich Leopold **Goltz** in Strassburg erweitert die Kenntniss der reflektorischen Thätigkeit des Nervensystems.

— Zénobe Théophile **Gramme** kombinirt den Pacinotti'schen Ringanker mit dem Siemens'schen Dynamoprinzip und erzeugt so die erste dynamoelektrische Maschine, welche kontinuirlichen Gleichstrom liefert.

— Der englische Ingenieur **Hardy** erfindet eine Luftsaugebremse, die namentlich in England, Schweden und Oesterreich angewendet wird.

— **Hayward** und **Shaw** erreichen Jarkand und Kaschgar.

— Der bayrische Ingenieur Jacob **Heberlein** erfindet die nach ihm benannte Reibungsbremse.

— Der Physiker Johann Wilhelm **Hittorf** beobachtet als Erster die Kathodenstrahlen und beschreibt die mannigfachen Einflüsse des Magnetismus auf das Licht in den Geissler'schen Röhren.

— **Hyatt** in Newark erfindet das Celluloid, das aus Nitrocellulose und Kampfer besteht.

— **Jaacks** und **Behrns** in Hamburg führen die Ventilation der Mahlgänge ein, durch welche die Erhitzung des Mehls, welche dasselbe in seiner Backfähigkeit beeinträchtigt, verhindert wird.

1869 Der Ingenieur **Lehmann** erfindet die auf Ericsson's Prinzip beruhende, jedoch gegen dessen Maschine wesentlich verbesserte Lehmann'sche Heissluftmaschine.

— Oskar **Liebreich** entdeckt die schlafbringende Wirkung des 1832 von Liebig entdeckten Chlorals, die auf dessen Zerlegung durch das Blut beruht.

— Der italienische Mediziner Cesare **Lombroso** begründet durch seine Arbeiten und Hypothesen über die Geisteskranken, Verbrecher, Prostituirten u. s. w. die Kriminal-Anthropologie.

— Die Chemiker Dimitrij **Mendelejew** und Lothar **Meyer** finden gleichzeitig, aber unabhängig von einander, dass in der Reihe der Atomgewichte eine gewisse Periodizität besteht und dass jedem Element auf Grund seines Atomgewichts ein bestimmter Platz in der Gesammtreihe zukommt. Mendelejew prognostizirt, darauf gestützt, das Vorhandensein noch unbekannter Elemente. Die Entdeckung des Germanium, des Gallium und des Scandium bestätigt diese Hypothese.

— Friedrich **Nobbe** in Tharandt errichtet die ersten Pflanzensamen-Kontrollstationen.

— William Henry **Perkin** stellt aus den alkalischen Mutterlaugen des von ihm hergestellten Perkin-Violett (Mauvein) das Safranin her.

1869—71 Der amerikanische Naturforscher John Wesley **Powell** untersucht den Colorado und den Green River und entdeckt die „Cañon" genannten Felsenlabyrinthe.

1869 Der französische Astronom Victor **Puiseux** gibt durch seine Monographie über die Venusdurchgänge Veranlassung zur Aussendung internationaler Expeditionen.

— **Rivet** verbessert das von Oschatz (ca. 1854) erfundene Mikrotom, indem er die Führung des Messers fixirt.

— Der Photochemiker **Schultz-Sellack** macht die für die Farbenphotographie wichtige Beobachtung, dass die Empfindlichkeit der Silberhaloidsalze für verschiedenfarbiges Licht durch beigemengte Farbstoffe sehr beeinflusst wird.

— **Suriray,** Besitzer einer Rahmenfabrik in Melun, verwendet für das Fahrrad Rollen- und Kugellager an Stelle der einfachen Achsenlager.

— Emil **Warburg** macht die Beobachtung, dass beim Tönen fester Körper ein Theil der Schallenergie sich in Wärme verwandelt und zwar um so mehr, je rascher die Töne der Körper verklingen.

1869 George M. **Wheeler** in New-York erforscht die Territorien im Gebiet der Felsengebirge Arizona, Neumexiko und Nevada und erzielt wichtige Resultate für Geographie und Naturwissenschaft.

1870 Der Mechaniker **Betz** konstruirt eine Maschine, um Draht von Glühspan zu befreien (Drahtreinigungsmaschine).

— Jean Martin **Charcot** erforscht die Systemerkrankungen des Rückenmarks, die Sklerose, die Paralysis agitans und den Hypnotismus. Er findet die Charcot'schen Krystalle im Sputum von Asthmatikern.

— C. **Christiansen** entdeckt die anomale Dispersion am Fuchsin und gibt dadurch den Anstoss zu den Arbeiten über den Zusammenhang zwischen Absorption und Dispersion (Kundt 1870).

— **Dagron** benutzt während der Belagerung von Paris die Photomikrographie zur Herstellung von Depeschen für den Brieftaubendienst.

— Henry **Deacon** in England erfindet das nach ihm benannte Verfahren der Chlordarstellung durch Oxydation von Salzsäure bei Gegenwart von Kupfersulfat.

— Durch die Gründung der Deutschen Zoologischen Station in Neapel erleichtert der Zoologe Anton **Dohrn** die Untersuchung lebender Meerthiere.

— Der Techniker N. **Galland** in Nancy erfindet das pneumatische Malzverfahren (Trommelmälzerei).

— Carl **Gegenbaur** wendet in seinen „Grundzügen der vergleichenden Anatomie" zum ersten Male die Darwin'sche Abstammungslehre auf die vergleichende Anatomie, namentlich der Wirbelthiere an.

— Der Ingenieur Klaus **Köpcke** in Dresden führt das Sandgeleise ein, um Züge gefahrlos zum Stehen zu bringen, und legt ansteigende Ausziehgeleise zum Rangiren an.

— Adolph **Kundt** entdeckt die Kundt'schen Staubfiguren, durch welche die Schallgeschwindigkeit und die Tonhöhe in der Luft oder in beliebigen Gasen bestimmt werden kann.

— **Lacaze-Duthiers** gibt zuerst eine genaue Beschreibung des Färbevermögens des Saftes einer Meerschnecke, Purpura haemastoma L. und zeigt, dass die Benutzung desselben zum Zeichnen der Wäsche bei den Fischern auf den Balearen ein letzter Rest der Purpurfärberei des Alterthums ist.

1870 Der französische Ingenieur Nicolas **Lebel** erfindet das Lebel-
gewehr, welches in der französischen Armee im Jahre 1886
eingeführt wird.

— Der französische Fabrikant **Masson** konservirt die Gemüse,
indem er die getrockneten Blätter einer starken Pressung
unterwirft und sie in kleine viereckige Täfelchen verwandelt,
wodurch wegen des bedeutend verminderten Volums die
Einwirkung der Luft bedeutend herabgesetzt wird (Comprimés).

— James Clark **Maxwell** begründet die Elektrooptik.

— Johann Heinrich **Meidinger** in Karlsruhe, Erfinder des
Meidinger'schen Elements (1859), konstruirt die ersten Füllöfen.

— Der Mediziner Georg **Meissner** in Göttingen entdeckt die
aus feinen Nervenfasern gebildeten Endanschwellungen der
Gefühlsnerven, die nach ihm Meissner'sche Tastkörperchen
genannt werden.

— Der französische Gärtner **Monier** bettet Eisengerippe oder
Eisennetzwerk in verhältnissmässig dünne Wände aus Cement-
mörtel ein und erfindet damit eine viel angewandte, „Monierbau"
genannte Bauweise.

— Die Ingenieure **Montefiori-Levi** und **Künzel** in Lüttich
erfinden die Phosphorbronze.

— Der Ohrenarzt Salomon **Moos** in Heidelberg konstatirt
zuerst, dass bei verschiedenen Infektionskrankheiten Bakterien
in das Labyrinth einwandern, die Gehör- und Gleichgewichts-
störungen verursachen.

1870—74 Gustav **Nachtigal** besucht auf 5jährigen Reisen das
noch von keinem Europaeer erreichte Tibesti und gelangt
von da über Borku, Baghirmi, Wadai, Darfur und Kordofan
nach Kairo.

1870 **Noë** erfindet eine mittelst eines Bunsenbrenners zu er-
wärmende sternförmige Thermosäule aus radial gestellten
Stäbchen einer Zink-Antimonlegirung, die gegen den Mittelpunkt zu mit kupfernen Heizstiften versehen sind.

— Der Ingenieur Friedrich August **von Pauli** erfindet die für
Eisenbrücken angewendeten Pauli'schen Träger.

— Der Weinbauer **Petiot** bringt in der Bourgogne die Treber
der Trauben mit Zuckerwasser zur Gährung, lässt die so
gewonnene Flüssigkeit mit dem Moste vergähren und erhält
durch dies „Petiotisiren" genannte Verfahren eine Wein-
vermehrung.

1870 Der Botaniker Wilhelm **Pfeffer** entfaltet eine reiche Thätigkeit in der Pflanzenphysiologie, namentlich in der Erklärung der lokomotorischen Vorgänge, die bei niedern Pflanzen durch chemische Reize eingeleitet werden (Chemotaxis).

— Der amerikanische Ingenieur John **Player** erfindet die Schlackenwolle, die vielfach als Umhüllungs- und Isolirungsmittel für Dampfleitungen dient.

— Der Anatom Friedrich **von Recklinghausen** entdeckt die Wanderungen der Leukocyten, auf die eine neue Lehre von der Entzündung begründet wird.

— Nachdem bereits 1867 eine Zahnradbahn auf den Mount Washington bei Philadelphia gebaut worden war, erbauen **Riggenbach, Naef** und **Zschokke** eine Gebirgsbahn auf den Rigi in der Schweiz, bei welcher sie eine zwischen den Schienen liegende Zahnstange verwenden (s. Blenkinsop 1811). Bei der Mont-Cenisbahn, die 1857 bis 1870 erbaut worden war, hatte **Fell** eine von Vignoles und Ericsson vorgeschlagene Anordnung (Mittelschiene mit vier wagerechten Klemmrädern) verwendet.

— Der Botaniker Julius **von Sachs** in Würzburg macht bahnbrechende Beobachtungen über die Ernährungsbedingungen der Pflanzen und die Assimilationsthätigkeit des Chlorophylls.

— Der Astronom Johann Julius Friedrich **Schmidt** zu Athen gibt die beste bis jetzt bekannte Mondkarte heraus.

— Georg **Schweinfurth** entdeckt auf seiner Afrikareise den Uellefluss, der der Oberlauf des Mobanji, eines Nebenflusses des Kongo, ist. Er betritt als Erster das Gebiet zwischen Uelle und Bahr el Ghasal.

— William **Siemens** in London gibt zuerst die Verwendung des Dampfstrahls zum Ansaugen und Fördern von Luft im Dampfstrahlgebläse an.

— **Siemens** und **Halske** konstruiren für den Eisenbahnbetrieb elektrische Blockanlagen mit Zwangsabhängigkeit von den Signalen.

— J. S. **Stas** führt seine vorbildlich gewordenen Atomgewichtsbestimmungen aus, indem er sich bemüht, jede, auch die kleinste Fehlerquelle auszuschliessen.

— William **Thomson** (Lord Kelvin) verbessert das hergebrachte Lothen durch Erfindung seiner Sounding machine.

1870 B. C. **Tilghman** erfindet das Sandstrahlgebläse, welches sich sehr rasch in der Glasindustrie zur Erzeugung matter Figuren auf glänzendem Grund oder umgekehrt und allmählich auch in der Eisenindustrie einführt.

— Friedrich **Wegmann** in Zürich führt an Stelle der eisernen Walzen für die Müllerei Porzellanwalzen ein, die sich ziemlich ausgedehnter Benutzung erfreuen (Viktoriawalzenstuhl).

— Der Ingenieur **Westinghouse** erfindet die nach ihm benannte Westinghouse-Bremse.

— Der Mediziner Karl **Westphal** entdeckt das Kniephaenomen, dessen Fehlen ein wichtiges Symptom gewisser Nervenkrankheiten ist.

— Der Ingenieur A. **Woehler** veröffentlicht Untersuchungen über den Einfluss oft wiederholter Belastungen auf die Festigkeit des Eisens und Stahles. Johann Bauschinger bemerkt hierzu: „Oftmal, millionenmal wiederholte Anstrengungen des Eisens und Stahls bringen keine Aenderung der Struktur hervor."

— Der Chemiker Emil **Wohlwill** in Hamburg führt zuerst die Kupferscheidung auf elektrischem Wege rationell durch.

— Der Mediziner Julius **Wolff** begründet das Gesetz der Transformation der Knochen.

— Der Amerikaner **Young** erfindet die Gatter-Diamantsäge zum Zerschneiden von Hartsteinen.

1871 Louis **Agassiz** und **Pourtalès** führen die systematische Erforschung des Meeresgrundes und seiner Thierwelt in den amerikanischen Meeren in grossem Massstabe durch.

— Adolf **von Baeyer** entdeckt das Fluresceïn, den Ausgangspunkt der Eosinfarbstoffe. Er entdeckt ferner das Indol durch Reduktion von Indigblau mit Zinkstaub.

— Gustav **Fritsch** und Julius Eduard **Hitzig** weisen nach, dass die Hirnrinde für künstliche Reizung erregbar ist.

1871—72 Der amerikanische Nordpolfahrer Charles Francis **Hall** macht mehrere Nordpol-Expeditionen, die werthvolle Resultate über die Vertheilung von Land und Wasser liefern.

1871 Johann Friedrich **Judeich** in Tharandt tritt für die Bestandswirthschaft im Forstbetrieb ein.

— Sophus **Lie** in Christiania begründet die Theorie der kontinuirlichen Transformationsgruppen.

1871 Der Mediziner Richard C. **Maddox** photographirt auf Gelatine-Bromsilber-Emulsion (Trockenplatten Verfahren).

— Max **Maercker** veranlasst ausgedehnte Feldversuche zur Prüfung seiner wissenschaftlich begründeten Düngungs- und Kulturmethoden und errichtet zu diesem Zweck die Versuchswirthschaft Lauchstädt bei Halle.

— Der Naturforscher Karl August **Moebius** fördert die wissenschaftliche Meeresuntersuchung (Tiefseeforschung) sowie die Perlenfischerei und die Austernzucht an den deutschen Küsten.

— Benjamin Leigh **Smith** erforscht das nördliche Eismeer und erreicht an der Küste von Spitzbergen 81° 24′ nördliche Breite.

— Eduard Burnett **Tylor** begründet durch seine Forschungen und namentlich durch sein Werk „Primitive culture, researches into the development of mythology, philosophy, religion, art and custom" die wissenschaftliche Ethnologie.

— Heinrich **Ujheli** in Wien stellt fabrikmässig Ceresin aus Ozokerit her.

— Karl **Weigert** entdeckt die Möglichkeit, Bakterien durch Färbung mit kernfärbendem Karmin mikroskopisch isolirt hervorzuheben.

1872 Ernst **Abbe** in Jena gibt die Theorie der Abbildung nicht selbst leuchtender Objekte und legt so den Grund zu einer exakten Theorie der Mikroskope. (Abbe'sches Kondensorsystem, Apochromate).

— V. J. **Boussinesq** entwickelt in seinem „Essai de la théorie des eaux courantes" die Bewegung des Wassers in offenen Betten und Röhren und behandelt namentlich auch die ungleichförmige Bewegung, wie sie bei Hochwasser und bei der Einwirkung von Ebbe und Fluth eintritt.

— G. **Cantor** begründet die Lehre von den Punktmengen.

— **Champion** und **Pellet** finden, dass unter günstigen Verhältnissen der Schall chemische Kräfte auslösen und dass z. B. Jodstickstoff durch gewisse hohe Töne zum Explodiren gebracht werden kann.

— Der englische Konstrukteur Edwin **Clark** führt zum Ersatz der Schleusen das erste mechanische Schiffshebewerk zu Cheshire bei Anderton aus.

1872 Ferdinand **Cohn** theilt in seinem Werke „Grundlegende Untersuchungen über Biologie und Systematik der Bakterien" diese niedrigsten, den niederen Algen nahe stehenden Glieder des Pflanzenreichs in Kugelbakterien (Mikrokokken), Stäbchenbakterien (Bazillen) und Schraubenbakterien (Spirillen) ein und gibt durch diese Systematik der Bakteriologie eine sichere Grundlage.

— Der Mathematiker Luigi **Cremona** findet die nach ihm benannte, seither in der Baukonstruktionslehre fast ausschliesslich angewendete Art der Aufzeichnung eines Kräfteplanes.

— Der Mediziner Karl **Ehrle** führt die Verbandwatte ein, welche rasch die bislang gebrauchte Charpie verdrängt.

— **Elias** durchkreuzt die Mongolei. Im gleichen Jahre erreicht Przewalski den Kuku-nor.

— Der Ingenieur Louis **Favre** baut den Gotthardtunnel.

— Der Arzt Karl Theodor **Fieber** in Wien wendet Inhalationen in Staubform an.

— Der Ingenieur Wilhelm **Fränkel** ist auf dem Gebiete der Theorie der Baukonstruktionen thätig und erfindet den Dehnungszeichner zum Messen der Längenänderung von Bautheilen.

— Der Engländer **Gjers** erfindet den, bei Hochofenanlagen vielfach zur Anwendung gelangenden pneumatischen Aufzug mit Saugwirkung und der ganzen Förderhöhe entsprechendem Luftcylinder.

— Ernest **Giles** dringt ins Innere des westlichen Australien ein, entdeckt die Liebig-Mountains und den Amadeussalzsee. Er macht drei weitere Reisen, auf deren letzter er 1875 den unbekannten Westen vollständig erforscht und konstatirt, dass derselbe meist aus ödem, wasserlosem Gebiet besteht.

— H. C. **Hall** in New-York erfindet den auf der direkten Dampfwirkung auf Wasser beruhenden, zur Wasserhebung dienenden Pulsometer.

— Eduard **Heis** zu Münster gibt seinen „Atlas coelestis novus" heraus, in welchem alle mit blossem Auge sichtbaren Sterne aufgenommen sind.

— **Hignette** in Paris gelingt es, durch seinen „Epiérreur-Cribleur" die Abscheidung der vielfach im Getreide vorkommenden kleinen Steinchen mechanisch zu bewirken.

1872   August **Horstmann** verwendet zuerst den zweiten Hauptsatz
der mechanischen Wärmetheorie auf chemische Vorgänge
bei gasförmigen Körpern.

— Edwin **Klebs** scheidet zuerst die Bakterien von der Bakterien-
flüssigkeit durch Filtration durch Thierzellen und führt die
Züchtung auf festem Nährboden (Hausengallerte) mit frakti-
onirter Kultur (Ueberimpfung) ein.

— Der Akustiker Rudolph **König** macht den Schwingungs-
vorgang und die Knoten in einer tönenden Orgelpfeife in
sinnreicher Weise durch die von ihm erfundenen mano-
metrischen Flammen sichtbar.

— Der Chemiker Oskar **Loew** benutzt das Formalin als Des-
infiziens.

— Der französische Techniker **Malhère** entwickelt die Klöppel-
maschine, deren Erfinder sich nicht hat feststellen lassen.
mit Hülfe des Jacquard derart, dass sie nun nicht mehr
allein für Litzen und Bänder, sondern auch für Spitzen
brauchbar wird.

— Der Mediziner Hermann **Munk** beginnt seine Forschungen
über die Lokalisation der Grosshirnfunktionen.

— John **Murray** und Charles Wyville **Thomson** wirken durch
die vierjährige Challenger-Expedition, welche von George
Strong **Nares** geführt wird, epochemachend für die Ozeanographie, namentlich für die Kenntniss der in grossen Meeres-
tiefen lebenden Thiere.

— Hermann **von Nathusius** weist die relativ abweichenden
physiologischen Eigenschaften der Zuchtthiere hinsichtlich
Futterverwerthung und Frühreife nach.

— Louis **Pasteur** empfiehlt, die Bierfabrikation unter voll-
ständigem Abschluss der Luft vermittelst Reinhefe vorzunehmen.

— Max **von Pettenkofer,** der Begründer der Hygiene, erforscht
die Beziehnngen des Bodens und des Grundwasserstandes
zu Cholera und Typhus.

— Max **von Pettenkofer** erfindet ein Verfahren zur Regene-
ration der Oelgemälde, indem er durch Alkoholdampf den
undurchsichtig gewordenen Firniss wieder klar macht.

— Der Amerikaner **Shaw** konstruirt eine durch Explosion von
Pulver in einem geschlossenen Cylinder wirkende Pulver-
ramme zum Eintreiben von Pfählen.

1872 Eduard **Suess** weist auf den engen tektonischen Zusammenhang zwischen dem Verlauf der Bruchlinien und der Verbreitung der Erdbeben hin.

— John J. **Thornycroft** in London konstruirt das erste moderne Torpedoboot.

— Ferdinand **Tiemann** und W. **Haarmann** entdecken, dass im Saft der meisten Coniferen das Coniferin vorkommt, das zum Vanillin sich ebenso, wie der Alkohol zum Aldehyd verhält und erhalten durch Oxydation des Coniferins das künstliche Vanillin.

1872—93 Der Palaeontologe Karl **von Zittel** begründet durch sein grosses Handbuch der Palaeontologie eine den neueren biogenetischen Anschauungen angepasste Lehre dieser Wissenschaft.

1873 Theodor **Billroth** macht die zweite Exstirpation des Kehlkopfs (s. Watson 1866). Karl **Gussenbauer** konstruirt für diesen Fall einen künstlichen Kehlkopf.

— Der Physiologe Franz Christoph **Boll** in Berlin entdeckt das Lichtbild im Sehpurpur des Froschauges.

1873—75 Der englische Reisende Verney Lovett **Cameron** durchkreuzt Afrika von Sansibar aus, erreicht den Tanganyika-See, den er als Quellsee des Congo anspricht und gelangt über Nyangwe am Lualaba nach Benguela am Atlantischen Ozean.

1873 **Croissant** und **Brétonnière** erhalten durch Schmelzen von organischen Substanzen mit Schwefelalkalien schwefelhaltige Farbstoffe, welche vegetabilische Fasern in Braun, Grau und Schwarz färben und sich durch ihre Echtheit auszeichnen (Sulfinfarben).

— William **Crookes** erfindet die Lichtmühle, auch Radiometer genannt und stellt die Theorie der strahlenden Materie, wie er nach einem 1816 von Faraday bei seiner Erstlingsarbeit über die Materie gebrauchten Ausdruck die Kathodenstrahlen nennt, auf.

— Friedrich **von Esmarch** lehrt die Erzeugung der künstlichen Blutleere zum Zweck chirurgischer Operationen.

— B. W. **Feddersen** entdeckt die Thermodiffusion, die darin besteht, dass bei homogenen Gasen, die durch eine poröse, auf beiden Seiten ungleich erwärmte Scheidewand getrennt werden, ein Diffusionsstrom von der kälteren nach der wärmeren Seite geht.

1873 Der Neurologe Paul Emil **Flechsig** in Leipzig untersucht den Bau des Gehirns in verschiedenen Stadien der Entwicklung, um die Anlage der einzelnen Bahnen zu erforschen.

— Joseph **Gecmen** stellt in Wien die ersten mechanischen Malzdarr- und Keimapparate aus.

— Friedrich **von Hefner-Alteneck** verbessert die Dynamomaschine durch die Konstruktion des Trommelankers an Stelle des Gramme'schen Rings.

— **Henze** in Weichnitz bei Glogau erfindet den nach ihm benannten Dämpfapparat für Kartoffeln und Getreide.

— **Hermite** und 9 Jahre später **Lindemann** beweisen die Transcendenz der Zahlen e und π, aus welcher die Unmöglichkeit der Quadratur des Kreises mit alleiniger Anwendung von Zirkel und Lineal und mit einer endlichen Zahl von Prozessen folgt. Hiermit ist dieses berühmte Problem endgültig abgethan.

— Der Oesterreicher **Hock** baut eine mit von der Maschine selbst erzeugter, karburirter Luft betriebene fälschlich „Petroleummotor" genannte Maschine.

— Der Chemiker Hermann **Kolbe** erfindet eine Methode, Salicylsäure im Grossen künstlich herzustellen, die von R. Schmitt verbessert wird, und entdeckt die antipyretische Wirkung der Salicylsäure.

— Robert **Mallet** begründet mit seinem Werke „on volcanic energy" die von Prévost, Thurmann und Dana vorbereitete moderne Kontraktions- und Fältelungstheorie der Erdbildung.

— James Clark **Maxwell** stellt die elektromagnetische Lichttheorie auf, deren Ausgangspunkt die Thatsache bildet, dass in den Wechselbeziehungen von Magnetismus und Elektrizität eine bestimmte Grösse, die sogenannte kritische Geschwindigkeit auftritt, deren Werth übereinstimmend mit dem der Lichtgeschwindigkeit gefunden worden war. Maxwell erklärt diese Uebereinstimmung daraus, dass derselbe Aether die elektrischen Kräfte und das Licht übermittelt. Letzteres besteht nach ihm in einer elektrischen Wellenbewegung, welche sich transversal zum Wellenstrahl fortpflanzt.

— James Clark **Maxwell** zieht aus seiner elektromagnetischen Lichttheorie den Schluss, dass ein bestrahlter Körper einen Druck erleidet, wie schon Euler vermuthet hatte. Nach von vielen Seiten gemachten vergeblichen Bemühungen gelingt es Lebedew, dies 1900 experimentell und quantitativ zu bestätigen.

1873   Georg Hermann **von Meyer** führt den Nachweis, dass dieselben Konstruktionen, die in der graphischen Statik die Gleichgewichtsbedingungen eines Systems starrer Körper zu fixiren gestatten, auch für die Art und Weise des Baus der Knochen des menschlichen Körpers giltig sind.

—   Der Berliner Arzt Otto Hugo Franz **Obermeier** findet im Blute der an Rückfallfieber Erkrankten einen schraubenförmigen Parasiten, der während der Anfälle stets vorhanden ist und als Erreger der Krankheit angesehen werden muss.

—   Karl **Rosenbusch** trägt durch seine Werke „Mikroskopische Physiographie der Mineralien" und „Mikroskopische Physiographie der massigen Gesteine" wesentlich zur Förderung der Mineralogie und Geologie bei.

—   **van Rysselberghe** erfindet den meteorologischen Fern-Registrirapparat.

—   Nachdem Henle schon 1865 die bei der Zelltheilung auftretenden Gebilde abgezeichnet hatte, entdeckt **A. Schneider** in Giessen die ganze Folge dieser Erscheinungen, und deren allgemeine Bedeutung.

—   Hermann Wilhelm **Vogel** stellt das Gesetz auf, dass jeder Farbstoff eine photographische Schicht für diejenige Farbe empfindlich macht, welche er selbst bei durchfallendem Licht absorbirt und gründet hierauf seine Farbenphotographie.

—   Der Physiker Johannes Diderik **van der Waals** stellt die sogenannte Zustandsgleichung auf, welche die Umstände darlegt, unter denen ein Körper den einem der Aggregatzustände entsprechenden Molekularzusammenhang aufweist.

—   Peter Egerton **Warburton** erforscht das centrale West-australien.

1874   Thomas Alva **Edison** findet das erste wirklich brauchbare Verfahren zum Doppelsprechen d. i. zum gleichzeitigen Befördern zweier Telegramme in einem Leitungsdrahte nach derselben Richtung hin, indem er den einfachen Arbeitsstrombetrieb mit dem Doppelstrombetriebe vereinigt. In Verbindung mit Prescott erweitert er in demselben Jahre das Doppelsprechen mit dem Gegensprechen zur Vierfach- (Quadruplex-) Telegraphie.

—   Paul **Ehrlich** fördert durch Anwendung des Bluttrockenpräparates und der Anilinfarben die moderne Histologie.

1874 Die Brüder John und Alexander **Forrest** durchqueren nach mehreren kleineren Expeditionen Westaustralien zum ersten Mal von Westen nach Osten.

— Der Fabrikant H. **Gruson** in Magdeburg-Buckau stellt in Tegel zum Zwecke der Ausführung von Schiessversuchen einen Hartguss-Panzerthurm auf, welcher für die späteren Beschaffungen des preussischen Festungsbaus in mehrfacher Beziehung eine werthvolle Grundlage bildet.

— Der Psychiater Bernhard **Gudden** bildet die Exstirpationsmethode zur Erforschung der Gehirnfunktionen aus.

— Der Physiologe Rudolf Peter Heinreich **Heidenhain** in Breslau weist die histologischen Veränderungen in thätigen Drüsen und die Wärmeentwicklung bei Zusammenziehung des Muskels nach.

— Der Chemiker Jacobus Hendrikus **van't Hoff** begründet die Stereochemie.

— Der Physiologe Willy **Kühne** in Heidelberg erforscht die Vorgänge bei der Eiweissverdauung und lehrt die Reindarstellung der Fermente.

— Ernst **von Leyden** in Berlin fördert die Lehre von den Erkrankungen des Rückenmarks.

— Max **Maercker** in Halle gibt durch seine grundlegenden Arbeiten auf dem Gebiete der Spiritusfabrikation Veranlassung zur Gründung des Institutes für Gährungsgewerbe in Berlin.

— Jean Charles **de Marignac** entdeckt in der Erbinerde das Oxyd eines neuen, von ihm Ytterbium benannten Metalls.

— Der Ingenieur Otto **Mohr** in Dresden veröffentlicht ein neues, von ihm gefundenes allgemeines Verfahren zur Berechnung statisch unbestimmter Bauwerke.

1874—75 Der Brahmane **Naing Sing** bereist das bis dahin wenig erforschte Tibet, stellt die Ausdehnung der Pangkongseen fest, entdeckt eine Anzahl grosser Seen, besucht Lhassa und übersteigt den nördlichen Himalaya.

1874 Julius **von Payer** unternimmt, nachdem er sich bei der zweiten deutschen Nordpol-Expedition 1869/70 betheiligt, und dann mit Weyprecht eine erste Expedition 1871 unternommen hatte, mit diesem eine zweite Polarreise, bei der das Franz Josephs-Land entdeckt und 82° 5′ n. Br. erreicht wird.

1874   Max Robert **Pressler** erfindet den Zuwachsbohrer und den Messknecht, welch letzterer für geometrische, forstliche und astronomische Messungen und Berechnungen dient.

—   Der Ingenieur August **Ritter** in Aachen erfindet die Ritter'sche Schnittmethode zur Berechnung von Spannungen in Baustücken.

—   Simon **Schwendener** vergleicht die Gefässbündelanordnung und -bildung mit den Anforderungen der Trag- und Zugfähigkeit der pflanzlichen Organe und zeigt, dass sich ein Theil der Pflanzenzellen zu einem besondern System, einem Skelett (Stereom) der Pflanzen entwickelt, dessen Aufbau den Gesetzen der Mechanik auf das genaueste entspricht. Er begründet hiermit die physiologische Anatomie der Pflanzen.

1874—78 Der englische Reisende Henry M. **Stanley** durchkreuzt Afrika von Bagamoyo aus. Er erforscht den Victoria Nyanza, wendet sich zum Tanganyikasee und macht von Nyangwe aus seine berühmte Fahrt auf dem Lualaba, dessen Identität mit dem Kongo er feststellt, bis nach Boma an der Kongomündung. 1887—1889 durchkreuzt er Afrika zum zweiten Male in umgekehrter Richtung.

1875   Adolph **Baeyer** findet eine Synthese des Indigo, welche, von der Zimmtsäure ausgehend, eine technische Verwendung gestattet.

—   Alfred Royer **de la Bastie** erfindet das Hartglas. Der fertige Glasartikel wird bis zu schwacher Rothgluth erwärmt und in ein 200—300° C warmes Bad von Fett, Oel oder leichtschmelzendem Metall getaucht, in welchem man ihn vollständig erkalten lässt.

—   Peter Graf Savorgnan **de Brazza** erforscht das Problem des Ogowe, entdeckt die beiden grossen von Westen nach Osten fliessenden Ströme Alima und Licona und erreicht 1880 auf einer zweiten Reise vom obern Ogowe aus den Kongo.

—   Heinrich **Caro** entdeckt das Chrysoidingelb (salzsaures unsymmetrisches Diamidoazobenzol), den ersten Repraesentanten der mit Hülfe von Diazoverbindungen erhaltenen Azofarbstoffe.

—   R. A. **Chesebrough** stellt aus den Rückständen der Petroleumdestillation das von ihm „Vaseline" genannte Gemenge von höhern schmelzenden Kohlenwasserstoffen her.

1875   Eduard **Suess** gibt in seinem Buche „Die Entstehung der Alpen" im Anschluss an die zuerst von Mallet 1873 geäusserten Ideen eine Erklärung des Baues der Alpen, nach welcher dieselben, wie die meisten andern Gebirgszüge, ein durch einen tangentiellen Zusammenschub der festen Erdkruste entstandenes Faltungsgebirge sind.

—   James Dwight **Dana** erklärt gleichzeitig mit **Suess** den architektonischen Aufbau der Erdkruste als das Ergebniss der in Folge der Kontraktion des Erdinnern ununterbrochen vor sich gehenden Stauungs- und Faltungsprozesse.

—   Charles **Darwin** lehrt die insektenfressenden Pflanzen (Karnivoren) näher kennen, auf die zuerst John Ellis 1765 aufmerksam gemacht hatte.

—   Emil **Fischer** entdeckt das Phenylhydrazin und dessen Einwirkung auf Ketone und Aldehyde.

—   Friedrich **Goppelsroeder** in Mülhausen stellt Farbstoffe auf elektrochemischem Wege her und benutzt elektrochemische Methoden für Färberei und Druckerei.

—   Franz **Grashof** fördert durch seine theoretische Maschinenlehre und Theorie der Kraftmaschinen den Maschinenbau.

—   Ernst **Häckel** stellt in seiner Gastraeatheorie ein umfassendes Entwicklungssystem für das ganze Thierreich auf.

—   Der französische Reisende François Jules **Harmand** erforscht Kambodscha und Tonkin.

—   Der Anatom Oskar **Hertwig** zu Berlin erforscht Bildung, Befruchtung und Theilung des thierischen Eies.

—   J. **Kerr** findet, dass, wenn Licht, das parallel oder senkrecht zur Einfallsebene polarisirt ist, von einem magnetisirten Eisenspiegel reflektirt wird, der zurückgeworfene Strahl sich in zwei zu einander senkrecht stehende Komponenten zerlegt (Kerr'sches Phaenomen).

—   Adolph **Knop** verwendet zuerst Farbstoffe (Fluoresceïn) zum Nachweis der Zusammengehörigkeit distanter Wasserläufe und weist so eine unterirdische Verbindung zwischen der oberen Donau und dem Oberrhein nach.

—   Paul **La Cour** gelingt es, die Schwierigkeiten in Erzielung des Synchronismus der Vertheiler an den absatzweise wirkenden Mehrfach-Telegraphen, die B. Meyer und E. Baudot (1855) nicht recht zu überwinden vermochten, mit Hülfe seines

„phonischen Rades" zu beseitigen. Seine Versuche bleiben indess ohne dauernden Erfolg, bis er (1884) in Verbindung mit Patrik B. **Delany** in Newyork sein System vervollkommnet. Es lassen sich 4, 6 und auch noch mehr Apparatsatz-Paare so miteinander betreiben, als wäre die eine Leitung nur für jedes Apparatsatz-Paar allein vorhanden.

1875 François **Lecoq de Boisbaudran** entdeckt das Gallium in der Zinkblende von Pierrefitte.

— Der Physiker Johann Benedikt **Listing** begründet im Anschluss an die Arbeiten von Philipp Fischer die Anschauung der Erdgestalt als eines hypothetischen Geoids, für dessen sämmtliche Punkte das kombinirte Potential der Schwere und Centrifugalkraft gleiche Werthe annimmt.

— George Strong **Nares** macht mit den Schiffen Alert und Discovery eine zweijährige Polarfahrt, bei welcher durch Schlittenreisen Hall- und Grant-Land, der Petermannfjord und Franklin-Land erforscht werden und von Albert Hastings **Markham** 83° 20′ 26″ n. Br. erreicht wird.

— Max **Reess** in Erlangen unterscheidet in der Weinhefe eine grössere Anzahl von Saccharomyces-Arten.

— Henry A. **Rowland** erbringt experimentell den Beweis, dass die Bewegung elektrisirter ponderabler Körper elektromagnetisch wirksam ist.

— Friedrich **Siemens** erfindet den Wannenofen und die Schiffchen für die Massenfabrikation von Glas.

— William **Thomson** (Lord Kelvin) gibt der Gezeitenlehre diejenige Gestaltung, unter welcher sie sich heutzutage als Basis für die Berechnung von Fluthtafeln ausserordentlich bewährt.

— Der Chemiker Moritz **Traube**, Entdecker der semipermeablen Diaphragmen, stellt „künstliche Zellen" her.

— Der Zoolog August **Weismann** in Freiburg begründet in seinen Schriften eine neue Auffassung der Vererbung, die eine Umgestaltung der Descendenzlehre einleitet (Neodarwinismus).

— Thomas Spencer **Wells** macht sich als erste Autorität für Ovariotomie weltbekannt.

— Clemens **Winkler** erfindet das Kontaktverfahren zur Fabrikation der rauchenden Schwefelsäure, welches darauf beruht, dass beim Ueberleiten von Schwefeldioxyd mit Sauerstoff über Platinasbest Schwefeltrioxyd entsteht.

1876 Ferdinand **von Arlt,** Ophthalmologe in Prag, später in Wien, weist nach, dass die Kurzsichtigkeit auf Verlängerung des Augapfels beruht, und führt Schrifttafeln als Sehproben ein.

— Der Ingenieur **Brandt** in Hamburg erfindet die hydraulische Drehbohrmaschine, bei der keilförmige Schneiden aus Stahl unter sehr hohem Wasserdruck in das Gestein gepresst und gleichzeitig in langsame, kontinuirlich rotirende Drehbewegung versetzt werden.

1876—79 Der französische Reisende Jules Nicolas **Crevaux** erforscht auf mehreren Reisen Guyana und viele südamerikanische Flüsse.

1876 Der Engländer **Dowson** gewinnt durch Vergasung von Steinkohlen oder Koks in Schachtöfen ein für Krafterzeugung verwendbares Gas, das dem jetzt eingeführten Sauggas entspricht.

— Der Reisende **Emin Pascha** (Eduard Schnitzer) erforscht bis 1892 nach allen Richtungen hin die von ihm verwaltete aegyptische Aequatorialprovinz des Sudan, insbesondere die vor ihm unbekannten Gebiete im Südwesten von Lado.

— Wilhelm **Fleischmann,** bekannt durch seine Forschungen auf dem Gebiete der Milchwirtschaft und durch sein Lehrbuch „Das Molkereiwesen", gründet die erste deutsche milchwirtschaftliche Versuchsstation in Raden bei Lalendorf in Mecklenburg.

— **Gessi** stellt den Ausfluss des Nils aus dem Albert-See fest.

— Alexander Graham **Bell** und Elisha **Gray** suchen am 14. Februar Patente nach für Telephon-Apparate, die bei der von den Erfindern unabhängig von einander betriebenen Verbesserung sehr ähnliche Formen erhalten. Diese Form — der Hand-Fernsprecher von Bell — wird im Mai 1877 bekannt.

— A. **Kundt** und E. **Warburg** finden für den einatomigen Quecksilberdampf die specifische Wärme bei konstantem Druck und konstantem Volum zu $4/_3$ und bestätigen dadurch eine wichtige Folgerung der kinetischen Gastheorie.

— Robert **Koch** züchtet den Milzbrandbazillus auf künstlichen Nährböden, legt seinen Entwicklungsgang in allen Einzelheiten dar und weist die Bildung von Dauerformen (Sporen) und deren Bedeutung für die Verbreitung der Krankheit nach.

1876 Charles **Lauth** entdeckt, dass das para-Phenylendiamin mit der gleichen Menge Schwefel auf 150—180° erhitzt einen violetten Farbstoff liefert (Lauth-Violett). In Fortführung dieser Reaktion entdeckt Heinrich Caro das Methylenblau, das aus Amidodimethylanilin bei der Oxydation in Gegenwart von Schwefelwasserstoff entsteht und zur Klasse der Thiazine gehört.

— Nachdem Trouvé in Paris 1870 zuerst die Elektrizität zur Beleuchtung von Körperhöhlen benutzt hatte, konstruirt der Wiener Instrumentenmacher **Leiter** auf Veranlassung von Max **Nitze** in Berlin elektroendoskopische Instrumente aller Art, wie das Cystoskop, Vaginoskop etc.

— Nicolaus **Otto** konstruirt eine Viertakt-Gaskraftmaschine. bei welcher das Gasgemenge in vier aufeinanderfolgenden Hüben des Arbeitskolbens zunächst aufgesaugt, dann verdichtet, darauf entzündet und endlich in verbranntem Zustande hinausbefördert wird (s. Beau de Rochas 1862).

— Der Ingenieur W. **Ritter** lehrt die Berechnung der Stabspannungen mit Hilfe des Querschnittskernes.

— **Schneider & Co.** in Creusot bauen die erste Verbundlokomotive mit stufenweiser Expansion — 2 ungleich grossen Cylindern — nach Mallet's System.

1877 Ernst **von Bergmann** begründet die Behandlung der Wunden mit antiseptischen Tampons (Tamponade) und gleichzeitig die Sublimat-Antisepsis. Er begründet die moderne Chirurgie der knöchernen Schädelkapsel und des Gehirns.

— Louis Paul **Cailletet** und unabhängig von ihm Raoul **Pictet** zeigen, dass Sauerstoff, Wasserstoff, Stickstoff und auch atmosphärische Luft unter Anwendung hoher Kältegrade verflüssigt werden können.

— Vincenz **Czerny** in Heidelberg lehrt die Exstirpation der Niere, des Uterus, und die Radikaloperation der Hernien.

— Thomas Alva **Edison** konstruirt das mit Batterie zu betreibende Karbon-Telephon. Im Stromkreise der Batterie liegt ausser dem Kohlenfernsprecher die eine Umwindung eines Induktoriums, dessen zweite Umwindung mit der Fernleitung verbunden ist.

— Paul **Ehrlich** in Leipzig-Gohlis erfindet die durchlochten Platten resp. Scheiben für mechanische Musikinstrumente (Ariston, Symphonion, Polyphon, mechanische Klaviere. Pianola etc.).

1877 Moritz **Fleischer** organisirt und leitet die erste von der preussischen Centralmoorkommission gegründete Moorversuchsstation in Bremen.

— Nachdem insbesondere Marc Beaufoy (1793), Marestier (1824), Thornycroft (1869) und Nyström (1872) sich mit dem von Euler zuerst behandelten Problem beschäftigt hatten, gelingt es William **Froude,** eine höchst bemerkenswerthe Theorie über den Gesammtwiderstand der Schiffe im Wasser aufzustellen.

— Hermann **von Helmholtz** untersucht mit Hülfe des zweiten Hauptsatzes der mechanischen Wärmetheorie die chemischen Erscheinungen in galvanischen Elementen und gründet darauf in Erweiterung des von Thomson 1850 aufgestellten Satzes, dass sich die elektromotorische Kraft einer Zelle aus der Wärmetönung des in ihr stattfindenden chemischen Prozesses berechnen lasse, seine Theorie der Koncentrationselemente, sowie die von Thomson unbeachtet gelassene Veränderung der elektromotorischen Kraft mit der Temperatur.

— Friedrich **Kohlrausch** erfindet ein Totalreflektometer zur Bestimmung der Lichtbrechungsverhältnisse fester und flüssiger Substanzen.

— Wilhelm **Pfeffer** macht experimentelle Bestimmungen des osmotischen Drucks in der Zelle und sucht so eine Erklärung für Stoffwechselprozesse in der Pflanze zu geben. Seine Forschungen geben den Anlass zur Untersuchung des osmotischen Drucks, dessen Gesetze die Grundlage der modernen Theorie der Lösungen bilden (s. van't Hoff 1884).

— Eduard **Pflüger** weist nach, dass nicht, wie man früher annahm, die Athmung den Stoffwechsel, sondern dieser umgekehrt die Athmung beherrscht und stellt das Gesetz auf: „Die Athemmechanik hat keinen Einfluss auf die Grösse des Gesammt-Stoffwechsels".

— Julius **Pintsch** erfindet die Gas-Bojen, welche schnell die bis dahin als Seezeichen üblichen Leuchtschiffe verdrängen.

— W. E. **Sawyer** in New-York nimmt am 27. Juni und 10. August Patente auf die Anwendung von glühenden Kohlenkörpern, die aus Papier oder Holz hergestellt waren, als Glühlampen, auf die Parallelschaltung der Lampen und die Vertheilung des Stromes. Am 25. Juni 1878 nimmt Sawyer in Gemeinschaft mit Man ein Patent auf Vertheilung von elektrischem Licht und Kraft von einer Centralstation.

1877 Alexander **Wilson,** Direktor der Cyclop - Iron - Works in Sheffield, stellt Panzerplatten als Verbund-(Compound-)Platten her, welche eine erheblich grössere Widerstandsfähigkeit als die bisher verwendeten Walzeisenplatten aufweisen.

— Der portugiesische Reisende Alexander Albert de la Roche **von Serpa Pinto** durchkreuzt Afrika von Angola aus. Er gelangt zum obern Sambesi, erreicht die Victoriafälle und geht von da über Transvaal nach Natal.

— William **Siemens** weist zuerst in seiner Präsidentenrede im Iron- und Steel-Institute auf die Möglichkeit der Arbeitsübertragung auf weite Entfernungen vermittelst der durch Benutzung von Wässerfällen erzeugten Elektrizität hin und berechnet die Energie des Niagarafalls auf 16800000 Pferdestärken.

— Graf Bela **Széchényi** macht eine Reise über das Sinlinggebirge nach Tibet bis in die Nähe von Lhassa, wo er zur Umkehr gezwungen wird.

1878 Francis Maitland **Balfour,** Schüler Foster's in Cambridge, erforscht die Entwicklung des Eies insbesondere bei den Selachiern.

— Alexander Graham **Bell** und Sumner **Tainter** erfinden das Photophon, bei dem die Funktionen der üblichen Leitungsdrähte einem Lichtstrahl übertragen werden, durch dessen Einwirkung auf Selen Schallwellen, die auf einer Geberstation hervorgerufen, auf einer Empfangsstation zum Wiedererklingen gebracht werden.

— Oskar **Doebner** entdeckt bei Einwirkung von Benzotrichlorid auf Dimethylamin in Gegenwart von Chlorzink einen grünen Farbstoff, der sehr beständig ist und den Namen Malachitgrün erhält. Eine schon ein Jahr vorher von Otto Fischer gemachte Beobachtung, dass aus Bittermandelöl, Dimethylanilin und Chlorzink ein grüner Farbstoff entsteht, wird in der Technik verwerthet und dient jetzt zur Herstellung dieses Farbstoffs.

— Der Göttinger Mediziner Wilhelm **Ebstein** erfindet die Ebstein-Kur gegen Fettleibigkeit.

— Thomas Alva **Edison** führt den von ihm das Jahr zuvor erfundenen Phonograph, ein Instrument, welches auf dem Prinzip des Phonautographs (s. 1859) beruht und Töne und artikulirte Laute fixirt und später deutlich wiedergibt, der Académie française vor.

1878   Thomas Alva **Edison** erfindet die Bleisicherung zur Verhütung des Kurzschlusses in elektrischen Beleuchtungsanlagen.

—   Constantin **Fahlberg** entdeckt das Saccharin (Benzoësäure-
Sulfinid) und veröffentlicht im Jahre darauf mit Ira **Remsen**
eine wissenschaftliche Abhandlung über die Eigenschaften und
das Verhalten dieses Körpers.

—   Emil und Otto **Fischer** führen die Anilinfarbstoffe auf das
Triphenylmethan als Grundsubstanz zurück.

—   Der Mediziner Wilhelm Alexander **Freund** führt die Totalexstirpation des Uterus aus.

—   Oliver Wolcott **Gibbs** liefert durch seine Phasenregel ein
Schema, dem sich die Gleichgewichtszustände in heterogenen
Systemen unterordnen müssen.

—   Der Astronom Asaph **Hall** entdeckt die schon von Kepler
gemuthmafsten Marstrabanten Deimos und Phobos.

—   Prof. David Edward **Hughes** erfindet das Mikrophon in drei
verschiedenen Formen.

—   Der russische Elektriker Paul **Jablochkoff** erfindet die nach
ihm benannte Kerze für Bogenlicht und erzielt dadurch die
erste erfolgreiche „Theilung des Lichts".

—   James **Israel** erkennt zuerst den Strahlenpilz als einen selbstständigen, für Menschen pathogenen Mikroorganismus, nachdem
ihn Bollinger bei der Aktinomykose des Rindes, Langenbeck
(1845) bei der Aktinomykose des Menschen beschrieben hatten.

—   Dr. Robert **Lüdtge** in Berlin konstruirt einen Kohlen-
Fernsprecher, den er „Universal-Telephon" nennt. Der
Apparat hatte eine so grosse Empfindlichkeit, dass es der
Einschaltung eines Induktoriums nicht bedurfte. Auch brauchte
man keinen besonderen Anrufapparat, da durch Aufsetzen
des Hörtelephons auf die Membran des Gebers ein durch-
dringender Ton auf beiden Endstationen erzeugt wurde.

—   Der Wiener Ingenieur Ferdinand **von Mannlicher** erfindet
das Mannlicher'sche Repetirgewehr.

1878—79   Dem Polarforscher Nils Erik **von Nordenskiöld** gelingt mit der Vega, Kapitain Palander, die nordöstliche
Durchfahrt.

1878   Der Botaniker Nathanael **Pringsheim** macht, nachdem er seit
1856 die Sexualität bei den niedrigsten Gewächsen festgestellt
hat, bahnbrechende Forschungen über die Wirkung des Lichts
auf die Pflanze und die Bedeutung der grünen Farbe für die
Vegetation.

1878 Giovanni Virginio **Schiaparelli** gelangt durch mehrjährige Beobachtungen zu dem Schluss, dass die Vertheilung des flüssigen und festen Elementes auf der Oberfläche des Mars total verschieden von derjenigen auf der Erde ist. Er entdeckt die Marskanäle, deren Verdoppelung er 1882 findet und verfertigt die erste genaue Marskarte.

— **Simon** erbaut die erste, betriebsfähige Gas-Dampfmaschine, bei welcher der durch die Abgase der Maschine erzeugte Wasserdampf in den Arbeitsraum der Maschine zur Verdünnung des Gemisches und zur Schmierung eingeführt wird. Es gelingt ihm jedoch nicht, dauernden Erfolg damit zu erzielen.

— L. **Steffen** in Wien erfindet das Substitutionsverfahren zur Entzuckerung der Melasse, welches er 1883 durch das Ausscheidungsverfahren ersetzt.

— H. **Zöppritz** stellt die Windtheorie der Meeresströmungen auf.

1879 Marcelin **Berthelot** konstruirt zur Bestimmung der Verbrennungswärme organischer Körper die kalorimetrische Bombe, worin die Substanzen unter hohem Druck durch Sauerstoff verbrannt werden.

— Der amerikanische Ingenieur **Brush** konstruirt Gleichstrommaschinen mit gemischter Bewickelung der Feldmagnete (Compound- oder Verbundmaschine).

— Der italienische Ingenieur Alberto **Castigliano** behandelt die bei der Formveränderung elastischer Körper geleistete Arbeit (Deformationsarbeit) und dehnt den Satz der kleinsten Arbeit auf die gesammte Festigkeitslehre aus.

— Per Theodor **Cleve** und Lars Friedrich **Nilson** entdecken im Euxenit das Scandium.

— George Washington **De Long** leitet die von Bennett ausgerüstete Jeannette-Expedition durch die Beringstrasse, an der unter anderen auch Melville Theil nimmt. Nachdem die Jeannette am 13. Juni 1881 vom Eise zerdrückt worden war, sucht die Expedition auf Booten Sibirien zu gewinnen, was jedoch nur Melvilles Abtheilung gelingt, während De Long mit 11 Mann dem Hunger erliegt.

— Thomas Alva **Edison** versieht den Dampfer Columbia mit einer Installation von 115 Glühlampen mit verkohlten Bambusbügeln. Es ist dies als die erste praktische Beleuchtungsanlage mit vorzüglichen Glühlampen anzusehen.

— Theodor **Fleitmann** stellt zuerst duktiles Nickel her.

1879 Percy C. **Gilchrist** und Sidney G. **Thomas** erfinden das nach ihnen benannte Verfahren der Entphosphorung des Eisens durch Ausfütterung der Bessemerbirnen mit basischem Futter und Zuschlägen von gebranntem Kalk während des Prozesses.

— Camillo **Golgi** entdeckt die Darstellung der Ganglienzellen und ihrer Ausläufer sowie der Neuroglia im Centralnervensystem durch Imprägnirung mit Chromsilber.

— Der Elektriker Friedrich **von Hefner-Alteneck** erfindet die Differentiallampe für Bogenlicht, welche eine ebenso erfolgreiche Theilung des Lichts als die Jablochkoff'sche Kerze bedeutet.

— J. H. **van't Hoff** begründet die Theorie des asymmetrischen Kohlenstoffatoms. Aehnliche Ansichten werden gleichzeitig und unabhängig von ihm durch J. A. **Lebel** ausgesprochen.

— David Eduard **Hughes** konstruirt einen mit dem späteren Coherer identischen Apparat und überträgt mit demselben Signale bis auf 500 Meter Entfernung, wie er auch das Wesen und die Ursache des Vorganges richtig erkennt, ohne dass seine Versuche jedoch irgend ein praktisches Ergebniss zeitigen.

1879—87 Wilhelm **Junker** reist im oberen Nil- und Uellegebiet und stellt den Lauf des Uelleflusses fest.

1879 Gustav **de Laval** in Stockholm erfindet die kontinuirliche Milchcentrifuge „Separator".

— François **Lecoq de Boisbaudran** findet im Samarskit ein durch zwei blaue Spektrallinien gekennzeichnetes Element, das Samarium. Die von Delafontaine im Samarskit aufgefundene Decipiumerde dürfte wohl Samariumerde sein.

— Der Mediziner Wilhelm **Leube** in Würzburg erfindet die Magensonde.

— Albert **Neisser** in Breslau entdeckt den Gonokokkus.

1879—80 Nikolai M. **Przewalsky,** der 1876/77 als erster Europäer den Tarimfluss, den Lob Nor und den Altyn Thag erreichte, erforscht die Gobiwässer, den blauen Fluss und den obern Lauf des Hoangho. 1884/85 erforscht er das nördliche Tibet und das Tarimbecken.

1879 Werner **von Siemens** konstruirt eine elektrische Eisenbahn, bei der zuerst durch Kontakt mit einem längs der Bahnlinie liegenden Leiter der Strom von einer feststehenden Stromquelle aus zugeführt wird.

1879 Josef **Stefan** stellt das Gesetz auf, welches später experimentell bestätigt wird, dass die Strahlungsenergie des schwarzen Körpers proportional wächst mit der vierten Potenz der absoluten Temperatur.

1879—80 Joseph **Thomson** erforscht das Gebiet zwischen Tanganyika und Nyassa-See.

1879 Clemens **Winkler** fördert die 1845 von Bunsen eingeleitete chemische Untersuchung der Industriegase.

1880 William **Abney** gelingt es mit Hülfe von photographischen Trockenplatten, die für die langen Lichtwellen ebenso empfindlich sind, wie für die kurzen, das ultrarothe Spektrum zu photographiren und bis zu einer Wellenlänge von $\lambda = 2700\ \mu\mu$ photographische Eindrücke auf der Platte zu erhalten.

— In einem Bergwerksschachte zu Méons bei St. Etienne stellt der französische Physiker Émile Hilaire **Amagat** eine Quecksilberdruckröhre von über 325 m Höhe auf, und beobachtet die Volumverhältnisse von Gasen bei 430 Atmosphären Druck.

— Henri **Béraud** in London stellt zuerst aus Torf ein Produkt für Spinn- und Webezwecke unter den Namen Béraudine her und gibt den Anstoss zur Verarbeitung des Torfs nach dieser Richtung, in der später Karl A. Tzschörner nennenswerthe Erfolge mit seiner Torfwolle erzielt.

— Marcelin **Berthelot** stellt aus den Hefezellen einen den Eiweisskörpern nahestehenden Stoff her, der die Eigenschaft hat, den Rohrzucker in Traubenzucker und Fruchtzucker zu spalten und mit dem Namen Invertin belegt und als Enzym betrachtet wird.

— Oskar **Brefeld** fördert die Lehre von den Pilzen durch Anwendung bakteriologischer Methodik.

— **Brunton** und **Trier** in Battersea erfinden Steinbearbeitungsmaschinen mit schneideartigen, rotirenden Messerscheiben, die aus Stahl oder Hartguss hergestellt werden und sowohl als Drehwerkzeug, als auch zur Bearbeitung ebener Flächen dienen.

— Jesse Fairfield **Carpenter** erfindet die nach ihm benannte selbstthätige und selbstregulirende Luftdruckbremse.

— Charles **Darwin** beobachtet mit seinem Sohn Francis die Wachsthumskrümmungen der Ranken und andere Bewegungserscheinungen der Pflanzen.

— Henry **Draper** photographirt den Orionnebel.

1880 Robert **Flegel** erforscht das Gebiet der Wasserscheide zwischen Niger, Schari, Ogowe und Kongo.

— Der Ingenieur A. **Foeppl** veröffentlicht eine Reihe grundlegender Untersuchungen zur Lehre vom Fachwerk, insbesondere von dessen Standfestigkeit.

— Der in England ansässige Ingenieur **Gaulard** ermöglicht durch die Benutzung von Induktionsspulen, die er „Sekundär Generatoren" nennt, die Verwendung von Wechselströmen hoher Spannung in Vertheilungssystemen für elektrische Energie und damit eine grosse Steigerung der wirthschaftlich zulässigen Entfernungen zwischen Erzeugungs- und Verbrauchsstation.

— E. **Goldstein,** Physiker in Berlin, untersucht im Anschluss an die Arbeiten von Hittorf und Crookes die Lichterscheinungen bei elektrischer Entladung im Vakuum, die unter dem Namen Kathodenstrahlen bekannt sind.

— Karl Wilhelm **Gümbel,** Geolog in München, macht umfassende Analysen der Steinmeteorite und sucht die Vorgänge, die zur Bildung des Gneisses führen, zu erklären (Diagenese oder Gesteinsmetamorphose).

— E. H. **Hall** bemerkt, dass die Kraftlinien eine Drehung erfahren, wenn sie in ein hinlänglich starkes Magnetfeld gebracht werden (Hall'sches Phänomen).

— Der norwegische Arzt Armaner **Hansen** entdeckt den Leprabazillus.

— Albert **Heim** untersucht den Mechanismus der Gebirgsbildung und macht namentlich auf die Ueberschiebungen (verkehrte Lagerung) und das mechanische Verhalten der verschiedenen Gesteine gegenüber dem Gebirgsdruck aufmerksam, wobei er auch insbesondere die latente Plastizität der Gebirgsmassen klarlegt.

— Der Mechaniker Friedrich **Hessing** trägt durch seine orthopädischen Apparate zur Entwicklung der Orthopädie bei.

— Der englische Ingenieur John **Hopkinson** ermöglicht durch die Erfindung des sogenannten Dreileitersystems die wirthschaftliche Vertheilung von elektrischer Energie für Beleuchtungs- und Arbeitszwecke von einer Centrale auf grössere Entfernungen.

1880 Der Arzt John Hughlings **Jackson** in London fördert die Lehre von der Lokalisation der Gehirnfunktionen durch klinische Beobachtung.

— Der Ingenieur **Jarolimek** schlägt die Verwendung von Schnüren zu Transmissionszwecken vor, die aus spiralig gedrehten, gehärteten und dann angelassenen Stahldrähten bestehen (Stahlschnurbetrieb).

— Karl Hermann **Knoblauch** weist durch seit dem Jahre 1845 fortgesetzte Arbeiten nach, dass die strahlende Wärme alle integrirenden Eigenschaften, wie Brechung, Beugung, Polarisation, Doppelbrechung mit dem Lichte gemein hat.

— Der Chirurg Emil **Kocher** in Bern lehrt die Exstirpation der Kropfgeschwülste.

— Friedrich **Kohlrausch** fügt den von Wrede und A. C. Becquerel zur Strommessung angegebenen Apparaten sein Federgalvanometer hinzu und vervollkommnet die von Edmond Becquerel 1846 gegebene Methode zur Messung der Leitfähigkeit von Elektrolyten.

— Leopold **Kronecker** macht Anwendungen der Theorie der elliptischen Funktionen auf die Zahlentheorie.

— Howard **Lane** und Richard **Taunton** in Birmingham stellen zuerst nahtlose Stahlflaschen für flüssige Kohlensäure durch Pressen und Ziehen her.

— Der französische Techniker **Lartigue** erfindet die Lartigue'sche Dreischienenbahn, eine der ersten praktischen Anwendungen einer Schwebebahn.

— Der französische Mediziner Alphonse **Laveran** findet die Erreger der Malaria im Blute von Wechselfieberkranken.

— Der Reisende Oskar **Lenz** durchkreuzt Afrika von Marokko über Timbuktu nach Senegambien und macht 1885 eine zweite Durchkreuzung vom Kongo über Nyangwe nach Sansibar.

— Der Fabrikant **Ludowici** führt die seit der Römerzeit verloren gegangene Kunst der Herstellung der Falzziegel wieder ein.

— Der Ingenieur **Mayrhofer** erfindet die pneumatischen Uhren, die von einer Centralstelle aus durch Luftdruck bewegt werden.

— Nikolai **Menschutkin** bestimmt die Grenzen der Esterbildung beim Zusammenbringen aequimolekularer Mengen der verschiedensten Alkohole und Säuren und stellt die ersten Versuche über die Geschwindigkeit an, mit der der Grenzzustand erreicht wird.

1880 Nachdem Henry in Manchester schon 1830 Kleider und sonstige Effekten von Scharlachkranken durch Hitze desinficirt hatte, macht **Merke** in Berlin die ersten Versuche, Dampf auf pathogene Lebewesen einwirken zu lassen, eine Methode, die in der Folge durch Robert Koch und Gustav Wolffhügel wesentlich vervollkommnet wird.

— Der Wiener Arzt Theodor **Meynert** gibt eine physiologische Erklärung für die Anordnung der Faserzüge im Gehirn.

— Der Amerikaner **Muybridge** erfindet die Momentphotographie.

— Der Mediziner Marcel **von Nencki** stellt Untersuchungen über Fäulniss und Gährung an, die von Einfluss auf die Serumfrage werden und stellt die 1876 von **Selmi** entdeckten, bei der Fäulniss der Leichen sich bildenden Gifte, die Ptomaïne in reiner Form dar. Eingehende Untersuchungen über Ptomaïne werden 1885 von Ludwig **Brieger** publicirt, der diese Körper auch aus faulendem Fleisch, Fibrin, Käse isolirt.

— Der Chirurg Gustav **Neuber** erfindet den antiseptischen Dauerverband und entwickelt im Anschluss daran die Technik der aseptischen Wundbehandlung (s. Semmelweiss 1848).

— Alfred **Nobel** führt unter dem Namen Sprenggelatine eine gelatinirte Lösung von Schiessbaumwolle in Nitroglycerin in die Technik ein.

— Der Techniker C. **Otto** in Dahlhausen konstruirt einen Koksofen, der die Ausbeutung der Nebenprodukte Theer und Ammoniak besser gestattet, als die 1856 von Knab (s. d.) und 1878 von dem Hüttenwerk Terrenoire in Gemeinschaft mit Ludwig Simon in Manchester eingeführten Oefen.

— Louis **Pasteur** führt die Septichämie auf Vibrionen zurück und weist nach, dass jeder Vibrionenspezies andere Formen specifischer Septichämien entsprechen.

— Der Ingenieur **Poetsch** erfindet sein Gefrierverfahren, das darin besteht, dass das Gebirge in der Umgegend des Schachtes durch Kältewirkung zum Gefrieren gebracht wird und in dem Frostkörper völlig wasserdicht abgeteuft und ausgebaut wird.

— Carl **Scheibler** erhält ein Patent auf das Strontian-Verfahren zur Entzuckerung der Melasse.

— Hermann **Seger** erfindet die Seger'schen Brennkegel zur Bestimmung der Ofentemperatur beim Brennen von Porzellan.

1880 Der Techniker **Serpollet** konstruirt einen Dampfmotor mit einem eigenartigen Röhrensystem, der rasch grosse Mengen hochgespannten Dampfes zu erzeugen erlaubt und für Strassenfahrzeuge sehr geeignet ist.

— Werner **von Siemens** gibt die Anregung, elektrische Energie zum Antrieb von Fahrstühlen nutzbar zu machen und führt auf der in Mannheim veranstalteten Industrieausstellung den ersten nach dem Prinzip der Kletteraufzüge konstruirten Fahrstuhl einem grössern Publikum vor.

— Zdenko Hanns **Skraup** stellt das 1842 von Gerhardt durch Destillation des Chinins erhaltene Chinolin synthetisch durch Erhitzen von Nitrobenzol, Anilin, Glycerin und Schwefelsäure her.

— Der holländische Botaniker Melchior **Treub,** Verfasser von wichtigen Arbeiten zur Entwicklungsgeschichte der Pflanzen, verschafft dem botanischen Garten zu Buitenzorg auf Java einen Weltruf.

— Professor **Trowbridge** in Cambridge (Vereinigte Staaten) benutzt zuerst die Erscheinung, dass Induktion, wenn auch mit verminderter Stärke, noch auftritt, wenn die beiden Stromkreise weit von einander entfernt sind, zur Uebermittlung von Signalen.

— Der Deutschamerikaner Henry **Villard** (Hilgard) erbaut die Northern Pacific-Eisenbahn.

— Der Physiker Emil **Warburg** entdeckt den Zustand der magnetischen Trägheit, den er Hysteresis nennt.

— Der dänische Botaniker Johannes Eugenius **Warming** fördert durch seine Arbeiten die Biologie der Pflanzen und begründet die Pflanzenökologie.

1881 Wilhelm Jacob **van Bebber** von der Hamburger Seewarte gibt die wahrscheinlichen Zugstrassen der barometrischen Minima an.

— Theodor **Billroth** macht die ersten Magenresektionen und die erste glückliche Pylorusresektion.

— Charles **Darwin** erklärt die Bildung der Ackererde durch die Thätigkeit der Regenwürmer.

— Marcel **Déprez** führt auf der Elektrizitäts-Ausstellung in Paris die erste Kraftübertragungsanlage vor, die jedoch wegen unzweckmässiger Maschinen keinen vollen Erfolg hat.

1881 Der Physiologe W. **Engelmann** in Berlin erfindet eine
Methode zum Nachweis kleinster Mengen freien Sauer-
stoffs, welche auf der in Sauerstoff auftretenden Schwärm-
bewegung der Bakterien beruht.

— Charles **Finlay** entdeckt, dass das Gelbfieber durch eine
Mückenart, Stegomyia fasciata, übertragbar ist. Seine Entdeckung wird durch Read, Carroll und Agramontes im Jahre
1899 in vollem Umfang bestätigt und eine Inkubationszeit
von 12 Tagen festgestellt.

— Der französische Techniker Aimé **Girard** entdeckt die Hydro-
cellulose.

— Der amerikanische General Adolphus Washington **Greely**
unternimmt die internationale Polar-Expedition nach der
Lady Franklin-Bay.

— Robert **Koch** führt die Nährgelatine als einen Nährboden für
Keime ein, der zugleich fest und durchsichtig ist, aber durch
Erwärmung sofort in einen flüssigen Nährboden verwandelt
werden kann.

— E. **Krause** weist nach, dass die Leuchtvorrichtungen der
Tiefseethiere vollkommen den Bau von Projektionslaternen mit
Hohlspiegeln und Linsen haben.

— Der Techniker James **Mactear** erfindet den Revolverofen.

— Der Nürnberger Kunstanstaltsbesitzer Georg **Meisenbach**
erhält ein Patent für die Autotypie, die zuerst von Drivet
oder Durand in Paris ausgeführt worden war.

— Henri **Poincaré** begründet die Theorie der automorphen
Funktionen.

— J. L. **Reverdin** und gleichzeitig Theodor **Kocher** entdecken,
dass der vollkommenen Entfernung der Schilddrüse eine
eigenthümliche Art von Verfall nachfolgt, welche sie als
eine besondere Art des Kretinismus ansprechen.

— Der Astronom Hugo **Seeliger** in München unterwirft als
Erster die Bewegungsverhältnisse eines dreifachen Stern-
systems, der ζ cancri der analytischen Behandlung.

— Hermann **Seger** stellt eine neue Art von Weichporzellan
aus Thon, Quarz und Feldspath her, die Segerporzellan
genannt wird.

— Max **Sembritzki** erfindet eine Schöpfpapiermaschine (Rahmen-
formmaschine), die allein von den verschiedenen Konstruktionen sich bewährt hat.

1881   Adolf **von Steinheil** konstruirt den Antiplanet, ein zwei-theiliges Objektiv von grosser Lichtstärke, Randschärfe und genügender Orthoskopie.

—   Julius **Wiesner** macht Beobachtungen über das Brechungs-vermögen der Pflanzen, insbesondere die Stellungsveränderung der Organe zum Licht.

1881—82 Hermann **Wissmann** durchkreuzt Afrika von Angola aus über Nyangwe nach Sansibar. 1886 macht er eine zweite Durchquerung vom Kongo nach Mozambique.

1881   Der Chirurg Anton **Wölfler** führt die Gastro-Anastamose und die Gastro-Enterostomie (Anlegung einer Magen-Dünn-darmfistel) aus.

1882   Ottomar **Anschütz** in Lissa vereinigt die Momentserien-photographie mit dem Stroboskop zum „Schnellseher".

—   Alphonse **Bertillon** veröffentlicht seine anthropometrischen Versuche zur Feststellung der Identität von Personen für die Zwecke der Strafrechtspflege, auf Grund deren zuerst in Paris, dann in den Hauptstaaten Europas ein polizeiliches „Service d'identification" organisirt wird.

—   Der Ingenieur **Blathy** in Budapest zeigt, dass durch Parallel-schaltung der Gaulard'schen Sekundärgeneratoren, welche seitdem Transformatoren genannt werden, sowie durch eine verbesserte Anordnung der Wickelungs- und Eisenmassen, deren Verwendung den praktischen Bedürfnissen jedes Ver-theilungssystems angepasst werden kann (s. Gaulard 1880).

—   Camille **Faure** verbessert den Planté'schen Akkumulator und überträgt sein Patent der Electrical Power Storage Company, die fortan diese Akkumulatoren fabrikmässig erzeugt.

—   W. **Flemming** in Kiel gibt der Lehre von den Theilungs-erscheinungen in den Zellen ihre heutige Gestalt.

—   F. A. **Fouqué** und **Michel-Lévy** erhalten durch Schmelzen von künstlichen Gemengen der chemischen Bestandtheile einzelner Mineralien eine Anzahl der für die eruptiven Felsarten wichtigen Mineralien, wie Feldspath, Augit, Leucit, Nephelin. Granat mit allen Details der mikroskopischen Struktur.

—   Themistokles **Gluck** fördert die Chirurgie der obern Luft-wege durch Resektion, Exstirpation und Plastik bei malignen Geschwülsten, Tuberkulose und Syphilis. Er erfindet den Ersatz von Defekten der Nerven und besonders der Sehnen durch implantirte Fremdkörper (seidene Sehnen).

1882 Frank **Jacob** in London nimmt ein Patent auf ein Verfahren zur Mehrfach-Telephonie, wonach es möglich ist, zwei Fernsprech-Doppel-Leitungen zu einem dritten und unter Benutzung der Erde als Rückleitung sogar zu einem vierten Fernsprech-Kreise zu benutzen.

— Paul von **Jankò** erfindet die Jankò-Klaviatur für das Pianoforte.

— Der Berliner Astronom Otto **Jesse** erklärt die leuchtenden Nachtwolken.

— Robert **Koch** entdeckt den Bazillus der Tuberkulose.

— Oskar **Liebreich** entdeckt, dass reines Wollfett, welches er durch Centrifugiren der Wollwaschwässer herstellt, durch Kneten mit Wasser andere physikalische Eigenschaften annimmt, die es zur Salbengrundlage geeignet machen und führt ein solches Gemenge unter dem Namen „Lanolin" in die Therapie ein. Er überträgt sein Patent der Firma **Jaffé & Darmstaedter,** der es gelingt, das Lanolin auch als Basis für Parfümerien populär zu machen.

— Friedrich August J. **Löffler** entdeckt den Bazillus des Schweinerothlaufs.

— Friedrich August J. **Löffler** und W. **Schütz** entdecken den Rotzbazillus.

— Ch. A. **Müntz** weist zuerst auf die Mitwirkung von Mikroorganismen bei der Gesteinszersetzung und Bodenbildung hin (s. Darwin 1880).

— Nachdem Cornelius Drebbel 1624 das erste Unterwasserboot und Bushnell 1777, Fulton 1801 ähnliche Boote gebaut hatten, die jedoch nur stundenlang unter Wasser bleiben konnten, gelingt es dem schwedischen Ingenieur Thorsten **Nordenfelt,** Boote in der Form von Fischtorpedos zu konstruiren, deren Brauchbarkeit sich nach allen Richtungen erweist.

— Paul **Pogge,** der vorher schon Mussumba besucht hatte, geht in Gesellschaft von Wissmann nach dem Lulua und dem Mukambasee, an den Lualaba und nach Nyangwe. Hier trennt er sich von Wissmann und kehrt über die Residenz des Mukenge nach Loanda zurück, wo er den Beschwerden der Reise und des Klimas erliegt.

— Der Geograph Friedrich **Ratzel** begründet die Anthropogeographie.

1882 Anthony **Reckenzaun** in London baut das erste mit Akkumulatoren betriebene elektrische Boot „Electricity" und macht die ersten Versuche, Strassenbahnwagen mit Akkumulatoren zu betreiben.

— Maximilian **Schumann** konstruirt die erste Panzerlafette (den sog. 1. Cummersdorfer Versuchsbau) und gibt damit einen wichtigen Anstoss zur Weiterentwicklung des Panzergeschützwesens.

— Julius **Thomsen,** der schon 1854 den ersten Versuch machte, die chemische Verwandtschaft aus der Reaktionswärme zu bestimmen, veröffentlicht seine Messungen der Lösungs- und Bindungswärme chemischer Verbindungen.

— **Wetter** frères in St. Gallen erfinden die Herstellung von gestickten Spitzen (Luftspitzen), einer Imitation von Spitzen durch Stickerei.

1883 W. Friedrich **Dünkelberg** fördert die Landwirthschaft durch sein Werk „Encyclopaedie und Methodologie der Kulturtechnik".

— Friedrich **Fehleisen** entdeckt, dass Streptokokken die Erreger des Erysipels sind.

— Der Chemiker Otto **Fischer** stellt das Kaïrin (Oxychinolinmethylhydrür) dar, das erste künstliche Fiebermittel, welches jedoch nur einen vorübergehenden Erfolg hat.

— Sir John **Fowler** erbaut mit Benjamin **Baker** die Forthbrücke, die weitestgespannte, nach dem System der Auslegerbrücken entworfene Brücke.

— Karl **Goebel** macht bedeutsame Beobachtungen über die Entwicklung der Pflanzenorgane.

— Der Engländer **Griffin** erbaut die erste im Sechstakt arbeitende Gaskraftmaschine, welche sich längere Zeit in England auf dem Markt erhält.

— Christian **Hansen** stellt fest, dass es mehrere Species und Rassen von Unterhefe gibt, welche verschiedenes Verhalten bei der Gährung zeigen und begründet das Verfahren der Hefe-Reinzucht für Brauerei und Brennerei.

— Friedrich **von Hefner-Alteneck** konstruirt die nach ihm benannte Hefnerlampe, deren Lichtstrahlung auf Grund der Untersuchung der physikalischen Versuchsanstalt als „Hefnerkerze" die in Deutschland übliche elektrische Lichteinheit repräsentirt.

1883 Fleeming **Jenkin** und **Ayrton** und **Perry** erfinden die elektrische Telpherbahn (Telpherage), deren zum Transport von Waaren dienende Wagen nach Art der Seilbahn an einem hochgelegenen Schienenstrang aufgehängt sind und ohne Hülfe von Wärtern oder Führern betrieben werden.

— Robert **Koch** entdeckt den Erreger der asiatischen Cholera (Vibrio Cholerae asiaticae).

— S. P. **Langley** bestimmt mit dem von A. F. Svanberg 1851 erfundenen und von ihm verbesserten Bolometer, das äusserst geringe Wärmeveränderungen zu erkennen und zu messen gestattet, die Solarkonstante im Mittel zu etwa 3 Kalorien.

— H. A. **Lorenz** in Leiden entwickelt seine Elektronentheorie, nach welcher submaterielle Theilchen Träger der elektrischen Ladungen sind.

— Der amerikanische Ingenieur Hiram **Maxim** konstruirt eine automatische Mitrailleuse.

— Elias **Metschnikoff** vertritt die Auffassung, dass sich die intracellulare Verdauung der einzelligen Organismen durch Heredität auch bei den amöboiden Zellen (Leukocyten oder weissen Blutkörperchen) der Vertebraten erhalten hat, die desswegen als Phagocyten (Fresszellen) bezeichnet werden dürfen. Seine Phagocytentheorie der Immunität besagt, dass die Krankheit erregenden Bazillen von den Phagocyten aufgefressen werden.

— Karl **Olszewski** und S. **von Wroblewski** machen Bestimmungen der kritischen Temperatur an den von ihnen zu stabilen Flüssigkeiten verflüssigten sogenannten permanenten Gasen.

— Maximilian **Schumann** und Hermann **Gruson** zu Magdeburg-Buckau, welche sich zu gemeinschaftlichem Schaffen vereinigt haben, konstruiren ein Panzergeschütz unter dem Namen: Verbesserte Cummersdorfer Lafette (s. Schumann 1882).

— Der deutsche Arzt Felix **Semon** in London, welcher gleichzeitig mit Reverdin und Kocher (s. 1881) erkannt hatte, dass durch Totalexstirpation des Kropfs eine Art Kretinismus, von Kocher cachexia strumipriva genannt, entstehe, weist nach, dass auch das Myxoedem auf den Ausfall der Funktion der Schilddrüse zurückzuführen ist.

1883—86 Eduard **Suess** gibt durch sein Buch „Das Antlitz der Erde" und seine Abhandlung „Ueber unterbrochene Gebirgsfaltung" der Kontraktionshypothese ihre vollständige Abrundung.

1883 Paul G. **Unna** führt die Sulfosäure, die durch Einwirkung konzentrirter Schwefelsäure auf das durch trockene Destillation der bituminösen Schiefer von Seefeld in Tirol gewonnene Oel entsteht, unter dem Namen „Ichthyol" in den Arzneischatz ein.

1884 Svante **Arrhenius** findet den Parallelismus zwischen elektrischer Leitfähigkeit und chemisch katalytischer Wirkung, sowie Stärke der Säuren und Basen.

— Anton **de Bary** sucht die Fruchtbildung als Grundlage für ein naturwissenschaftlich aufgebautes System der Bakterien zu benutzen und trennt dieselben nach der Entwicklung der Sporen innerhalb des Zellleibes oder aus ganzen Zellen in Endospore und Arthrospore.

— Eugen **Baumann** entdeckt das Sulfonal (Diaethylsulfondimethylamin), welches 1888 von Alfred **Kast** physiologisch geprüft und zur therapeutischen Anwendung als Schlafmittel empfohlen wird.

— Wilhelm **Borchers** zeigt, dass alle Metalloxyde durch elektrisch erhitzten Kohlenstoff reducirbar sind und gelangt bei seinen Versuchen zu zahlreichen Metallkarbiden.

1884—85 Der portugiesische Reisende Hermenegildo Augusto **de Brito Capello** macht mit dem Leutnant Ivens eine Durchkreuzung von Afrika von Mossamedes über den Sambesi nach Mozambique.

1884 Der italienische Reisende Gaetano **Casati** macht in den Jahren bis 1889 eine Durchkreuzung Afrika's von Aegypten über Monbuttu nach Sansibar. Er findet eine Zeitlang Aufnahme bei Emin Pascha in Lado, wird in Unyoro gefangen, aber von Stanley befreit, mit dem er dann Bagamoyo erreicht.

— Georg Theodor August **Gaffky** weist nach, dass die von Koch, Klebs und Eberth bei Typhuskranken aufgefundenen Bazillen die wirklichen Erreger des Unterleibstyphus sind.

— J. H. **van't Hoff** publizirt seine Untersuchungen über die Analogie der Materie in gasförmigem und aufgelöstem Zustande, wodurch die neuere Entwicklung der physikalischen Chemie bedingt wird (Theorie des osmotischen Drucks).

— C. **Hoepfner** gibt durch sein Patent auf „Neuerungen in der Elektrolyse von Halogensalzen der Leicht- und Schwermetalle" den Anstoss zur fabrikmässigen elektrolytischen Herstellung von Aetzalkali und Chlor aus Alkalichloriden.

1884 Der Physiologe Victor **Horsley** in London fördert die Lehre von der Gehirnlokalisation.

— Der Physiker Heinrich **Kayser** nimmt Photographien von Blitzen auf und konstatirt, dass der Verlauf der Blitze gewöhnlich ein stark verästelter, krummliniger, mit einem Baum oder einem Strom vergleichbarer ist. Mehrfache Blitze zeigen gewöhnlich parallele Bahnen der Funken.

— Ludwig **Knorr** entdeckt das Antipyrin (Phenyl-Dimethyl-Pyrazolon), das erste künstliche Fiebermittel, das einen dauernden und durchschlagenden Erfolg erzielt.

— Friedrich August J. **Löffler** entdeckt den Bazillus der menschlichen Diphtherie.

— Henri **Moissan** stellt im elektrischen Schweissofen künstliche Diamanten durch Schmelzung von Eisen mit Holzkohlenpulver her.

— Arthur **Nicolaier** entdeckt den Tetanusbazillus, den S. Kitasato (1889) reinzüchtet.

— Der Amerikaner **Pelton** erfindet eine am Umfang beaufschlagte Aktionsturbine (Peltonrad benannt), bei welcher der Wasserstrahl in den Laufzellen in die dem Drehungssinn entgegengesetzte Richtung umgebogen wird.

— Wilhelm **Schmidt** in Braunschweig erhält das erste Patent auf ein Verfahren zur Erzeugung überhitzten Dampfes für Heissdampfmaschinen.

— J. D. **van der Waals** erklärt die Abweichungen der Gase von den einfachen Gasgesetzen durch Annahme von anziehenden Kräften zwischen den Molekülen, ebenso wie einer räumlichen Ausdehnung derselben.

— Ladislaus **Weinek** beschäftigt sich mit der photographischen Aufnahme des Mondes und stellt mittelst des von ihm erfundenen Verfahrens der direkten Vergrösserung der Negative seine berühmten Mondlandschaften her.

1884—85 Hermann **von Wissmann, Ludwig Wolf** und **Kurt von François** erforschen das Gebiet des Kassai und der Nebenflüsse desselben.

1885 Carl **Auer von Welsbach** erfindet das Gasglühlicht, welches sich aber erst 7 Jahre später in verbesserter Form praktisch bewährt.

1885 Carl **Auer von Welsbach** gelingt es, das bis dahin für ein Element gehaltene Didym in Neodym und Praseodym, zwei Elemente mit charakteristischen Spektrallinien, zu zerlegen. Die Einheitlichkeit des Neodym's wird übrigens vielfach angezweifelt.

— Adolph **von Baeyer** stellt, von der van't Hoff'schen Anschauung über die Kohlenstoffvalenzen ausgehend, den Satz auf, dass die Richtung der Valenzen bei mehrfacher Bindung bezw. ringförmiger Anordnung der Atome eine Ablenkung erfahren kann, welche eine mit der Grösse der Ablenkung wachsende Spannung zur Folge hat (Baeyersche Spannungstheorie).

— Der württembergische Ingenieur Gottlieb **Daimler** erfindet den zum Betrieb von Motorfahrzeugen zuerst zur allgemeinen Anwendung gelangten, mit Benzin oder Petroleum betriebenen Daimlermotor.

— S. Z. **de Ferranti** erfindet die Doppelleitungskabel, bei denen die eine Leitung den centralen Kern des Kabels bildet, während die zweite um die isolirte erste Leitung gesponnen ist, mit ihr also koncentrisch liegt (koncentrische Kabel).

— Albert Bernhard **Frank** weist nach, dass die Wurzeln vieler grüner Pflanzen (waldbildender Laubbäume, Orchideen, Erikaceen) mit Pilzen in Symbiose leben (sog. Mykorrhiza), wobei die Pilzhyphen im Humus die Funktion der Wurzelhaare für die Pflanze ausüben.

— Camillo **Golgi** entdeckt den Entwicklungsgang der Malariaparasiten im menschlichen Blut.

— Professor **Hellriegel** in Bernburg entdeckt, dass die Leguminosen, und insbesondre die blaue Lupine, im Stande sind, mit Hülfe der Bakterien ihrer Wurzelknötchen den atmosphärischen Stickstoff zu assimiliren. Diese Assimilation des freien Stickstoffs durch Pflanzen hatte M. Berthelot bereits 1876 behauptet.

— J. H. **van't Hoff** führt den Begriff der festen Lösung ein, die nach ihm ein fester homogener Komplex von mehreren Körpern ist, deren Mengenverhältniss unter Beibehaltung der Homogenität wechseln kann.

— W. **Huggins** und S. P. **Langley** gelingt es experimentell, die Wärme der Fixsterne, des Mondes und anderer Weltkörper auf der Erde nachzuweisen und dadurch die Wahrscheinlichkeit der Existenz des Weltaethers darzuthun, da kaum anzunehmen ist, dass die Wärmeschwingungen sich ohne ein permeables Medium bis zur Erde fortpflanzen.

1885 **Lacombe** und **Mathieu** erhalten Telephotographien, indem sie das Verfahren der Himmelsphotographie auf irdische Objekte anwenden. Bequemer gestaltet sich die Telephotographie, nachdem A. Miethe 1891 für dieselbe ein Teleobjektiv, welches man auch als photographisches Fernrohr bezeichnen könnte, konstruirt hatte.

— Victor **Meyer** erfindet die nach ihm benannte Methode der Dampfdichtebestimmung, wodurch der Molekularzustand der Körper bis zu den höchsten erreichbaren Temperaturgraden mit grosser Leichtigkeit ermittelt werden kann. Die Dampfdichten der Elemente, wie Schwefel, Chlor, Brom, Jod etc. zeigen unerwartete Atomverkettungen an, die in theoretischer Hinsicht von dem grössten Interesse sind.

— Karl **Scheibler** verwendet die beim Gilchrist-Thomas-Verfahren (s. 1879) abfallende Entphosphorungs-Schlacke in Mehlform zu Düngerzwecken und erfindet ein Verfahren zur Anreicherung dieser Schlacke mit Phosphorsäure (Thomasphosphatmehl).

— Gaston **Tissandier** in Paris regt den Gedanken internationaler meteorologischer Ballonfahrten an, der im Jahre 1896 zum ersten Male seine Verwirklichung findet und neue Erfahrungen über die Ausbreitung der Temperaturen in den höheren Luftschichten liefert.

— **Verdol** in Lyon baut eine Jacquardmaschine, die mit endloser Papierkarte arbeitet und die Arbeit wesentlich verbilligt.

— Karl **Weigert** entdeckt die Darstellung der markhaltigen Nervenfasern im Centralnervensystem durch Färbung mit Haematoxylin und lehrt gleichzeitig die färberische Darstellung des Fibrins.

1886 **Carey** bereist West-Tibet.

— Eugène H. und Alfred H. **Cowles** schaffen ein praktisches Verfahren für metallurgische Operationen, welches auf dem Gebrauch eines zertheilten elektrisch leitenden, aber mit starkem Widerstand behafteten Materials (des granulirten Koks) beruht, welches beim Durchgang des Stroms glühend wird und mit dem chemisch zu verändernden Material in Kontakt steht.

1886 W. **Elmore** stellt auf elektrolytischem Wege nahtlose Kupferröhren her.

— S. Z. **de Ferranti** errichtet die erste Wechselstrom-Centrale in London, die durch die Vorzüglichkeit ihrer gesammten Apparate, Dynamos, Transformatoren, Ferranti'schen Elektrizitätszähler, sowie durch ihr Vertheilungssystem vorbildlich für solche Anlagen wird.

— Albert **Fränkel** in Berlin entdeckt den Pneumonie-Mikrokokkus.

— Oskar **Frölich** gibt die erste ausgebildete Theorie der dynamoelektrischen Maschine.

— Der englische Ingenieur **Greathead** baut die erste elektrische Tunnelröhrenbahn in London mit Vortreibung eines gusseisernen Rohrs durch hydraulischen Druck (Greathead Shield).

— Charles M. **Hall** findet in dem natürlichen Kryolith das geeignete Fluss- und Lösungsmittel für die Thonerde und erzeugt mit dem Strom von 7 Grove-Elementen die ersten Stücke Aluminium aus dieser Schmelze zwischen Kohlenelektroden.

— Charles A. **Parsons** in Newcastle on Tyne erfindet eine mehrstufige Reaktionsdampfturbine und führt damit zum ersten Male eine Dampfturbine, die zur direkten Kuppelung mit Dynamomaschinen geeignet ist, praktisch aus.

— Nachdem der französische Genieoberst Mangin und der Ingenieur Sautter den Scheinwerfer durch Abweichung von Fresnel's Linsensystem wesentlich verbessert hatten, gelingt es der Firma **Schuckert & Co.**, durch aus einem Stück hergestellte Glasparabolspiegel einen sich in der Praxis bewährenden Scheinwerfer herzustellen.

— Friedrich **Siemens** erfindet das Drahtglas, das aus Glasplatten besteht, in die ein weitmaschiges leinwandbindiges Eisendrahtgewebe eingelegt ist.

— Der Chemiker Franz **Soxhlet** bildet das nach ihm benannte Verfahren der Säuglingsernährung mit sterilisirter Milch aus.

— Eugène **Turpin** benutzt die Pikrinsäure in gepresstem und geschmolzenem Zustand, sowie in Verbindung mit Kollodium unter dem Namen „Melinit" zur Füllung von Granaten.

— J. M. L. **Vieille** erfindet das rauchlose Pulver (aus Schiessbaumwolle hergestellt).

— Clemens **Winkler** entdeckt das Germanium im Argyrodit der Grube Himmelsfürst bei Freiberg.

1887 Nachdem Rudolph Clausius (1857) es wahrscheinlich gemacht
hatte, dass vereinzelte Moleküle der Elektrolyte in „Theil-
moleküle" zerfallen sind, begründet Svante **Arrhenius** die
elektrolytische Dissociationstheorie, wonach der grössere Theil
der Salze in wässriger Lösung in ihre Jonen zerfallen sind
und erklärt auf diese Weise die Abweichung der Elektrolyte
vom van't Hoff'schen Gesetz.

— A. F. **Chance** gewinnt aus den Sodarückständen des Leblanc-
Prozesses 95 Procent des Schwefels, indem er dieselben mit
Kohlensäure aus Kalköfen behandelt, wobei sämmtlicher
Schwefelwasserstoff ausgetrieben wird, der dann in dem von
Claus angegebenen Ofen bei beschränkter Luftzufuhr zu
Wasser und Schwefel verbrannt wird. Durch dieses Ver-
fahren ist die Möglichkeit gegeben, den Schwefel im Leblanc-
Prozess einen Kreislauf beschreiben zu lassen, in welchem
er immer wieder in den Prozess zurückkehrt.

— Nachdem Audemars aus Lausanne 1855 einen Seidenersatz
aus Nitrocellulose patentirt hatte, der jedoch nicht zur praktischen
Verwerthung gelangte, stellt der Vicomte St. Hilaire **de
Chardonnet** eine Kunstseide aus Nitrocellulose der, die sich,
nachdem ihr 1890 durch Denitrirung mit Alkalisulfhydrat die
Feuergefährlichkeit genommen war, in der Damenkonfektion
gut einführt.

— Theodor **Curtius** entdeckt das Hydrazin oder Diamid, welches,
wie das Ammoniak, basische Eigenschaften hat, und stellt 1890
die Stickstoffwasserstoffsäure, eine in ihren Derivaten den
Halogenwasserstoffsäuren nahestehende Säure dar.

— Karl **Haggenmacher** in Budapest führt den Plansichter in
die Müllerei ein.

— Der Geodät E. **Hammer** organisirt Korrespondenznachrichten
zur steten Kontrole der Bodenstörungen.

— Die Brüder Prosper und Paul **Henry** konstruiren Instrumente, durch welche die Himmelsphotographie einen sehr
grossen Fortschritt macht und entdecken den Majanebel in
den Plejaden auf photographischem Wege.

— Paul **Héroult** konstruirt den Kathodenofen für ununterbrochenen Betrieb und wird der Begründer der Elektro-
metallurgie des Aluminiums nach der Schmelzmethode.

— Heinrich Rudolf **Hertz** stellt den Einfluss des ultravioletten
Lichts auf die elektrische Entladung ausser Zweifel.

1887 Alfred **Kast** und O. **Hinsberg** entdecken das Phenacetin (Acetyl-Para-Phenetidin), welches als Fiebermittel zur therapeutischen Anwendung gelangt.

— Gustave **de Laval** erfindet eine reine Aktionsdampfturbine, in der die potentielle Energie des unter Spannung stehenden Dampfes in einer Stufe in kinetische Energie umgesetzt und auf das Laufrad übertragen wird.

— Adolph **Miethe** konstruirt durch Rechnung einen anastigmatischen Aplanaten.

— Nachdem man lange Zeit geglaubt hatte, dass Fluor bei seiner grossen Neigung, Verbindungen mit andern Körpern einzugehen, in freiem Zustand nicht darstellbar sei, gelingt Henri **Moissan** dessen Isolirung durch elektrolytische Zersetzung reiner wasserfreier Flusssäure.

— Edouard **Nocard** und Emile **Roux** züchten die Tuberkelbazillen auf glycerinhaltigem Nährboden.

— **Marchi** erfindet eine Methode, frische Degenerationen des Centralnervensystems durch Behandlung mit doppeltchromsaurem Kalium und Osmiumsäure nachzuweisen.

1887—98 Hans **Meyer** erforscht auf 3 Reisen den Kilimandjaro, dessen Gipfel er als Erster erreicht.

1887 François Marie **Raoult** stellt das Erstarrungsgesetz auf „löst man 1 Molekul einer Substanz in 100 Molekulen eines beliebigen Lösungsmittels, so wird der Erstarrungspunkt des letztern um 0,63° herabgedrückt". Diese Regel dient häufig als Mittel zur Bestimmung der Grösse des Molekulargewichts.

— Nikola **Tesla** erfindet den mehrphasigen Wechselstrommotor und fördert dadurch die wirthschaftliche Uebertragung von Arbeit auf grosse Entfernungen.

1887—88 Die österreichische Expedition unter Graf **Teleki** und Ritter **v. Höhnel** erforscht das Gebiet des Kenia und entdeckt den Rudolfsee und den Stephaniesee.

1887 Nachdem unter Anderen F. Reich 1852 und G. B. Airy 1855 Bestimmungen der Dichte der Erde mittelst der Drehwage vorgenommen hatten und Philipp von Jolly 1878 die Wägungsmethode eingeführt hatte, gelingt es J. **Wilsing** in Potsdam, diese Bestimmung mittelst eines Pendelapparats (Vertikalwage) in sehr genauer Weise auszuführen. Er findet aus 68 Beobachtungen den Werth von 5.595±0.032, während die Resultate der anderen Forscher innerhalb der Grenzwerthe 5.4—5.8 liegen. Bemerkenswerth ist, dass Isaac Newton 1687 in seinen „Principia" zum Ausdruck bringt, dass die Dichte der gesammten Materie auf der Erde wahrscheinlich 5—6 mal grösser sei, als wenn dieselbe ganz aus Wasser bestehe.

1888 William Eduard **Ayrton** erfindet einen Elektrizitätszähler, in welchem der Strom auf eines von zwei gleichgehenden Uhrpendeln wirkt, und der entstehende Gangunterschied abgelesen wird. H. **Aron** hat das Verdienst, diesen Zähler eingeführt zu haben, der deshalb nach ihm benannt wird.

— Nachdem Gaudin (1839) und Gautier (1878) sich vergeblich um Herstellung des Quarzglases bemüht hatten, gelingt es V. C. **Boys** dadurch, dass er den Quarz erst auf 1000° erhitzt und dann in Wasser taucht, einen Körper zu erhalten, der selbst den höchsten Temperaturen Widerstand leistet und daraus Quarzfäden zu erhalten, aus welchen **Shenstone** später Gefässe herstellen lehrt.

— Das Studium der Protozoen führt **Otto Bütschli** zur Begründung seiner Theorie über den Wabenbau (Alveolarstruktur) des Protoplasmas. Es gelingt ihm später, diese mikroskopischen Schäume künstlich nachzumachen und mittelst derselben die amöboiden Bewegungen mechanisch zu erklären.

— Dem Mediziner Georg **Cornet** gelingt zuerst der Nachweis von Tuberkelbazillen ausserhalb des Körpers.

— P. und C. **Depoully** in Lyon erfinden unter Verwendung der Mercer'schen Beobachtungen das Verfahren, die Baumwolle zu kräuseln und so die beliebten Creponartikel herzustellen (s. Mercer 1844).

— Galileo **Ferraris** erzeugt durch Kombination mehrerer Wechselströme von verschiedener Phase ein rotirendes magnetisches Feld.

— Thomas Richard **Fraser** in Edinburg führt Strophantus, das 1878 von Christy, Holmes und Bradford untersucht worden war, als Ersatz für Digitalis in die ärztliche Praxis ein.

— Doctor **Gassner** junior in Mainz erfindet das erste brauchbare Trockenelement, welches er mit einem aus Salmiak, Zinkoxyd und indifferenten Stoffen unter Zusatz von Wasser gekneteten Teig füllt.

— Heinrich Rudolf **Hertz** erbringt den experimentellen Beweis für die Richtigkeit der Maxwell'schen Lichttheorie, indem er die Wellennatur der Elektrizität nachweist und feststellt, dass der elektrische Brechungskoeffizient mit dem optischen zusammenfällt und dass die Strahlen elektrischer Kraft von den Lichtstrahlen nicht verschieden sind.

1888 Der Chemiker Albert **Ladenburg** in Breslau macht die Synthese des Coniins. Das künstliche Alkaloid erweist sich als identisch mit dem 1827 von Giesecke entdeckten Alkaloid des Schierlings.

— Der Physiker Otto **Lehmann** benutzt das Mikroskop zur Aufklärung über die innere Struktur der Körper und der bei ihrer Metamorphose auftretenden Vorgänge und fördert so die Molekularphysik.

— Victor **Meyer** entdeckt im Steinkohlentheer das Thiophen.

— Fridtjof **Nansen** geht mit 5 Gefährten auf Schneeschuhen quer durch Grönland, und zeigt, dass sich das ganze Land im Zustande der Uebergletscherung befindet.

— Walter **Nernst** stellt die osmotische Theorie der Voltaketten auf, mit deren Hilfe fast alle neueren Ketten der Elektrochemie berechnet werden.

— Wilhelm **Ostwald** zeigt durch sein Verdünnungsgesetz, dass das chemische Gleichgewicht für die Jonen und nicht dissociirten Moleküle der Säuren gültig ist.

— E. Ch. **Pickering** fördert die Himmelsphotographie.

— Der österreichische Ingenieur Victor **Popp** benutzt die Druckluft zur Kraftvertheilung und errichtet in Paris eine grosse, mit Druckluft betriebene Kraftcentrale.

— François Marie **Raoult** findet parallel seinem Erstarrungsgesetz Beziehungen zwischen der Dampfspannung eines Lösungsmittels und der Molekulargrösse der gelösten Substanzen, welche diese Dampfspannung vermindern.

— Charles **Richet** und **Héricourt** übertragen die Immunität von Hunden, welche künstlich gegen die Infektion mit einem Staphylokokkus immunisirt waren, dadurch auf Kaninchen, dass sie diesen das Serum der Hunde injiciren.

— **Rosenfeld** in Teschen leitet die Glühhitze des in Leuchtgas wohl erglühenden, dasselbe aber nicht entzündenden Platinschwamms auf feine Platindrähte ab, die in Weissgluth gerathen und so das Gas entzünden. Obwohl damit das Problem der Selbstzündung gelöst war, gelingt es erst 1896 der Deutschen Gasselbstzünder-Aktiengesellschaft, einen allen Ansprüchen genügenden Gasselbstzünder herzustellen.

1888 Pierre Paul Émile **Roux** und Alexandre **Yersin** entdecken das Toxin des Diphtheriebazillus und schaffen dadurch die Grundlage für die Auffindung des Diphtherieantitoxins.

— Friedrich **Siemens** erfindet die Regenerativlampe und das Presshartglas, welch letzteres er durch Pressen des rothwarmen Glases zwischen rasch kühlenden Metallplatten herstellt.

— Der amerikanische Elektrotechniker Elihu **Thomson** erfindet das elektrische Löth- und Schweissverfahren.

— Rudolf **Voltolini** durchleuchtet zuerst Nase, Nasenrachenraum und Mundhöhle mit elektrischem Glühlicht und weist auf die Bedeutung der Methode für die Diagnose der Highmore- höhlenerkrankungen hin. Zwei Jahre darauf durchleuchtet Karl **Vohsen** die Stirnhöhlen von ihrer Basis aus ebenfalls mit elektrischem Glühlicht.

— W. **Wiener** weist experimentell die Existenz stehender Lichtwellen nach (s. Zenker 1856).

— Der Schiffbauer **Yarrow** schlägt vor, Maschinen nicht mehr durch Wasserdampf, sondern durch die Verdampfung von Napbta zu betreiben, ein Vorschlag, der von Escher, Wyss & Co. für den Bau von Naphtabooten aufgegriffen wird.

— Der Ingenieur Hermann **Zimmermann** gibt in seinem Werke „Die Berechnung des Eisenbahn-Oberbaus" zum ersten Male eine vollständige Oberbautheorie und erfindet bei Gelegenheit des Baues der Kuppel für das Reichstagsgebäude in Berlin (1890) ein neues, später nach ihm benanntes räumliches Fachwerk.

1889 Albert **Baur** stellt künstlichen Moschus her.

— Emil **Berliner** erfindet das Grammophon, welches, wie der Phonograph (s. Edison 1878) auf dem Prinzip des Scott'schen Phonautographen (s. 1859) beruht.

1889—90 Pierre Gabriel **Bonvalot** und Henry **v. Orleans** durchqueren Tibet.

1889 Hamilton Young **Castner** stellt Natrium auf elektrolytischem Wege aus kaustischem Natron her, das er in besonders kon- struirten Zellen bei 313° C. zersetzt.

— Der Pariser Ingenieur Gustav **Eiffel** erbaut den Eiffelthurm, welcher mit 300 Meter Höhe das höchste Bauwerk aller Zeiten ist.

— Die französischen Chemiker Henri **Gall** und Graf **Montlaur,** sowie der Schwede **Carlsen** bewirken gleichzeitig, aber un- abhängig von einander die elektrolytische Ueberführung der Alkalichloride in Chlorate.

1889 A. **Hantzsch** und A. **Werner** entwickeln, im Anschluss an Beobachtungen von Auwers, V. Meyer, Beckmann und H. Goldschmidt in der Gruppe der Oxime, die Theorie der räumlichen Anordnung in stickstoffhaltigen Molekülen (Stereochemie des Stickstoffs).

— Victor **Hensen** organisirt die erste deutsche Plankton-Expedition der Humboldtstiftung, durch welche die Verbreitung der kleinen pflanzlichen und thierischen Organismen im offenen Meer und deren Nährwerth für grössere Thiere aufgeklärt werden.

— Nachdem Friedrich **Krupp** im Jahre 1862 den Flachkeilverschluss und 1865 den Rundkeilverschluss für Geschütze konstruirt hatte, gelingt es ihm, nach der Einführung des rauchschwachen Pulvers für seine neuen Rohrkonstruktionen praktische Schnellfeuerverschlüsse (Leitwellverschluss) herzustellen.

— Louis **Pasteur, Chamberland** und Émile **Roux** entdecken die künstliche Abschwächung der Virulenz pathogener Bakterien und verwenden die abgeschwächten Rassen zu Schutzimpfungen, wie gegen Hühnercholera, Milzbrand, Schweinerothlauf und Hundswuth.

— Richard F. J. **Pfeiffer** entdeckt den Bazillus der Influenza.

— Der französische Abbé P. J. **Rousselot** erfindet den „inscripteur de la parole" und macht die Experimental-Phonetik der Linguistik dienstbar.

— Max **Rubner** in Berlin fördert die Hygiene und bearbeitet namentlich die Gebiete der theoretischen Ernährungs- und der Bekleidungslehre.

— Der Mediziner Gustav Adolf **Walcher** erfindet den Sublimatwatte-Verband.

1890 Emil **Behring** entdeckt, dass im Blut-Serum von Thieren, welche mit Injektionen von Bakterientoxinen vorbehandelt sind, specifische Antitoxine auftreten, und begründet damit die Serumtherapie.

— Der französische Physiker Edouard **Branly** weist nach, dass eine mit sehr fein vertheiltem Metallpulver gefüllte Röhre — von ihm Radiokonduktor genannt — ein äusserst empfindliches Reagens für elektrische Wellen bietet. Durch diese Arbeit legt er den Grund zur drahtlosen Telegraphie (s. Munck af Rosenschöld 1838).

1890 Die Brüder **Brin** stellen nach dem von J. B. Boussingault zuerst angegebenen Prinzip der abwechselnden Bildung und Wiederzersetzung von Bariumsuperoxyd Sauerstoff in grossem Mafsstab her.

— Der Klempner Arthur **Cautius** konstruirt einen neuen Rundbrenner mit Brandscheibe, der so konstruirt ist, dass nicht der obere Rand des Dochtes, sondern die innere Fläche des Dochtes brennt, so dass die Flamme wie aus einer Röhre hervorquillt. Durch diese Konstruktion findet eine sehr innige Mischung der brennbaren Gase mit der Luft statt.

— A. und E. **Cressonnière** erfinden einen Apparat zur Herstellung trockener Seifen, der sich insbesondere in der Toiletteseifenfabrikation einbürgert.

— James **Dewar** erfindet die für die Handhabung und Aufbewahrung der flüssigen Luft wichtigen doppelwandigen Dewar'schen Flaschen und Gefässe, bei welchen der zwischen der äusseren und inneren Wandung eingeschlossene Hohlraum evakuirt wird.

— J. B. **Dunlop**, Zahnarzt in Dublin, erfindet den pneumatischen Radreifen für Fahrräder, ohne von der 1846 von Thomson (s. d.) gemachten Erfindung des pneumatischen Reifens für Wagenräder Kenntniss zu haben.

— Emil **Fischer** gelingt es, durch Kondensation des Formaldehyds den Traubenzucker (Glukose) und den Fruchtzucker (Fruktose) synthetisch darzustellen und im Verfolg seiner Arbeiten eine grosse Zahl von Zuckerarten zu erhalten und deren Konstitution zu erweisen.

— Die Brüder Robert William und William **Forrest** erfinden gemeinsam mit John Mac **Arthur** ein Verfahren zur Goldgewinnung, das in der Goldindustrie in Transvaal angewendet wird. (Mac Arthur-Forrest-Prozess.)

— Der Amerikaner Elisha **Gray** erfindet den Telautograph.

— Dem Pharmakologen Erich **Harnack** gelingt die Darstellung des löslichen Eiweiss.

— Der Geodät Friedrich Robert **Helmert** in Potsdam entfaltet eine bemerkenswerthe Thätigkeit für das grosse Unternehmen der internationalen Erdmessung und sucht eine systematische Erforschung der inneren Schwerevertheilung des Erdkörpers durchzuführen.

1890 Julius **Hirschberg** konstruirt einen Elektromagneten zur Entfernung von Eisensplittern aus dem Augapfel (siehe Fabriz von Hilden 1600).

— J. H. **van't Hoff** sucht nachzuweisen, dass der osmotische Druck der in fester Lösung befindlichen Substanzen dem der flüssigen Lösung analog ist und den gleichen Gesetzen, wie sie für diese gelten, gehorcht.

— Der Mediziner Albert **Hoffa** fördert die Orthopaedie und zeichnet sich namentlich durch seine Hüftoperationen aus.

— Der Chemiker Ludwig Friedrich **Knapp** in Braunschweig erfindet die Gerbung mit Metallsalzen.

— Robert **Koch** stellt in dem Tuberkulin ein Hülfsmittel zur Erkennung und Heilung der Tuberkulose her.

— Theodor **Kocher** leitet die Organtherapie ein, indem er diejenigen Kropfkranken, die in Folge operativer Herausnahme ihres Kropfes an eigenthümlichen Störungen leiden, die rohe Schilddrüse von Schafen und Kälbern geniessen lässt, wobei sich die Beschwerden verlieren.

— F. **Küstner** entdeckt die Schwankungen der Erdachse, für deren Bestimmung später vom internationalen Bureau für Erdmessung ein ständiger Ueberwachungsdienst eingerichtet wird.

— **Levasseur** erfindet die biegsamen Metallschläuche, die an Biegsamkeit den Kautschukschläuchen gleichkommen, vor diesen aber den Vorzug haben, dass sie ein Vakuum vertragen, ohne von der äussern Luft zusammengedrückt zu werden.

— Der Maschinenbauer Otto **Lilienthal** in Berlin verfertigt nach mehr als zwanzigjähriger erfolgreicher Untersuchung des Vogelflugs einen Segelflugapparat, mittelst dessen er ohne aktive Bewegung vom Wind getragen und gehoben wird. Er stürzt am 10. August 1896 bei einem Flugversuche aus beträchtlicher Höhe zur Erde und stirbt an einem Bruch der Wirbelsäule.

— Der französische Photograph Frédéric **Lumière** erfindet die photographischen Films, welche aus Collodium, Gelatine oder Celluloid gefertigt werden und die Unterlage für die lichtempfindliche Schicht bilden.

— Die Brüder Max und Reinhard **Mannesmann** erfinden das Mannesmann'sche Röhrenwalzverfahren, ein Hohlwalzverfahren, bei dem die Röhren aus massiven Stäben erzeugt werden.

1890 Der Ingenieur Heinrich **Müller**-Breslau macht bahn-brechende Arbeiten zur Theorie des Brückenbaus und der Baukonstruktionen.

— Der Industrielle S. **Nagelmackers** richtet die Luxus-Express-züge auf den europäischen Haupteisenbahnlinien ein.

— Der amerikanische Meteorologe A. C. **Rotch** verwendet die von **Eddy** erfundenen Flächendrachen, um selbstregistrirende Apparate zur Messung der Temperatur und Feuchtigkeit der Luft in die höhern Luftschichten emporzutragen.

— Der Münchener Oberbaurath Wilhelm **Rettig** erfindet die Stufen-bahn, die nach einem Versuche in Münster in Westphalen auf der Weltausstellung in Chicago 1893 ausgeführt wird.

— Paul **Rudolph** stellt mit Hülfe der neuen Schott'schen Glas-sorten den Zeiss'schen Anastigmaten her.

— Der Berliner Arzt Carl Ludwig **Schleich** erfindet das Ver-fahren der Infiltrationsanaesthesie.

— **Schneider & Co.** in Creusot stellen Nickelstahlplatten her, die sich bei einem Probeschiessversuche als bestes Panzer-material erweisen und zu einer Umwälzung auf dem Gebiete der Panzerfabrikation führen.

— Der Mediziner Max Oscar Sigismund **Schultze** stellt die Bedeutung der Schwerkraft für die Formbildung bei der Entwicklung der Organismen aus dem Ei fest.

— Hugo **Seeliger** ermittelt durch photometrische Messungen die Durchmesser zahlreicher Asteroiden, die meist nur wenige Kilometer — zwischen 2 und 50 — betragen.

— Hermann Carl **Vogel** in Potsdam vervollkommnet die Spektroskopie und entdeckt, dass die Lichtänderungen des Algol von einem dunkeln Begleiter herkommen, der den Hauptstern zeitweise verdunkelt und dass auch die Spica und Virgo dunkele Begleiter haben. Pickering hatte schon zuvor einen Begleiter bei Zeta-Ursi-Majoris gefunden.

— Karl **Weigert** entdeckt die färberische Darstellung der Neuroglia (Bindesubstanz des Nervensystems) mit Hülfe einer besondern Anwendungsweise des Methylviolets.

— S. **Winogradsky** entdeckt die Nitrobakterien, die im Boden in ungeheurer Verbreitung vorkommen und die Eigenschaft haben, das Ammoniak in die für die Pflanzen verwerthbaren Nitrate umzuwandeln.

1891 Michael O. **von Dolivo-Dobrowolski** in Berlin erbaut zwischen Lauffen und Frankfurt a. M. die erste Arbeitsübertragung mit hochgespannten Wechselströmen verschiedener Phasen.

— Paul **Ehrlich** zeigt, dass sich die Eigenschaft des Organismus, Schutzstoffe zu bilden, nicht nur auf die Gifte pathogener Organismen, sondern auch auf pflanzliche Toxalbumine (Abrin, Ricin) erstreckt.

— Gabriel **Lippmann** löst das Problem der Photographie in natürlichen Farben durch Anwendung eines Quecksilberspiegels hinter der „kornlosen" Schicht. Auch gelingt ihm das Fixiren des farbigen Bildes.

— Max **Maercker** führt in die Zuckerindustrie das Verfahren ein, die Rübenschnitzel durch Trocknen in ein Dauerfutter umzuwandeln.

— M. J. **von Oertel** untersucht die Schwingungen der Stimmlippen vermittelst des Stroboskops (Laryngostroboskop).

1891—94 Robert Edward **Peary** stellt die Inselnatur Grönlands ausser Zweifel.

1891 H. W. **Vogel** benutzt das bereits 1861 von **Maxwell** angegebene additive Dreifarben-Verfahren zur Begründung des photomechanischen Dreifarbendrucks. In Gemeinschaft mit dem Chromolithographen **Ulrich** gelingt ihm die schon seit 1876 erstrebte Lösung dieses Problems sowohl für den Farbenlichtdruck, als auch für die Autotypie (Vogel-Ulrich'sches Verfahren).

— Dem Astronomen Max **Wolf** gelingt es, die kleinen Planetoiden photographisch aufzufinden und zu identificiren, weil dieselben sich auf der Platte nicht, wie Fixsterne, als Punkte, sondern als kleine Streifchen abbilden.

1892 Edward G. **Acheson** in Amerika stellt mit Hülfe des elektrischen Schmelzofens Siliciumkarbid dar, das unter dem Namen „Karborundum" als Schleifmittel in den Handel kommt und gewinnt, gleichfalls mit Hülfe des elektrischen Schmelzofens, Graphit.

— Der Astronom **Barnard** am Lick-Observatorium entdeckt den fünften Trabanten des Jupiter.

— Henry **Bessemer** überträgt ein schon 1846 von ihm patentirtes Verfahren, das flüssiges Blei zu Blech walzen wollte, mit Erfolg auf das in Convertern hergestellte Flusseisen.

1892   Hamilton Young **Castner, Kellner** und Sinding **Larsen** zerlegen Kochsalz elektrolytisch, indem sie Quecksilber als Kathode, Graphit als Anode in 60° warmer Kochsalzlösung dienen lassen. Das entstehende Natriumamalgam liefert mit Wasser wieder Quecksilber und Aetznatron.

—   Heinrich Rudolf **Hertz** bestimmt die Länge der elektrischen Wellen und stellt fest, dass dieselben in der Zeiteinheit genau den gleichen Weg wie die Lichtwellen, nämlich 300000 Kilometer per Sekunde, zurücklegen.

—   Fedor **Krause** führt zuerst die Entfernung des Gasser'schen Nervenknotens zur Heilung der schwersten Formen des Gesichtsschmerzes (Tic douloureux) aus.

—   Friedrich **Krupp** in Essen erbaut eine Riesenkanone von 24 cm Rohrweite, welche am 28. April auf dem Schiessplatz bei Meppen in Gegenwart des Deutschen Kaisers ein Geschoss von 215 kg Gewicht auf eine Entfernung von 20226 Meter wirft, wobei das Geschoss im höchsten Punkt seiner Flugbahn eine Höhe von 6540 Meter erreicht. Gleichzeitig erbaut er für die Weltausstellung in Chicago eine Kanone von 42 cm Rohrweite und 122400 kg Rohrgewicht, welche Granaten von 1000 kg wirft.

—   Philipp **Lenard** gelingt es, durch Einführung eines „Fensterchens" aus Aluminiumfolie in die Wand der Geissler'schen Röhre die Kathodenstrahlen aus dieser heraus in die atmosphärische Luft überzuführen und die Eigenschaften dieser Strahlen ausserhalb der Röhre zu untersuchen.

—   Der englische Physiker Oliver Joseph **Lodge** veröffentlicht seine beinahe gleichzeitig mit Branly gemachten Versuche, bei denen er von den Hertz'schen Arbeiten ausgegangen war. Er hatte den „mikrophonischen Detektor" konstruirt, um elektrische Wellen wahrnehmbar zu machen, benutzt aber nun die Branly'sche Röhre mit Metallfeilicht, die er coherer (Kohärer) benennt.

—   Henri **Moissan** gelingt es, im elektrischen Ofen die Abkühlung auf ein Minimum zu reduziren. Er stellt in demselben Calciumkarbid aus Marmor und Zuckerkohle her, welches **Willson** in Verwerthung der 1862 von Wöhler gemachten Beobachtung, dass dasselbe mit Wasser das mit helleuchtender Flamme brennende Acetylen liefert, zum Aufbau einer neuen grossen Industrie benutzt.

1892 Wilhelm **Pfeffer** entwickelt die Lehre von den energetischen Beziehungen im Stoffwechsel der Pflanzen.

— Theobald **Smith** und F. L. **Kilborne** erkennen, dass das Texasfieber der Rinder, das im Süden der Vereinigten Staaten stationär ist, durch einen Blutparasiten, Pyrosoma bigeminum und dessen Zwischenwirth und Verbreiter, Boophilus bovis (Rinderzecke) verursacht ist.

1893 Ludwig **Brieger** und Georg **Cohn** reinigen das Gift des Tetanusbazillus von vielen Beimengungen und gelangen zu dem Schluss, dass dasselbe nicht eiweissartiger Natur sei.

— **Cross, Bevan** und **Beadle** erhalten durch Einwirkung von Schwefelkohlenstoff auf mit Alkali behandelte Cellulose die Viscose, die für Fabrikation photographischer Films, für Viscoseseide, zum Appretiren der Gewebe, zur Papierfabrikation etc. Verwendung findet.

— Der bayrische Ingenieur Rudolf **Diesel** beschreibt zuerst in seiner „Theorie eines rationellen Wärmemotors" den nach ihm benannten Dieselmotor, welcher im Jahre 1898 zuerst auf der Münchner Ausstellung für Kleinkraftmaschinen in mehrfachen Ausführungen in Betrieb zu sehen war.

— Graf Adolph **von Götzen** reist von Sansibar über Ruanda nach der Kongomündung und entdeckt den Kiwusee.

— Der Ingenieur Eugen **Langen** erfindet die nach ihm benannte Langen'sche Schwebebahn, die zuerst in Deutz versuchsweise angewendet wird.

— Henri **Moissan** erhält durch Auflösung von Kohlenstoff in Eisen bei der Hitze des elektrischen Bogenlichts und Erstarrung des Schmelzflusses unter Druck künstliche Diamanten.

1893—96 Fridtjof **Nansen** fährt mit dem Polarschiff „Fram" von der Nordküste Ostsibiriens in das Polareis ein, und beweist, indem er mit seinem Schiff nach drei Jahren nach der Ostseite Grönlands gelangt, das Vorhandensein der von ihm angenommenen Strömung quer über den Pol. Er erreicht die höchste Breite mit 86^0 14'.

1893 Der Berliner Hydrologe **Piefke** erfindet ein Verfahren, Grundwasser durch Lüftung eisenfrei zu machen.

— Sigismund **Riefler** erfindet eine neue, vorzügliche Hemmung für Pendel- und für Unruhuhren, die nach ihm die Riefler'sche Hemmung genannt wird.

— Nicola **Tesla** entdeckt die bei Wechselströmen hoher Spannung und Wechselzahl auftretenden elektrischen Wellenphaenomene.

1893 Claude **Vautin** ersetzt bei der Elektrolyse des Chlornatriums das Quecksilber durch Blei und zersetzt die entstehenden Bleiverbindungen zur Gewinnung des Natronhydrats mit Wasserdampf (s. 1892 C.).

— **Vidal** behandelt Substanzen der aromatischen Reihe, wie Para Amidophenol und Para Phenylendiamin mit Schwefel und Schwefelnatrium und erhält die intensiv schwarzen Thiokatechine (Noir Vidal). Ein dieser Farben sehr nahestehender Farbstoff ist das wichtige Immedialschwarz von Leopold Cassella & Co.

— Der Mediziner Wilhelm Max **Wundt** fördert die Psychophysik in bahnbrechender Weise.

1894 Eugen **Baumann** entdeckt, dass in der normalen Schilddrüse eine Verbindung von Jod mit Eiweiss, das sogenannte Thyreojodin vorhanden ist.

— Emil **Behring** und Paul **Ehrlich** stellen durch systematische Immunisirung von Pferden gegen Diphtherietoxin hochwerthiges Diphtherieantitoxin her, welches zur Behandlung Kranker geeignet ist.

— Der Meteorologe O. **Berson** erreicht am 4. Dezember im Luftballon 9150 m Höhe und misst hier einen Thermometerstand von — 47°.

— Der Mediziner A. **Calmette** in Lille stellt, analog der Herstellung des Diphtherieheilserums, ein Serum gegen das Schlangengift her.

— Eugen **Dubois** findet im Bett des Bengawan-Flusses auf Java Reste des von ihm Pithekanthropus erectus genannten Anthropoiden, den er für das lange vergeblich gesuchte Zwischenglied zwischen Affe und Mensch hält.

— Emil **Fischer** weist nach, dass zwischen der chemischen Thätigkeit lebender Hefezellen und der Wirkung von Enzymen auf Kohlenhydrate ein Unterschied nicht besteht und isolirt aus Hefen die Maltase, die den Malzzucker in 2 Moleküle Traubenzucker spaltet und die Laktase, die den Milchzucker hydrolysirt.

— Der französische Techniker **Hermite** erfindet ein elektrisches Bleichverfahren.

— Der japanische Arzt Shibasaburo **Kitasato** entdeckt gleichzeitig mit Alexandre **Yersin** den Bazillus der Beulenpest.

1894 Nachdem der Obermeister Oury am Arsenal in Cherbourg 1881 die ungeschweissten Ketten erfunden hatte, indem er dieselben aus einem gewalzten Stahlstab von kreuzförmigem Durchschnitt durch Bohren, Stanzen, Pressen, Schmieden herstellte, verbessert O. **Klatte** in Neuwied das Verfahren derart, dass er die Ketten nur durch Walzen herstellt.

— Der Chemiker Ludwig **Mach** erfindet eine Komposition aus Aluminium und Magnesium, der eine gute Verarbeitung nachgerühmt wird, und die unter dem Namen Magnalium in in den Handel gebracht wird.

— Nachdem keine der vielen seit 1822 (s. Church) aufgetauchten Setz- und Giessmaschinen dauernde Erfolge zu verzeichnen hatte, gelingt es Ottomar **Mergenthaler,** die erste vollkommene und erfolgreiche Zeilengiessmaschine herzustellen, die gleichzeitig Matrizensetz-, Giess- und Ablegemaschine ist und bei richtiger Behandlung sicher und leicht arbeitet.

— Der russische Ingenieur Wassili A. **Nikolajczuk** erfindet den Taxameter und führt die ersten Taxameterdroschken ein.

— William **Ramsay** entdeckt gemeinsam mit John William **Rayleigh,** dass in der Atmosphäre neben dem Stickstoff noch etwa 1 Volumprocent eines bisher unbekannten gasförmigen Elementes enthalten ist, das Argon benannt wird.

— Richard **Schneider** in Dresden will sämmtliche Abfallstoffe unter Beimischung von geeigneten Zuschlägen zusammenschmeizen und so in hygienisch vollkommener Weise die organischen Bestandtheile vernichten. Er konstruirt einen besonderen Generator-Schmelzofen für sein Verfahren.

— **Thomas** und **Prevost** in Krefeld mercerisiren die Baumwolle in stark gespanntem Zustand und geben ihr dadurch das Aussehen von Chappeseide (Seidenglanz).

— Ferdinand **Tiemann** entdeckt das Jonon (Veilchenduft). welches er aus dem im Citronenöl enthaltenen Citral durch Behandlung mit Alkalien und Aceton erhält.

— Der dänische Ophtalmologe **Tscherning** stellt eine neue Theorie der Akkomodation auf. Beim Sehen in der Nähe wird das Aufhängeband der Linse nicht nachgelassen, wie Helmholtz (s. 1862) annahm, sondern vielmehr angespannt. wobei die Krümmung der Linse zwar am Rande flacher, in der Mitte aber stärker gewölbt wird.

1894 Der Engländer **Twaite** baut für die Glasgow Iron and Steel Co. den ersten, durch Hochofengichtgase betriebenen Motor, während auf dem Kontinent der erste derartige Motor durch die Gasmotorenfabrik Deutz gebaut und am 12. Oktober 1895 in Hoerde in Westfalen in Betrieb gesetzt wird.

1895—1899 Der Schwede Sven **Hedin**, der auf einer vorhergehenden Reise den Pamir und das Gebiet des Lob-Nor erforscht hatte, macht eine an wissenschaftlichen Resultaten erfolgreiche Reise nach Central-Asien, die ihn bis in die Nähe von Lhassa in Tibet führt.

1895 Oliver **Lodge** gelangt durch seine Untersuchungen zu dem Schluss, dass die Blitze wie die gewöhnlichen Funken einer Elektrisirmaschine oscillirenden Entladungen zuzuschreiben sind.

— A. und L. **Lumière** ziehen zuerst die Verwendung von Filmbändern (s. 1890 L.) zum Zweck von photographischen Reihenaufnahmen heran und erfinden den Grundtypus derjenigen Instrumente, welche unter dem Namen „Kinematograph, Kinematoskop, Bioskop, Mutoskop" bewegte Bilder durch Projektion auf einen Schirm einer grössern Versammlung von Personen vorführen können.

— Der Turiner Polytechniker Guglielmo **Marconi**, Schüler von A. Righi, erfindet die drahtlose Telegraphie, indem er unter Benutzung des Dreifunkenerregers von Righi und des Coherer von Lodge für den praktischen Gebrauch geeignete Apparate konstruirt und zu einem Ganzen, dem System Marconi, verbindet.

— Friedrich **Nobbe** verwerthet Hellriegel's Entdeckung (s. 1885) für die landwirthschaftliche Praxis in der Art, dass er für jede Leguminosenart specifisch wirksame Bakterien in Reinkultur züchtet und in flüssiger Form zur Impfung des Bodens verwendet. Die Präparate werden unter dem Namen „Nitragin" in den Handel gebracht.

— Iwan Petrowitsch **Pawlow** in Petersburg weist durch neu erfundene Untersuchungsmethoden nach, dass die Beschaffenheit der Verdauungssäfte der Zusammensetzung der Speisen aufs vollkommenste angepasst ist.

— Richard F. J. **Pfeiffer** entdeckt mit der Feststellung, dass Choleravibrionen, mit Cholera-Immunserum gemischt, in der Bauchhöhle normaler Thiere sofortiger Auflösung anheimfallen, das nach ihm benannte „Pfeiffer'sche Phänomen".

1895   W. K. **Röntgen** entdeckt die X-Strahlen, die nach ihm
Röntgenstrahlen benannt werden und sich namentlich dadurch
auszeichnen, dass sie von den verschiedensten Körpern, wie
Papier, Holz, dünnem Metall etc. leicht durchgelassen werden,
Fluorescenz erzeugen, und auf photographischen Platten
photochemische Wirkungen hervorbringen.

—   W. K. **Röntgen** zeigt, dass die X-Strahlen durch die Muskeln
des menschlichen Körpers nur wenig geschwächt werden,
dagegen von dem Knochengerüst nicht durchgelassen werden
und gibt dadurch Veranlassung zur Aufnahme von Schatten-
photographien (Röntgenbildern) für eine neue Art der medizinischen Diagnose (Durchleuchtung).

1896   Salomon August **Andrée** steigt im Luftballon mit Schlepp-
seilen von Spitzbergen aus auf, um den Nordpol zu über-
fliegen, und ist seidem verschollen.

—   F. S. **Archenhold** errichtet das 21 m lange Fernrohr in
Treptow. Dieser längste Refraktor der Erde ist unter Er-
setzung der üblichen runden Kuppel durch ein Schutzrohr,
Verlegung des Okulars in den schweren Drehpunkt und be-
deutender Herabminderung der Kosten als ein neuer Typus
von Refraktoren geschaffen worden (Lick-Refraktor 15 m,
Yerkes-Refraktor 18 m Länge).

—   Antoine Henri **Becquerel** beobachtet, dass die Uran-
verbindungen, wie auch das Uran selbst die Eigenschaft
haben, durch lichtdichtes Papier und andere undurchsichtige
Stoffe bei mehrtägiger Exposition auf die photographische
Platte zu wirken. Die von diesen radioaktiven Stoffen aus-
gehenden Strahlen erhalten den Namen „Becquerelstrahlen“.
Sie wirken auf phosphorescirende Substanzen erregend ein.

—   Friedrich **Bezold** beschäftigt sich mit den Hörprüfungen und
der Feststellung der Hörfähigkeit bei Taubstummen.

—   Der Chirurg Edouard **Doyen** in Paris erfindet den nach ihm
benannten Verband.

—   Nachdem schon Lamont bei seinen magnetischen Beobachtungen (s. 1849) darauf aufmerksam gemacht hatte, dass Erd-
schwere und Erdmagnetismus in Beziehung zu stehen scheinen,
unternimmt, ausgehend von Hertz's Anschauungen über
Einheit und Metamorphose der Naturkräfte, Roland **von
Eötvös** in Budapest Versuche, welche darauf abzielen, sehr
kleine Veränderungen und Werthe, sowohl der Gravitation,

als auch der magnetischen Intensität mit einer sehr empfindlichen Drehwage, die er mit einem Gravitationsmultiplikator versieht, zu messen.

1896 Franz **Exner** stellt zuerst Messungen der Luftelektrizität bei schönem Wetter an und erbringt den Nachweis, dass zwischen der Stärke des elektrischen Feldes, dem Potentialgefälle und dem Wasserdampf-Gehalt der Luft bestimmte Beziehungen herrschen.

— Max **Gruber** entdeckt die Agglutination der Bakterien.

— Max **Gruber** und **Durham** nützen den Vorgang der Bakterien-Agglutination zur Differenzirung der einzelnen Bakterien aus.

— **Hargrave** erfindet den Zellendrachen, der bei gleicher Stabilität wie der Eddy-Drachen eine grössere Tragfähigkeit aufweist und führt den Klaviersaitendraht als Drachenkabel ein.

— Carl J. **Lintner** in München erforscht das Wesen der Diastase und bearbeitet die Theorie des Brauprozesses.

— **Northrop** und unabhängig davon **Seaton** in Amerika suchen die Produktion des mechanischen Webstuhls durch endlose Schussfadenzufuhr zu erhöhen.

— Otto **Wallach** entdeckt, dass die Ketone ein starkes Absorptionsvermögen für ultraviolette Strahlen haben.

— Wilhelm **Will** stellt fest, dass bei niedriger Temperatur getrocknete, durch langes Lagern abgestorbene Hefe noch Enzymwirkung zeigt und dass die alkoholische Gährung durch ein der Diastase ähnliches Enzym hervorgebracht wird.

— Fernand **Widal** und Max **Gruber** benutzen das Agglutinationsphaenomen dazu, um Reaktionsprodukte gewisser Bakterien, wie der Typhusbazillen im Blutserum Typhuskranker nachzuweisen und so die Diagnose des Typhus zu erleichtern.

1897 Der **Badischen Anilin- und Sodafabrik** gelingt es nach mehr als zwanzigjähriger Arbeit, indem sie sich unter Abänderung der Baeyer'schen Methode (s. 1875) des Naphtalins als Ausgangsprodukt bedient, die Synthese des Indigos derart durchzuführen, dass sie den Konkurrenzkampf mit dem aus der Indigopflanze hergestellten Indigo aufzunehmen vermag. Bei Lösung dieser Aufgabe waren namentlich H. **Brunck,** R. **Knietsch** und E. **Sapper** betheiligt.

— Marcelin **Berthelot** gibt, nachdem er schon 1879 in seinem „Essai de mécanique chimique" seine thermochemischen Messungen zusammengestellt hatte, in seiner „Thermochimie" die Resultate der seit 1865 von ihm unternommenen thermochemischen Untersuchung der verschiedensten Reaktionen.

1897 Paul **Ehrlich,** ausgehend von seiner Auffassung der Anti-
toxinwirkung als eines messbaren chemischen Vorgangs,
erklärt die Immunitätsvorgänge durch die Annahme eines
bestimmten Zusammenhangs zwischen Giftbindung und Anti-
körpererzeugung (Seitenkettentheorie).

— Der belgische Mediziner Émile **van Ermengem** weist nach,
dass die Wurstvergiftung (Botulismus) durch ein Bakterium
verursacht wird, dem er den Namen „bacillus botulinus" gibt.

— Emil **Fischer** stellt künstliches Caffeïn und Theobromin auf
synthetischem Wege dar.

1897—99 A. **De Gerlache** führt eine belgische Südpolarexpedition.
Er gelangt bis 71⁰34' südl. Breite, findet, dass Palmerland
aus einem Archipel von kleinen Inseln besteht und macht
die Existenz eines antarktischen Kontinents wahrscheinlich.

1897 Hans **Goldschmidt** in Essen führt die zuerst von Wöhler,
dann von Sainte Claire Deville und sonst vielfach versuchte
Reduktion von Metalloxyden mit Aluminium leicht und
gefahrlos aus, indem er das Gemisch von Oxyd und Aluminium nicht von aussen, sondern durch in die Masse
gesteckte Zündkirschen entzündet.

— Der Ingenieur Fritz M. **Grumbacher** konstruirt nach dem
von Friedrich Siemens angegebenen Prinzip die Mammuth-
pumpe, in welcher ein durch Druckluft mit Luftblasen
erleichtertes Wassergemisch nach dem Gesetz der kommuni-
cirenden Röhren durch ungelüftetes (also schwereres) Wasser
in die Höhe getrieben wird.

— Der englische Reisende Henri Savage **Landor** macht eine
bemerkenswerthe Reise durch Tibet.

— Henri **Moissan** einerseits und James **Dewar** andererseits
gelingt es, Fluor durch flüssigen Sauerstoff unter einem
Druck von 325 mm Quecksilber bei —187⁰ C zu verflüssigen
und dessen Reaktionsfähigkeit bei extrem niedrigen Temperaturen festzustellen.

— Josef **Rieder** erfindet die Elektrogravüre, ein Verfahren, die
Arbeit des Gravireus mit Hülfe des elektrischen Stroms
durch elektrochemische Aetzung zu besorgen.

— Ronald **Ross** studirt auf Veranlassung Patrick Manson's das
Verhältniss der Malariaparasiten zu Stechmücken, wobei es
ihm gelingt, im Körper der Stechmücke A n o p h e l e s menschliche Malariaparasiten zur Weiterentwicklung zu bringen.

1898 verfolgt er vollständig den Entwicklungsgang eines Blutparasiten der Vögel, der zu den Malariaparasiten gehört, und überträgt denselben durch den Stich inficirter Mücken auf gesunde Vögel.

1897 H. **Rubens** und E. F. **Nichols** weisen nach, dass im Spektrum der gewöhnlichen Lichtquellen noch Wellen bis zur Wellenlänge von 60 μ = 0,06 mm vorkommen.

— Der japanische Arzt Kiyoshi **Shiga** entdeckt den Dysenterie-Bazillus.

1898 Carl **Auer von Welsbach** erfindet die Osmiumglühlampe, in der an Stelle des Kohlenfadens ein dünner Osmiumdraht angebracht ist, der durch vielfaches Eintauchen in eine Thonerdesalzlösung und jedesmal folgendes Glühen mit einer dünnen emailleartigen Thonerdeschicht überzogen ist.

1898—1900 Der Norweger C. E. **Borchgrevinck** macht eine Südpolarfahrt auf dem Schiffe „Südliches Kreuz" und überwintert 1899/1900 bei Kap Adare. Die von ihm unternommenen Schlittenreisen führen ihn bis 78° 50′ s. Br. und verstärken die Wahrscheinlichkeit, dass der Südpol der Mittelpunkt eines ausgedehnten Landkomplexes ist.

1898 Der französische Mediziner Jules **Bordet** stellt im Anschluss an eine Beobachtung von Metschnikoff fest, dass das Serum von Thieren, die mit Blutkörperchen anderer Thiere immunisirt sind, die Blutkörperchen der zur Immunisirung benutzten Thierart zerstört (Specifische Haemolysine).

— **Brandt** und **Brandau** beginnen Anfang August die Arbeiten am Simplontunnel, der von Brieg im Rhonethal nach Iselle an der Diveria führen und eine Länge von 19770 Meter erhalten soll.

— Eduard **Buchner** führt durch Auspressen der zerkleinerten Hefe die Isolirung des die Gährung verursachenden Körpers durch und weist nach, dass der Presssaft, wie die Hefe selbst, Zucker in alkoholische Gährung versetzt und zwar Rohrzucker, Malz-, Trauben-, und Fruchtzucker, jedoch nicht Laktose und Mannit (zellenfreie Gährung durch Zymase, wie Buchner das Enzym nennt). Die 30 Jahre früher ausgeführte Untersuchung von Marie von Manasseïn über den gleichen Gegenstand war gänzlich in Vergessenheit gerathen.

1898 Das Ehepaar Philippe und S. Ladowska **Curie** findet in der Pechblende einen radioaktiven Bestandtheil, dessen Reinigung als Chlorid gelingt und der als Radium mit einem Atomgewicht von 225 bezeichnet wird.

— Philippe und S. L. **Curie** entdecken die Radioaktivität des aus Pechblende abgeschiedenen Wismuths. Die elementare Natur des in dem radioaktiven Wismuth vermutheten Poloniums ist nach Giesel und Marckwald noch zweifelbaft. Ebenso wenig sind über das von Debierne in der Pechblende 1899 aufgefundene radioaktive Aktinium die Akten bis jetzt geschlossen.

— James **Dewar** gelingt es, auf — 205⁰ abgekühlten Wasserstoff unter einem Druck von 180 Atmosphären zu verflüssigen.

— Niels R. **Finsen** in Kopenhagen behandelt Hauterkrankungen, insbesondere Lupus mit koncentrirtem elektrischem Bogenlicht.

— Die Botaniker **Guignard** und **Nawaschin** entdecken die Doppelbefruchtung bei den höhern Pflanzen.

— Die offene Zufahrtsstrecke Kleine Scheideck—Eigergletscher der von dem Züricher Finanzmann **Guyer-Zeller** ersonnenen Jungfraubahn wird am 19. September feierlich eröffnet. Vom Eigergletscher soll die Bahn zum Jungfraujoch und dem im Sommer schneefreien Plateau (4076 Meter) gehen, von wo ein 90 Meter hoher senkrechter Aufzug zur Spitze führen soll.

— Karl P. G. **Linde** benutzt zur Verflüssigung der Luft die innere Arbeit und führt das Gegenstromprinzip ein, das darin gipfelt, dass die ausströmende Luft zur Abkühlung der noch nicht ausgeströmten benutzt und so eine selbstthätige Steigerung der Abkühlung erzielt wird.

— Hiram **Maxim** und Thorsten **Nordenfelt** konstruiren eine Maschinenkanone, in der mit Hülfe des Drucks der Pulvergase das Oeffnen des Verschlusses, die Zuführung der Patronen, das Laden, Schliessen und Abfeuern besorgt wird. Diese Kanone spielt im Burenkrieg eine grosse Rolle.

— Der Pariser Physiker E. **Mercadier** erfindet das Radiophon oder Thermophon und ein neues System des Multiplextelegraphen.

— Der Physiker Walter **Nernst** in Göttingen erfindet die Nernstlampe, eine elektrische Freiluft-Glühlampe.

1898 Die dänischen Elektriker **Pedersen** und **Poulsen** erfinden das Telegraphon (oder den Telephonographen), eine Vereinigung von Fernsprecher und Phonograph in der Weise, dass die in das Mikrophon gesprochenen Worte auf der Empfangsstation von einem Phonographen geschrieben und dem Empfänger zu beliebiger Zeit, nach Rückschaltung des Apparats, durch den gewöhnlichen Fernhörer zu Gehör gebracht werden.

— William **Ramsay,** M. W. **Travers** und J. W. **Rayleygh** entdecken das Helium, das Krypton, das Neon und das Metargon oder Xenon.

— **Schwarz** und **Valentiner** führen die Destillation der Salpetersäure im Vakuum in die Praxis ein.

— Hermann Theodor **Simon** in Göttingen beobachtet die Superposition von Wechselströmen über Gleichstrom und erfindet die sprechende Bogenlampe.

— Der Bürgermeister Albert **Stiger** in Windisch Feistritz in Steiermark führt das Wetterschiessen in Steiermark systematisch und erfolgreich durch.

— Das Eisenwerk „**Vulkan**" in Stettin baut die erste Heissdampflokomotive.

— G. **Witt** und A. **Charlois** entdecken den Planeten Eros, welcher dadurch ausgezeichnet ist, dass seine Bahn theilweise zwischen Erde und Mars liegt, worauf A. **Berberich** zuerst hinweist.

— Karl **Zickler** in Brünn erfindet im Anschluss an die Hertz'schen Beobachtungen über die ultravioletten Strahlen die lichtelektrische Telegraphie ohne Draht.

1899 Adolph **Frank** stellt durch Einwirkung von atmosphaerischem Stickstoff auf Karbid und Karbidgemische (Kalk und Kohle) bei hoher Temperatur Calciumcyanamid her, welches in der rohen Masse 14—22 Prozent Stickstoff enthält und sich nach Versuchen von Wagner in Darmstadt direkt zur Pflanzendüngung eignet.

— Hermann **Frasch** begründet eine neue Art der Schwefelgewinnung in Sulphur in Louisiana, indem er in das schwefelhaltige Gypsgestein Rohre hinabtreibt, in diesen Wasser von 163^0 C unter Druck hinabpresst und den geschmolzenen Schwefel vermittelst Pressluft in die Höhe treibt.

1899 Robert **Grisson** konstruirt Zahnräderwerke, die da angewendet werden sollen, wo man einer starken Uebersetzung ins Schnelle bedarf und wo die gebräuchlichen Uebersetzungsmittel (Riemen-, Schneckengetriebe) Schwierigkeiten machen (Grissonräder).

— Der Chemiker Hans **Goldschmidt** in Essen nutzt die bei der Reduktion mit Aluminium erzeugten sehr hohen Temperaturen aus, um Eisenbahnschienen, Maschinentheile etc. an Ort und Stelle zusammenzuschweissen und bringt zu dem Zweck ein Gemisch von Metalloxyd und Aluminium unter dem Namen Thermit in den Handel (Aluminothermie).

— **Albrecht Kossel** stellt die Theorie auf, dass allen Eiweisskörpern ein Protaminkern zu Grunde liegt, der basisch ist und bei der Spaltung quantitativ in Lysin, Arginin und Histidin zerfällt und dass das nahezu neutrale Eiweissmolekul durch Vereinigung dieses basischen Kernes mit aliphatischen und aromatischen Amidosäuren resultirt (Protamintheorie).

— Henri **Moissan** gelingt es, im elektrischen Schmelzofen Calcium in grösserem Mafsstabe darzustellen und daraus verschiedene bislang unbekannte Verbindungen, wie krystallisirtes Calciumphosphid und Calciumarsenid herzustellen.

— William J. **Pope** und S. **Peachey** machen die erste Spaltung von racemischen Stickstoff-, Schwefel-, Zinn- und Tellurverbindungen.

— Michael J. **Pupin** bringt Drahtspulen in die telegraphischen und telephonischen Leitungen, um durch Erhöhung der Selbstinduktion die nachtheiligen Folgen der Kapazität zu zu vermindern.

— Santiago **Ramon y Cajal** erschliesst zuerst den mikroskopischen Bau der Hirnrinde.

— A. **Riedler** erfindet eine mit zwangsläufig schliessendem Saugventil versehene Plungerpumpe, die bei jedem Kolbenhub nur eine verhältnissmässig kleine Wassermenge liefert und dadurch so geschwind laufen kann, dass sie 300 und mehr Umdrehungen in der Minute macht (Riedlers Express-Pumpe).

— Henry Augustus **Rowland** in Baltimore erfindet einen Vierfachtypendrucker, der in Duplexschaltung die gleichzeitige Beförderung von 8 Telegrammen — 4 in jeder Richtung — auf einer Leitung gestattet (Rowland's Oktoplex).

1900   Die Pester Elektrotechniker Joseph **Virág** und Antal **Pollak** erfinden einen Schnelltelegraphen, bei welchem die Zeichen — Rekorderschrift — auf lichtempfindlichem Papier dadurch erzeugt werden, dass ein intensiver dünner Lichtstrahl von einem Spiegel zurückgeworfen wird, der mit der Membran eines Fernhörers verbunden, durch die Telegraphirströme verschiedener Richtung um eine horizontale Achse bewegt wird. Im Jahre 1902 ist der Apparat dahin vervollkommnet worden, dass er kleine lateinische Buchstaben schreibt. Erforderlich sind 2 Empfangs-Telephone.

—   Die Nord - Polarexpedition des **Herzogs der Abbruzzen** erreicht als nördlichsten Punkt 86° 33′.

—   Svante **Arrhenius** verwendet die Strahlungsdrucktheorie auf kosmische Erscheinungen wie z. B. die Bildung und Form der Kometenschweife, die Sonnenkorona und die Polarlichter. Bezüglich der Kometenschweife wird diese Theorie von Carl Schwarzschild bestätigt und erweitert.

—   J. **Elster** und H. **Geitel** beweisen experimentell, dass sowohl die Annahme einer direkten Leitung der Luft als auch die Annahme eine Elektrizitätsübertragung durch in der Luft schwebende Staubtheilchen die Leitfähigkeit der Luft für Elektrizität nicht erklären kann, dass dies vielmehr nur durch die Annahme einer gewissen Jonisirung der Luft möglich ist (Jonentheorie).

—   Paul **Sievert** in Dresden erfindet das Glasblasen mittelst komprimirter Luft auf perforirter Eisenplatte.

—   Der Ingenieur Ferdinand **Witte** erfindet das Kunst-Webpult als Ersatz für den Haute-Lisse-Webstuhl. Die Kettenfäden laufen von hinten nach vorn auf einer Pultfläche entlang, worauf die Musterzeichnung befestigt ist und lassen sich zum Einbringen der Einschussfäden (mittelst Handnadel) an beliebiger Stelle und fast mühelos nach gerader oder ungerader Zahl heben und wieder senken.

—   Nachdem sich Faraday vergeblich bemüht hatte, einen Einfluss des magnetischen Feldes auf das Spektrum der Gase nachzuweisen, gelingt dies Pieter **Zeemann** mit Verwendung moderner Hülfsmittel. Er gibt dadurch der Elektronentheorie von Lorenz eine wichtige Stütze.

1901   Thomas D. **Anderson** in Edinburgh entdeckt im Perseus einen neuen Stern, der den Namen „Nova Persei" erhält.

1901 **Berson** und **Süring** erreichen am 31. Juli auf einer wissenschaftlichen Ballonfahrt die Höhe von 10500 m.

— Ferdinand **Braun** in Strassburg veröffentlicht die wissenschaftlichen Grundlagen und die bei seinem Systeme der drahtlosen Telegraphie (erstes Patent 1898) gebrauchte Apparatanordnung, durch welche der verfügbare Energiebetrag erhöht und die Länge der Wellen bis zu mehreren Kilometern vergrössert wird.

1901—03 Erich **von Drygalski** unternimmt auf dem Schiffe „Gauss" eine Südpolexpedition, stösst aber schon am 14. Februar 1902 auf Treibeis und wird am 22. Februar 1902 auf $66^{1}/_{2}$ s. Br. und etwa 90^{0} ö. L. vom Eis bis zum 8. April 1903 eingeschlossen, an welchem Tage er die Eisregion verlässt und die Heimreise antritt. Nach vorläufigen Berichten ist von der Expedition ein neues Land im Polarkreis entdeckt worden.

1901 M. **Gomberg** entdeckt das Triphenylmethyl, in welchem das Kohlenstoffatom dreiwerthig fungirt.

— Egon **von Oppolzer** entdeckt eine regelmässige Lichtschwankung von kurzer Dauer beim Planeten Eros.

— **Perrine** und **Ritchey** entdecken beim neuen Stern im Perseus Nebelmassen, in denen Bewegungen von der Geschwindigkeit des Lichtes vor sich gehen.

— Der Botaniker J. **Reinke** macht den ersten Versuch einer theoretischen Biologie der Pflanzen.

— Der Berliner Elektriker Ernst **Ruhmer** erfindet das Photographophon, bei dem durch die Schallwellen die Intensität des Drummond'schen Lichtes verändert und an der Empfangsstelle eine wechselnde Beleuchtung einer Selenzelle hervorgerufen wird, die sich im Telephon wieder in Töne umsetzt.

— **Santos-Dumont** gelingt es, nachdem er hinter einander 6 verschiedene Modelle von Luftschiffen gebaut und den ganzen Entwicklungsgang der aëronautischen Konstruktionen von Dupuy de Lôme bis zu Graf Zeppelin und Krebs und Renard noch einmal durchgemacht hatte, einen ersten Erfolg in der Lenkbarkeit des Luftschiffes zu erzielen, indem er am 19. Oktober vom Luftschifferpark von St. Cloud aus den Eiffelthurm umkreist und gegen den Wind zum Ausgangspunkt zurückkehrt. Trotz nicht genauer Einhaltung der Bedingungen wird ihm durch Majorität der von Deutsch ausgesetzte Preis von 100000 Francs zugesprochen.

1901 Adolph **Slaby** und Graf **Arco** in Berlin veröffentlichen im Zusammenhange die wissenschaftlichen Grundlagen und die Apparatanordnung (erstes Patent 1899) des Systems Slaby-Arco der Funken-Telegraphie, Einfach- und Mehrfach-Betrieb, die theilweise schon vorher bekannt gemacht waren.

—   Der Mediziner **Uhlenhuth** gibt, gestützt auf die Präcipitin-reaktion von Tschistovitsch und Bordet, eine biologische Reaktion zur Unterscheidung von Menschen- und Thierblut an.

—   Der holländische Botaniker H. **de Vries** stellt die Mutations-theorie auf.

1902 Svante **Arrhenius** und Thorvald **Madsen** zeigen, dass die Verbindung zwischen Tetanolysin und seinem Antitoxin, dem chemischen Massenwirkungsgesetze unterworfen ist, wodurch der Ehrlich'sche Effekt der allmählichen Absättigung der Gifte durch Gegengifte erklärt wird.

—   Wilhelm **Connstein**, Emil **Hoyer** und Hans **Wartenberg** erfinden die fermentative Fettspaltung vermittelst Ricinus-samen.

—   **Guillermod** entdeckt die Sexualität der Hefe.

—   Wilhelm **Ostwald** erfindet im Verein mit seinem Assistenten **Gros** die sogenannte Katatypie, das ist ein Verfahren, Photographien ohne Licht durch katalytische Substanzen zu entwickeln.

—   R. **Pribram** entdeckt im Orthit von Arendal ein neues Element, welches charakteristische Spektrallinien im Orange, Roth, Blau und Ultraviolett zeigt. Das Metall, welches in die Reihe des Indium und Gallium gehört, erhält den Namen Austrium.

—   Durch seit 1898 fortgesetzte Untersuchungen von **Ross, Grassi, Bignami** und **Bastianelli**, R. **Koch** und **Ziemann** wird die ausschliessliche Uebertragung der menschlichen Malaria durch Stechmücken aus der Gattung Anopheles festgestellt.

—   **Siemens** und **Halske** führen nach einer zehnjährigen Versuchsperiode ein Verfahren zur Reinigung und Sterilisation des für den menschlichen Gebrauch bestimmten Wassers durch auf elektrischem Wege erzeugtes Ozon in die Praxis ein. Durch das Verfahren soll eine sichere Vernichtung aller in dem Wasser enthaltenen pathogenen Bakterien erzielt werden. Ein ähnliches Verfahren ist neuerdings auch von **Abraham** und **Marmier** ausgearbeitet und 1898 in Lille in Betrieb gesetzt worden.

1903 H. **Moissan** und J. **Dewar** gelingt es, das Fluor in festem
Zustand zu erhalten, indem sie das völlig trockene Gas in
eine Glasröhre einschmelzen und dieselbe in flüssigem
Wasserstoff bis —252,5° C abkühlen, wobei sich eine gelbe
Flüssigkeit bildet, die allmählich zu einem weissen Körper
erstarrt. Der Schmelzpunkt des festen Fluor's wird zu
—233° gefunden.

— Der englische Forschungsreisende **Scott,** der mit der „Discovery" eine Südpolarfahrt unternimmt, erreicht auf einer
vom Schiff aus mit Leutnant **Shakleton** unternommenen
Schlittenreise bei 82° 17′ südlicher Breite Land. Gebirgszüge von mehr als 4000 Meter Höhe, die sie von hier
erblicken, sprechen für die Grösse des antarktischen Festlandes.

— Die Studiengesellschaft für elektrische Schnellbahnen erreicht
bei ihren Versuchsfahrten, die seit 1901 auf der Militärbahn
Marienfelde—Zossen bei Berlin im Gange sind, am 6. Oktober
die ausserordentliche Geschwindigkeit von 201 km in der
Stunde. Die elektrische Ausstattung des bei dieser Fahrt
verwendeten Wagens war von **Siemens & Halske** bewirkt.

Namen-Register.

Amsler 1856

Anaxagoras
456 v. Chr.

Anaximander
560 v. Chr.

Anaximenes
530 v. Chr.

Anderson, Thomas D.,
1901

Anderson, James,
Johnstone und
Elkington 1755

Anderson, J., Inge-
nieur, siehe Field,
Pender und Ander-
son

Andersson 1850

Andrée 1896

Andrews 1860

Anschütz 1882

d'Anville 1737

Apianus, Peter 1531

Apianus, Philipp 1568

Apollodorus 100

Apollonius von Perga
250, 235 v. Chr.

Appert 1807

Apsyrtus 340

Arago 1811, 1820,
1824, 1835

Arago und Biot 1806

Aranzio 1565

d'Arcet, J. 1802

d'Arcet, J. P. J. 1813

Archenhold 1896

Archimedes 287, 260,
250 v. Chr.

Archytas v. Tarent
390 v. Chr.

Arco, s. Slaby und
Arco

d'Arçons 1782

Aretaeus 50

Arfvedson 1817

Argand 1783

Argelander 1867

Aristaeus 320 v. Chr.

Aristarch 260 v. Chr.

Aristoteles 350,
334 v. Chr.

Aristyllos und Timo-
charis 298 v. Chr.

Arkwright 1769, 1771

Arlt 1876

Armstrong 1840,
1846, 1859

d'Arnaud, Sabatier
und Werne 1839

Arnott 1854

Aron s. Ayrton 1888

Arrhenius 1884, 1887,
1900

Arrhenius u. Madsen
1902

Arthur, R., s. Brunner
1766

Arya Bhatta 500

Arzt, Wien 1799

Aselli 1622

Asklepiades von
Prusa 80 v. Chr.

Aspdin 1824

Athenaeus von
Attalia 69

Atkinson s. Johnson
1853

Atwood 1784

Aubertot s. Faber
du Faur 1837

d'Aubuisson 1826

Auenbrugger 1761

Auer, A., 1851

Auer v. Welsbach, C.,
1885, 1898

August 1825

August von Sachsen
1564

Autenrieth 1797

Autolykus 330 v. Chr.

Auzout 1667

Avery s. Hamblin
und Avery

Averrhoes 1160

Avicenna 1020

Avogadro 1811

Ayrton 1888

Azara de 1781

Baader s. Fischer
1854

Babbagge 1822

Back 1833, s. auch
Franklin, Back und
Richardson

Bacon, Fr., 1605, 1620

Bacon, R., 1250, 1260

Badische Anilin- und
Sodafabrik 1897

Baer 1827

Baeyer, Ad., 1871,
1875, 1885

Baeyer, J. J., 1850

Baffin 1616

Baillie 1790

Bain 1843, 1844, 1846

Bain und Bakewell
s. Caselli 1855

Baker 1862

Baker, Ingenieur, s,
Fowler und Baker

Bakewell 1760

Bakker 1688

Balard 1826

Balboa 1513

Balfour 1878

Balling 1845

Bancalari 1848
Banks 1866
Banting 1864
Bärensprung 1864
Barents 1596
Barker 1745
Barlow 1676
Barlow, P., 1817, s. auch Faraday 1823
Barnard 1892
Barnett 1838
Barreswil siehe Lemercier, Barreswil und Davanne
Barrow 1795
Barruel 1811
Barth (Freiberg) 1740
Barth, Richardson u. Overweg 1850
Barthez 1798
Bartholinus, C., 1680
Bartholinus, E., 1669
Bartholinus, Th., 1646
Bartolomé, 1557
de Bary 1853, 1863, 1884
Basedow 1840
Basilius 360
Bastanielli s. Ross 1902
Bastian 1861
de la Bastie 1875
Bates 1860
Batuta, Ibn, 1325
Baudelot 1863
Baudot s. La Cour 1875, s. Meyer u. Baudot
Bauer, A. F., siehe König und Bauer
Bauhin, C., 1620
Baumann 1884, 1894

Baur, A., 1889
Bauschinger 1868
Bayen 1774
Bayer 1603
Beadle s. Cross, Bevan und Beadle
Beal 1666
Beau de Rochas 1862
Beaumont, Arzt, 1833
Beaumont, Ingenieur, 1630
Bebber 1881
Becher 1682
Becquerel, A.C., 1826, s. a. Faraday 1845, s. a. Daniell 1836
Becquerel, A.E., 1848, 1865
Becquerel, A.H., 1896
Beddoes 1793
Behaim 1492
Behrens s. Ritter, 1802
Behring 1890
Behring und Ehrlich 1894
Belgrand 1856
Belidor 1725
Belisar 537
Bell, Ch., 1811
Bell, A. G. und Gray 1876
Bell und Tainter 1878
Belli 1831
Bellini 1680
Beltrami 1823
Benedetti 1587
Bennet 1786
Bentham 1793
Benzenberg 1804
Bérard 1812
Béraud 1880
Berg und Gruby 1842

Bergman 1775, 1780, s. a. Hauy u. Bergman, s. a. Cronstedt u. Bergman, s. auch Brandt 1733
Bergmann, E. von, 1877
Bergmann u. Schmiedeberg 1868
Bering 1728
Berkinshaw 1820
Berliner 1889
Bernard, Cl., 1846, 1849, 1851
Bernard, Wundarzt, 1780
Bernhard 1470
Bernhardi, J. J., 1821
Bernoulli, D., 1736, 1738
Bernoulli, Jac, 1690, 1691, s. a. Leibniz 1692
Bernoulli, Joh., 1697, 1717
Berosus 640 v. Chr.
Berson 1894
Berson und Süring 1901
Bert 1860
Berthelot 1855, 1879, 1880, 1897, s. auch Hennel 1828
Berthelot und Péan de St. Gilles 1862
Berthollet 1785, 1786, 1788, 1801
Bertillon 1882
Berzelius 1808, 1816, 1820, 1823, 1824, 1828, siehe auch Liebig 1823

Berzelius, Hisinger u. Klaproth 1803
Bessel 1823, 1829, 1834, 1838
Bessemer 1855, 1892
Bétancourt 1792, 1796
Bethencourt 1402
Betz 1870
Beust von 1726
Bevan siehe Cross, Bevan und Beadle
Bezold 1896
Bichat 1800
Bidder s. Schmidt, K. E. W., 1852
Biela 1826
Bignami s. Ross 1902
Billingsley 1803
Billroth 1873, 1881
Biot 1816, s. a. Gay Lussac und Biot, Biot u. Arago 1817
Biot und Persoz 1833
Biot und Savart 1820
Biringuccio 1540
Bischof, K., 1839
Bischof, K. G., 1844
Bischoff, Th. L., 1842
Blainville 1821
Black 1757, 1763
Blake 1858
Blasius von Villafranca 1550
Blathy 1882
Blenkinsop 1811
Blum s. Berzelius 1816
Blumenbach 1775
Bock, H., s. Tragus
Bode s. Titius 1766
de la Boë 1650
Boeckmann 1794

Boehm 1806
Boer 1791
Boerhaave 1710, 1736
Boëthius 510
Bogardus 1832
Bohnenberger 1817
Bojanus 1800
Boll 1873
Bollinger siehe Israel 1878
Bolyai de Bolya siehe Lobatschewsky u. Bolyai
Bonelli 1866
Bond, W. C., 1848
Bonnaz 1866
Bonnemain 1792
Bonnet, Am., 1845
Bonnet, Ch., 1745, 1762
Bonvalot u. Henri von Orléans 1889
Borchers 1884
Borchgrevinck 1898
Bordet 1898
Bordeu 1752
Bordier-Marcel, 1809
Borelli 1660, 1666, 1679, 1680
Borghesano 1272
Borrmann 1835
Borough 1585
Bose 1748
Böttger, J. F., 1710
Böttger, R. C., 1842, 1848
Boucher de Perthes 1840
Boucherie s. Bréant und Payen
Bougainville 1766

Bouguer 1736, 1746, 1748, s. a. Ulloa u. Bouguer, s. auch Lambert 1760
Bouillau 1645
Bouillaud 1825
Bouillon - Lagrange 1809
Bourgelat 1740
Boussinesq 1868, 1872
Boussingault 1844, 1860, s. auch Brin 1890
Bowman 1845
Boydell 1854
Boyden 1809
Boyle 1660, 1661, 1667, 1674, 1675, 1684
Boyle u. Mariotte 1662
Boys 1888
Bozzini 1807
Braconnot 1819, siehe auch Chevreul und Braconnot
Bradley 1728, 1747, 1762
Brahe, Tycho, 1572, 1576, 1598
Brahmagupta 638
Braid 1841
Braille 1829
Braithwaite und Ericsson 1830
Bramah 1784, 1796
Branca 1450
Brand (Phosphor) 1669
Brand, E., 1861
Brandes 1820
Brandt, Ingenieur, 1876

Brandt, G., 1733

Brandt und Brandau 1898

Branly 1890

Brassavola, H., 1680

Braun, A., 1850

Braun, A. u. Schimper 1830

Braun, F., 1901

Braun, J. A., 1759

Bravais 1843, 1849

Brazza de 1875

Bréant und Payen 1831

Brefeld 1880

Breguet, A. L., siehe Chappe 1792

Breguet, L. F. C., 1845

Breitkopf 1752

Breithaupt, A., 1816

Breithaupt, F. W., 1810

Breithaupt, W. von, 1854

Brese 1844

Bretonneau 1818

Bretonnière siehe Croissant und Bretonnière

Brett 1850

Brett, Gebrüder, s. Küper 1851

Breuer siehe Hering u. Breuer

Brewster 1813, 1817, 1832, 1838, 1843

Breysig 1792

Brialmont 1863

Brieger und Gg. Cohn 1893

Brierre de Boismont 1834

Briggs 1617

Bright, Timothy, s. Willis 1602

Bright, R., 1827

Brin, Brüder, 1890

Brindley 1750

Brioschi 1854

Briot 1615

Brisseau 1705

Broca 1861, 1865

Brockedon 1819

Bromer 1836

Brongniart, A. Th., 1822

Bronn 1835

Broussais 1808

Brown, J., 1778

Brown, R., 1825, 1835

Brown, Samuel, 1823

Brown (Amerika) 1854

Bruce 1768

Brücke 1846, 1856

Brugmans s. Faraday 1845

Brugnatelli 1802, 1805

Brunck, Knietsch und Sapper s. Badische Anilin- und Soda-fabrik

Brunel, M. J., 1805, 1825

Brunel und Maudslay 1808

Brunelleschi 1420

Brunfels 1530

Brunner, J. C., 1686

Brunner, A. A., 1766

Bruns 1862

Brunton 1813

Brunton und Trier 1880

Brush 1879

Bruxton 1844

Buache 1737

Buch von 1812, 1829, 1839

Buchan s. A. Erman 1831

Buchanan 1813

Buchner, E., 1898

Buffon 1749

Bullmann 1530

Bullock 1863

Bunsen 1843, 1845, 1850, 1860, 1869, s. Daniell 1836

Bunsen und Kirch-hoff 1859

Bunsen und Roscoe 1855, 1860, s. auch Crookes 1859

Burdin 1824

Bürgi 1600

Burke 1860

Burkhardt 1813

Burnes 1833

Burnett s. Bréant und Payen

Burr 1820

Burton und Speke 1857

Büsching 1754

Bushnell 1776

Bussy s. Wöhler und Bussy

Bütschli 1888

Buys-Ballot 1851

Cabot, S., 1497

Cabral 1500

Cada Mosto 1455

Cadet de Gassicourt 1764

Caesalpinus 1583

Caesar, Julius, siehe
Sosigenes 46 v. Chr.
Cagniard de la Tour
1812, 1819, 1822,
s. auch Schwann

Cagniard de la Tour
und Kützing 1837
Cailliaud 1819
Caillié 1827
Cailletet und Pictet
1877
Caldani 1756
Calmette 1894
Calvert 1867

Cambacères 1834
Camerarius 1694

Cameron 1873
Camillus 390 v. Chr.
Camper 1760, 1783
Canton 1753, 1754,
1762

Cantor 1872
Capello, Brito, 1884
Carangeot 1780

Çarcel 1780
Cardanus 1540, 1545,
1550

Carey 1886
Carius 1865
Carlisle und Nichol-
son 1800
Carlsen s. Gall und
Montlaur
Carnot, S., 1824
Caro 1875
Carpenter, J. F., 1880
Carpi, Berengar von,
1500, 1518
Carr 1862
Carré 1860
Carrol s. Finlay 1881

Carteret s. Wallis
1766
Cartier 1535
Cartwright 1784
Casati 1884
Cascariolo 1630
Caselli 1855
Cassini, J. D., 1666,
1680, 1687, 1690
Cassini de Thury
1750, siehe auch
Le Monnier 1752
Cassius 1687
Cassius, Felix, 97
Castaing 1685
Castelli 1628, 1639
Castigliano 1879
Castillero 1845
Castner 1889
Castner, Kellner und
Sinding Larsen
1892
Castro, João de, 1538
Cato 190, 150 v. Chr.
Cauchy 1820, 1829
Cautius 1890
Cavalieri 1632, 1647,
s. a. Galilei 1609
Cavalli 1846
Cavallina 1500
Cavallo 1777
Cavendisb, Ch., 1757
Cavendish, H., 1766,
1781, 1783, 1787,
1798
Caventou u. Pelletier
1820
Caxton 1476
Cellier-Blumenthal
1820
Celsius 1742
Celsus 20

Celtes 1600
Cessart de 1787
Chadwick 1836
Chalmers siehe Hill
1840

Chamberland siehe
Pasteur, Chamber-
land und Roux
Chamisso 1815
Champion und Pellet
1872
Chance 1887
Chancel 1805
Chancellor 1553

Chanykow 1858
Chapman af 1775
Chappe, C. und J.
M. J., 1792
Chaptal 1808

Charcot 1870
Chardonnet 1887
Charles 1780, 1783
Charlier und Vignon
1864
Charlois siehe Witt
und Charlois
Chassepot 1858

Chaudron siehe Kind
und Chaudron
Chauliac 1363
Chaussier und Vau-
quelin 1799
Chauvin 1858
Chesebrough 1875
Cheselden 1720
Chevreul und Bra-
connot 1817

Chevreul und Bra-
connot s. de Milly
1831
Cheyne 1819

Crookes 1859, 1861, 1873
Croquefer 1837
Crosby 1865
Cross, Bevan und Beadle 1893
Cruikshank 1775, 1800
Cugnot 1769
Cullen 1740
Culmann 1864
Curie, Ph. und S., 1898
Curr 1776
Currie 1798
Curtius 1887
Cusa 1440
Cuvier 1801, 1812, 1817
Cyrrhestes 100 v. Chr.
Cysat 1631
Czekanowski 1868
Czermak s. Garcia 1850
Czerny 1877

Dagron 1870
Daguerre 1822, 1839
Daimler 1885
Dalibard s. Franklin 1752
Dall 1865
Dallas 1824
Dal Negro und Pixii 1832
Dalton 1804, 1807, 1808
Dampier 1699
Dana 1846, 1875
Dandolo 1810
Daneck s. Needham 1828

Daniell 1836
Danti, Egnatio 1578
Darby, Abraham, 1713
Darby, Ingenieur, 1776
Darwin, E., 1788, 1794
Darwin, C., 1836, 1858, 1875, 1880, 1881
Daubenton 1796
Daubrée 1860, 1866
Daumius 1707
Davaine 1863
Davanne s. Lemercier, Barreswil und Davanne
Daviel 1730
Davis 1585
Davy 1799, 1802, 1806, 1807, 1808, 1813, 1815 siehe auch Young 1807
Dawbeney 1618
Deacon 1870
Debierne s. Curie 1898
Decandolle 1813
Decharges 1500
Decken, von der 1861
Decroix 1798
De Genne siehe Cartwright 1784
Deimann s. Troostwyk und Deimann
Deiss 1856
Delabadie 1684
Delabarre u. Rogers 1848
Delahire 1716
Delalande 1751, 1770

Delambre s. Mechain u. Delambre 1792
De la Metherie siehe Vossius 1656
Delany s. La Cour 1875
De la Rue 1862
Delisle 1700
De Long 1879
Delorme 1540
Deluc 1772
Delvigne 1840
Demetrius von Apamea 276 v. Chr.
Demokritos u. Kleoxenos 450 v. Chr.
Demokritos von Abdera 420 v. Chr.
Denham s. Clapperton Denham u. Oudney
Denner 1700
Deparcieux 1753
Depoully 1888
Déprez 1881
Derosne 1803, 1808, 1812, 1816
Desains und De la Provostaye siehe Bérard 1812
Désargues 1636
Desault 1775, 1791
Descartes 1637, 1638, 1644, 1649
Deschnew 1648
Desfosses 1826
Deshayes 1839
Desor s. Messikommer 1853
Désormes s. Clément und Désormes
Déspretz 1824, 1849
Deventer von 1685, 1700

Elias 1872
Elie de Beaumont 1834
Elkington s. Wright 1840
Elkington, J., siehe Anderson 1755
Elliot 1853
Ellis 1749
Elmore, W., 1886
Elster und Geitel 1900
Emin Pascha 1876
Emmerich s. Pettenkofer 1822
Empedokles 450 v. Chr.
Emy 1815
Encke 1818, 1822
Encke General 1855
Endlicher 1839
Engelmann 1881
Engerth 1850
Eötvös 1896
de l'Epée 1770
Erard 1823
Erasistratus 304 v. Chr.
Eratosthenes 240 v. Chr.
Ericsson 1829, 1833, 1843, 1861 s. auch Braithwaite und Ericsson
Erik der Rothe 983
Erikson 1001
Erman, Adolf, 1831
Ermengem 1897
Esmarch 1873
Esquirol 1810
Etherington 1619
Eudoxus 365, 330 v. Chr.

Euklid 300 v. Chr.
Euler 1739, 1744, 1747, 1748, 1749, 1753, 1755, 1760, 1765, 1768 s. auch Maupertuis 1744
Eumenes 263 v. Chr.
Eupalinos 540 v. Chr.
Eustachio 1550
Evans 1780, 1784, 1786, 1801
Everett 1758
Exner, F., 1896

Faber du Faur 1837
Fabricius, David, 1596
Fabricius, Hieron., 1570, 1592
Fabricius, G., 1556
Fabricius, J., 1611
Fahlberg 1878
Fahrenheit 1714, 1721
Fairbairn 1833, 1838 s. a. Stephenson, R., 1840
Falcon 1728
Falloppia 1540
Faraday 1823, 1825, 1826, 1831, 1833, 1835, 1838, 1839, 1842, 1845, 1846, 1852, s. a. Armstrong 1840, siehe auch Thomson und Faraday
Faraday und Barlow 1823
Farmer 1859
Fauchard 1728
Faure 1882
Fauvel 1868

Fauvelle 1846
Favre, L., 1872
Favre, P. A. und Silbermann 1852
Fechner 1860
Feddersen 1858, 1873
Fedtschenko 1868
Fehleisen 1883
Fell s. Riggenbach, Naef und Zschokke
Fenner s. Ged, James und Fenner
Ferdinand II. 1645
Fergusson 1810
Fermat 1636
Ferrand u. Marsais 1833
Ferranti de 1885, 1886
Ferraris 1888
Ferrein 1741
Ferro 1770
Ferro, S. dal 1505
Fibonacci 1202
Fick 1855, 1867
Fieber 1872
Field und Gisborne 1858
Field, Pender und Anderson 1866
Finée 1544
Finlay 1881
Finsen 1898
Fischer, E., 1875 1890, 1894, 1897
Fischer, E. u. O., 1878
Fischer, H., 1867
Fischer, O., 1883
Fischer, Phil., siehe Listing 1875
Fischer, Ph. M., 1854
Fitch 1787

Hackworth 1830
Hadley, G., 1735
Hagen 1841
Haggenmacher 1887
Hahnemann 1810
Hales 1726, 1727,
  1748 s. auch Par-
  tels 1711
Hall, Asaph, 1878
Hall, Ch. F., 1871
Hall, Ch. M., 1729
Hall, Charles M.,
  1886
Hall, E. H., 1880
Hall, H. C., 1872
Hall, Ingenieur, 1837
Hall, James, 1790
Hall, M., 1830, 1832
Hall, N., 1817
Hälle, 1596
Haller, von 1757
Halley 1677, 1682,
  1686, 1700, 1718,
  1724
Hallier 1866
Hällström 1819
Hamblin und Avery
  1780
Hamilton 1832, 1834
Hammen, van 1677
Hammer 1887
Haen de 1758
Hann 1866
Hanno 450 v. Chr.
Hansen, A., 1880
Hansen, Ch., 1883
Hansen, P. A., 1843
Hansteen 1821
Hantzsch u. Werner
  1889
Harding s. Olbers
  1802

Hardtmuth s. Conté
  1790
Hardy 1869
Hargrave 1896
Hargreaves 1768
Hargraves s. Clarke
  1841
Harmand 1875
Harnack 1890
Harrison 1725, 1736
Harrison, Photo-
  graphie 1860
Hartig 1833
Hartmann, G., 1510,
  1544
Hartmann, Rob. 1859
Hartnack 1860
Harvey 1628, 1651
Harwood 1722
Hasenclever 1855
Haswell 1861
Hatchett 1801
Hattenberg 1807
Hatton 1776
Haubold s. Weiss
  1830
Hauer von 1857
Hausmann 1806
Hautsch 1704
Hauy 1782, 1784
Hauy und Bergman
  1781
Havart 1740
Hawksbee 1706, 1709
Haxo 1826
Hayden 1867
Hayes 1860
Hayward und Shaw
  1869
Hearne 1771
Heathcoat 1809
Heberlein 1869

Hebra 184
Hedin 1895
Heer 1865
Hefner - Alteneck
  1873, 1879, 1883
Heidenhain 1874
Heilmann 1828, 1845
Heim 1880
Heini von Uri 1508
Heinrich 1811
Heis 1872
Heister 1720
Hele 1510
Helfenberger 1821
Heller 1850
Hellot 1737, 1740
Hellriegel 1885
Helmert 1890
Helmholtz 1847, 1850,
  1856, 1858, 1860,
  1862, 1863, 1867,
  1877, 1882, s. a.
  Boussinesq 1868
Helmont 1610, 1615,
  1620
Helvetius 1684
Hemmer 1780
Hemmer - Aachen s.
  Dyer 1833
Hemming 1684
Hencke 1845
Hengler 1830
Henle 1840, s. auch
  Schneider 1873
Henneberg 1860
Hennel 1828
Henry, Physiker,
  1842
Henry, P. und Pr.
  1887
Henry, W., 1803
Henschel 1837

Henschel und Alban 1843

Hensen 1889

Hensing 1715

Henz 1846

Henze 1873

Herakleites Pontikos, 325 v. Chr.

Heraklit 500 v. Chr.

Heresbach 1571

Herban 1801

Héricourt s. Richet und Héricourt

Hering 1862

Hering und Breuer 1868

Hermann und Stromeyer 1817

Hermite, Techniker, 1894

Hermite, Ch., 1850

Hermite und Lindemann 1873

Herodianus 150

Herodot 450 v. Chr.

Heron 150 v. Chr.

Herophilos 300 v. Chr.

Herrmann, E., 1865

Herschel, F. W., 1781, 1784, 1785, 1787, 1794, 1798, 1800

Herschel, J. F. W., 1820, 1827, 1834, 1835, siehe auch Brewster 1838

Hertwig, O., 1875

Hertwig, K. H., 1827

Hertz 1887, 1888, 1892

Hess 1840

Hessing 1880

Heuglin 1860

Heurteloup 1823

Heusinger von Waldegg 1845

Heussler 1840

Hevelius 1647

Hewson 1770

Heyer 1852

Higgins 1777, 1797

Highmore 1651

Hignette 1872

Hilden, Fabriz., 1600

Hill-Deptford 1818

Hill, Rowland, 1840

Hillel Hanassi, 359

Himilko 450 v. Chr.

Himly 1828

Hind 1852

Hipparchos 130, 128 v. Chr.

Hippokrates aus Chios 430 v. Chr.

Hippokrates aus Kos, 400 v. Chr.

Hirn, A., 1850, 1857

Hirn, F., 1850

Hirschberg 1890

Hirzel 1860

Hisinger s. Berzelius, Hisinger u. Klaproth

Hittorf 1853, 1869

Hitzig 1871

Hjelm 1781

Hjorter 1741

Hobbes u. Montanari 1670

Hochstetter 1857

Hock 1873

Hodge 1830

Hodgkin 1840

Hodgkinson 1840

Höfer 1776

Hoff, K. E. A.. von 1810

Hoff, J. H., van't 1874, 1879, 1884, 1885, 1890

Hoffa 1890

Hoffmann, F., 1718

Hoffmann u. Büchner 1730

Hoffmann, F. E., 1857

Hofmann, Moritz, s. Wirsung 1647

Hofmann, A. W., von 1857, 1862 s. auch Unverdorben 1826

Hofmeister, W., 1850, 1851, 1868

Hojeda de, 1499

Höll 1753

Hollenweger 1805

Holtz und Toepler siehe Belli 1831

Homberg 1699

Hooke 1660, 1665, 1667, 1674, 1681 s. a. Benzenberg 1804

Höpfner 1884

Hopkins 1838

Hopkinson 1880

Hornemann 1798

Horrox und Crabtree 1639

Horsford 1849, 1856

Horsky 1834

Horsley 1884

Horstmann 1872

de l'Hospital 1696

Hotchkiss 1815

Howard, E., 1800, 1812
Howard, J., 1856
Howard, L., 1802
Howe (Dampf-maschine) 1843
Howe (Nähmaschine) 1847
Howe (Ingenieur) 1830
Hoyer s. Connstein 1902
Hoyle 1800
Huc u. Gabet 1846
Huddart 1793
Hudson 1609
Hufeland 1796
Huggins 1868
Huggins und Miller 1864
Huggins u. Langley 1885
Hughes 1855, 1878, 1879
Hugi 1842
Hull 1736
Humboldt 1799, 1804, 1806, 1808, 1816, 1829, 1834, 1845 siehe auch Gay Lussac u. Humboldt
Hunt Seth 1817
Hunter, James, 1774
Hunter, John, 1786
Hunter, W., 1774
Huntington 1850
Huntsman 1740
Hutchinson siehe Halley 1700
Hutton, Ch., siehe Maskelyne und Hutton
Hutton, J., 1788

Huygens 1655, 1656, 1665, 1669, 1673, 1674, 1678, 1680, 1690
Hyatt 1869
Hylacomylus siehe Waldseemüller
Hypatia 350

Jaacks u. Behrns 1869
Jablochkoff 1878
Jackson, J. H., 1880
Jackson, C. T., 1846
Jacob, F., 1882
Jacobi, K. B. J., 1834 siehe auch Abel
Jacobi, M. H., 1834, 1836
Jacobi, S. L., 1725
Jacquard, J. M., 1804, 1808
Jacquin 1680
Jaffé u. Darmstaedter s. Liebreich 1882
Jahn 1811
James (Drucker) s. Ged, James und Fenner
Jankò von 1882
Jansen 1590
Janssen s. Lockyer und Janssen
Jansz, W., 1606
Jarolimek 1880
Javelle 1822
Jenkin und Ayrton und Perry 1883
Jenner 1797
Jermak 1578
Jesse 1882
Jllig 1806

Jngenhouss 1779
Johannes Hispalensis 1140
Johannes von Gmünd 1439
Johnson, T., 1803
Johnson u. Atkinson 1853
Johnstone, J., siehe Anderson 1755
Jolly s. Regnault u. Jolly
Jones 1840
Jones u. F. Wilson 1842
Jörg 1816
Jörgensen 1800
de Jouffroy 1781
Joule 1840, 1842 s. auch Lenz u. Joule siehe auch Krönig und Clausius
Jsrael 1878
Jtard 1821
Judeich 1871
Julius Caesar siehe Sosigenes 46 v. Chr.
Jung-Stilling 1774
Junghuhn 1835
Jungius 1650
Junker 1879
Jürgens 1530
Jussieu 1789
Justinian 556

Kaiser 1867
Kallinikos 660
Kammerer 1832
Kämpfer 1690
Kane 1853
Kant 1755

Karl der Grosse 805, 810
Karsten, K. J. B., 1814
Kast siehe Baumann 1884
Kast u. Hinsberg 1887
Kay, J., 1733
Kay, R., 1760
Kayser 1884
Kehls 1793
Keir 1779, 1790
Kekulé 1857, 1865
Keller 1843
Kellner s. Castner, Kellner u. Sinding Larsen
Kempelen von 1797
Kent 1715
Kepler 1609, 1611, 1618
Kerr 1875
Kershaw u. Colvin 1862
Keutschungschy 1111
Kiefus 1517
Kielmeyer 1793
Kiepert 1841
Kind 1844
Kind u. Chaudron 1849
Kingsland 1840
Kinsley s. Hattenberg 1807
Kircher 1650, 1665, s. a. bei Henle 1840
Kirchhoff, G., 1847, 1859, 1861 s. auch Bunsen u. Kirchhoff, s. auch Wheatstone 1843

Kirchhoff, G. S. C., 1811
Kirk 1862
Kirkaldy 1862
Kirnberger 1771
Kitasato s. Nicolaier 1884
Kitasato und Yersin 1894
Klaproth, J., 1807
Klaproth, M. siehe Berzelius 1824, s. auch Gregor 1791, s. auch Berzelius, Hisinger u. Klaproth, s. a. Peligot 1841
Klatte 1894
Klebs 1872
Kleist, von 1745
Kleomedes 10 v. Chr.
Kleoxenos s. Demokritos und Kleoxenos
Klingenstjerna 1750
Klinkerfues 1840
Knab 1856
Knapp, L. F., 1890
Knight, Chemiker, 1800
Knight, T. A., 1806, 1811, 1816
Knoblauch 1880
Knop 1875
Knorr 1884
Knox 1837
Kobell, von, siehe Berzelius 1816
Köber 1851
Koch 1876, 1881, 1882, 1883, 1890, s. a. Ross 1902

Kocher 1880, 1883, 1890, siehe auch Reverdin 1881, s. a. Semon 1883
Kohlrausch, F., 1880
Kohlrausch, R. H. A., 1853
Kolbe 1849, 1873
Kolbe u. Frankland 1853
Koldewey 1868
Kolk, van der, 1845
Kölliker siehe van Hammen
Kölreuter 1761
König, Emanuel 1682
König u. Bauer 1811
König, R., 1872
Kopernikus 1543
Köpke 1870
Kopp 1864
Kossel 1899
Kotzebue 1816
Koyter 1570
Krapf s. Rebmann, Erhardt u. Krapf
Kratzenstein 1745
Krause, E., 1881
Krause, F., 1892
Kreil 1842
Kreiner 1860
Kretschmer 1748
Kronecker 1880
Krönig und Clausius 1856
Krupp, A., 1853
Krupp, Friedrich (Firma), 1843, 1889, 1892
Ktesias 400 v. Chr.
Ktesibios 150 v. Chr.
Küchenmeister 1852

Mac Adam 1819
Mac Arthur siehe
 Forrest 1890
Macbride 1769
Mac Clintock 1852
Mac Clure 1850
Mac Cormick 1851
Mac Donall Stuart
 1862
Mach 1894
Macintosh 1823
Macintosh u. Wilson
 s. Neilson 1828
Mackenzie 1789
Maclaurin 1720, 1742
Macquer 1752
Mactear 1881
Maddox 1871
Madersperger 1836
Madsen s. Arrhenius
 und Madsen
Magalhaes 1530
Magendie 1810
Magnus 1840, 1850,
 1860 siehe auch
 Bétancourt 1792
Magnus u. Regnault
 1844
Mago 550 v. Chr.
Maignan 1648
Mairan 1740
Malam 1820
Malétra siehe Hasen-
 clever 1855
Malhère 1862
Mallet 1848, 1873
Malpighi 1661, 1662,
 1670, 1686
Malus 1808
Mälzel 1815
Mance s. Gauss 1820
Manby 1808

Mannesmann, M. u.
 R. 1890
Mannlicher 1878
Mansard 1650
Mansell siehe Dudley
 1619
Mansfield 1849
Manson siehe Ross
 1897
Maraldi 1710
Marchettis, de 1678
Marchi, de F., 1545
Marchi, Mediziner,
 1887
Marci de Kronland
 1648
Märcker 1871, 1874,
 1891
Marconi 1895
Maréchaux s. Ritter
 1802
Marécourt, de 1269
Marey 1861
Marggraff 1747
Marianini siehe Riess
 und Marianini
Marignac 1874
Marinus 50
Mariotte 1682, s. a.
 Boyle u. Mariotte
 1662, s. a. Vossius
 1656
Maritz 1710
Marius 1609, 1612
Markham 1875
Maron 1863
Marquette u. Joliet
 1673
Marr 1834
Marsais s. Ferrand
 und Marsais
Marsh 1836

Marshall 1848
Martignoni 1863
Martin, C., 1848
Martin (Stärke) 1834
Martin (vernis) 1740
Martius, C. A., 1864
Martius, K. E. und
 Spix 1817
Marum 1792
Maskelyne u. Hutton
 1774
Masson, Fabrikant,
 1870
Massudi 945
Mathysen 1851
Mauch 1865
Maudslay 1797, s. a.
 Brunel 1808
Maupertuis 1736, 1744
Maurolykus 1575
Maury 1856
Mauser, P. u. W., 1863
Maxim 1883
Maxim u. Nordenfelt
 1898
Maxwell 1860, 1861,
 1864, 1870, 1873
Mayer, J. R. von 1842
Mayer, J. T. siehe
 Euler 1753
Mayer (Pfarrer) 1769
Mayow 1669
Mayrhofer 1880
Méchain u. Delambre
 1792
Meckel d. ältere 1748
Meckel der jüngere
 1809
Medhurst 1810
Medlock 1860
Megasthenes 295 v.
 Chr.

Penzoldt 1836
Pepys 1802
Perier u. Auxiron s.
 de Jouffroy 1781
Perignon 1600
Perin 1852
Perkin 1856, 1869
Perkins, A. M., 1831
Perkins, J., 1834, 1845
Perret u. Sohn siehe
 Hill 1818
Perrine und Ritchey
 1901
Perronnet 1770
Perrot 1834
Perry 1830
Perse 1317
Persoz siehe Biot u.
 Persoz, siehe Payen
 und Persoz
Perty 1852
Pessina von Czecho-
 rod 1825
Petermann 1855
Peters, Ch. A. F., 1862
Petersen 1868
Petiot 1870
Petit, J. L., 1750
Petit s. Dulong und
 Petit 1819
Petrucci 1498
Petrus de Crescentiis
 1280
Petrus Martyr 1516
Pettenkofer von
 1861, 1872
Petzval 1840, 1857
Pfaff s. Volta 1793
Pfeffer 1870, 1877,
 1892
Pfeiffer 1889, 1895

Pflüger 1859, 1877,
 1896
Philolaos 450 v. Chr.
Philon 140 v. Chr.
Piazzi 1801
Picard 1669, 1670
Piccolomini 1539
Pickering 1888, s. a.
 Vogel 1890
Pictet, A. M., 1790
Pictet, R. s. Cailletet
 und Pictet
Piefke 1893
Piero della Francesca
 1450
Pigott s. Noble und
 Pigott
Pinel 1792
Pinto 1542
Pintsch, J., 1867, 1877
Pirogow 1860
Pisani 1300
Pistorius 1830
Pitha von 1840
Pitman siehe Willis
 1602
Pitot 1728
Pixii s. Dal Negro
 u. Pixii
Pizarro 1532
Planta 1755
Planté 1859
Plateau 1832, 1843
Platner 1518
Plato 400 v. Chr.
Plattner 1835
Player 1870
Pleischl 1836
Plenciz 1762
Plinius d. Ä. 70

Ploessl s. Littrow u.
 Ploessl
Plücker 1854
Plutarch 80
Pogge 1882
Poggendorff 1826,
 1841 siehe auch
 Schweigger und
 Poggendorff
Pohl 1828
Poincaré 1881
Poinsot 1804
Poiseuille 1828
Poisson 1816
Poitevin 1856
Polhem 1710
Politzer 1863
Pollak s. Virag und
 Pollak
Pollender 1849
Polo, Marco, 1271
Polonceau 1830
Polsunow 1763
Pombeiros 1802
de Ponce 1570
Ponce de Leon 1512
Poncelet 1822, 1825,
 1826
Ponfick s. Israel 1882
Pons s. Biela 1826
Pope und Peachey
 1899
Popp 1888
Pöppig 1826
della Porta 1589,
 1601
Posidonius 100 v. Chr.
Pothenot s. Snellius
Pötsch 1880
Potter 1712
Pouillet 1837

Schubart von Klee-
feld 1774
Schübler 1817
Schuckert & Co.,
1886
Schüle, von 1759
Schultz-Lupitz 1860
Schultz-Sellack 1869
Schultze, B. S., 1860
Schultze, M. J. S.,
1854, 1863, 1864
Schultze, M. O. S.,
1890
Schulze, F., 1836
Schulze, J. H., 1727
Schumann 1866,1882,
Schumann u. Gruson
1883
Schürer 1540
Schuster 1800
Schütz siehe Löffler
und Schütz
Schützenbach 1853
Schüzenbach 1823
Schwabe 1825
Schwankhardt 1670
Schwann 1835, 1839
Schwartze 1868
Schwarz, B., 1313
Schwarz, L. C. H.,
1848
Schwarz u. Valentiner
1898
Schwedler 1864
Schweigger und
Poggendorff 1820
Schweinfurth 1870
Schwendener 1868,
1874
Schwerd 1822, 1835
Schwilguë s. Quintenz
und Schwilguë

Schyrlaeus de Rheita
1645
Scott, Reisender,
1903
Scott 1859
Scribonius Largus 43
Scrope Poulett 1825
Seaton s, Northrop
1896
Secchi 1863
Seebeck, T. J. A.,
1810, 1821 siehe
Cagniard de la
Tour 1819
Seeliger 1881, 1890
Sefström 1830
Seger 1880, 1881
Segner 1750
Seleukos, 150 v. Chr.
Selligue 1834, 1837
Sellmeier siehe
Boussinesq 1868
Selmi s. Nencki 1880
Sembritzki 1881
Semmelweiss 1848
Semon 1883
Senebier 1782
Seneca 50, 54
Senefelder 1796
Senfftenberg von
1568
Senguerd s. Papin
1675
Serpa Pinto 1877
Serpollet 1880
Serres de 1600
Sertürner 1805
Serullas 1822
Servet 1540
Settegast 1861
Seutin 1835

Seyffert s. Scheibler
1865
Shakleton siehe Scott
1903
Shaw 1830, 1872
Shenstone siehe Boys
1888
Shiga 1897
Shireff 1819
Sholes, Soulé und
Glidden 1867
Shore 1711
Shrapnel 1803
Siebe 1837
Siebold, K. Th. E. von
1845, 1848, 1856
Siebold, Ph. F. von
1824
von Siegen 1642
Siemens, Fr., 1875,
1886, 1888
Siemens, F. und W.,
1856
Siemens, Werner, von
1847, 1850, 1856,
1859, 1867, 1879,
1880
Siemens u. Frischen
1854
Siemens, William,
1850, 1863, 1867,
1870, 1877
Siemens und Halske
1846, 1851, 1870,
1902, 1903
Sievert 1900
Silbermann s. Favre
und Silbermann
Silliman 1855
Silva s. Sömmering
und Schilling von
Canstadt

Simler 1560
Simon, G., 1854
Simon, H. Th., 1898
Simon, P. L., 1801
Simon, Ingenieur 1878
Simplicius 520
Simpson, J. Y., 1847
Sims 1849
Sinclair 1790
Sinding-Larsen siehe Castner, Kellner u. Sinding-Larsen
Sinsteden 1854
Skoda 1839
Skraup 1880
Slaby u. Arco 1901
Sladen 1868
Sloan 1845
Smart 1846
Smeaton 1750, 1752 1759, 1760, 1778 1781
Smith, B. L., 1871
Smith (Deanston)1833
Smith, F. P., 1836
Smith, W., 1815
Smith und Kilborne 1892
Snellius 1617, 1618
Sobrero 1847
Soleil 1847
Solis de 1516
Solvay 1861
Sömmering von 1778, 1809
Sömmering u. Schilling von Canstadt 1811
Sommeiller, Grandis u. Grattoni 1857

Soranos von Ephesus 100
Sorby 1850
Sorge 1744
Sosigenes 46 v. Chr.
Sostratos von Cnidos 246 v, Chr.
Soubeyran u. Liebig 1831
Soxhlet 1886
Spallanzani 1760, 1765
Speckle 1560
Speke s. Burton u. Speke
Speke u. Grant 1860
Sperling 1650
de Spina 1280
Spix s. Martius und Spix
Sprengel, Ch. K., 1793
Sprengel, K., 1830
Ssemenow 1857
Ssewerzow 1864
Stadler 1820
Stahl 1702
Stampfer s. Plateau 1832
Stanhope 1780
Stanley 1874
Stannyan 1706
Stas 1870
von Staudt 1847
Steenstrup 1842
Stefan 1879
Steffen 1878
Steiner 1832
Steinheil, K. A., 1836, 1838, 1839
Steinheil, Ad., 1864, 1881

Stelluti 1625
Stenonis 1660, 1669, 1670
Stephan s. Herrmann 1865
Stephenson, G., 1814, 1825, 1829, 1830, s. a. Davy 1815
Stephenson, R., 1833, 1836, 1840
Sternberg, K. M. von s. Brongniart 1822
Sternberg 1860
Sternswärd 1855
Stevenson 1821
Stevinus 1586, 1587, 1590, 1595, 1596, 1617
Stifel 1544
Stiger 1898
Stilling 1842
Stirling 1827
Stöckhardt 1841
Stöhrer s. Dal Negro u. Pixii
Stokes s. Brewster 1838
Stoll 1770
Stolz 1841
Stolze s. Willis 1602
Stölzel 1816
Strabo 30 v. Chr.
Stratingh, Becker u. Botto 1836
Straton 300 v. Chr.
Strecker u. von Gorup Besanez 1854
Stromeyer s. Hermann u. Stromeyer
Struve, F. A. A., 1817
Struve, W. von 1824

Stübel s. Reiss und
  Stübel
Sturgeon 1826, 1830
Sturm, Joh. Chr.,
  1676
Sturm s. Colladon u.
  Sturm
Sturt 1828
Suess 1872, 1875,
  1883
Sully 1705
Sulzer 1760
Süring s. Berson u.
  Süring
Suriray 1869
Sutter s. Marshall
  1848
Svanberg s. Langley
  1883
von Swab s. Cron-
  stedt 1758
Swammerdamm 1658,
  1669
Swartz 1865
Swedenborg 1718,
  1734
Sweynheim u. Pan-
  nartz 1464
Sydenham 1660
Sylvester II 980
Sylvius s. de la Böe
Sylvius, J., 1510
Syme 1842
Symington 1801
Szechenyi 1877

Tabarié 1864
Tachenius 1666
Tagliacozza 1575
Tainter s. Bell und
  Tainter
Talabot 1831

Talbot 1830, 1839
Tangye 1863
Targone 1580
Tartaglia 1537, 1546
  1554
Tartini s. Sorge 1744
Tasman 1642
Taylor, Br., 1715
Taylor (Chemiker)
  1817
Taylor, C. u. G., 1793
Taylor, C. u. Walker
  1770
Taylor, G., 1830
Taylor, John 1815
Taylor, S. s. Willis
  1602
Teleki u. Höhnel 1887
Telford, T., 1826
Tennant, Ch., 1798
Tennant, S., 1803
Terentius Varro, 50
Terpandros 660 v.
  Chr.
Terral 1729
Tesla 1887, 1893
Tessié du Motay 1867
  1868
Thales 585 v. Chr.
Thaer 1809
Themison 63 v. Chr.
Thénard s. Gay Lussac
  u. Thénard
Theodoricus Teuto-
  nicus 1310
Theodotius Severus,
  250
Theophrastos von
  Eresos 320 v. Chr.
Thevart 1688
Thevenon 1865
Thevenot 1661
Thiersch 1850
Thiéry 1755

Thierry 1810
Thilorier 1834
Thimonnier 1829
Thölden 1600
Thomas-Colmar 1818
Thomas, Sidney siehe
  Gilchrist u. Thomas
Thomas u. Prevost
  1894
Thommen 1864
Thompson, H., 1866
Thomsen 1853, 1882
Thomson, A. siehe
  Fothergill 1793
Thomson, C. W. s.
  Murray u. Thomson
Thomson, E., 1888
Thomson, James und
  Faraday 1858
Thomson, Joseph,
  1879
Thomson, R. W., 1846
Thomson, W. (Lord
  Kelvin), 1851, 1855,
  1858, 1867, 1870,
  1875, s. auch Henry
  1842
Thonet 1834
Thornycroft 1872
Thouvenin 1844
Thünen, von 1826
Thuret 1854
Thurmann 1830
Thurneysser 1572
Tiedemann u. Gmelin
  1821
Tiemann 1894
Tiemann und Haar-
  mann 1872
Tilghman 1854, 1866,
  1870
Tiro 50 v. Chr.
Tissandier 1885

Titius 1766
Tompion 1695
Töpler 1859 s. auch
  Belli 1831
Torell 1861
Torres 1606
Torricelli 1643, 1646,
Tournaire 1853
Toynbee 1841
Tragus 1560
Tralles 1812
Traube, L., 1861, 1867
Traube, M., 1875
Traucat 1554
Travers s. Ramsay,
  Travers u. Rayleigh
Tredgold 1827
Trembley 1744
Treub 1880
Trevelyan 1829
Treviranus s. Humboldt 1804
Trevithick u. Vivian 1804
Triewald 1716 siehe auch Partels 1711
Triger 1839
Trincavella 1510
Troeltsch 1863
Trommsdorf 1792
Troostwyk und Deimann 1789
Trousseau 1850
Trowbridge 1880
Tsai-lun 105
Tscheljuskin 1742
Tschermak 1859
Tscherning 1894
Tschirnhaus 1687
Tschu-Kong 1100 v. Chr.

Tulasne, Gebrüder, 1851
Tull 1730
Tunner 1835
Türck 1860
Turnbull 1790
Turpin 1886
Twaite 1894
Tylor 1871
Tyndall 1856, 1857, 1861

Ubaldi 1577
Uchatius 1856
Uhlenhuth 1901
Uhlhorn 1817
Ujhely 1871
Ulloa 1738
Ulloa und Bouguer 1744
Unger 1830, 1833, 1841, 1852
Unna 1883
Unverdorben 1826

Vachon 1847
Vail 1837
Valentiner s. Schwarz und Valentiner
Valsalva s. Cleland 1741
Vambery 1864
Vancouver 1791
Varantius 1591
Varenius 1650
Varignon 1710
Varolio 1568
Varro 1584
Vassenius 1733
Vauban 1673, 1687, 1697

Vaucanson de 1750, s. a. Cartwright 1784
Vaucher 1803
Vauquelin 1797, s. a. Chaussier und Vauquelin
Vautin 1893
Vegetius Renatus 380
Velpeau 1840
Velten siehe Pasteur 1865
Venel 1750
Venetz 1815
Vera 1780
Verdol 1885
Verguin 1859
Vernier, P., 1631
Véron 1845
Vesalius 1543
Vesconte 1318
Vespucci 1499, 1501
Vicat s. Aspdin 1824
Vicq d'Azyr siehe Goethe 1784
Vidal 1893
Vidal de Cassis 1840
Vidi s. Leibniz 1702
Vieille 1886
Vierordt 1850
Vieta 1580
Vieussens 1685
Vignoles 1860
Vignon s. Charlier und Vignon
Villanovanus 1280
Villard 1880
Villemin 1867
Vincenz von Beauvais 1250
Virag u. Pollak 1899

Virchow 1845, 1855, 1859

Virgilius 745

Vitet 1780

Vitruvius
13 v. Chr., 20

Vivian s. Trevithick
und Vivian 1804

Vogel, E., 1853

Vogel, H. C., 1890

Vogel, H. W., 1873, 1891

Vogel, S. G. von, 1796

Vohsen s. Voltolini 1888

Voigt 1865

Voit von 1857

Volkmann 1837

Volta 1782, 1789, 1793, 1800, 1801

Völter s. Keller 1843

Voltolini 1888

Vossius 1656

Vries de 1643

Vries de, Botaniker, 1901

Vulkan (Eisenwerk) 1898

Waage s. Guldberg u. Waage

Waals van der 1873, 1884

Wagner, J. P. siehe Neeff u. Wagner

Wagner, M., 1868

Wahlberg 1841

Wahrendorff von 1840

Walcher 1889

Walcker 1842

Waldseemüller 1513

Walcker, S. C., 1846

Wall s. Franklin 1752

Wallace 1853, 1858

Wallach 1896

Waller 1850

Wallerius 1761

Wallis 1668

Wallis, S., 1766

Walther s. Regiomontanus u. Walther

Walter 1804

Walton 1862

Warburg 1869, 1880, s. a. Kundt und Warburg

Warburton 1873

Wardrop 1808

Warming 1880

Wartenberg siehe Connstein, Hoyer und Wartenberg

Watson 1760

Watson, P. H., 1866

Watt 1765, 1769, 1770

Webb 1808

Weber, E. F., 1836

Weber, E. H., 1825

Weber, W. E., 1825, 1846, 1856, s. a. Gauss und Weber

Weber, W. E. u. E., 1845

Weber, W. E. und E. H., 1825

Wedgwood 1759, 1782, 1802

Wegmann 1870

Weierstrass 1849, 1865

Weigel 1771

Weigert 1871, 1885, 1890

Weilhöfer 1822

Weindl 1627

Weinek 1884

Weisbach 1856, s. a. Bernoulli, D., 1736

Weismann 1875

Weiss, Ch. S., 1813

Weiss (Langensalza) 1830

Weldon 1867

Wells, Horace, 1844

Wells, Spencer, 1875

Wenceslaus von Olmütz 1483

Wenzel 1777

Werder siehe Bauschinger 1868

Werkmeister 1700

Werlhof 1740

Werner, A., siehe Hantzsch & Werner

Werner, A. G., 1775, 1785

Wertheim 1844, 1848

Westinghouse 1870

Weston 1861

Westphal 1870

Westrumb 1794

Wetter frères 1882

Wetts 1782

Weyprecht siehe von Payer

Wharton 1650

Wheatstone 1827, 1833, 1834, 1835, 1839, 1840, 1843, 1858 siehe Wheatstone und Cooke 1837, siehe auch Siemens, W., 1867

Sach-Register.

Zur Benutzung dieses Registers erwähnen wir, dass im Texte für jedes einzelne Jahr die Angaben nach der alphabetischen Reihenfolge der Personennamen geordnet sind. Von 1800 ab sind zur leichteren Auffindung hinter die Jahreszahlen die Anfangsbuchstaben der Erfinder und Entdecker gesetzt worden, während bis zum Jahre 1799 lediglich die Jahreszahlen stehen.

Abbe'sches Kondensorsystem 1872 A

Abendstern 535 v. Chr.

Aberration s. Licht

Abfallstoffe, Verbrennung derselben 1894 S

Abkühlung durch Lösung von Salzen 1550

Abschwächung der Virulenz der Bakterien 1889 P

Absolute Temperatur 1833 C, 1851 T

Absorbirende und ausstrablende Eigenschaften der Körper 1859 K, 1868 B, 1870 C

Absorption der Gase durch starre Körper 1777

Accelerirte Bewegung 1587, 1596, 1673

Acetylen 1862 W, 1892 M

Achromatische Linse 1729, 1747, 1757

Ackererde, Bildung derselben 1881 D

Ackererde, Vergleich ihrer Bestandtheile mit denen der Feldfrüchte 1761

Addison'sche Krankheit 1855 A

Additive Dreifarben-Photographie 1861 M, 1891 V

Adenoide Vegetationen 1868 M

Aderpresse 1674

Aeolipile 150 v. Chr.

Aeolsharfe 1650

Aether 1540

Aetherbildung 1850 W

Aether, gemischte 1850 W

Aetherische Oele 1280

Aetherwellen, deren chemische Wirkung 1860 B

Affinität 1684

Affinitätstabellen 1718, 1775

Afrika 600 v. Chr., 450 v. Chr., 1433, 1455, 1487.

Afrika, aequatoriale Ostküste 1848 R, 1862 D, 1879 T, 1887 T, 1887 M

Afrika, aequatoriale Westküste 1850 A, 1852 L, 1875 B, 1877 S, 1880 L.

Afrika, Durchquerungen 1802 P, 1827 C, 1852 L, 1866 R, 1873 C, 1874 S, 1877 S, 1880 L, 1881 W, 1884 C, 1884 C

Berieselungskühlapparat 1863 B
Beringstrasse 1728
Berliner Blau 1704
Berührungselektricität 1756,1760,
  1789 G, 1789 V, 1793 V
Beryllium 1828 W
Berzeliuslampe 1808 B
Bessemerprozess 1855 B
Bestäubung der Pflanzen 1761,
  1793
Beugung des Lichts 1660, 1823 F,
  1835 S
Beugung der Wärmestrahlen
  1880 K
Beugungsgitter 1817 F
Beulenpest-Bazillus 1894 K
Bewegung der Himmelskörper,
  Lehre von derselben 500, 456
  v. Chr., 520, 1609, 1868 H
Bewegung, beschleunigte, siehe
  accelerirte Bewegung
Bewegungserscheinungen der
  Pflanzen 1827 M, 1880 D,
  1881 W
Bewegungsgesetze 1609. 1632,
  1687
Bewegungswerkzeuge, mensch-
  liche 1641, 1660, 1680, 1798,
  1836 W
Bienen und deren Waben 1625,
  1669, 1710, 1784, 1853 D
Bienenzucht 1750, 1853 D
Bierbrauerei 1722, 1863 B, 1865 P,
  1870 G, 1872 P, 1873 G
Bierhefe 1794
Bifilar-Magnetometer 1835 G
Binocle 1618
Biogenetisches Grundgesetz 1793,
  1866 H
Biologie, theoretische der Pflanze
  1901 R

Biot- und Savart'sches Gesetz
  1820 B
Blasebalg 1550
Blasinstrumente, Ventile der-
  selben 1816 S
Blattstellung 1835 S, 1868 H
Bleikammerkrystalle 1834 M
Bleiröhrenpresse 1820 B
Bleisalze 78
Bleisicherung gegen Kurzschluss
  1878 E
Bleistiftfabrikation 1790 C
Bleiumhüllung der Kabel 1853 E
Bleiweiss 320 v. Chr.
Blindenschrift 1829 B
Blitz, Analogie desselben mit dem
  elektrischen Funken 1746,1749,
  1752, 1895 L
Blitz, Dauer desselben 1834 W
Blitzableiter 1750
Blitzphotographie 1884 K
Blitzspektrum 1868 K
Blut 50. 1840 M, 1901 U
Blutdruck 1726, 1847 L
Blutegel 63 v. Chr.
Blüthe, deren Entwicklung 1857 P
Blutkörperchen 1658, 1673, 1770,
  1870 R
Blutkreislauf siehe Kreislauf des
  Blutes
Blutkrystalle 1851 F
Blutlaugensalz 1752, 1822 G
Blutleere, künstliche Erzeugung
  derselben 1873 E
Bluttransfusion 1615
Bluttrockenpraeparat 1874 E
Bobinetmaschine 1809 H
Bodenstörungen, Kontrole der-
  selben 1887 H
Bodentemperatur in verschiedenen
  Tiefen, Messung derselben
  1763, 1845 L

Flüssigkeiten, deren Ausfluss-
geschwindigkeit 1646

Flüssigkeiten, deren Bodendruck
1587

Flusssäure 1770

Fluthmühlen 1713

Flyer (Spindelbank) 1821 C

Formalin (Formaldehyd) 1872 L

Forstbau 1758, 1852 H, 1871 J,
1874 P

Forstlehranstalten 1811 C

Fossilien, deren Natur, Bedeutung
und Klassificirung 550 v. Chr.,
1550, 1680, 1762, 1812 C,
1821 B, 1822 B, 1835 B, 1848 G

Foucault'scher Pendelversuch
1850 F

Friktionsscheiben 1705

Fruchtzucker, dessen Synthese
1890 F

Fuchsin 1857 H, 1859 V, 1860 B,
1866 C

Füllöfen 1870 M

Fulminate 1797, 1800 H, 1802 B

Funktionentheorie 1850 R, 1857 R,
1880 K, 1881 P

Futtermittel, deren Zusammensetzung und Nährwerth 1842 L

Fütterungslehre 1860 H

Gährung 1839 L, 1860 P

Gährung, zellenfreie 1898 B

Gallium 1875 L

Galvanische Vergoldung 1805 B

Galvanismus siehe Berührungs-
elektrizität

Galvanokaustik 1854 M

Galvanometer 1801 S, 1825 N,
1826 B, 1837 P, 1858 T, 1880 K,
siehe auch Multiplikator

Galvanoplastik 1836 J, 1840 W

Ganglien 1748, 1839 R

Gartenkultur 1480, 1653, 1715,
1789

Gasanalyse 1845 B, 1879 W

Gasbatterien 1839 G

Gasbehälter, Kuppeln derselben
1864 S

Gasbeleuchtung siehe Leuchtgas

Gasbojen 1877 P

Gasdampfmaschine 1878 S

Gase 1610, 1880 A

Gase, deren Absorptionsverhält-
nisse 1777, 1778, 1803 H

Gase, Ausdehnung derselben
1802 G, 1847 R

Gase, Durchströmen durch Röhren
1826 A, 1839 S

Gase, Leitfähigkeit für Wärme
1860 M

Gase, Verflüssigung derselben
1823 F, 1877 C, 1883 O,
1897 M, 1898 D

Gasdampfmaschine 1878 S

Gasgesetze, Abweichungen von
denselben 1884 W

Gasglühlicht 1885 A

Gasheizung 1863 S

Gasheizung, centralisirte für
Städte 1863

Gasheizung, centralisirte von den
Gruben aus 1867 S

Gasmaschine 1801 L, 1823 B,
1838 B, 1860 L, 1862 B,
1867 O, 1876 O, 1883 G

Gasometer 1802 P

Gasselbstzünder 1840 K, 1888 R

Gas-Sengemaschine 1817 H

Gasthermometer 1840 R

Gastraeatheorie 1875 H

Gasuhr 1813 C, 1820 M

Gaufriren 1806 B

Gauss und Webers elektrische
Telegraphen-Verbindung
1833 G

Gravitationsgesetz 1682
Griechisches Feuer 660
Grissinräder 1899 G
Grönland 983, 1860 H, 1888 N, 1891 P
Grove-Element 1836 D
Grubenkompass 1810 B
Grundmass, natürliches 1670
Grundwasserstand, Beziehung desselben zu Epidemien 1872 P
Guano 1804 H
Guldin'sche Regel 290
Gussstahlreifen 1853 K
Gussstahl, Verwendung zu Geschützen 1855 E
Guttapercha 1840 M
Guttapercha als Isolationsmittel 1847 S
Gypsen des Bodens 1769
Gyroskop 1828 P

Haarpinsel 250 v. Chr.
Hadley'sches Gesetz s. Passate
Haemodynamik 1837 V
Haemolysine, specifische 1898 B
Hall'sches Phaenomen 1880 H
Harmonielehre 1726
Harmonika chemische 1777, 1857 S
Harmonium 1810 G
Harn, dessen Eiweissgehalt bei Nierenkranken 1760
Harnanalyse 1850 H
Harnstoff, künstlicher 1828 W
Hartglas 1875 B, 1888 S
Hartgummi 1839 G
Härtung mikroskopischer Praeparate 1842 S, 1864 Sch, 1865 C, 1879 G, 1887 M
Hautkrankheiten 1790, 1839 S, 1864 B
Hautrespiration 1805 A
Hebel 334, 250 v. Chr., 1515, 1587

Hebevorrichtungen 1590, 1688
Heberschreiber (Siphonrekorder) 1867 T
Hefe, deren Natur 1794, 1837 C, 1860 P, 1875 R, 1883 H, 1894 F, 1896 L, 1896 W, 1902 G
Hefe, Sexualität derselben 1902 G
Heilgymnastik 1825 L
Heilkunde, wissenschaftliche 400 v. Chr., 1200, 1639, 1736, 1770, 1856 P
Heissluftmaschine 1827 S, 1833 E, 1869 L
Heliocentrisches System 325, 260 v. Chr., 1440, 1543
Heliograph 1820 G, 1862 D
Heliographie 1816 N
Heliometer 1748, 1829 B
Heliostat 1742
Heliotrop 1820 G
Heliotropismus der Pflanzen 1811 K
Helium 1898 R
Helm, eiserner 390 v. Chr.
Henry's Gesetz der Absorption der Gase durch Flüssigkeiten 1803 H
Heronsball 150 v. Chr.
Heronsbrunnen 150 v. Chr.
Herz, dasselbe verhält sich wie ein Muskel 1670
Herz und dessen Erkrankung 1670, 1845 W, 1867 T
Herzklappen 304 v. Chr.
Highmore Höhle 1651
Himalaya 1808 W, 1855 S
Hinterladungsgeschütze 1597, 1826 R, 1840 W, 1846 C, 1859 C, 1860 K
Hirnrinde, deren Bau 1899 R
Hirnrinde, deren Reizungsfähigkeit 1871 F

Berichtigungen und Druckfehler.

820 **Abur Dschafar Mohamed,** lies statt Abur „Abu".

1150 **Nicolaus,** Z. 4, lies „das".

1570 Volcker **Koyter,** Z. 1, lies statt begründet „fördert".

1687 Isaac **Newton,** Z. 8, lies statt 1595 „1586".

1690 Jacob **Bernoulli,** Z. 3, lies statt begründet „fördert".

1703 Antony **Leeuwenhoek,** Z. 1, lies „parthenogenetisch".

1790 **de Dolomien,** lies statt dessen **„de Dolomieu".**

1792 **Chappe,** Z. 1, lies statt **Claude** „Claude".

1793 **Kielmeyer,** lies „biogenetisch".

1800 **Bichat,** Z. 1, lies statt mikroskopisch „makroskopisch".

1801 **Cuvier,** lies „die neuere, vergleichende Anatomie".

1822 William **Church,** füge hinzu „und baut eine Letterngiessmaschine".

1830 Dr. **Alban,** lies statt Plauen „Plau in Mecklenburg", ebenso
bei **Henschel und Alban** 1843.

1833 John **Ericsson,** Z. 3, lies „Heissluftmaschine".

1833 **Unger,** Z. 2, lies statt **Mayen „Meyen".**

1834 **Scheibler,** Z. 1, lies „zurückführenden".

1834 **Selligue,** Z. 2, lies „bituminöser".

1838 David **Brewster,** Z. 1, lies statt 1875 „1575".

1841 **Clarke,** Z. 3, lies „Murchison".

1853 Ferdinand **Cohn,** Z. 2, lies „stellt".

1854 **Tilghmann,** lies **„Tilghman".**

1862 **Gilbert,** lies statt dessen **„Giebert".**

1862 **Helmholtz,** Z. 1, lies „Ophtalmometer".

1872 **Pettenkofer,** lies statt Begründer „Förderer".

1880 **Ludowici** hat lediglich eine neue Maschine zur Herstellung von Falzziegeln konstruirt; die Wiedereinführung der Falzziegel ist 1841 durch die Gebrüder **Gilardoni** in Altkirch in Elsass erfolgt.

1894 **Mergenthaler's** Setzmaschine „Linotype" ist nicht 1894, sondern 1884 erfunden und 1886 zuerst in den Handel gebracht worden.

Namen-Register.

Bichat, füge hinzu „1799".

Crompton, lies statt 1774 „1784".

Davy, füge hinzu „siehe auch **Berzelius** 1820".

Dioskorides, lies statt 80 „78„.

Duhamel du Monceau, lies statt 1636 „1736".

Gross, lies statt dessen „**Gros**".

Molyneux 1725 ist zu streichen.

SEVERUS

Ebenfalls im SEVERUS Verlag erhältlich:

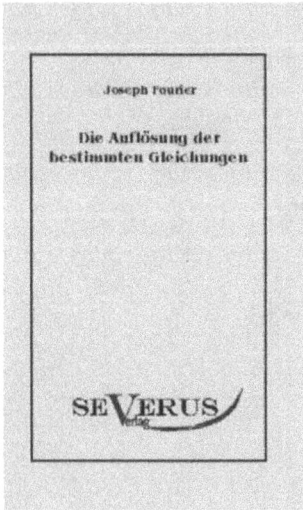

Joseph Fourier
Die Auflösung der bestimmten Gleichung
SEVERUS 2010 / 263 S./ 24,50 Euro
ISBN 978-3-942382-35-9

„Die wichtigsten Fragen der Naturphilosophie ebenso wie diejenigen, welche die äußersten Oscillationen der Körper oder die Bedingungen der Stabilität des Sonnensystems oder verschiedenen Bewegungen der Flüssigkeiten, oder endlich die mathematischen Gesetze der Wärme behandeln, erfordern eine tiefgehende Kenntnis der Theorie der Gleichungen."

Der französische Mathematiker und Physiker Joseph Fourier (1768 - 1830) erklärt in diesem Werk seine Theorien über die numerische Auflösung der Gleichungen. An zahlreichen Beispielen demonstriert er seine Ansichten und führt uns zurück zu den Wurzeln von algebraischen Gleichungen, die eine hauptsächliche Grundlage der analytischen Wissenschaft bilden. Die Theorien, die Fourier während seines bewegten Lebens zur Zeit der französischen Revolution entwickelte, werden heutzutage in allen Bereichen der Naturwissenschaften angewandt.

www.severus-verlag.de

SE VERUS
Verlag

Ebenfalls im SEVERUS Verlag erhältlich:

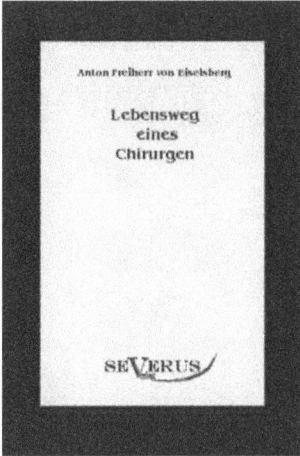

Anton Freiherr von Eiselsberg
Lebensweg eines Chirurgen
SEVERUS 2010 / 580 S./ 39,50 Euro
ISBN 978-3-942382-27-4

Die Memoiren des Anton von Eiselsberg (1860-1939) sind mehr als bloße Autobiographie; vielmehr bieten sie anschauliche Eindrücke der Gesellschaft und der Medizin des frühen 20. Jahrhunderts. Mit viel Liebe zum Detail und einem reichen Vorrat pointierter Anekdoten schildert Eiselsberg seinen eigenen Werdegang, an dessen Ende einer der einflußreichsten Chirurgen Österreichs und einer der Begründer der Unfall- und der Neurochirurgie steht. Diesen unterhaltsamen Passagen stehen allerdings die erschütternden Erfahrungen gegenüber, die Eiselsberg während des 1. Weltkrieges als Frontarzt machen mußte und die ihn nachhaltig prägten. In seiner medizinischen Praxis wie auch in seiner Forschung und Lehre standen immer das Wohl des Patienten und die Minimierung von Leid im Vordergrund; Ziele, für die Eiselsberg auch bereit war, unkonventionelle Wege zu gehen und so neue medizinische Standards zu setzen.

www.severus-verlag.de

SE V ERUS
Verlag

Ebenfalls im SEVERUS Verlag erhältlich:

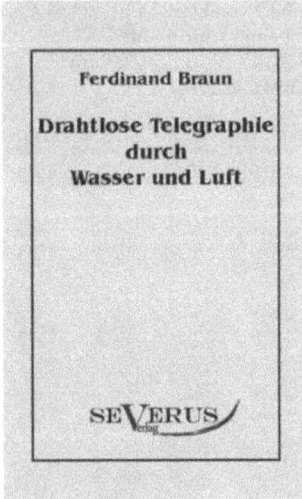

Ferdinand Braun
Drahtlose Telegraphie durch Wasser und Luft
SEVERUS 2010 / 72 S./ 29,50 Euro
ISBN 978-3-942382-02-1

Ferdinand Braun war ein deutscher Physiker, Elektrotechniker, Industrieller und darüber hinaus Nobelpreisträger. Die Ergebnisse seiner Forschung machten ihn zu einem Wegbereiter der modernen Kommunikationstechnik. Der vorliegende Band versammelt Vorträge von Ferdinand Braun zur drahtlosen Telegraphie, gehalten im Winter 1900.

www.severus-verlag.de

SE VERUS

Bisher im SEVERUS Verlag erschienen:

Achelis. Th. Die Entwicklung der Ehe * Die Religionen der Naturvölker im Umriß, Reihe ReligioSus Band V * **Andreas-Salomé, Lou** Rainer Maria Rilke * **Arenz, Karl** Die Entdeckungsreisen in Nord- und Mittelafrika von Richardson, Overweg, Barth und Vogel * **Aretz, Gertrude (Hrsg)** Napoleon I - Briefe an Frauen * **Ashburn, P.M** The ranks of death. A Medical History of the Conquest of America * **Avenarius, Richard** Kritik der reinen Erfahrung * Kritik der reinen Erfahrung, Zweiter Teil * **Beneke, Otto** Von unehrlichen Leuten: Kulturhistorische Studien und Geschichten aus vergangenen Tagen deutscher Gewerbe und Dienste * **Berneker, Erich** Graf Leo Tolstoi * **Bernstorff, Graf Johann Heinrich** Erinnerungen und Briefe * **Bie, Oscar** Franz Schubert - Sein Leben und sein Werk * **Binder, Julius** Grundlegung zur Rechtsphilosophie. Mit einem Extratext zur Rechtsphilosophie Hegels * **Bliedner, Arno** Schiller. Eine pädagogische Studie * **Birt, Theodor** Frauen der Antike * **Blümner, Hugo** Fahrendes Volk im Altertum * **Boos, Heinrich** Geschichte der Freimaurerei. Ein Beitrag zur Kultur- und Literatur-Geschichte des 18. Jahrhunderts * **Brahm, Otto** Das deutsche Ritterdrama des achtzehnten Jahrhunderts: Studien über Joseph August von Törring, seine Vorgänger und Nachfolger * **Brandes, Georg** Moderne Geister: Literarische Bildnisse aus dem 19. Jahrhundert. * **Braun, Lily** Lebenssucher * **Braun, Ferdinand** Drahtlose Telegraphie durch Wasser und Luft * **Brunnemann, Karl** Maximilian Robespierre - Ein Lebensbild nach zum Teil noch unbenutzten Quellen * **Büdinger, Max** Don Carlos Haft und Tod insbesondere nach den Auffassungen seiner Familie * **Burkamp, Wilhelm** Wirklichkeit und Sinn. Die objektive Gewordenheit des Sinns in der sinnfreien Wirklichkeit * **Caemmerer, Rudolf Karl Fritz Die** Entwicklung der strategischen Wissenschaft im 19. Jahrhundert * **Casper, Johann Ludwig** Handbuch der gerichtlich-medizinischen Leichen-Diagnostik: Thanatologischer Teil, Bd. 1 * Bd. 2 * **Cronau, Rudolf** Drei Jahrhunderte deutschen Lebens in Amerika. Eine Geschichte der Deutschen in den Vereinigten Staaten * **Cunow, Heinrich** Geschichte und Kultur des Inkareiches * **Cushing, Harvey** The life of Sir William Osler, Volume 1 * The life of Sir William Osler, Volume 2 * **Dahlke, Paul** Buddhismus als Religion und Moral, Reihe ReligioSus Band IV * **Dühren, Eugen** Der Marquis de Sade und seine Zeit. in Beitrag zur Kultur- und Sittengeschichte des 18. Jahrhunderts. Mit besonderer Beziehung auf die Lehre von der Psychopathia Sexualis * **Eckstein, Friedrich** Alte, unnennbare Tage. Erinnerungen aus siebzig Lehr- und Wanderjahren * Erinnerungen an Anton Bruckner * **Eiselsberg, Anton Freiherr von** Lebensweg eines Chirurgen * **Eloesser, Arthur** Thomas Mann - sein Leben und Werk * **Elsenhans, Theodor** Fries und Kant. Ein Beitrag zur Geschichte und zur systematischen Grundlegung der Erkenntnistheorie. * **Engel, Eduard** Shakespeare * Lord Byron. Eine Autobiographie nach Tagebüchern und Briefen. * **Ewald, Oscar** Nietzsches Lehre in ihren Grundbegriffen * Die französische Aufklärungsphilosophie * **Ferenczi, Sandor** Hysterie und Pathoneurosen * **Fichte, Immanuel Hermann** Die Idee der Persönlichkeit und der individuellen Fortdauer * **Fourier, Jean Baptiste Joseph Baron** Die Auflösung der bestimmten Gleichungen * **Frazer, James George** Totemism and Exogamy. A Treatise on Certain Early Forms of Superstition and Society * **Frey, Adolf** Albrecht von Haller und seine Bedeutung für die deutsche Literatur * **Frimmel, Theodor von** Beethoven Studien I. Beethovens äußere Erscheinung * Beethoven Studien II. Bausteine zu einer Lebensgeschichte des Meisters * **Fülleborn, Friedrich** Über eine medizinische Studienreise nach Panama, Westindien und den Vereinigten Staaten * **Gmelin, Johann Georg** Quousque? Beiträge zur soziologischen Rechtfindung * **Goette, Alexander** Holbeins Totentanz und seine Vorbilder * **Goldstein, Eugen** Canalstrahlen * **Graebner, Fritz** Das Weltbild der Primitiven: Eine Untersuchung der Urformen weltanschaulichen Denkens bei Naturvölkern * **Griesinger, Wilhelm** Handbuch der speciellen Pathologie und Therapie: Infectionskrankheiten * **Griesser, Luitpold** Nietzsche und Wagner - neue Beiträge zur Geschichte und Psychologie ihrer Freundschaft * **Hanstein, Adalbert von** Die Frauen in der Geschichte des Deutschen Geisteslebens des 18. und 19. Jahrhunderts * **Hartmann, Franz** Die Medizin des Theophrastus Paracelsus von Hohenheim * **Heller, August** Geschichte der Physik von Aristoteles bis auf die neueste Zeit. Bd. 1: Von Aristoteles bis Galilei * **Helmholtz, Hermann von** Reden und Vorträge, Bd. 1 * Reden und Vorträge, Bd. 2 * **Henker, Otto** Einführung in die Brillenlehre * **Henne am Rhyn, Otto** Aus Loge und Welt: Freimaurerische und kulturgeschichtliche Aufsätze * **Jahn, Ulrich** Die deutschen Opfergebräuche bei Ackerbau und Viehzucht. Ein Beitrag zur Deutschen Mythologie und Altertumskunde * **Kalkoff, Paul** Ulrich von Hutten und die Reformation. Eine kritische Geschichte seiner wichtigsten Lebenszeit und der Ent-

SE VERUS

scheidungsjahre der Reformation (1517 - 1523), Reihe ReligioSus Band I * **Kaufmann, Max** Heines Liebesleben * **Kautsky, Karl** Terrorismus und Kommunismus: Ein Beitrag zur Naturgeschichte der Revolution * **Kerschensteiner, Georg** Theorie der Bildung * **Kotelmann, Ludwig** Gesundheitspflege im Mittelalter. Kulturgeschichtliche Studien nach Predigten des 13., 14. und 15. Jahrhunderts * **Klein, Wilhelm** Geschichte der Griechischen Kunst - Erster Band: Die Griechische Kunst bis Myron * **Krömeke, Franz** Friedrich Wilhelm Sertürner - Entdecker des Morphiums * **Külz, Ludwig** Tropenarzt im afrikanischen Busch * **Leimbach, Karl Alexander** Untersuchungen über die verschiedenen Moralsysteme * **Liliencron, Rochus von / Müllenhoff, Karl** Zur Runenlehre. Zwei Abhandlungen * **Mach, Ernst** Die Principien der Wärmelehre * **Mackenzie, William Leslie** Health and Disease * **Maurer, Konrad** Island von seiner ersten Entdeckung bis zum Untergange des Freistaats * **Mausbach, Joseph** Die Ethik des heiligen Augustinus. Erster Band: Die sittliche Ordnung und ihre Grundlagen * **Mauthner, Fritz** Die drei Bilder der Welt - ein sprachkritischer Versuch * **Meissner, Franz Hermann** Arnold Böcklin * Meyer, Elard Hugo Indogermanische Mythen, Bd. 1: Gandharven-Kentauren * **Müller, Adam** Versuche einer neuen Theorie des Geldes * **Müller, Conrad** Alexander von Humboldt und das Preußische Königshaus. Briefe aus den Jahren 1835-1857 * **Naumann, Friedrich** Freiheitskämpfe * **Oettingen, Arthur von** Die Schule der Physik * **Ossipow, Nikolai** Tolstois Kindheitserinnerungen. Ein Beitrag zu Freuds Libidotheorie * **Ostwald, Wilhelm** Erfinder und Entdecker * **Peters, Carl** Die deutsche Emin-Pascha-Expedition * **Poetter, Friedrich Christoph** Logik * **Popken, Minna** Im Kampf um die Welt des Lichts. Lebenserinnerungen und Bekenntnisse einer Ärztin * **Prutz, Hans** Neue Studien zur Geschichte der Jungfrau von Orléans * **Rank, Otto** Psychoanalytische Beiträge zur Mythenforschung. Gesammelte Studien aus den Jahren 1912 bis 1914. * **Ree, Paul** Johannes Peter Candid * **Rohr, Moritz von** Joseph Fraunhofers Leben, Leistungen und Wirksamkeit * **Rubinstein, Susanna** Ein individualistischer Pessimist: Beitrag zur Würdigung Philipp Mainländers * Eine Trias von Willensmetaphysikern: Populär-philosophische Essays * **Sachs, Eva** Die fünf platonischen Körper: Zur Geschichte der Mathematik und der Elementenlehre Platons und der Pythagoreer * **Scheidemann, Philipp** Memoiren eines Sozialdemokraten, Erster Band * Memoiren eines Sozialdemokraten, Zweiter Band * **Schleich, Carl Ludwig** Erinnerungen an Strindberg nebst Nachrufen für Ehrlich und von Bergmann * Das Ich und die Dämonien * **Schlösser, Rudolf** Rameaus Neffe - Studien und Untersuchungen zur Einführung in Goethes Übersetzung des Diderotschen Dialogs * **Schweitzer, Christoph** Reise nach Java und Ceylon (1675-1682). Reisebeschreibungen von deutschen Beamten und Kriegsleuten im Dienst der niederländischen West- und Ostindischen Kompagnien 1602 - 1797. * **Schweitzer, Philipp** Island - Land und Leute * **Sommerlad, Theo** Die soziale Wirksamkeit der Hohenzollern * **Stein, Heinrich von** Giordano Bruno. Gedanken über seine Lehre und sein Leben * **Strache, Hans** Der Eklektizismus des Antiochus von Askalon * **Sulger-Gebing, Emil** Goethe und Dante * **Thiersch, Hermann** Ludwig I von Bayern und die Georgia Augusta * Pro Samothrake * **Tyndall, John** Die Wärme betrachtet als eine Art der Bewegung, Bd. 1 * Die Wärme betrachtet als eine Art der Bewegung, Bd. 2 * **Virchow, Rudolf** Vier Reden über Leben und Kranksein * **Vollmann, Franz** Über das Verhältnis der späteren Stoa zur Sklaverei im römischen Reiche * **Volkmer, Franz** Das Verhältnis von Geist und Körper im Menschen (Seele und Leib) nach Cartesius * **Wachsmuth, Curt** Das alte Griechenland im neuen * **Weber, Paul** Beiträge zu Dürers Weltanschauung * **Wecklein, Nikolaus** Textkritische Studien zu den griechischen Tragikern * **Weinhold, Karl** Die heidnische Totenbestattung in Deutschland * **Wellhausen, Julius** Israelitische und Jüdische Geschichte, Reihe ReligioSus Band VI ***Wellmann, Max** Die pneumatische Schule bis auf Archigenes - in ihrer Entwickelung dargestellt * **Wernher, Adolf** Die Bestattung der Toten in Bezug auf Hygiene, geschichtliche Entwicklung und gesetzliche Bestimmungen * **Weygandt, Wilhelm** Abnorme Charaktere in der dramatischen Literatur. Shakespeare - Goethe - Ibsen - Gerhart Hauptmann * **Wlassak, Moriz** Zum römischen Provinzialprozeß * **Wulffen, Erich** Kriminalpädagogik: Ein Erziehungsbuch * **Wundt, Wilhelm** Reden und Aufsätze * **Zallinger, Otto** Die Ringgaben bei der Heirat und das Zusammengeben im mittelalterlich-deutschem Recht * **Zoozmann, Richard** Hans Sachs und die Reformation - In Gedichten und Prosastücken, Reihe ReligioSus Band III